3次元システムインパッケージと材料技術

3D-SiP Technologies and Materials

《普及版／Popular Edition》

監修 須賀唯知

刊行にあたって

　半導体実装技術は，これまでの SMT（Surface Mount Technology）中心の実装から，3次元実装へ向けた開発へ急速にシフトしている。特に，小型化・高速化・低消費電力化の要求がより一層高まる中，複数の LSI からなるシステムを1つのパッケージに収める SiP（System in Package）と3次元実装を組み合わせた3次元 SiP 技術の進展は著しい。SiP は，低消費電力，開発期間の短縮，低コスト化などの面でも優位性を持つ技術である。SiP と高密度実装を可能とする3次元実装を組み合わせることで，SoC（System on Chip）にも劣らぬ高度なシステムの集積化が実現される。LSI を3次元積層するには，従来とは異なる新しい技術や材料が必要とされる。LSI チップの積層には，極限まで薄型加工されたウエハを用いるため，新たなプロセス技術も提案されている。積層方法についても，複数のチップを接続する C2C（Chip to Chip），パッケージを積層する POP（Package on Package），ウエハレベルの積層 W2W（Wafer to Wafer），さらにはデバイスの内蔵化，バンプレス接続，シリコン貫通電極，無線接続など，様々な手法が用いられる。また，これらは，3次元 LSI のみならず，MEMS 等の新しい分野への適用にも期待の大きい技術である。

　本書は，このような3次元 SiP 技術について，設計・評価，ウエハ加工技術，積層に関わる配線板・接合技術を中心に，それらの最新の応用・展望を，各分野のご専門の先生方にご執筆頂いた。

　LSI の設計・製造に関する技術の進歩はめまぐるしいが，その一方で，その根幹となる技術体系は整備されているとは言い難い。半導体産業を始めとする我国の製造業の復権のためには，基盤技術の体系化と幅広い研究体制の整備が不可欠である。本書が，そのような視点からも半導体産業の発展の一助となれば幸いである。

2007 年 3 月

東京大学　教授
須賀唯知

普及版の刊行にあたって

　本書は2007年に『3次元システムインパッケージと材料技術』として刊行されました。普及版の刊行にあたり，内容は当時のままであり加筆・訂正などの手は加えておりませんので，ご了承ください。

2012年11月

シーエムシー出版　編集部

監修

須賀 唯知	東京大学　工学系研究科　精密機械工学専攻　教授

執筆者一覧（執筆順）

嘉田 守宏	シャープ㈱　電子デバイス開発本部　先端技術開発研究所　第5開発室　室長
須藤 俊夫	㈱東芝　生産技術センター　実装技術研究センター　研究主幹
友景 肇	福岡大学　工学部　電子情報工学科　教授
石塚 勝	富山県立大学　工学部　機械システム工学科　教授
高島 晃	富士通㈱　LSI実装統括部　第二開発部　部長
小林 義和	㈱ディスコ　PSカンパニー　営業技術部　マーケティング課　マーケティングチーム
有田 潔	パナソニックファクトリーソリューションズ㈱　精密プロセス事業推進グループ　戦略商品チーム　主任技師
内山 直己	浜松ホトニクス㈱　電子管事業部　電子管営業部　営業技術
泉 直史	リンテック㈱　アドバンストマテリアルズ事業部門　企画／マーケティング統括グループ
青柳 昌宏	㈳産業技術総合研究所　エレクトロニクス研究部門　高密度SIグループ　研究グループ長
倉持 悟	大日本印刷㈱　研究開発センター　MEMSプロジェクト　開発部　部長
小川 裕誉	㈱野田スクリーン　取締役　研究開発部　部長
若林 猛	カシオ計算機㈱　要素技術統轄部　高密度実装開発部　部長
藤津 隆夫	SiPコンソーシアム　理事長；J-SiP㈱　代表取締役社長
江崎 孝之	ソニー㈱
重藤 暁津	東京大学大学院　工学系研究科　精密機械工学専攻　助手
佐々木 守	広島大学　大学院　先端物質科学研究科　助教授
小高 潔	ナミックス㈱　技術本部　能動部材技術ユニット　シニアグループマネージャー
上田 弘孝	セミコンサルト　代表
澤田 廉士	九州大学　大学院工学研究院　システム生命科学府専攻　教授
日暮 栄治	東京大学　大学院工学系研究科　精密機械工学専攻　助教授
上林 和利	㈱ザイキューブ　常務取締役
小柳 光正	東北大学　大学院工学研究科　バイオロボティクス専攻　教授
田中 徹	東北大学　大学院工学研究科　バイオロボティクス専攻　助教授
富田 浩史	東北大学　先進医工学研究機構　助教授
橋本 周司	早稲田大学　理工学部　応用物理学科　教授
岡本 和也	大阪大学　先端科学イノベーションセンター　客員教授

執筆者の所属表記は，2007年当時のものを使用しております。

目次

【第Ⅰ編　総論】

第1章　新たな展開を見せる3次元SiP技術　　嘉田守宏

1　はじめに …………………………… 3
2　3次元SiP概論 …………………… 4
3　コンベンショナルスタック技術 …… 5
  3.1　チップレベルスタック ………… 5
  3.2　チップレベルスタックの標準化 … 7
  3.3　パッケージレベルスタック …… 7
  3.4　PoPスタック技術 ……………… 9
  3.5　PoPパッケージスタック工程 … 11
  3.6　パッケージスタックの標準化 … 13
  3.7　PoPの課題と今後 …………… 14
4　コンベンショナルインターコネクト技術
　………………………………………… 14
5　新しいスタック・インターコネクト技術
　………………………………………… 15
6　おわりに …………………………… 16

第Ⅱ編　3次元SiP設計評価技術

第2章　3次元実装の回路設計　　須藤俊夫

1　はじめに …………………………… 21
2　伝送線路設計とクロストークノイズ対応設計 ………………………………… 21
3　同時スイッチングノイズ対応設計 … 24
4　放射ノイズの低減設計 …………… 28
5　おわりに …………………………… 30

第3章　3次元実装設計ツール　　友景　肇

1　はじめに …………………………… 31
2　統合設計ツールの必要性 ………… 31
3　総合判定機能 ……………………… 33
4　短期にSiP開発するためのERモデル
　………………………………………… 34
5　評価手法の確立と設計ツールへのフィードバック ……………………………… 35
6　おわりに …………………………… 38

Ⅰ

第4章 3次元実装の熱対策　　石塚　勝

1 はじめに …………………………… 39
2 熱抵抗の定義 ……………………… 39
3 プラスチック・パッケージの熱設計 … 40
　3.1 低熱抵抗化の手法 ……………… 40
　3.2 低熱抵抗化は「材料」と「構造」の
　　　 2面から …………………………… 40
　3.3 多層リードフレーム …………… 42
　3.4 基板と放熱フィンによるTCPの放
　　　熱 ………………………………… 43
4 セラミック・パッケージの低熱抵抗化
　 ……………………………………… 44
5 金属製の低熱抵抗パッケージ …… 45
6 MCMの低熱抵抗化 ……………… 46
　6.1 MCMの低熱抵抗化技術 ……… 46
　6.2 素子埋め込み型MCM ………… 46

第5章 3次元実装の信頼性評価　　高島　晃

1 はじめに …………………………… 49
2 シミュレーション技術 …………… 49
　2.1 熱シミュレーション …………… 49
　2.2 3次元配線シミュレーション … 50
　2.3 応力シミュレーション ………… 51
　2.4 電気特性シミュレーション …… 52
3 要素技術開発 ……………………… 53
　3.1 ファインピッチ化の問題 ……… 54
　3.2 薄化の問題 ……………………… 55
　3.3 基板の問題 ……………………… 56
　3.4 その他 …………………………… 56
4 まとめ ……………………………… 56

第Ⅲ編　3次元SiPのためのウエハ加工技術

第6章 シリコンウェーハ薄化の現状　　小林義和

1 はじめに …………………………… 61
2 ウェーハ薄化の課題 ……………… 61
3 バックグラインディング技術 …… 63
4 ストレスリリーフ技術 …………… 65
5 DBGプロセス …………………… 67
6 エッジトリミングプロセス ……… 69
7 おわりに …………………………… 70

第7章 プラズマエッチング技術によるウエハ薄型化加工　　有田　潔

1 ウエハ加工工程へのプラズマエッチング　技術の導入 …………………………… 72

1.1 システムインパッケージ分野におけるウエハ薄型加工技術の重要性 … 72	2.3 先ダイシング（DBG）プロセスへの応用 …………………………… 75
1.2 プラズマエッチング技術 ………… 72	3 プラズマダイシング技術 …………… 77
2 プラズマストレスリリーフ技術 ……… 73	3.1 プラズマダイシング技術とは …… 77
2.1 プラズマストレスリリーフ技術とは …………………………………… 73	3.2 プラズマダイシングの特長 ……… 78
	3.3 プラズマダイシングの性能 ……… 79
2.2 プラズマストレスリリーフ技術の特長 …………………………………… 73	3.4 ビア形成技術への応用 …………… 81
	4 まとめ ……………………………………… 81

第8章　ステルスダイシング技術（Stealth Dicing）
―チッピングレスを実現した内部加工型レーザダイシング技術―　　　内山直己

1 はじめに ………………………………… 83	5 ステルスダイシング切断結果 ………… 87
2 Si薄片化に伴うダイシング工程の抱える技術課題 ……………………………… 84	6 レーザ内部加工プロセスにおける熱影響範囲 ……………………………………… 87
3 内部加工型レーザダイシング（ステルスダイシング） ……………………… 84	7 デバイス特性への熱影響確認 ………… 88
	8 ダイボンディングフィルムへの対応 … 90
4 ステルスダイシングプロセス ………… 85	9 おわりに ………………………………… 91

第9章　薄ウェハのハンドリング　　　泉　直史

1 はじめに ………………………………… 93	3510F/12 ………………………………… 95
2 ICパッケージの生産プロセス ………… 93	3.3 マルチウェハマウンター RAD-2700F/12Sa …………………………… 97
2.1 従来プロセス …………………… 93	
2.2 ウェハ薄型化の問題点 ………… 94	3.4 インラインプロセス …………… 98
3 ウェハ薄型化への提案 ………………… 95	3.5 DBG（Dicing Before Grinding）プロセス ……………………………… 99
3.1 ウェハ薄型研削用BGテープ …… 95	
3.1.1 UV硬化型BGテープ Adwill®Eシリーズ ………………………… 95	4 薄型ICチップの抗折強度改善に向けて ………………………………………… 100
3.1.2 応力緩和型BGテープ Adwill®E-8000 …………………… 95	4.1 抗折強度改善の重要性 ………… 100
	4.2 BGテープの課題 ……………… 101
3.2 BGテープラミネーター RAD-	4.3 DBGプロセス＋プラズマエッチン

グによる抗折強度の改善 ………… 101
4.4　ダイシング・ダイボンディングテー
　　　プ ……………………………………… 101
4.5　プロセスの選択とチップ抗折強度
　　　………………………………………… 103
5　おわりに ………………………………… 104

第IV編　3次元 SiP 用配線板技術

第10章　有機絶縁材料を用いた高密度微細配線インターポーザ
青柳昌宏

1　はじめに ………………………………… 109
2　開発の背景 ……………………………… 109
3　高密度微細配線インターポーザによる
　　LSI チップの3次元実装 ……………… 110
4　実装配線用の有機絶縁材料 …………… 110
5　ブロック共重合ポリイミドを用いた高密
　　度配線インターポーザ ………………… 113
6　まとめと今後の展開 …………………… 117

第11章　シリコンインターポーザ　　倉持　悟

1　はじめに ………………………………… 119
2　開発の背景 ……………………………… 119
3　シリコンインターポーザの開発コンセプ
　　ト ………………………………………… 120
4　Si 貫通孔電極の形成技術 ……………… 121
5　シリコンインターポーザの高周波特性
　　………………………………………… 125
6　薄膜受動部品形成技術 ………………… 128
7　応用展望 ………………………………… 129

第12章　基板内蔵用薄膜コンデンサ材料　　小川裕誉

1　はじめに ………………………………… 130
2　成膜方法について ……………………… 130
3　実験手順 ………………………………… 131
4　測定装置 ………………………………… 132
5　ASCVD による STO 薄膜 …………… 132
6　ASCVD による STO 薄膜の多層化 … 135
7　おわりに ………………………………… 137

第13章　部品内蔵・デバイス内蔵基板，エンベデッド基板
"Embedded Wafer Level Package"　　　　若林　猛

1　はじめに ………………………… 139	4　応用展開 ………………………… 146
2　EWLP（Embedded Wafer Level Package）の基本的な考え方 ……… 140	5　実現への課題と展望 …………… 148
3　Wafer Level Package（WLP）技術 … 143	6　まとめ …………………………… 151

第Ⅴ編　3次元 SiP 実装接合技術

第14章　ワイヤボンデイングを用いた部品／デバイス内蔵型3次元 SiP
　　　　　　　　　　　　　　　　　　　　　　　　　　　　　　藤津隆夫

1　はじめに ………………………… 155	4.1　POC（Parts On Chip）技術 …… 159
2　二次元実装から三次元実装へ ………… 155	4.2　COP（Chip On Parts）技術 …… 159
2.1　SMT 実装インフラの標準化による成熟 ……………………… 155	4.3　COW（Chip On Wire）技術 …… 161
2.2　部品／デバイス内蔵型3次元 SiP 技術 ………………………… 157	4.4　VSP 構造，受動部品の最適化 …… 161
3　多様化するシステムを構成する部品と3D-実装のロードマップ ……………… 159	5　ロボットアプリケーションにおける小型化・機能モジュール化 …………… 161
4　部品／デバイス内蔵型3次元 SiP の基本技術 ……………………………… 159	6　センサーネットワークモジュールの SiP 化 ………………………………… 161
	7　SiP コンソーシアムと3D-実装インフラの拡大 …………………………… 165

第15章　狭ピッチ微細バンプによる COC 型 SiP（MCL）　　江崎孝之

1　はじめに ………………………… 167	3.3　マイクロバンプ接合評価結果 …… 172
2　MCL 技術の特徴 ………………… 168	4　回路設計技術 …………………… 172
3　実装プロセス技術 ……………… 168	5　LSI 評価結果 …………………… 176
3.1　マイクロバンプ形成技術 ……… 170	6　おわりに ………………………… 178
3.2　マイクロバンプ接合技術 ……… 170	

第16章　3次元SiPのためのバンプレスインタコネクト　　重藤暁津

1 はじめに …………………………… 179
2 バンプレスインタコネクトのための表面活性化常温接合法 …………… 180
3 10μmピッチCuバンプレスインタコネクトの試行 …………………… 182
　3.1 CMP-Cu薄膜の常温直接接合 …… 182
　3.2 バンプレスCu電極モデル試料と接合装置 ……………………… 183
　3.3 接続強度・接触抵抗の評価 ……… 185
4 バンプレスインタコネクトの実用可能性と今後の課題 ………………… 187
5 まとめ ……………………………… 189

第17章　RF-3次元SiP─3次元積層チップ間のRF接続─　　佐々木守

1 概要 ………………………………… 191
2 まえがき …………………………… 191
3 インダクタ結合 …………………… 191
4 低消費電力化 ……………………… 194
5 シリコン基板の導電性の影響 …… 195
6 非同期通信回路 …………………… 196
7 テストチップ設計と測定結果 …… 199
8 応用例 ……………………………… 202
9 まとめ ……………………………… 205

第18章　3次元実装用アンダーフィル剤　　小高潔

1 はじめに …………………………… 206
2 アンダーフィル剤への要求特性 … 206
　2.1 流動特性 …………………… 207
　2.2 信頼性 ……………………… 209
3 アンダーフィル剤の組成と物性 … 209
　3.1 樹脂 ………………………… 209
　3.2 硬化促進剤 ………………… 210
　3.3 フィラー …………………… 211
　3.4 その他の添加剤 …………… 212
4 おわりに …………………………… 212

第Ⅵ編　3次元SiPの応用技術

第19章　携帯端末へのSiPの応用　　上田弘孝

1 日本の強みであるSiP技術と電子機器 …………………………………… 215
2 デジタル・スチル・カメラの実装とSiPの応用事例 ………………… 216
　2.1 DSCの技術動向 ………………… 216
　2.2 DSCにおける基板実装技術の変遷と

SiP 化 ………………………… 216
3　据え置き型・携帯型ゲーム機の実装と
　　SiP の応用事例 ……………………… 218
　3.1　ゲーム機器の技術動向 …………… 218
　3.2　携帯型ゲーム機の実装と SoC・SiP
　　　 ……………………………………… 219
　3.3　据え置き型ゲーム機の実装と SoC・
　　　SiP …………………………………… 220
4　携帯電話端末機の実装と SiP の応用事例
　　 ………………………………………… 221
　4.1　携帯電話端末機における SiP …… 221
　4.2　端末機の薄型・軽量化と部品点数削
　　　減のための SiP・MCM 技術 …… 222
　4.3　日本の高密度実装と世界市場への参
　　　入のための SiP・MCM 技術 …… 223
5　SiP 化の課題 ………………………… 225

第20章　MEMS デバイスへの応用　　澤田廉士，日暮栄治

1　はじめに ……………………………… 226
2　光学素子チップの高精度ボンディング
　　 ………………………………………… 227
3　ウエハレベルパッケージング ……… 229
4　低温直接接合 ………………………… 230
5　MEMS と SiP の融合 ……………… 231

第21章　センサデバイスへの応用　　上林和利

1　センサの種類 ………………………… 235
　(1)　車 …………………………………… 235
　(2)　パソコン …………………………… 235
　(3)　カメラ ……………………………… 235
　(4)　エアコン …………………………… 235
　(5)　VTR ………………………………… 236
　(6)　医療関係（医療機器含む） ……… 236
2　三次元化に適する主なセンサデバイスと
　　その特徴 ……………………………… 237
3　センサデバイスの事例 ……………… 237
　(1)　1層品 ……………………………… 237
　(2)　2層品 ……………………………… 237
　(3)　3層品以上（3個以上の LSI 搭載）
　　 ………………………………………… 237
　(4)　プロセス紹介 ……………………… 238
　(5)　品質基準要求 ……………………… 243
　(6)　各種特徴とまとめ ………………… 243
4　今後の課題とまとめ（必要プロセス設備
　　と材料） ……………………………… 243
　(1)　主要設備 …………………………… 243
　(2)　主要材料 …………………………… 243

第22章　バイオエレクトロニクスへの応用　　小柳光正，田中　徹，富田浩史

1　はじめに ……………………………… 246
2　3次元集積化技術 …………………… 246

3 3次元積層型人工網膜チップと脳型視覚情報処理システム ……………… 251
4 眼球への3次元積層型人工網膜チップ埋込み ……………………………… 254
5 おわりに …………………………… 259

第23章 次世代ロボットと応用　橋本周司

1 はじめに …………………………… 261
2 次世代ロボットの役割 …………… 261
3 ロボット開発の歴史と実装 ……… 263
4 ロボットの実装技術とSiP ……… 266
5 おわりに …………………………… 267

第Ⅶ編　将来展望

第24章 半導体の微細化から3次元化への展開
―電子統合設計としての位置付け―　岡本和也

1 はじめに …………………………… 271
2 半導体の流れと時代の変化 ……… 271
3 ITRSにみる半導体の最新動向 … 274
4 微細化の限界に関する一つの議論 … 275
　4.1 FETの物理限界 ……………… 276
　4.2 システム性能限界 …………… 277
　4.3 経済性限界 …………………… 278
　4.4 今後の方向性 ………………… 284
5 3次元積層化技術とその応用 …… 285
6 貫通電極型（TSV）積層技術の分類とその比較 ……………………………… 286
7 高密度実装としてのSiPの動向と3D化 ………………………………………… 288
8 日本の国際競争力を高める施策とシステムデザイン・インテグレーション …… 289
9 統合設計論 ………………………… 291
10 おわりに ………………………… 293

第Ⅰ編　総　論

第 一 章　緒 論

第1章　新たな展開を見せる3次元SiP技術

嘉田守宏[*]

1　はじめに

　半導体パッケージは，1970年ごろより10年を周期として，時代変遷が行われてきた。1970年代：ピン挿入型パッケージ時代，1980年代：表面実装パッケージ時代，1990年代：BGA/CSP時代。そして，2000年代最初の10年は？　筆者は「西暦2000年の最初の10年は3次元SiPの時代となる。」[1]と予測してきた。

　1998年にチップスタックドCSP（Chip Size Package）が開発され，この技術を使いフラッシュメモリ・SRAMを1パッケージに収めた複合メモリが誕生した[2]。過去からICチップをスタックするという概念が，米国において宇宙や軍需用としてはなかった訳ではない。しかし，民生機器向けデバイスに，チップスタックすることができると考える人は殆どいなかった。そしてこれをCSPで実現したところに開発の意義があり，この技術を使った複合メモリが携帯電話に使われはじめ，携帯電話の発展と共にデファクト標準となった。その後，1パッケージあたりのチップスタック数が年々増加し，現在では4段・5段が普通となり，このチップスタック技術なくして携帯電話は作れなくなった。さらに組み合わされるチップの種類も，擬似SRAM・DRAM・NANDフラッシュメモリへと多様化が進み，複合メモリ用だけでなく，ロジックデバイスとの組み合わせにも活用され，3次元SiP（System in Package：システム・イン・パッケージ）へと発展してきた。現在の3次元SiPは，このチップスタック技術によって支えられているといえるだろう。

　一方多様なチップや，複数の半導体メーカチップを組み合わせるのに，より自由度の高い技術としてパッケージスタック技術が注目され，PoP（Package on Package：パッケージ・オン・パッケージ）技術として広がりを見せている。2000年を過ぎたあたりの，「チップスタックからパッケージスタックへ」の動きは，3次元SiPとして，最初に起こった大きな一つ変化である[3]。

　また，新しいスタック・インターコネクト技術としてTSV（Through Silicon Via：Si貫通ヴィア）技術の開発が盛んに行なわれており，実用化も見えだしてきている。さらに，ワイヤボンディングやフリップチップボンディングといったコンベンショナルな有線インターコネクト

---

[*] Morihiro Kada　シャープ㈱　電子デバイス開発本部　先端技術開発研究所　第5開発室　室長

（接続）技術とは概念を大きく変える，無線インターコネクト技術や光インターコネクト技術が急速に注目をあびだしている．

本稿では，これまでの3次元SiPの動向を振り返り解説しながら，新たな展開を目指すこれらの新しい技術について紹介する．

2　3次元SiP概論[4〜6]

SiPという言葉はいつから使いだされたのかは定かではないが，少なくとも筆者は1999年9月に米国で開催されたChip Scale Internationalで，"Stacked CSP/A Solution for System LSI"を，さらに2000年1月のPan Pacific Microelectronics Symposium 2000で，"Advancement in Stacked Chip Scale Packaging (S-CSP), Provide System-IN-A-Package Functionality for Wireless and Handheld Applications"を発表している．

SiPの定義は概ね，「複数の半導体ICを単一のパッケージに搭載したシステムソリューション，またはその半導体パッケージで，受動部品を同時に搭載することもある」といえる．この時ICチップまたは，パッケージを3次元にスタックしたものを，3次元SiPと呼ぶ．

SiPは，他のシステムソリューションであるSoC (System on Chip) とSoB (System on Board) との比較で説明するのが良いと考える．わかり易くいうと，これらの技術は全て結果的にシステムを実現することになるが，システム化の土俵が異なる．SiPは「パッケージ」，SoCは「チップ」，SoBは「ボード（実装基板）」が土俵である．

前述したように，SoCは，通常ボード上で実現する一定のシステム（SoB）を一つのシリコンチップ上で実現するものであり，低消費電力，高性能，実装面積というメリットも大きく，半導体ICの主流となってきた．半導体ICが開発されてから電子機器の進化は，SoCであるシリコンチップの微細化によって実現されてきたといえる．しかし，プロセスのデザインルールの主流が100ナノメータを切りつつある中で，要求される全ての機能をシングルチップ上に作りこむシステムソリューションとしてのSoCは，微細化やコストの限界（問題）が顕在化しはじめた．

そして，これに代わってSoCと同等の機能を短期間，低コストで実現できる可能性を秘めているSiPが注目されてきた．また，ロジックと大容量のメモリやロジックとアナログといったSoCでは実現が困難なシステムが，SiPで実現できることもこの技術の優位性を高めている．

一方このような考え方は古くからあり，複数のICや受動部品を単一のパッケージに組み込むハイブリッドIC，あるいは汎用大型コンピュータの高速化を実現する手段として開発されたMCM (Multi Chip Module) などはSiPとも考えられるが，高価でありSoCに対する優位性がなく，主流技術としては認知されなかった．

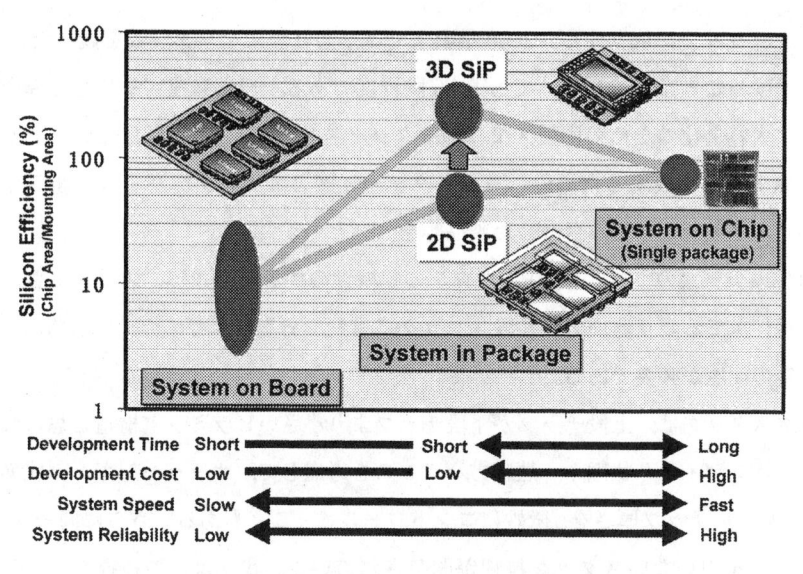

第1章　新たな展開を見せる3次元SiP技術

図1　SoC・2次元／3次元SiP・SoBの特徴とシリコン効率

　筆者はSiPを言うとき，ほとんどの場合「3次元」を接頭辞として付ける。それは，SiPは3次元SiPでこそ，その真価が発揮できると考えているからである。

　その理由は，第一にシリコンチップそれ以上の高密度実装が実現できることである。つまり，SiPの中でも特に3次元SiPは，シリコン効率（チップ面積／基板実装面積）がSoCを凌駕することで，その発展に繋がっている。携帯電話に代表される小型・軽量・高機能化を必要とする現在のIT機器ではこのシリコン効率が非常に重要であり，3次元SiPの拡大を支えているといえる。SoC・2次元／3次元SiP・SoBのシリコン効率と各技術の特徴を図1に示した[3]。この特長が，微細化がいくら進もうと原則的には2次元ソリューションであるSoCを凌駕する要素であるといえる。

　第二にスタックされたチップ（あるいはパッケージ）間の距離が，飛躍的に短縮できることによって，配線上の回路遅延を改善することが可能となることがあげられる。

　さらに，SiPはSoC補完技術ではなく，相補技術であるという点も強調しておきたい。

　さて，3次元SiPを実現するためには，大きく二つの生産要素技術がある。一つがチップまたは，パッケージのスタック技術であり，もう一つがそれらのインターコネクト技術である。

3　コンベンショナルスタック技術

3.1　チップレベルスタック

　3次元SiPを実現するためには，チップを多段にスタックすることが必要である。何段必要か

は，アプリケーションに依存する。2000年頃までは，各社がスタック段数を競ったが，通常10段もスタックすることはなく，多くても5-6段程度である。通常異種メモリを組み合わせた複合メモリや，大容量化のための同種メモリのスタック製品は，SiPとは呼ばないことが多い。基本的にはシステムを構成するための，ロジックデバイスとアナログデバイスの組み合わせ，ロジックデバイスとメモリを組み合わせた製品等をSiPという。

チップは他のチップの上に，数10ミクロンの絶縁性の接着剤を介してスタックされる。この接着層は絶縁が保てる限り薄い方が多段スタックに有利であるが，特にチップ回路面へのダメージや熱応力等の配慮が必要である。

通常チップスタックは，上段チップが下段チップより小さいピラミッド構造と思われがちであるが，ワイヤボンディング状態や，熱応力バランスを考慮して，オーバハンギング状態にスタックされたり，個々のチップ厚さを，微妙にコントロールすることもある。さらに同一サイズでも，スペーサチップを用いないスタック技術が開発されている。我々はこの技術をCoW（Chip on Wire）技術と呼んでいる。チップサイズは，通常5-10mmの間に作られることが多く，組み合わせるチップサイズが同サイズレベルとなるため，組み合わせ自由度の高いスタック技術が非常に重要であるといえる。

また，同じ機能を持ったチップでもスタックを容易にしたり，競争力強化のため，より小さなパッケージサイズに収めるために，チップサイズや，チップ形状（アスペクト比）を変えることもしばしば行われる。

主たるアプリケーションが携帯電話であり，小型・軽量化が商品価値を決定付けるため，チップのスタック段数が増えても，トータルのパッケージ高さはある値以下に保つことが求められている。この値は従来1.4mmが「暗黙の了解」であったが，最近では1.2mmや1.0mmともいわれている。

チップの薄層化技術は，多段スタックで低背パッケージを実現するために必須の技術である。チップの薄層化はウエハ状態で行われるが，バックグラインド（BG）法で，数100ミクロンのウエハを100ミクロン厚レベルに研磨することが可能であり，さらに，本工法で，さらに何ミクロンまで薄層化ができるかが問われる。ドライポリッシュ，ウエットエッチング，CMP等他の工法もあるが，コストや特性変動の懸念もあり，可能な限りBG法を使いたい。

しかし，考えてみればウエハプロセスのために1,000ミクロン近い厚みのウエハを用い，それをパッケージの工程で90パーセントを捨てることに異論を唱える人がいないのはなぜだろうか？

3.2 チップレベルスタックの標準化[7]

　チップスタックドCSPの標準化の内，外形の標準化は，CSPそのものの標準化であり，JEDEC（Joint Electron Device Engineering Council）やJEITA（Japan Electronics and Information Technology Industries Association）で規格化されている。

　チップスタックドCSP技術は主として，複合メモリに使われ，この標準化活動が開発当初から戦略的に行われた。この理由は，フラッシュメモリメーカが，グローバルにフラッシュメモリとSRAMの複合メモリを携帯電話メーカへ積極的に拡販活動を行なった結果，携帯電話メーカから，セカンドソースと標準化の強い要望が出されたからである。

　この標準化は，1998年まずシャープが標準化をリードし，当時の三菱電機と協力し，後に日立製作所，インテルを陣営に加えた。ほぼ時期を同じくして，少し異なったピン配置を，富士通，東芝，NECが提案し，市場が分裂，東西戦争とも呼ばれた。後にJEDECに標準化を提案，議論が行われたが，結局両陣営の提案をデュアル標準として決着し，最後まで一本化されることはなかった。

　チップスタックドCSPは，低コストでありパッケージサイズも小さく，複合メモリには最適の技術である。もちろんメモリチップとロジックチップをスタックし，3次元SiPを実現することも可能であるし，そのような製品も数多く生産されている。

　しかし，チップスタックドCSPは，1パッケージの中に複数のチップを閉じ込めてしまうため，チップ間の技術面，ビジネス面とも論理的分離が困難となっている。ことに，最近はロジックICとメモリICは，別々のメーカしか対応できないことが多い。このため，IC製品のオーナシップは，どのメーカが取るのか。それに伴い，品質問題の責任はどう取るのか。価格を誰がどう決めるのか。機能テストはどのように行うのか，多段化による歩留まり低下は…等，多くの問題が複雑に絡み合う。

3.3 パッケージレベルスタック

　これらの課題を解決するために提案されたパッケージ技術が，パッケージスタック技術である。パッケージスタックでは，原則的に数種類のチップを，個々にパッケージし，テストされ一旦完成品となる。数個のパッケージが多段にスタックされることもあるが，現在は2段程度のスタックである。また大容量メモリ実現のため，メモリ同士のパッケージスタックの例もあるが[8]，SiP化のためにロジックパッケージの上にメモリパッケージをスタックすることが多い。

　パッケージスタックとして，現在提案されている方法を表1に示す。

　表の左側は，PoPと呼ばれる方法で，シャープ以外にも多くの会社が積極的に取り組んでいる。この方法は，下段となるロジック用PBGA（Plastic Ball Grid Array）等のパッケージ基板

表1 パッケージスタック方式の特徴（ロジック＋メモリ）

	Fan-out＋はんだボール接続 （シャープ他）	テープ基板接続 （A社）	標準メモリモジュールをW/B接続 （B社）
オーナシップ	カスタマー	ロジックメーカ	ロジックメーカ
Pincounts例 Top Memory Bottom Logic	14X14 0.5P(2S/3R)　162max 0.5P(4S/2R)　200max 0.5P　　　　　436max (0.65P)　　　(385max)	13X11　0.65P　188 14X14　0.65P　336	14X14　　　13X13
Package Height (1Logic+2memory)	1.60max	1.55max	
生産インフラ	Conventional ＋	Conventional ＋＋	Conventional ＋＋
メモリダイシュリンク	○　・対応可	○　・対応可	○　・対応可
メモリテスト	△ ・ソケットサイズ大による、ソケットコストアップ	○ ・既存テストインフラが使用できる	× ・既存テストインフラが使用不可
多段積層	○	△	× ・チップスタック的
熱特性	△	△	△
総合	○	△	×

上面に，上段のメモリパッケージをスタックするランドを有し，はんだボールを使ってスタックする方法であり，携帯電話よりDSC（デジタルスチルカメラ）への適用が先行した。

　その理由は，携帯電話では，チップスタックドCSPの採用が定着していたことや，DSCでは画像処理にDRAMが使われ，このKGD（Known Good Die）化が難しく，ロジックデバイスとのチップスタック化等がしにくかった等が考えられる。しかし，ここにきて携帯電話への採用が増加してきている。なお，PoPの詳細については，後の節で述べる。

　表の中央の欄は，Folded（フォールデッド）と呼ばれるパッケージスタック法で，限られた一部のメーカが提案している方法であり，この場合ファンインタイプの端子パッケージが利用可能で，標準のメモリデバイスが使いやすい特長があるが，下段パッケージは，廉価ではないと推測される。

　右側は，PiP（Package in Package）と呼ばれる方法で[9]，上部はJEDECで標準化されたメモリモジュール（ISM：Internal Stacking Module）で，これをPBGA等のロジックパッケージの上に接着剤でスタックし，ワイヤボンディングで上下間のパッケージを接続し，再度モールドする。しかし，このパッケージはロジック系半導体メーカが製品をコントロールする市場構造とな

第1章 新たな展開を見せる3次元 SiP 技術

表2 PoP と PiP の特徴

PoP	PiP
1. 各パッケージの接続は SMT のインフラを使う。	1. 各パッケージの接続はワイヤボンディングを使う。
2. 製品はエンドユーザが管理支配する。	2. 製品はチップメーカが管理支配する。
3. 余分なインフラ無しで，色々な種類の組み合わせができる。	3. 追加的標準モジュールで，色々な種類の組み合わせができる。
4. 通常パッケージサイズが大きい。	4. 通常パッケージサイズが小さい。

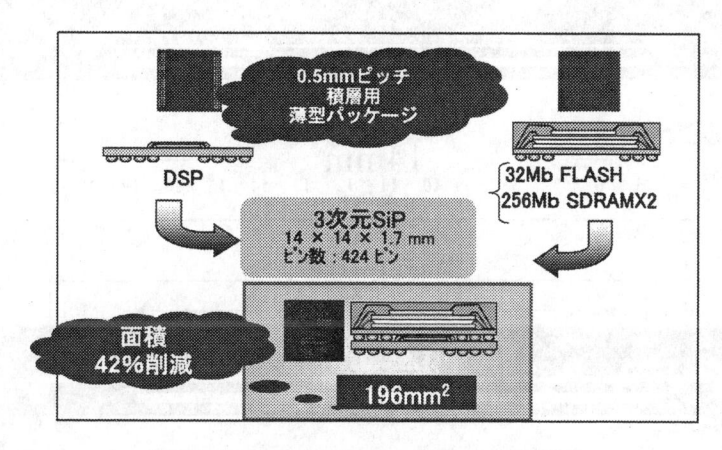

図2 DSC 用 PoP 方式3次元 SiP の製品例

り，筆者は市場拡大に課題が大きいと考える。一方 PoP はロジック IC とメモリ IC を別々に管理できるため，従来の購買や，品質管理のシステムを大きく変更することなく，3次元 SiP の採用で，実装密度を上げることが可能となる。これら PoP と PiP の特徴を表2に示す。

図2はシャープが DSC 向けに開発した，PoP 方式の3次元 SiP で，上段（162Pin）が Nor フラッシュメモリ（32M×16bit）と SDRAM（256M×32bit）2個のチップスタック複合メモリ，下段（424Pin）が DSP で 14mm 角 CSP からなる。

複合メモリと DSP が2つの別々の 13mm 角 CSP で構成された従来システムに比べ，42％の実装面積が低減できている。

3.4 PoP スタック技術

ここでは，パッケージスタック技術の中で，最も注目され，今後の普及が期待されている PoP 技術の詳細について述べる。パッケージスタックはチップスタック以上に，個々のパッケージ寸法が，他の寸法に複雑に関連しあうため，最適設計が難しい。図3はこの状況を示したものである。

例えば，①上下パッケージ間のスタック・インターコネクト用はんだボールピッチが変わる

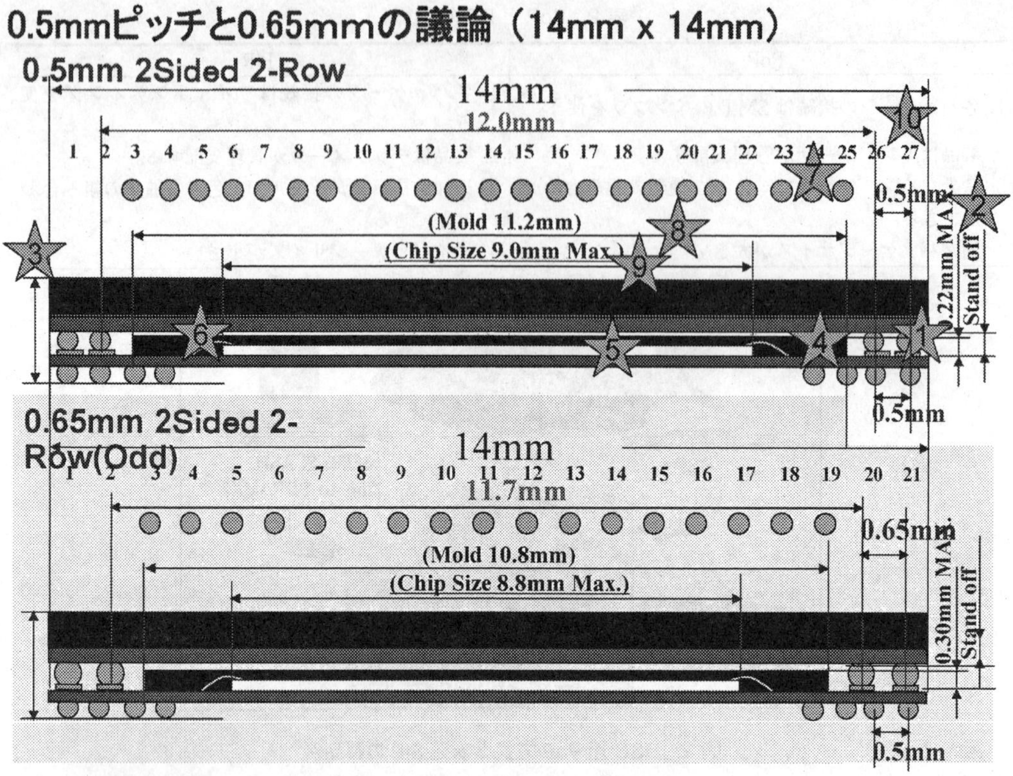

0.5mmピッチと0.65mmの議論（14mm x 14mm）

図3　PoPのパッケージ寸法関連図
（本文中では☆を①と表記）

と，②ボールサイズが変わりパッケージ間のスタンドオフが変わり，③パッケージのトータル高さが変わる。また，④下段パッケージのモールド高さが変わり，⑤チップ厚さが変わり，⑥ワイヤループの高さが変わる。さらに，XYサイズへの影響として，⑦端子の配列数や⑧配列寸法が変わり，⑨下段パッケージのモールドサイズを制限する。その結果⑩下段チップサイズへ影響を与える。この様に一つのサイズが，他の多くのパッケージ構造要素に複雑な影響を与えることになる。特に今説明を加えた上下パッケージのインターコネクトピッチは，PoPにとって非常に重要な設計要素である。

図4は前述のDSC向けに開発したPoP方式3次元SiPの0.5mmと0.65mmピッチインターコネクトの場合のパッケージサイズへの影響である。このシステムでは，メモリとロジックのアドレスバスとデータバス（フラッシュ×16，DRAM×32）が，独立して別々に接続されていて（ノーマルバス），このシステムを最適に機能させるには，電源ライン等も含めて162端子が必要である。この端子数を例えば0.5mmピッチでパッケージの2方向（27端子×6列）に並べると，パッケージサイズは14mm角となるが，これを，0.65mmピッチで接続しようとすると18mm

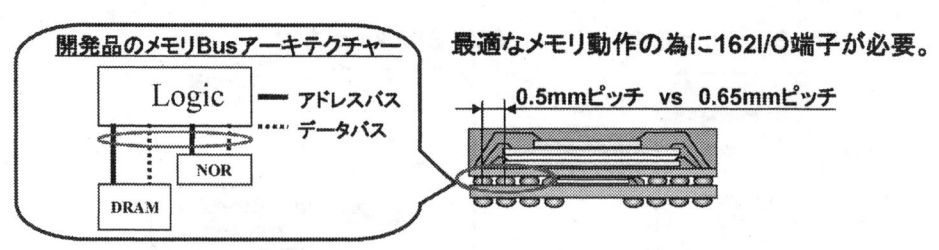

第1章　新たな展開を見せる3次元SiP技術

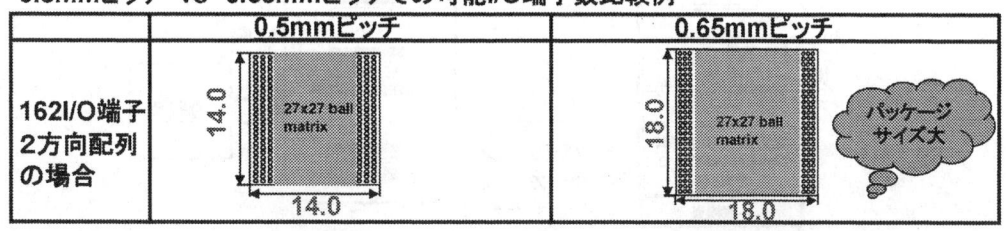

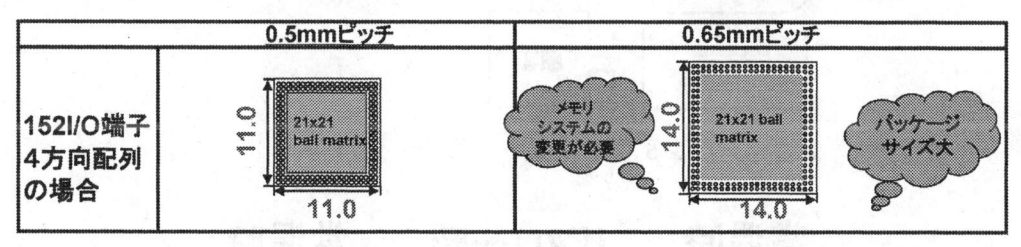

図4　0.5mmと0.65mmピッチインターコネクトのパッケージサイズへの影響

角となり，携帯機器用パッケージとしては，大きすぎる。もし仮にメモリのバスシステムをAD（Address/Data）マルチプレックス等に変えることが可能であれば端子数は152となり，これをパッケージの4方向（周囲2列）に並べれば，0.5mmピッチで11mm角の小型パッケージが実現できる。なお，0.65mmピッチでは，14mm角となる。

また，はんだボール端子を2方向にするか，4方向に配列するかも，下段パッケージのモールド工法に影響を与える重要なパッケージ設計要素である。

3.5　PoPパッケージスタック工程[10]

PoPパッケージスタックでは，スタック＝インターコネクトとなる。この作業を誰が，どの工程で行うのかが一つの議論である。基本的には，図5に示す様に二つの選択肢がある。

まず，左側のPre-Stacking法と呼ばれる方法では，通常半導体メーカ，サブコンと呼ばれるパッケージメーカが上下二つのパッケージを，顧客に納入する前にスタックする方法であり，顧客は従来の1パッケージと同様に扱うことができるので，非常に便利であるが，メモリとロジックICの論理的分離が難しく，パッケージスタックの利点を損ねてしまう。

一方SMT Stacking法は，基板実装を行う顧客やEMSが，通常の機器への電子部品のマウン

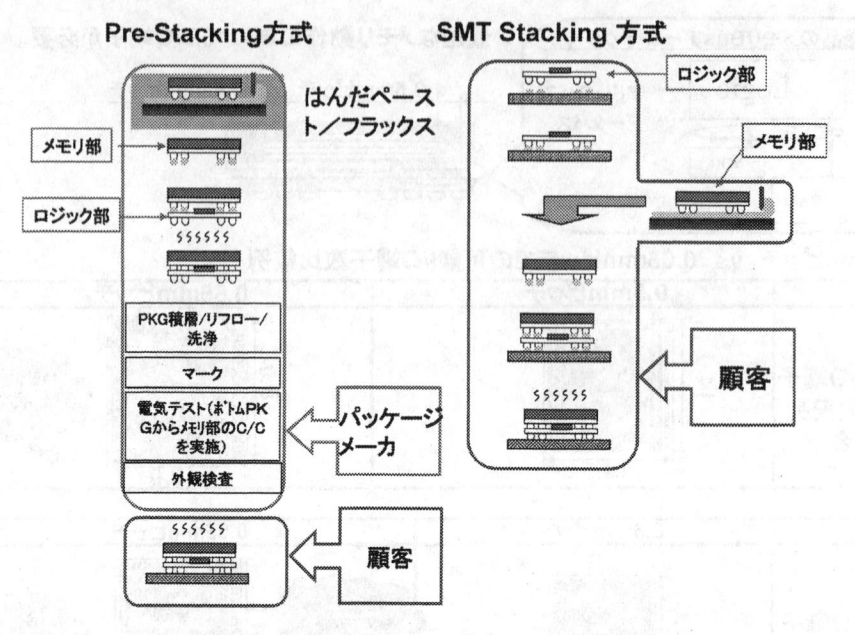

図5 PoPのパッケージスタック方式

図6 PoPの代表的パッケージ反り挙動

トを行うのと同様の方法で，まず下段にあたるパッケージを基板に実装し，その上に上段のパッケージをスタックする。この場合，SMTマウンターには，プリはんだをパッケージに転写するためのユニットや，上下パッケージの位置を認識し，上下間の位置を合わせるパターン認識の機構が必要である。また上下間をスタックするためのはんだペースト材や，プロセスの最適化も重要である。しかしICデバイスを購買するシステムを変更する必要がない。

現在行われているPoP構造は，通常上段のメモリパッケージと下段になるロジックパッケージはパッケージ構造が異なり，パッケージ反りをコントロールするのは，容易くない。図6は代表的パッケージ反りの状況を示したものである。

例えば室温に於いて，上パッケージがスマイル反り（谷反り），下パッケージがクライ反り（山反り）の様に全く逆の挙動を示し，リフロー（高温）時に反りが変わることがある。

第1章 新たな展開を見せる3次元SiP技術

ある意味で，3次元パッケージは，反りとの戦いであるといえる。

3.6 パッケージスタックの標準化

パッケージスタック（PoP）の標準化には，2種類がある。まず，デバイスインターフェイスの標準化である。"3.2 チップレベルスタックの標準化"でも述べた様に，メモリデバイスは世界中で広く使われるために，セカンドソースが不可欠であり，そのための標準化である。ここでも，シャープがJEDECでの標準化活動をリードした。2004年JEDEC JC-63（モントリオール）に，Norフラッシュ＋SRAM＋PSRAM＋SDRAMのノーマルバス（スプリットバス）仕様のピン配置で，上下間のパッケージのスタック・インターコネクトピッチ0.5mmを提案した。理由は3.4で示した通りである。そしてこの提案を日本案としてJEITAのメモリサブコミッティがサポートした。

しかし，欧米や韓国メーカは0.5mmの接続ピッチは，次期尚早との意見で，これに対抗する

表3 JEDEC JC-63におけるPoPメモリ端子の標準化状況

	Package	Memory Bus Supported		
1	11 mm x11 mm Package 0.65 mm Ball Pitch 2 Perimeters of Balls - 112 Total Balls	x16 Nor +x16(p)SRAM +x16 SDRAM +x16 NAND shared databus		
2	12 mm x12 mm Package 0.65 mm Ball Pitch 2 Perimeters of Balls - 128 Total Balls	x16 Nor +x16(p)SRAM + x16 SDRAM + x16 NANDshared databus		
3	15.00 mm x15 mm Package 0.65 mm Ball Pitch 2 Perimeters of Balls - 160 Total Balls	Options Bus A A: x16 NOR+PS+NAND B: x16A/D NOR+PS+NAND C: x32A/D NOR+PS+NAND D: x16A/D NOR+PS+NAND	Bus B x16 DDR x16 DDR x16 DDR x32 DDR	
4	16.00 mm x16 mm Package 0.65 mm Ball Pitch 2 Perimeters of Balls - 176 Total Balls	Options Bus A A: x16 NOR+PS+NAND B: x16A/D NOR+PS+NAND C: x32A/D NOR+PS+NAND D: x16A/D NOR+PS+NAND	Bus B x16 DDR x16 DDR x16 DDR x32 DDR	
5	14 mm x14 mm Package 0.5 mm Ball Pitch 2 Perimeters of Balls - 200 Total Balls	x16 Nor +x16(p)SRAM and x32 SDRAM Split Data Bus		

6	14mm x14mm Package
	0.65mm Ball Pitch
	21 x21 Ball Matrix
	152 FBGA
		Options Bus A
		AA x32 (Lower 16 bits)
		      M-DRAM + NOR
		AB x32 (Lower 16 bits)
		      NOR +pSRAM
		AC x16 M-DRAM
		AD None
			Bus B
			x32 (Upper 16 bits)
			M-DRAM + NOR
			x32 (Upper 16 bits) NOR
			+ pSRAM
			x16 ADQ NOR
			x16 ADQ NOR +pSRAM
				Bus C
				x16 NAND
				
				x16 NAND
				
				x16NAND
				x16NAND

7	13mm x13mm Package
	0.65mm Ball Pitch
	19 x19 Ball Matrix
	136 FBGA
		Options Bus A
		AA x32 (Lower 16 bits)
		      M-DRAM + NOR
		AB x32 (Lower 16 bits)
		      NOR +pSRAM
		AC x16 M-DRAM
		AD None
			Bus B
			x32 (Upper 16 bits)
			M-DRAM + NOR
			x32 (Upper 16 bits) NOR
			+ pSRAM
			x16 ADQ NOR(A24 Max)
			x16 ADQ NOR +pSRAM
				Bus C
				x16 NAND
				
				x16 NAND
				
				x16NAND
				x16NAND

形で，0.65mm 接続ピッチを提案した．結局ここでもマルチスタンダードとして，数種類のメモリパッケージのピンアウトが標準となった．表3に JEDEC Standard No.21-C として標準化されている内容のまとめを示す．現在までに，7種類のパッケージが標準化されていることが分かる．

　もう一つは，異なるメーカの上下パッケージをスタックするための，外形の標準化であり，JC-63 の動きと相まって，JC-11 において議論され，"JEDEC PUBLICATION 95 Design Guide 4.22 Fine-pitch, Square Ball Grid Array Package (FBGA) Package-on-Package (PoP)" として公開されている．

3.7 PoP の課題と今後

　PoP は本格採用が始まったばかりであり，デバイス供給，標準化の拡大，スタック工程のインフラ整備等の問題も残っている．さらに，現在の PoP パッケージがファンアウト構造でスタックするために，パッケージサイズがチップスタックに比べて大きくなり，また上下間のインターフェイス端子数が，十分に取りにくいという基本的問題がある．

　また，上段パッケージはメモリを載せることが多く，チップスタックパッケージが使われるが，下段パッケージは，パッケージ高さを押さえるため通常シングルチップとなる．システムの複雑化に伴い，これらの二つの問題が顕在化しつつある．しかし，これらも近い将来に解決され，PoP 技術がチップスタック技術と共に，3次元 SiP を支え，さらに3次元システムモジュールとしても，活用されることになると考えられる．

4　コンベンショナルインターコネクト技術

　コンベンショナルインターコネクトと呼べるものの代表は，なんと言ってもワイヤボンディング法であり，チップ間やチップと基板間の接続に使われている．ワイヤボンディング法は，金線を使って，熱圧着を行うという基本工法を変えることなく，ボンディングスピード，ファインピッチ化等，数十年にわたって着実な技術的進化をとげた．中でも，多段のチップスタックを可能にしたのは，ルーピングコントロール技術である．CSP やチップスタックド CSP 技術実現のために開発された代表的ルーピングには，超短ループボンディング，長・低ループボンディング，リバースボンディング等がある．

　この結果，ほとんどのチップの組み合わせはワイヤボンディング法で行うことが可能であるし，自由度も高くコストも安い．そんなアクロバティックなことができるのかと思えるほど色々なルーピングが可能である．そしてこの技術の進化がフリップチップ法の導入を拒んできたとい

える。

一部の機種で，最下層をフリップチップ法で，上段をワイヤボンディング法を使って，製品化されているものもある。

PoP の上下パッケージのスタック法として使われるはんだボールインターコネクトも，コンベンショナルインターコネクト法のひとつといえる。いわば BGA 実装技術の応用ともいえるもので，はんだボールを使い，一括リフロー工法で接続が行われるため，低コスト化が可能である。

5 新しいスタック・インターコネクト技術

文頭でも述べたように，チップスタック，パッケージスタック技術は既に製品化が行われていて，3 次元 SiP の中核をなす技術であるが，ここに来て新しい技術が注目されだした。これらは，

① TSV（Si 貫通ヴィア）技術（CoC：Chip on Chip，CoW：Chip on Wafer，WoW：Wafer on Wafer）
② 無線インターコネクト技術
   インダクタ結合，静電結合，電磁波結合
③ 光インターコネクト技術

の大きく 3 つの方式であり，図 7 にこれらの方式の棲み分け，表 4 に特徴を示した一例をまとめ

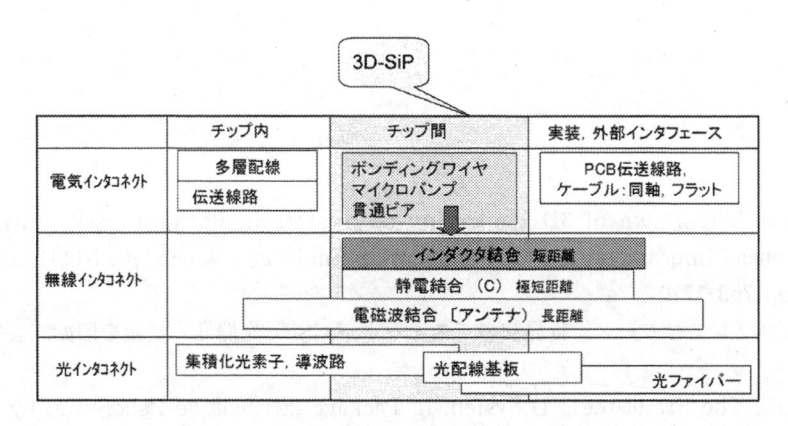

	チップ内	チップ間	実装，外部インタフェース
電気インタコネクト	多層配線／伝送線路	ボンディングワイヤ／マイクロバンプ／貫通ビア	PCB 伝送線路，ケーブル：同軸，フラット
無線インタコネクト		インダクタ結合 短距離／静電結合（C）極短距離／電磁波結合〔アンテナ〕長距離	
光インタコネクト	集積化光素子，導波路	光配線基板	光ファイバー

図 7　新しいインターコネクト方式の棲み分け

表 4　新しいインターコネクト方式の特徴

	配線技術（距離）	データレート	消費電力	接続密度	工程	コスト	チップテスト
電気	ボンディングワイヤ	×（2 Gbps）	×	×	△	△	△
	貫通ビア配線	○（8 Gbps）	○	○	×	×	△
無線	インダクタ結合	○（10Gbps）	○	△	○	○	○

た。

　これらの技術は，①以外は大学や研究機関の研究レベルであり，その特徴やアプリケーションが明確化されていない。また，無線インターコネクト技術等は，プロセス技術というより設計技術であり，インターコネクトは，両技術の融合が起こっているといえる。今後これらの技術を使って，チップスタックやウエハスタックが行われ，新しい3次元SiPが実現されるだろう。しかし，TSV技術を含めどの方式が主流になり，どう棲み分けられるのかは，今後の研究開発次第である。これらの新しい技術が次の実装技術の中核となり，SoCを凌駕する3次元SiPを生みだし，次世代の半導体産業を牽引することを期待したい。

6　おわりに

　本稿では，チップスタックからパッケージスタックへと展開しているコンベンショナルな3次元SiP技術について詳細を述べ，さらに，注目されだした新しい技術について，その概要を紹介した。最後に，ここでは触れなかったが，3次元SiPにとって，もう一つ注目しておかなければならない技術として，エンベッディッド技術があることを付記しておく。

（2006年10月26日エレクトロニクス実装学会 MES 2006 招待講演予稿集より転載。（一部アップデート））

文　献

1) M.Kada, The Dawn of 3D Packaging as System-in-Package (SIP), Institute of Electronics, Information and Communication Engineers, Vol.E84-C, NO.12, December, 2001, pp1763-1770
2) シャーププレスリリース，世界初の"スタックドCSP"を開発，量産を開始，1998年2月17日
3) M. Kada, The Era of the 3-D System In Package (SIP) will be Ushered in by Japanese mobile phones, Technical Conference, IPC Annual meeting 2002
4) M. Kada, Stacked CSP/A Solution for System LSI, Chip Scale International, 1999
5) M. Kada, Advancement in Stacked Chip Scale Packaging (S-CSP), Provide System-IN-A-Package Functionality for Wireless and Handheld Applications, Pacific Microelectronics Symposium 2000
6) 嘉田，ディジタルコンシューマ製品と3D SiP，電子材料，2005年1月号

第 1 章　新たな展開を見せる 3 次元 SiP 技術

7) シャーププレスリリース，モバイル機器向けスタックド CSP　複合メモリの仕様統一で合意，1998 年 9 月 14 日
8) SanDisk Press Release, SanDisk ships world's first production 1GB SD Card with new Sharp technology, to select worldwide retail channels, January 27, 2004
9) R. D. Pendse, Future Directions in Package-level Integration, APIA Symposium, July, 15 2004
10) Yoshida et al., A Study on Package Stacking Process for Package-on-Package (PoP), 56th ECTC, May/June 2006
11) 岩田（広島大学），資料提供，2006 年 7 月

第Ⅱ編　3次元 SiP 設計評価技術

第2章 3次元実装の回路設計

須藤俊夫[*]

1 はじめに

近年の電子機器の小型化は進み,特にモバイル機器の軽薄短小化・高密度実装化が進み,狭いプリント基板面積に多くのLSIを詰め込むために,SiP (System-in-package) の開発が盛んになってきた。従来のMCM (Multi-chip module) は,ベアチップを平置き状態で高密度実装を目指したものだが,SiPは1つの半導体パッケージの中に複数個のLSIを縦積みして高密度化を図ったものと言える。SiPにも多様なパッケージ構造が検討されており,MCP (Multichip package),スタックパッケージとも呼ばれるものや,PoP (Package on package) のように,テスト性やチップの流通性を考慮した構造が開発されている。

現在は,積層されるLSIは主にメモリやコントローラ等のデジタル回路同士の組み合わせが多いが,今後は,RF回路やMEMS (Micro Electro Mechanical Systems) などを複合させた構成のものが出現することは遠いことではない。高周波回路との組み合わせの場合は,SiP内部の電磁干渉低減のために,アイソレーションの確保が重要となる。このためのSiPの構造は,デジタルLSIだけの組み合わせと異なり,チップ間でのシールド構造も取られることになるだろう。また近年のチップ間通信に,金属導体で直接的につなぐのではなく,容量結合や,インダクティブ結合や,ワイヤレス通信も検討されている。

ここでは,現状の主流であるデジタル回路同士の組み合わせのときの回路設計として,パッケージ内配線の伝送路設計,クロストークノイズ,同時スイッチングノイズ,電磁放射ノイズについて述べる。用途に応じてノイズを適正な許容範囲に抑えるためには,ノイズ量を正確に予測し,実装構造(コスト)とのトレードオフを判断する必要がある。

2 伝送線路設計とクロストークノイズ対応設計

SiP内の信号配線はMCMに較べると,縦積みされる分,配線長が短く,信号配線を伝送線路と見なさなくてもよいほど短く抑えることができる場合が多い。このことはプリント基板上の配

---

[*] Toshio Sudo ㈱東芝 生産技術センター 実装技術研究センター 研究主幹

3次元システムインパッケージと材料技術

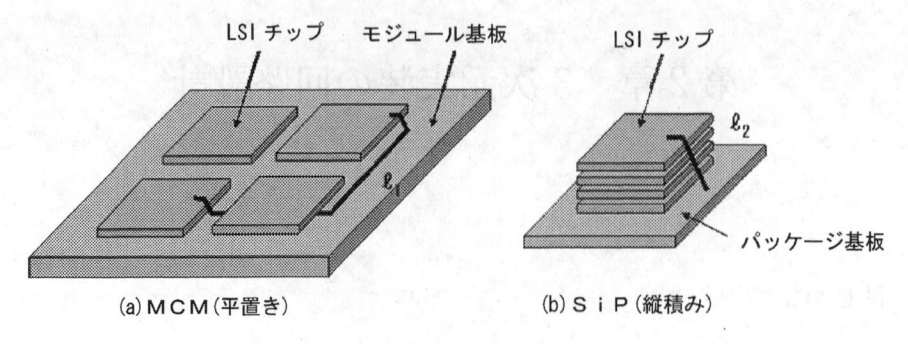

図1　MCMとSiPの比較

線を伝送線路としてみなさなければならないという厄介な条件を取り払うことができるという重要な意味を持つ。図1に，従来の平置きタイプのMCMと，縦積みタイプのSiPの摸式図を示す。チップサイズを10mm角と仮定すると，MCMの場合の最大配線長ℓ_1は20mmから50mm程度の配線長となる。一方，SiPの場合の最大配線長はチップの厚さを100μmと仮定すると，5段積みのチップを想定しても，0.5mmから1mm程度の配線となり，その短縮度合いは，大雑把に言うと1/50〜1/100となる。ただ現実には，ワイヤボンデングを用いたときのワイヤ長は上段のチップほど長ループとなり，配線の短縮度は，単純な概算ほど大きくはない。

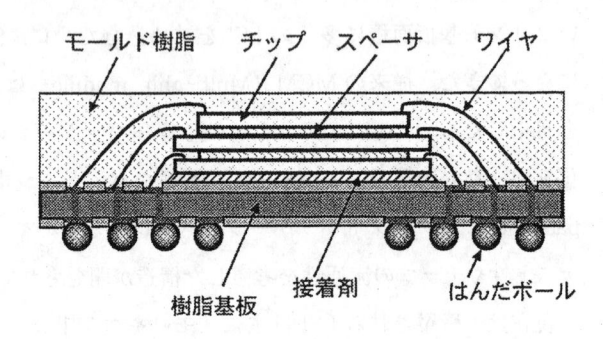

図2　SiPの代表的な構造例

図2に2層構成のパッケージ基板を用いた場合のSiPの断面構造例を示す。表層配線は主にボンデング用のパッド用の引き出し配線であり，裏面配線ははんだボール用のパッドだけからなっている。この場合，パッケージ基板内の信号配線の特性インピーダンスを制御できるような，基準グラウンド面をもっていない。このように多くの場合，パッケージ基板コスト低減のために導体層数は2層構成であるため，クロストークノイズの問題が顕在化する。信号配線に関しての課題として以下のようなことがあげられる。

1) 配線長制御——ビット線のパッド間スキュー等遅延時間設計
2) クロストークノイズ制御——配線間のスペースの確保，あるいはシールド用ガイド配線
3) スタブによる反射ノイズ——パッケージ内にあるめっき用のオープンスタブ
4) 終端抵抗の省略——伝送線路に対する整合終端は，線路が短いと反射を考慮する必要がなくなり省略可能な場合がある。

第2章 3次元実装の回路設計

(a)

インナーパッド部
(ポート1)

オープンスタブ

はんだボール
(ポート2)

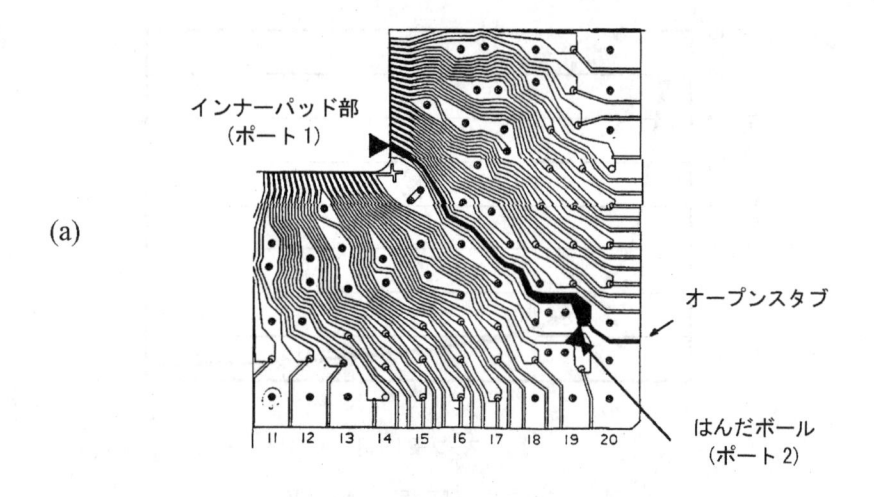

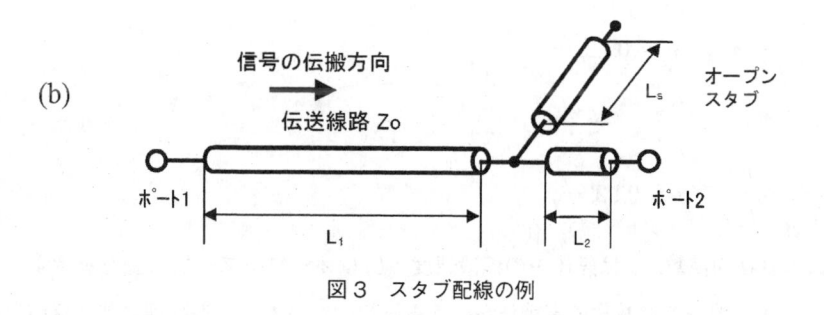

(b)

信号の伝搬方向
伝送線路 Zo
オープンスタブ
ポート1
ポート2
L_1
L_2
L_s

図3 スタブ配線の例

図3のように，3)のオープンスタブ配線があるとき，インナーパッド（ポート1）から見たインピーダンスは下記のようになる。

$$Z_{in} = Z_0 \frac{Z_L \cos\beta L_s + jZ_0 \sin\beta L_s}{jZ_L \sin\beta L_s + Z_0 \cos\beta L_s}$$

ここで，配線の特性インピーダンスをZ_0，L_Sはスタブ配線長，その終端を開放条件とすると，$Z_L = \infty$から

$$Z_{in} = \frac{Z_0}{j\tan\beta L_s}$$

$L_S = \lambda/4$となる周波数では，$\beta L_S = \frac{2\pi f}{v} \times \frac{\lambda}{4} = \frac{\pi}{2}$となるため，$Z_{in} = 0$となる。

従ってこの周波数では分岐点で短絡された状態になるため，ポート2には信号伝送されないことになる。つまりオープンスタブの長さが，$\lambda/4$とその奇数次高調波に相当する周波数で減衰極を持つことになる。従って次の式が得られる。

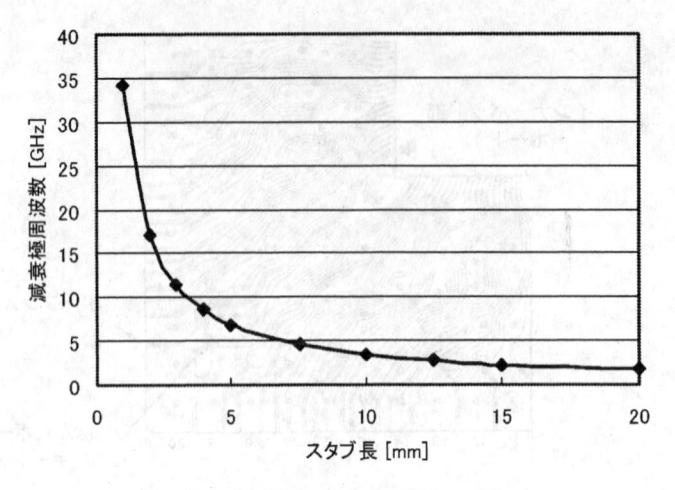

図4 スタブ長と減衰極周波数の関係

$$\beta L_\mathrm{s} = \frac{2n+1}{2}\pi \qquad n = 0,1,2,\cdots$$

従って

$$f_p = \frac{2n+1}{4} \times \frac{v}{L_\mathrm{s}} \qquad n = 0,1,2,\cdots$$

ここで，f_p は減衰極周波数，v は媒体中の伝搬速度，L_s はオープンスタブの長さを示す。すなわちスタブ配線に1/4波長の奇数次の高調波がのる周波数において，伝送特性に減衰極が生じることに注意が必要である。スタブ長と減衰極周波数の関係を図4に示す。

3 同時スイッチングノイズ対応設計

SiPに積層されるCMOS LSIのI/Oバッファ特性の設計には注意が必要である。I/O回路には内部のロジック回路に比べてゲートの幅の大きいバッファ回路となっている。CMOS回路の出力バッファ回路は，図5に示すようなpチャネルのFETとnチャネルのFETで形成され，それぞれのFETが交互にON/OFFし，信号端子の負荷を充放電する。図6に同時スイッチングノイズの発生メカニズムを示す。出力端子の論理レベルが"Low"から"High"へ遷移するときに，pチャネルMOSFETがONし，nチャネルMOSFETがOFFとなり，電源線から信号配線へ充電のための過渡電流が流れる。また"High"から"Low"に変化するときには，FETのON/OFF状態は逆になり，出力端子に充電された電荷がグラウンド配線へ放電するための過渡電流が流れる。この時N個の出力バッファ回路が同時に"High"，あるいは"Low"に遷移すると，流れる過渡電流はN倍となるため，電源線あるいはグラウンド線のもつインダクタンス

第2章 3次元実装の回路設計

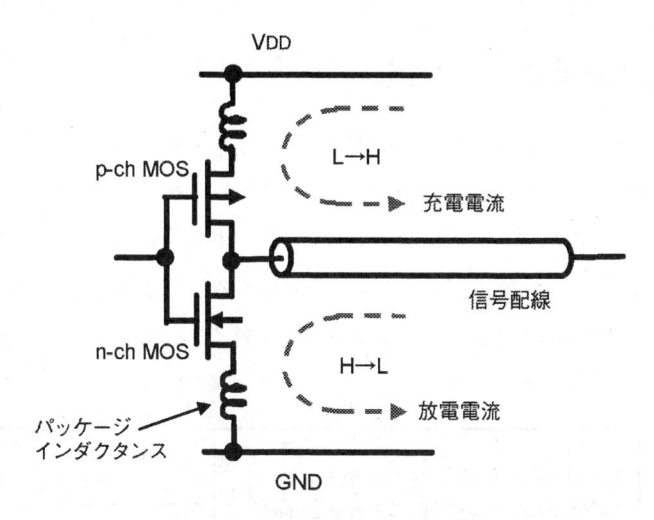

図5 CMOSの出力バッファ回路

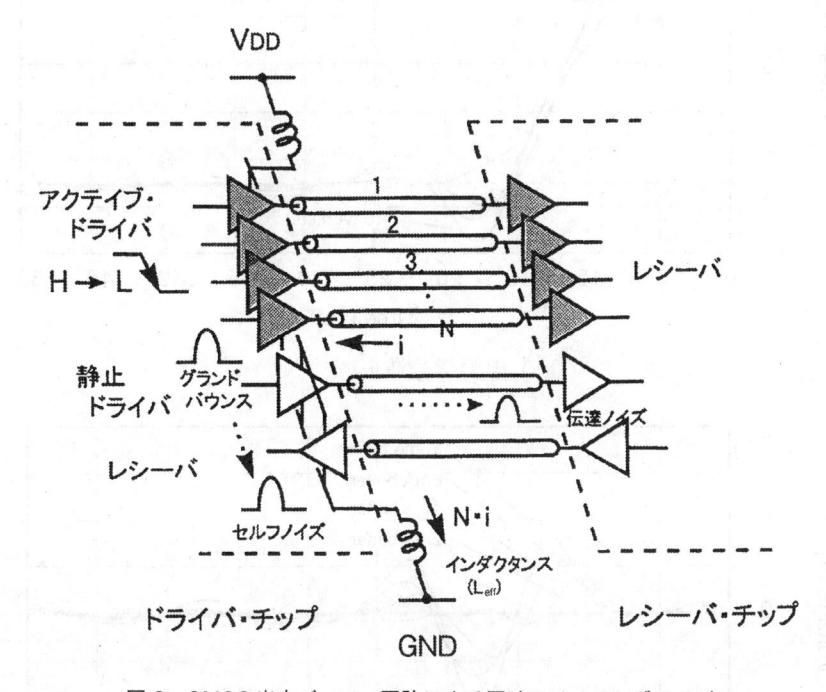

図6 CMOS出力バッファ回路による同時スイッチングノイズ

が小さな値であっても電源／グラウンド電位の変動が大きくなる。この電位の揺れを同時スイッチングノイズと呼んでいる。

　N個のCMOS出力バッファ回路が同時スイッチングするときの電圧変動分ΔVは，電磁誘導の法則により，次のような近似式で表現される。

$$\Delta V = N \cdot L_{eff} \cdot di/dt$$

ここで，L_{eff} はパッケージの電源線あるいはグラウンド線の実効インダクタンス，di/dt は電流変化率で，CMOS 出力バッファ回路の電流駆動力に依存する値である。パッケージのもつ実効インダクタンス L_{eff} が，同時スイッチングノイズを決める大きな要因となるが，パッケージの種類も多く，3次元構造のため実効インダクタンスを見積もることは容易ではない。特に電源とグラウンドのピン数や，それらの相互インダクタンスも実効インダクタンスに大きく寄与する。

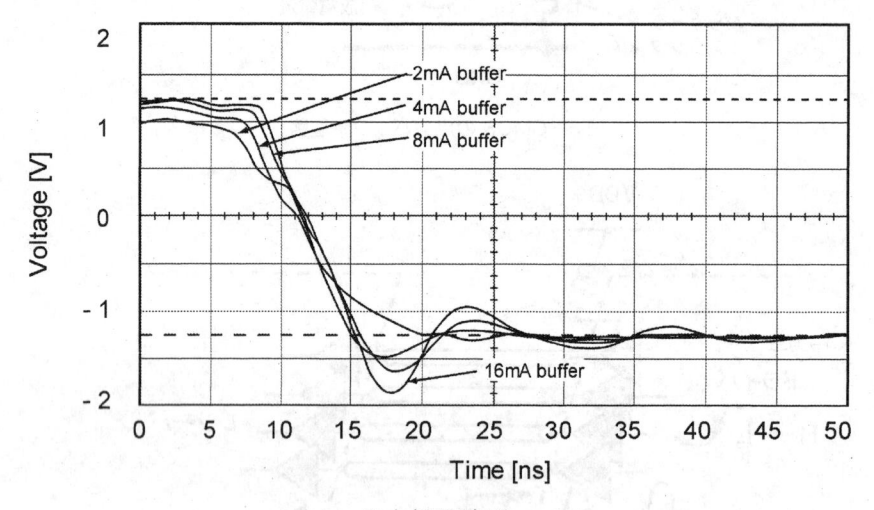

(a) 出力信号波形

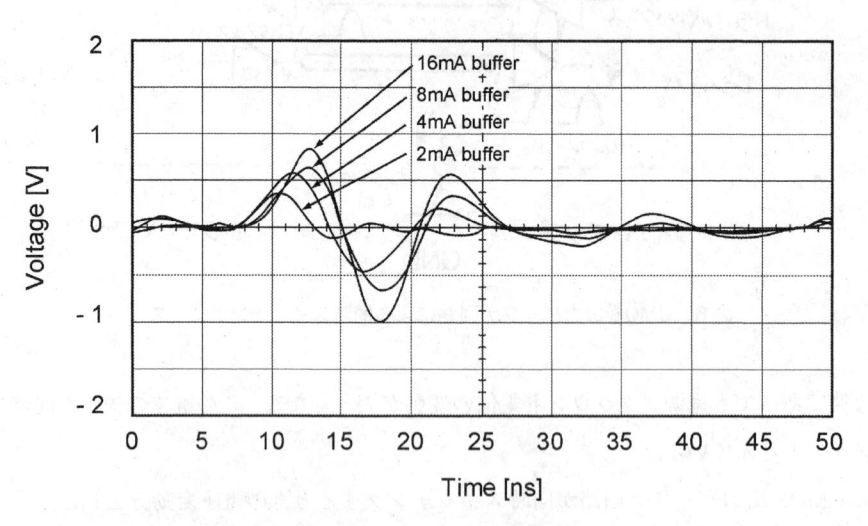

(b) グラウンドバウンス波形

図7 出力信号とグラウンドバウンスの電流駆動力依存性

第2章 3次元実装の回路設計

図7は，QFP（Quad Flat Package）を用いたときの，CMOS出力バッファによる出力信号波形とグラウンドバウンス波形である．1対のP/Gに対する信号数は4本，10MHzの周波数で駆動させ，バッファの電流駆動力は2mA，4mA，8mA，16mAと変化させた場合の波形である．電流駆動力が大きくなるとグラウンドバウンスのピーク値が大きくなることが分かる．この結果から分かるように，信号負荷に対して，グラウンドバウンスの小さくなるような最適な電流駆動力をもった出力バッファを用いることが重要である．

図8は，8mAバッファ回路で同時スイッチング数が16本の場合に，負荷となる信号配線長を10cm，20cm，30cmと変化させたときの出力信号波形とグラウンドバウンスである．SiP内

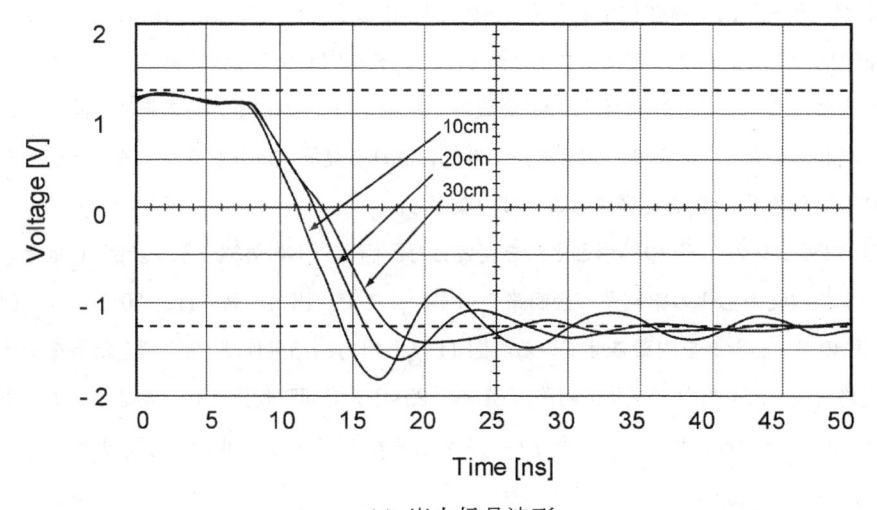

(a) 出力信号波形

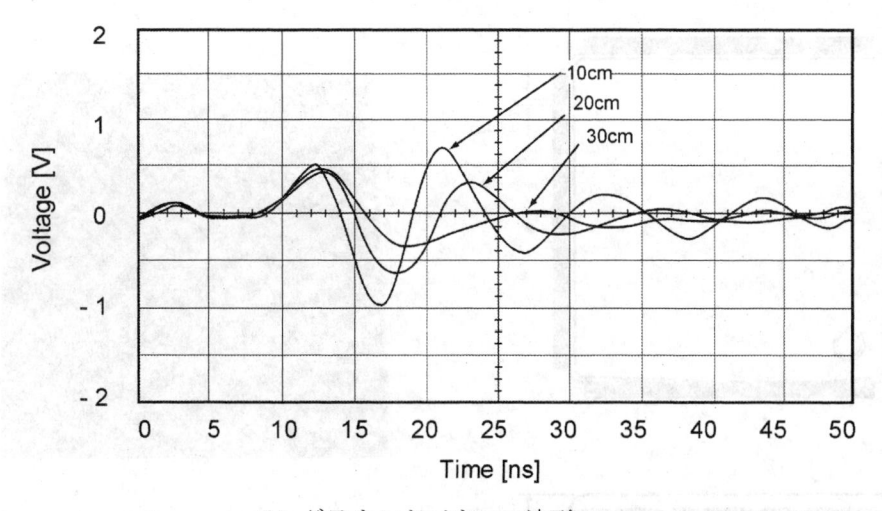

(b) グラウンドバウンス波形

図8 グラウンドバウンスの信号配線長依存性（8mAバッファ）

の信号伝送の場合は信号配線が短くなるため,同時スイッチングノイズは逆に大きくなる傾向を示す。これは,典型的な集中定数LCR共振回路を駆動することになるためである。この容量成分Cは配線部の容量だけでなく,レシーバの入力容量が支配的な役割を果たす。そのためESD対策に付加されているレシーバの入力容量の低減も重要となる。

4 放射ノイズの低減設計

MCMと比較して,SiP化するとSiP内部同士の信号の授受の場合には,リターン電流の流れる領域がパッケージ内に局在化するため,SiPのEMIは必然的に減る傾向にある。もう一つのEMI低減の手法は,チップにデカップリングキャパシタを内蔵することである。オンチップキャパシタの内蔵により,コア回路動作時の高周波電源電流や,I/O回路動作時の貫通電流成分はチップ内部に局在化することにより,パッケージ外部に流れる高周波成分を低減することができ,それが取りもなおさずEMIを低減することにつながる。

図9は,256ピンのQFPの外形とそれを実装した評価ボードの外観を示す。図10はオンチップキャパシタ内蔵のLSIの給電系等価回路を示す。ここで,出力回路には約30nF,コア回路には約22nFのキャパシタを内蔵させている。図11は,出力回路動作時EMI測定結果を示す。測定は,定格電流8mA出力バッファ回路が31本,25MHzで同時動作させ,(a)はオンチップキャパシタの無い場合,(b)はオンチップキャパシタの有る場合である。図12はオンチップキャパシ

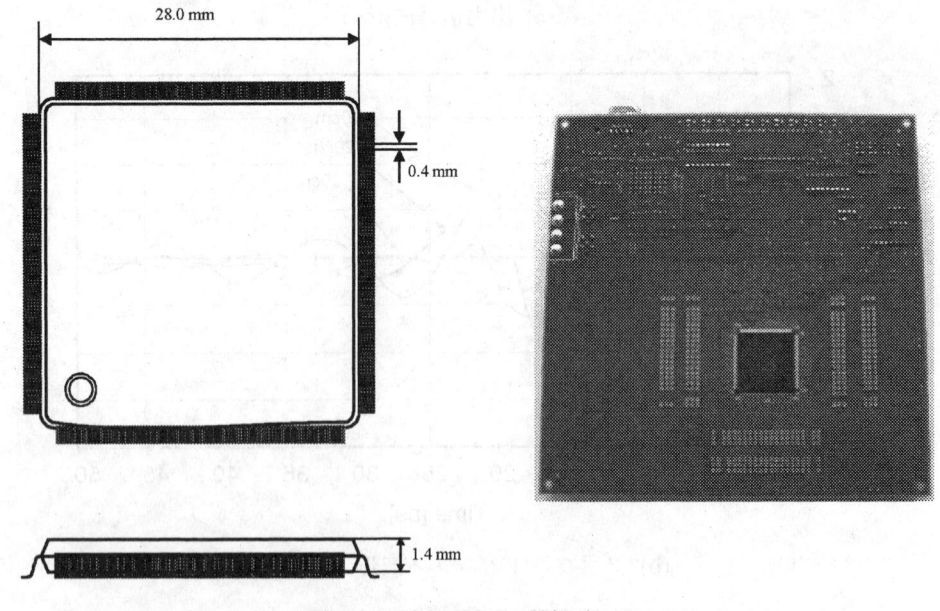

図9 256ピンQFPと評価ボード

第2章 3次元実装の回路設計

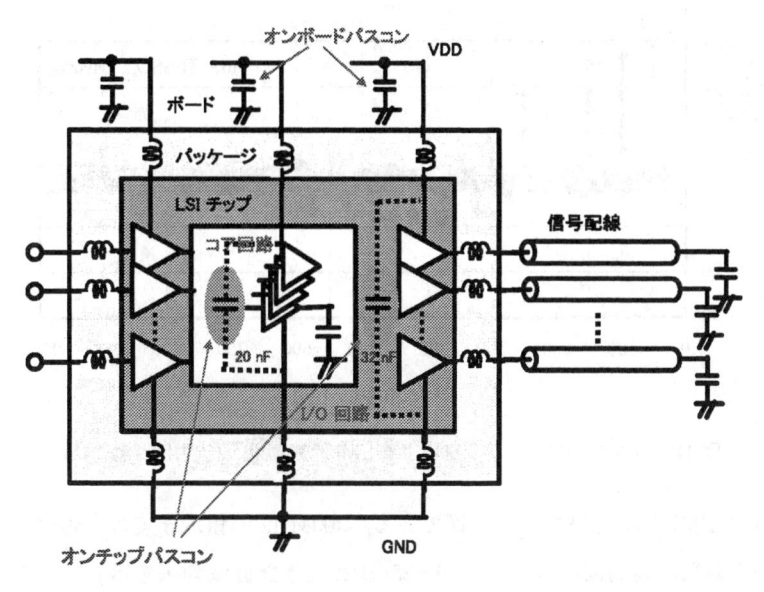

図10 オンチップキャパシタを内蔵した給電系等価回路

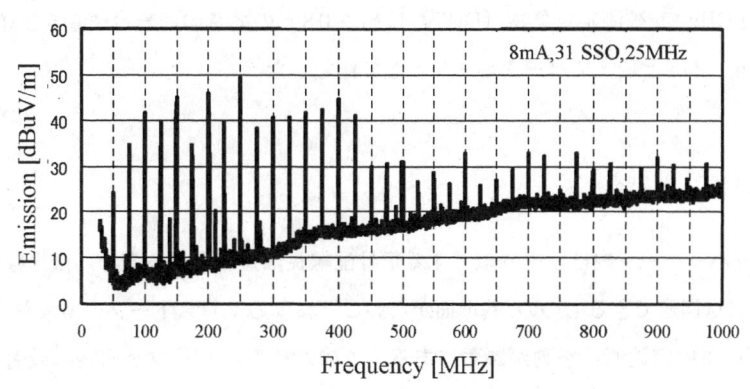

(a) オンチップキャパシタの無い場合

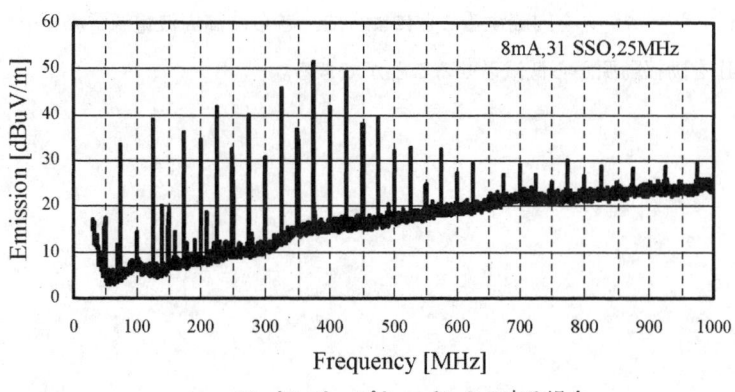

(b) オンチップキャパシタの有る場合

図11 出力回路動作時のEMI測定結果（8 mA, 31 SSO, 25MHz）

29

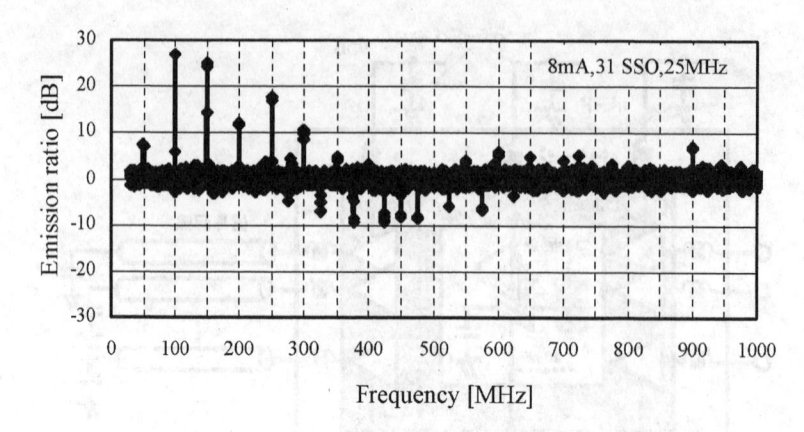

図12 オンチップキャパシタによるEMI低減効果：（出力回路動作時）

タの有無によるEMI低減効果を示した図である。300MHzの領域までは，50MHz，100MHz，150MHzという偶数次高調波に対して，10～25dBと大きな低減効果を示していることが分かる。なおEMI測定は，6面電波吸収体を貼った3m簡易電波暗室にて行った。測定周波数範囲は30MHz～1GHzで，被測定対象物（DUT）は高さ0.8mの高さの回転台に置き360°回転させ，アンテナは1m，2mと変えてピークホールドして測定した。

5 おわりに

SiP化によりパッケージ内部でやり取りする信号配線長は短縮されるため，伝送線路としての扱いを部分的には回避できるものの，基準面がないことによるクロストークの増大や，同時スイッチングノイズの集中定数的な挙動が顕著にある。このためI/Oバッファ回路の最適化は重要な設計パラメータとなる。またSiP化により，リターン電流が局在化しEMIは低減する傾向にあるが，オンチップキャパシタを内蔵することによって，さらに高周波電源電流をチップ内部に局在化でき，EMIを励振動源から低減させることができる。

第3章　3次元実装設計ツール

友景　肇*

1　はじめに

　SiP（System in a Package）をSoC（System on a Chip）と比較した場合，既存のチップを使用すれば，短期間に量産が可能で，開発コストを低く抑えられるという利点を有する。従って，少量多品種の製品開発には有効で，アナログ，デジタル混載，異種半導体の組み合わせが可能などSoCにはできない構造も可能となる。しかし，様々なチップが様々な材料で接続され，組み上げられるために，SoC以上に設計，解析が困難な場合がある。特に，近年のデジタル家電製品の小型化，高周波化が進むと，高密度で高周波動作のSiPを3次元的に組み上げることが必要となり，基板を設計して部品を実装しても設計通りにシグナルが通らない場合が起こり得る。基板配線のパターンや接続方法を変更して，何度か試作ならびに再設計を繰返すと，SiPのメリットである短期間開発ができなくなる。如何に試作と再設計の時間を省いて量産に入れるかが鍵で，これを可能にするのが設計ツールである。

　従来，SiP組み立ては，複数のチップや受動素子が正常に動作していることが確認できていれば，電気的な接続を施すだけでシステムは完成した。しかし，高周波になると，直流での導通が確認された基板上に実装しても，「動作しない」とか「なぜ動作しないのか分からない」という事態に直面する。

　本章では，3次元SiP実装統合設計ツールの必要性について述べ，総合判定機能を有する統合設計ツール例を紹介する。また，SoCと比較してSiPのメリットである短期間開発を可能にする製造モデルとツールとの関係を説明する。基板評価，故障解析などの結果を設計ツールにフィードバックすることが必要であり，これを実現するための標準基板RS（reference substrate）及びTEG（test element group）についても述べる。

2　統合設計ツールの必要性

　統合設計とは，電気回路の配線だけでなく，シグナルインテグリティ，パワーインテグリティ，

---

*　Hajime Tomokage　福岡大学　工学部　電子情報工学科　教授

電磁界解析，熱解析，応力解析などを統合してシステムを設計することである。高周波になれば，基板の配線材料や形状で伝送特性が変化し[1]，高密度実装された場合には，動作時の発熱による破損や故障だけでなく，膨張係数の違いによる応力発生が素子特性に影響も与える[2]。また，基板の材質，構造，接続形態などによっても特性が変化するので，これらを考慮した設計が必要となる。そのためには，まず基板，配線金属などの物理パラメータをライブラリ化する必要がある。具体的には，金属の導電率，基板の誘電率，誘電損角，また金属，基板の熱膨張係数などである。物理パラメータや形状は設計に用いた値と必ずしも一致しないので，RSやTEGを使った実測とシミュレーションとの比較が必要になる。

シグナルインテグリティなどの問題は高周波動作SoCでも同じである。しかし，異なるICを複数個接続しなければならないSiPでは，解析がSoC以上に複雑化する。SoCの場合には，少なくとも同じシリコン基板内にシステムが構成されているため，回路シミュレーションが可能で，熱伝導方程式も均一の媒質中で解くことができる。またシグナルインテグリティの解析も，アルミ，銅やポリシリコンなど均一配線材料中で議論することができる。しかし，SiPの場合には，異なった材料の半導体が近接して存在し，配線の途中にはんだボールなどがあるため，反射や伝送損失が生じ解析も難しくなる。また，近接したチップの発熱によって別のチップの温度が上昇し，熱応力を生じるなど，SoCでは考慮しなくてよい問題まで発生する。従って，高周波動作する高密度SiP全体を統合設計することは，大規模SoC以上に統合設計が難しくなる。これを解決するには，高周波シグナルラインや電源ラインのような重要な配線に特化してシミュレー

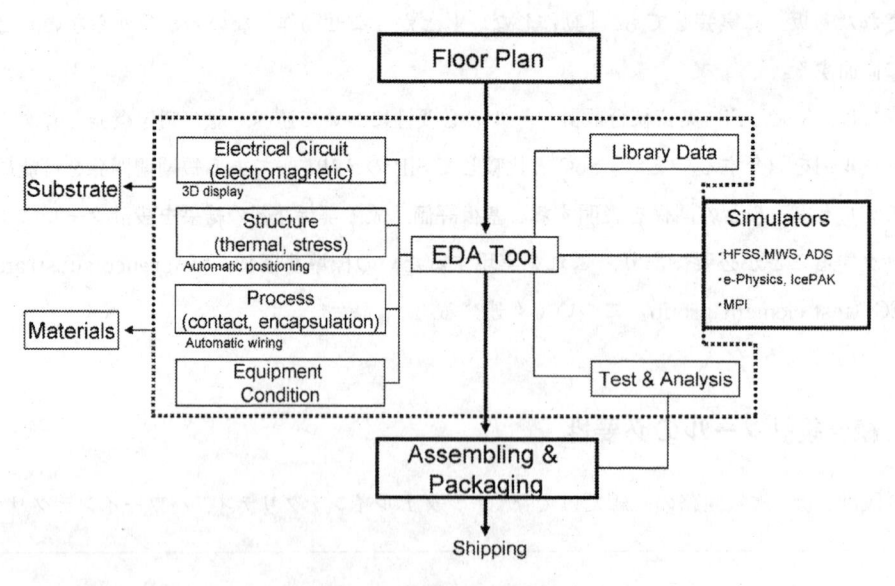

図1 SiP設計ツールの構成

第3章　3次元実装設計ツール

図2　SiP設計ツールを用いた設計例

ションするなどの工夫が必要となる。

　図1は，統合設計ツールの構成例を示す[3]。フロアプランからの自動配線，3次元可視化，ワイヤボンディングの最適配線，温度分布を均一にするための自動配置などの機能を持つ。また，SiP基板設計を中心にして，チップのパッド位置変更やプリント基板配線なども統合して設計可能である。シミュレータは，電磁界解析のHFSS（High Frequency Structure Simulator），MWS（Microwave Studio），ADS（Advanced Design System），熱解析のIcePAKなどとインターフェースを持ち，全体または一部を切り出してシミュレーションすることができる。システムが決まると，フロアプランから回路設計，構造設計，実装プロセス設計，更には装置の条件設計などを行なう。また，基板の物理パラメータなどをライブラリデータとして持ち，評価，解析結果もツールに格納される。3次元設計ツールで設計されたSiPの3次元表示例を図2に示す。

3　総合判定機能

　幾つかのシミュレータを解析に用いる場合には，通常EDAツールで設計された3次元データは，各シミュレータで別々にリメッシュされ，シミュレーションされる。その結果は表示されるが，3次元データとしてEDAツールに戻すことはできない。例えば，電磁界シミュレーションで電気的特性をシミュレーションした後に，そのチップ配置での熱シミュレーションを行い，それぞれのシミュレーション結果がある範囲内に収まるように，個別に最適化を行なう必要がある。図3(a)は，この従来の設計モデルを表している。一部のシミュレータは，実装装置へデータを送り，シミュレーションと同じ工程を実現できる。もし，チップの位置が変更されると，電磁

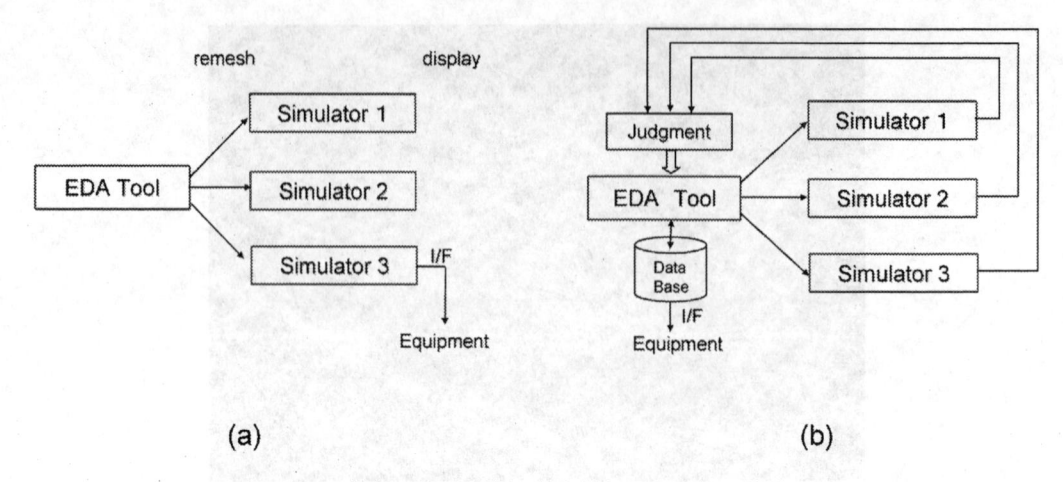

図3 従来のSiP設計(a)と総合判定モデル(b)との比較

界シミュレーションと熱シミュレーションの双方をやり直す必要があり，全てのシミュレーションを終えるのに要する時間は個々のシミュレーションに要する時間の和となる。図3(b)は，現在開発中の総合判定システムで，各シミュレータからの出力を総合判定してツールにフィードバックする機能を有しており，これによって設計時間の短縮を目指している。現在，一部のシミュレーション結果をEDAツールにフィードバックすることが可能となっている[3]。

4 短期にSiP開発するためのERモデル

統合設計ツールを用いれば，短期間でのSiP製造が可能となる。これを救急医療に例えて図4に示す。SiPを素早く製造することは，患者の命を救うための緊急処置に類似している。これをSiP製造のER (emergency room) モデルと呼ぶ。図4(a)は，救急患者の命を救うための救急医療の流れである。担当医は，患者が搬送されてくる前に，患者の様態を救急車から受け予め処方箋を作っておく。そして，レントゲン医師，麻酔医，外科医などに指示して，事前に受入れ準備を整え終えておく。患者が運び込まれると，一気にオペレーションが開始される。

図4(b)は，SiP製造のERモデルである。担当医に当たるSiP基本設計者は，フロアプランから基本設計を行なう。このデータを使って，回路設計，構造設計，工程設計を行い，シミュレータを用いて事前にシミュレーションを終え，待ち状態にしておく。量産基板やチップが供給されると，一気に製造に移り，試作の繰り返しなしに量産工程が進む。工程間の待ち時間がないため，最短での量産が可能となる。従来は，それぞれの設計がシーケンシャルに行なわれ，前段の設計が終ると，その設計データを使って次の設計に移り，装置の条件出しなどの工程設計を経て量産工程へと移っていた。各設計を並行して行ない，総合判定機能を有するツールで各工程の最適条

第3章 3次元実装設計ツール

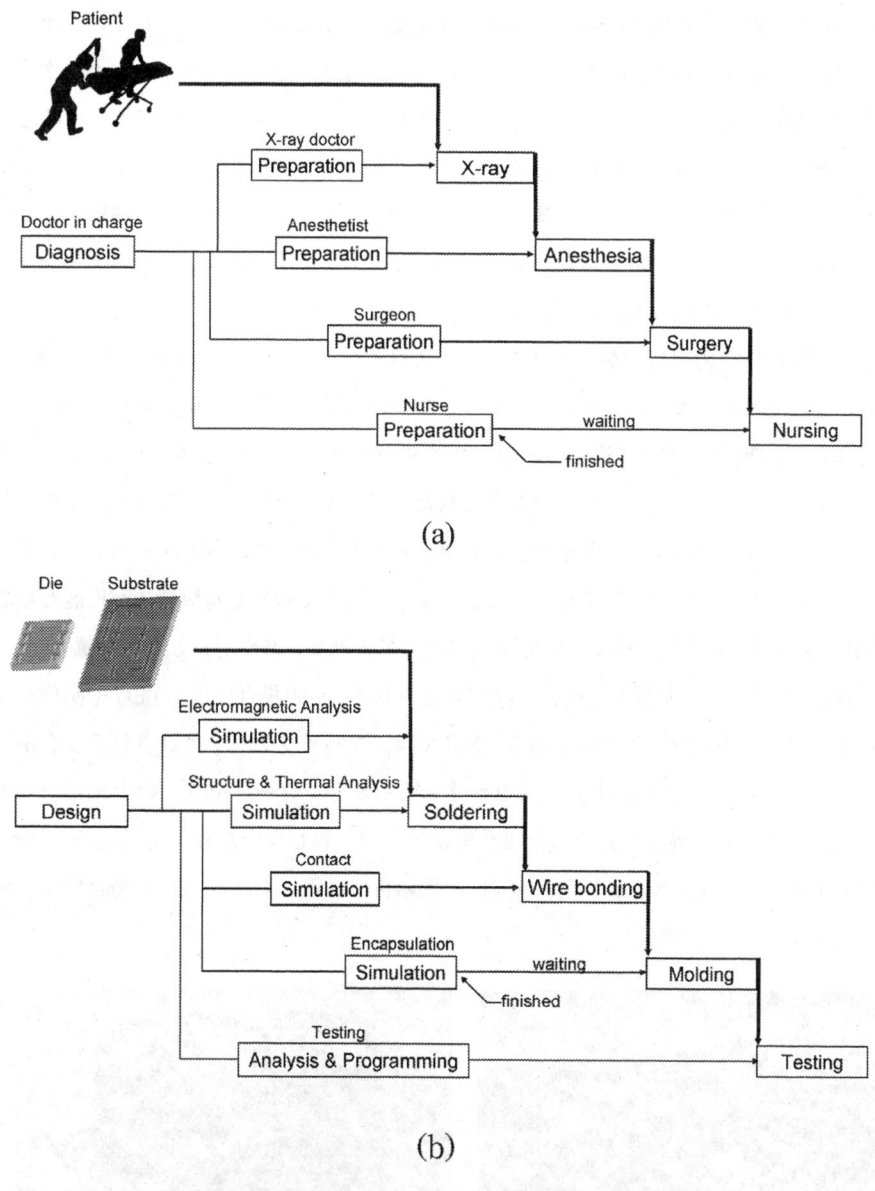

(a)

(b)

図4 救急医療体制(a)とSiP短期製造(b)との比較

件を求めておけば，工程間の待ち時間はなくなり，素早く量産が可能となる。

5 評価手法の確立と設計ツールへのフィードバック

接続方法，接続材料などが標準化された実装技術を用いてSiPを開発する場合には，量産基板

の設計技術レベルが開発期間を決める.設計した基板が特性的に仕様を満たしているか否かは,試作基板の特性を評価することによって確かめられる.高周波特性を評価するために作られた標準基板RSの例を図5に示す.これは,LTCC(a)とFR-4(b)で,受動素子を基板に内蔵したタイプのものである.どちらも,埋め込み構造のインダクタ,キャパシタ,ビアチェーン,近接電極パッドなどで構成されている.LTCC基板には,誘電率測定のためのリング共振器が作られている.電気的な特性を評価し,シミュレーション結果との一致が得られれば,そのデータを基にして試作基板なしに量産基板の設計が可能となる.

図6は,LTCC基板内部に作製した4.5ターンスパイラルインダクタのSパラメータである.測定結果を細線で示す.図中のシミュレーション結果は,実測した形状値とリング共振器から求めた誘電率の周波数依存性を考慮して計算したものである.S_{21},S_{11}とも30GHzまで,実測結果とシミュレーション結果との良い一致が得られた.このようなデータを蓄積し,基板の製造精度を考慮すれば,試作基板なしに量産基板の設計が可能となる.埋め込みキャパシタンスに対しても同様なデータをライブラリ化することによって,短期間での量産基板製造が可能となる.

SiP不良の原因は,i)実装工程での応力や熱によってチップ自身が不良となった場合とii)基板の不良,及びiii)チップと基板との接続不良が考えられる.i)の場合には,TEGや試作パッケージを用いてプロセスを確認する必要がある.SiPでは,フリップチップ実装される場合がほとんどなので,KGD(known good die)の保証が求められる.プローブを使ったウェハテストで高周波のチップを評価した場合と実装した場合では特性が一致しないため,高周波チップのKGD保証は容易ではない.従って,i)以前にKGDの供給自体が難しくなる.ii)の場合には,例え直

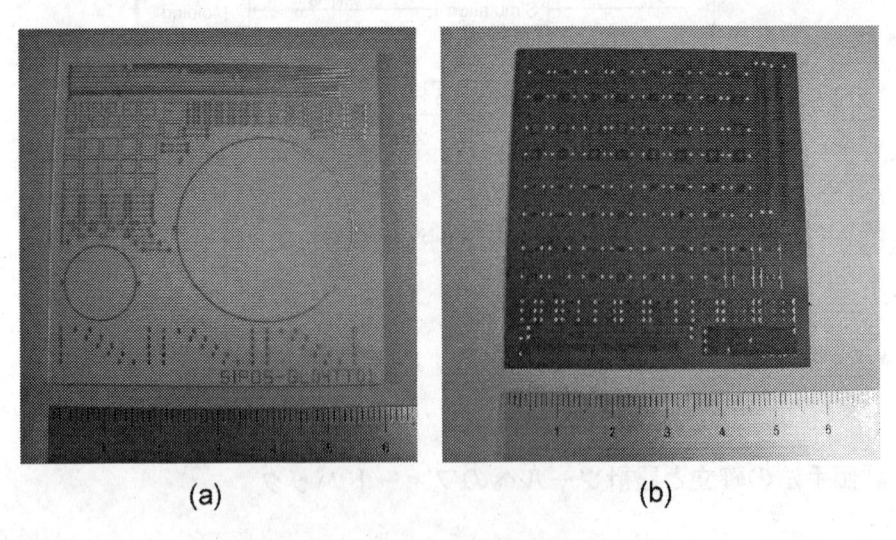

図5 LTCC(a)とFR-4(b)の標準基板RSの例

第3章　3次元実装設計ツール

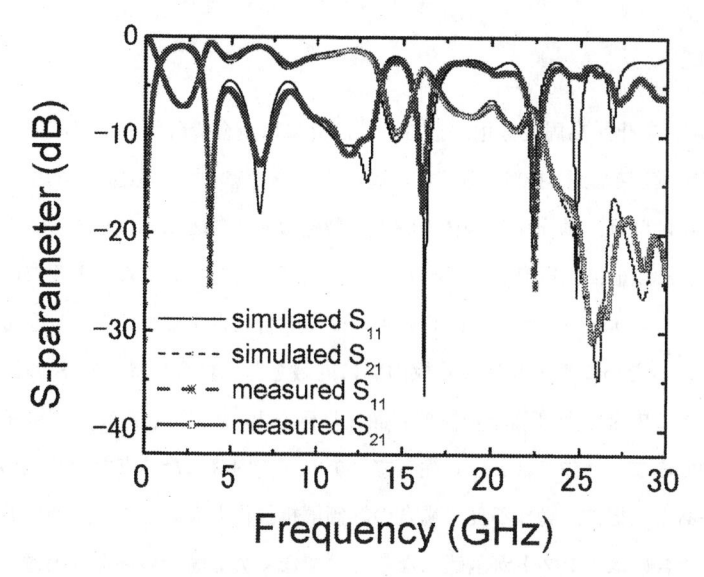

図6　LTCC基板中に埋め込まれたスパイラルインダクタのSパラメータ

流測定で基板内部の接続が確認されていても，高周波シグナルが通らない場合がある。iii)の場合には，接続の不良箇所を特定することが非常に困難となる。しかし，一旦特定できれば，その部分を切断して，不良解析を行うことは可能である。接続を評価するための一つの方法として，RSと専用のTEGを用意し，様々な条件で接続したときの故障解析をデータベース化して設計ツールに付加することが考えられる。

　評価解析結果のツールへのフィードバックは，各企業で個別に行なうよりも，共通の基板とTEGを用いて様々なデータを集めた方がよい。共通のプラットフォームにデータを蓄積して，いつでも利用できる仕組みを作れば，SiP設計の効率は上がると思われる。そのような目的で作られた組織の一つにSIPOS（System Integration Platform Organization Standards）がある[3]。設計ツール開発，RS及びTEGの開発，評価方法の確立，評価データベースの構築などを目指した活動を行なっている。

　実装密度を高くし，小型のパッケージを実現する方策が，受動部品やチップを基板内部に埋め込む部品内蔵基板構造である。しかし，良品基板にあたるKGS（known good substrate）を保証するための基板テストが困難となる。基板テストなしに高価な基板にICを実装し，ファイナルテストで不良品を捨てることは許されない。部品内蔵基板は製造歩留まりが通常の基板に比べて下がる上に，ICを実装するためにファイナルテストでの良品率は更に下がる。これをファイナルテストだけで選別することは許されないため，部品内蔵した基板のKGSをどのように保証するかは，大きな課題である。

6 おわりに

3次元 SiP の高密度化,高周波数化が進むと,設計には統合設計ツールが不可欠となる。実装するチップの情報,実装形態,接続方法,材料特性などを考慮して,電磁界,熱などのシミュレーションを行なわなければ,動作する SiP の設計,製造は不可能となる。SiP 全体を統合設計するためには,SoC 設計以上に大規模なシミュレーションが必要となるため,重要な配線部分のみを切り出し,複数のシミュレーションを同時に走らせて総合判定するなどの方策が必要となる。

実装密度を上げるために電子部品が基板内部に内蔵された場合には,KGS の保証が問題となる。チップを基板に内蔵した高価な基板の表面に高価な IC を実装した後,ファイナルテストで不良な場合に捨てることは許されない。従って,チップを内蔵した時点での基板のテスト技術を確立する必要がある。更に,動作不良の場合の評価解析技術も大切である。特に基板内部にも部品が内蔵された場合には,テストが困難になるだけでなく欠陥箇所の特定も困難となる。評価結果をフィードバックさせた設計ツールが,開発期間の短縮,コストの低減という SiP の命題を解く鍵となる。

文献

1) 小澤 要,合葉和之,平岡哲也,小酒井一成,高島 晃,エレクトロニクス実装学会,"SiP (System in Package) の電気的評価",Vol.6,pp.326-331 (2003)
2) ㈳日本溶接協会マイクロソルダリング教育委員会,"標準マイクロソルダリング技術",日刊工業社 (2002)
3) 友景 肇,"高周波 SiP の設計と評価・解析技術",電子情報通信学会 C,Vol.J89-C,pp.751-760 (2006)

第4章 3次元実装の熱対策

石塚 勝*

1 はじめに

　最近の半導体部品やシステムの高速化ならびに高密度化及び高信頼性化を実現するための最もクリティカルな要素として冷却技術があげられており，熱設計の重要性がますますクローズアップされてきている。これは，半導体素子の高集積化，及び実装技術の"ピン挿入実装"から"表面実装"さらには"3次元実装"への変革に伴うシステムにおける高密度実装化という副産物である高発熱密度化によるものである。つまり，素子を搭載するパッケージの熱設計技術がデバイスの性能を決めるといっても過言ではない。

2 熱抵抗の定義

　上述したことから，パッケージの放熱特性を正確に把握することが重要になっている。パッケージの放熱性の尺度を与える「熱抵抗」は，素子の温度に敏感な電気的パラメータを利用して測定できる。熱抵抗の値はそのパッケージ固有の定数値ではなく，チップ（素子）の大きさ，消費電力，実装状態，外部環境（温度，風速）などにより，容易に変化する。

　デバイスの動作時には，集積回路を構成する，トランジスタの電力消費によりチップに熱が発生する。チップの温度が10℃上がるごとに信頼性が半減するといわれている。チップ接合部温度（ジャンクション温度）を許容温度（通常80〜100℃前後）以下に保つようにパッケージ設計およびシステム設計を行うことが，デバイス性能の上からも信頼性の上からも極めて重要になっている。

図1　チップで発生した熱の放熱形態

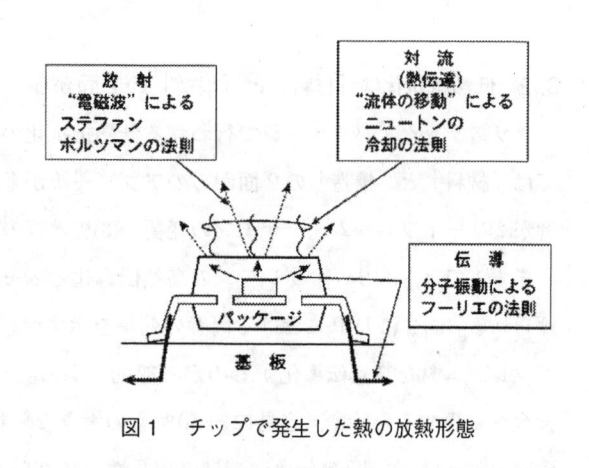

＊　Masaru Ishizuka　富山県立大学　工学部　機械システム工学科　教授

図1に示すようにチップで発生した熱は，パッケージのモールド樹脂（またはセラミック），リードフレームなどを伝導し，パッケージの表面または実装基板の表面から外部に放出される。同時に，パッケージ表面からの放射によっても外部に放出される[1,2]。

つまりチップの熱は(1)伝導，(2)対流（熱伝達率），(3)放射の3つの形で外部に伝えられる。

ある2点間を熱流 Q (W) が流れ，その間の温度差が ΔT (℃) である時，一般に Q と ΔT の間にはある比例関係が存在し，次式が成り立つ。

$$\Delta T = R \cdot Q \tag{1}$$

この式で，温度差（ΔT）を電位差（ΔV），熱流（Q）を電流（I）に置き換えると，電気回路におけるオームの法則となる。つまり，R は電気抵抗に相当するもので，"熱の流れ難さ"を示す量となり，これを「熱抵抗」と呼ぶ。熱抵抗が10℃/Wとは，内部で1Wの発熱があると，そのパッケージの表面温度または内部素子温度が周囲よりも10℃温度上昇するという意味である。以後パッケージの熱性能を述べるときにこの熱抵抗を使う。

3 プラスチック・パッケージの熱設計

3.1 低熱抵抗化の手法

CMOS LSIの高消費電力化に伴い廉価で低熱抵抗のプラスチック・パッケージの要求が高まっている。技術的には，プラスチック・パッケージでも外部に放熱フィンを取り付けることにより，5W程度のチップの搭載も可能である。しかし，現実には価格の上昇および実装時の取り扱いの難しさ等の問題から，パッケージ内部構造の改良を第一に考える。

3.2 低熱抵抗化は「材料」と「構造」の2面から

プラスチック・パッケージで行われる低熱抵抗化の手法を図2に示す。低熱抵抗化の手法としては「材料」と「構造」の2面からのアプローチが考えられる。前者が(1)材料の高熱伝導化，後者が(2)リードフレーム・デザインの変更，(3)放熱板の内蔵にそれぞれ対応する[2]。

まず(1)では，(a)リードフレームの高熱伝導化と(b)モールド樹脂（フィラー）の高熱伝導化が挙げられる。図3にDIPにおける両者の効果を示す[1,2]。どちらも大きな効果が期待できるが，リードフレーム材を高熱伝導化するのが一般的である。材料を42アロイから熱伝導性の高いCu系合金へ変更するだけで，容易に約50％もの大きな熱抵抗の低下が実現できる。一方，モールド樹脂の改良は，通常，熱伝導性の良い結晶性シリカやアルミナのフィラーの採用により行われる。フィラーの改良はチップに加わる応力に影響し，パッケージの耐湿信頼性を低下させる危険性が

第4章　3次元実装の熱対策

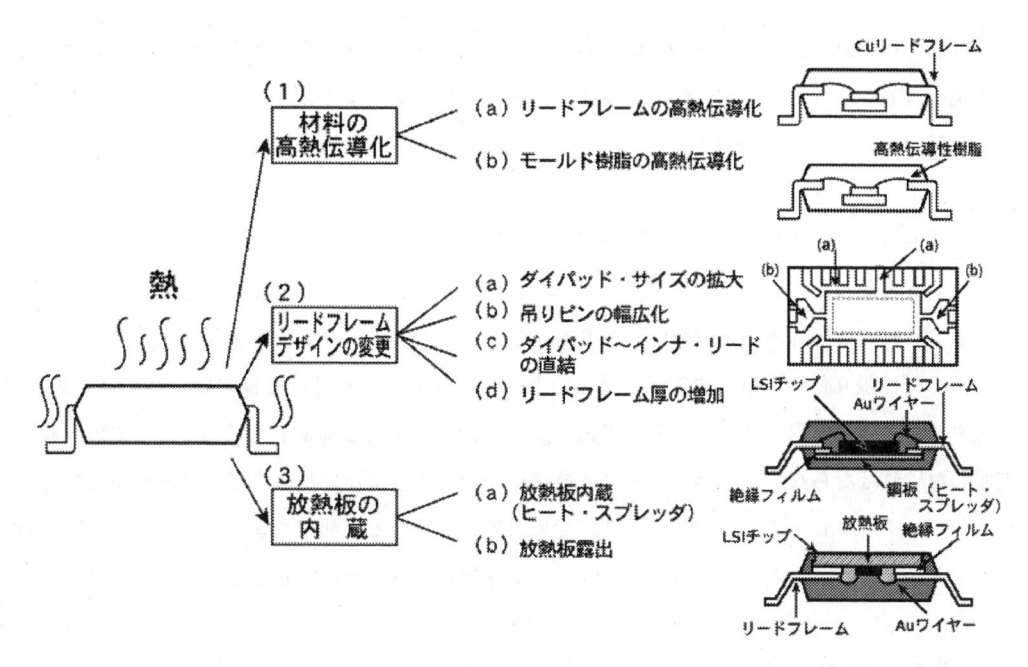

図2　低熱抵抗化の手法

あるため採用には注意が必要である。(2)は，放熱板の設置等の大きな変更なしに，リードフレームの各要素寸法の変更のみにより，低熱抵抗化を図るものである。手法としては(a)ダイ・パッドサイズの拡大，(b)吊りピンの幅広化，(c)ダイパッド〜インナー・リードの直結，(d)リードフレーム厚の増加等である。チップで発生した熱をできるだけ広い面積から放散させるという意味で，ダイパッドおよびこれに直結した吊り

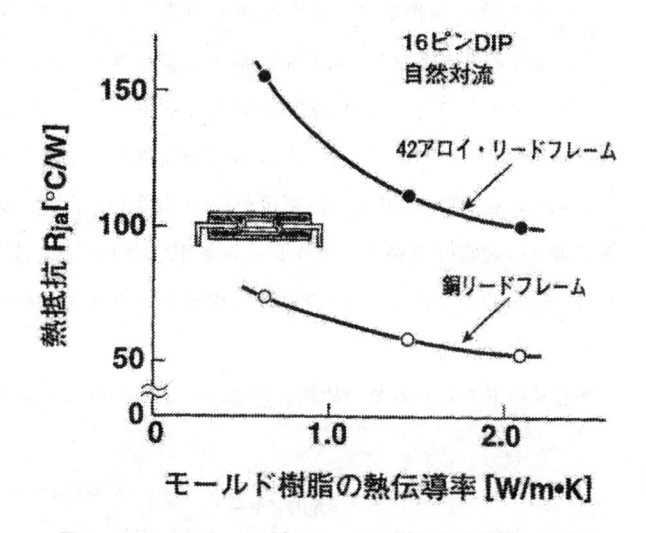

図3　リードフレーム材／モールド樹脂の熱伝導と熱抵抗

ピンの面積の効果は大きい。また，ダイパッドとインナー・リードの直結はアウター・リードを放熱フィンとして利用して効率的に冷却する効果がある。電気的に接続しないリードを有するパッケージでは有効な手法といえる。リードフレーム・デザインの効果は高熱伝導性のリードフレームを用いた場合に特に大きい。Cuフレームを用いたパッケージにおいて，(a)〜(d)の低熱抵抗化手法を組み合わせることにより，最大20%程度の熱抵抗の低下も可能である。

これまで述べた(1), (2)の改良は, 従来の延長線上にある技術といえ, 大きな組立上の変更なしに実現できる. 最近ではさらに低熱抵抗化を図るために, (3)のようにパッケージに放熱板を内蔵する形態のものが数多く開発されている.

図2に示したように, このタイプのものは放熱板の取り付け方から, (a)放熱板(ヒート・スプレッダ)内蔵型, (b)放熱板露出型の2つに大別される. (a)はダイパッドなしのリードフレームにダイパッドを兼ねた大面積の放熱板(ヒート・スプレッダ)を張り合わせた構造のもので, 多層リードフレームを用いることが多い. 一方(b)はフレーム厚よりも厚い放熱板をダイパッドまたは直接チップに張り付け, 外部に露出させて放熱フィンなどを取り付ける構造にしたものである. 内蔵タイプ, 外部露出タイプどちらの構造を選ぶかは, 工程上のコストと信頼性とを絡めた形で判断しなければならないが, 熱抵抗的には放熱板の面積に差がなければ内蔵／露出の差は意外に小さい. リードフレームの形で購入して, 従来の工程をそのまま利用できるという意味で, (a)のメリットは大きく, 最近この形のリードフレームを用いたパッケージが数多く開発されている.

3.3 多層リードフレーム

インテル社と新光電気工業が共同で開発した3層リードフレームQFPを図4に示す. ダイパッドなしのリードフレームに窓枠状の電源用フレーム, さらに大きな面積のダイパッド, すなわちヒート・スプレッダが絶縁層のポリイミド・テープにより接着された構造をとっている. この形のリードフレームは多層化により電気特性の改善効果も行えるメリットを有する. 多層リードフレームを用いたQFPの熱抵抗データを図5に示す. 多層化によるヒート・スプレッダの設置により, 通常の単層リードフレームを用いたパッケージに対し熱抵抗を30～50％程度低下させることができる. ヒート・スプレッダはチップと離した形で設置されても, 十分な効果を得ることができる[3]｡

多層リードフレームでの放熱の重要なポイントは, ヒート・スプレッダをできるだけ大きくし

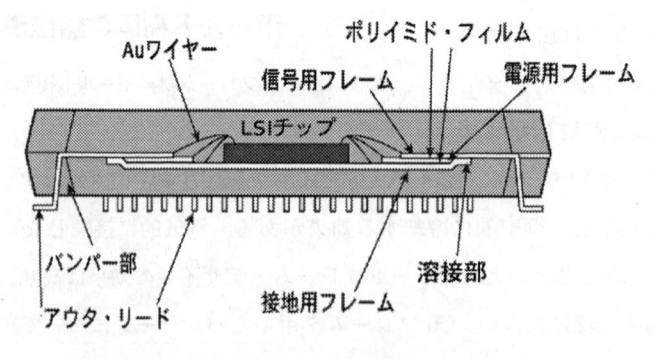

図4 多層リードフレームを用いたQFP

第4章 3次元実装の熱対策

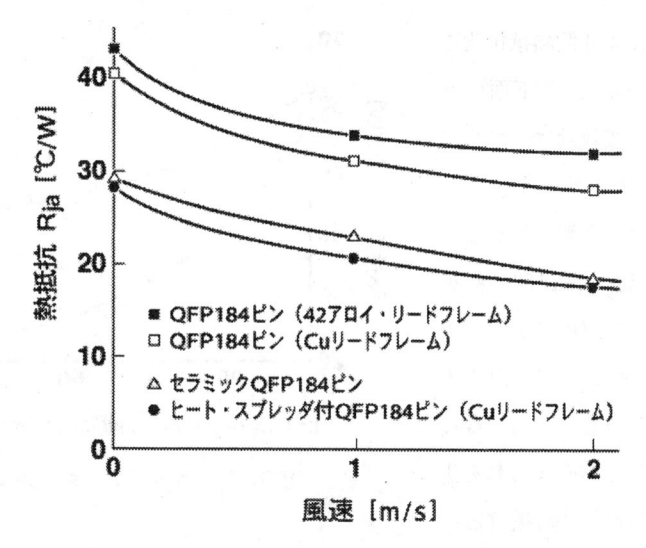

図5 多層リードフレームを用いたQFPの熱抵抗

て，さらにインナ・リードとの接合を確実に行うことである。LSIチップで発生した熱は，ダイパッド→インナ・リード→アウタ・リードの順に伝わる。個々でアウタ・リードは放熱フィンとして作用し，効率的に熱を実装基板や空気中に逃がす事ができる。

"樹脂"という熱伝導性の悪い材料で封止されたプラスチック・パッケージでは，(a)ダイパッド部の大型化等により見かけのチップの発熱密度を下げること，(b)チップの熱をリードを通して効率的に逃がすこと，が低熱抵抗化のポイントである。

3.4 基板と放熱フィンによるTCPの放熱

300ピン以上の多ピン・パッケージの出現に伴い急速に伸びているTCPにおいても低熱抵抗化が進んでいる。モールド樹脂による封止を行わないTCPの場合，機械的強度が弱いためPGAのように放熱フィンを取り付けることは難しい。図6のように裏面を基板に接着し，基板を通し

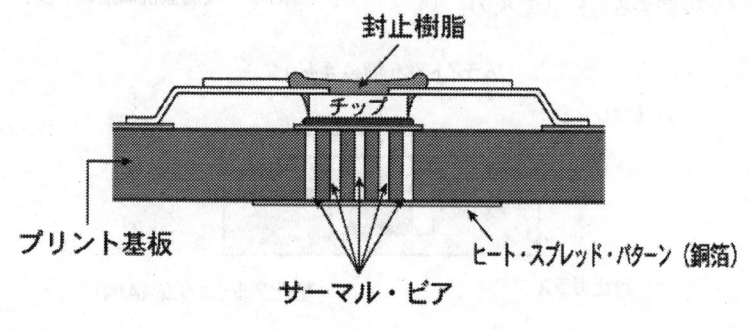

図6 サーマルビア付きTCP

て熱を逃がすことにより低熱抵抗化を図る方法が採られる。TCP下面の基板にスルーホールを複数設け、さらに基板裏面に銅箔によるヒート・スプレッド・パターン（ベタ銅箔）を設けることにより、最高50％程度の熱抵抗の低下も可能である（図7）。

このように、TCPでは本体からの放熱はあまり期待できないため、今後(イ)実装基板と接着して裏面から熱を逃がす、(ロ)チップ裏面に放熱板（ヒート・スプレッダ）を取り付ける、という2つの方向で低熱抵抗化が進められるものと予測される。

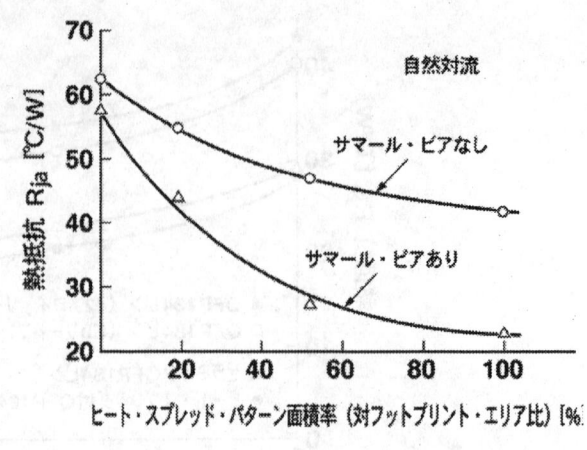

図7　サーマルビア付きTCPの熱抵抗

4　セラミック・パッケージの低熱抵抗化

従来型のアルミナを用いたPGAやQFPでは、ワークステーションの冷却環境（風速2m/s以下）から、許容できる消費電力は放熱フィンなしで消費電力3～4W程度、小型の放熱フィン付きで7～8W程度である。従って、これを越えるようなものについては低熱抵抗構造のパッケージを採用する必要がある。セラミック・パッケージは、PGAに代表される(イ)マルチレイヤ型と、サークワッドに代表される(ロ)プレス型の2つに分けられる。(イ)のタイプでの低熱抵抗化は、(1)全体を高熱伝導化する、(2)ダイ・アタッチ部（キャビティ部）のみを高熱伝導化する、の2つの形で行われている（図8）。(ロ)のタイプでは、図9に示したような、チップを接続するベース基板の

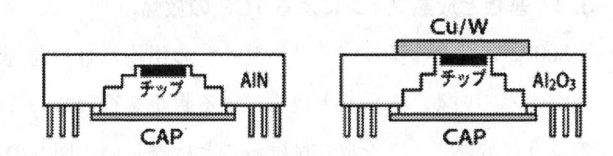

図8　低熱抵抗構造のPGA

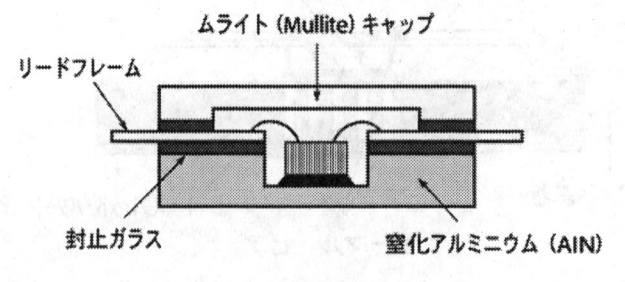

図9　低熱抵抗構造のQFP

第4章 3次元実装の熱対策

みを高熱伝導セラミックスを用いるものが採用されている。図10に示すように，アルミナ基板でダイ・アタッチ部を用いると，AlNパッケージ並みの熱性能が得られている。

AlN，SICあるいはCu/Wスラッグを用いた低熱抵抗パッケージを用いると，通常の放熱フィンを取り付けた状態で10W程度のチップの搭載は容易にクリアできる。これ以上の高パワーのチップを搭載する場合には外部からいかに効率の良い冷却を行うかがポイントとなる。これらのパッケージでは

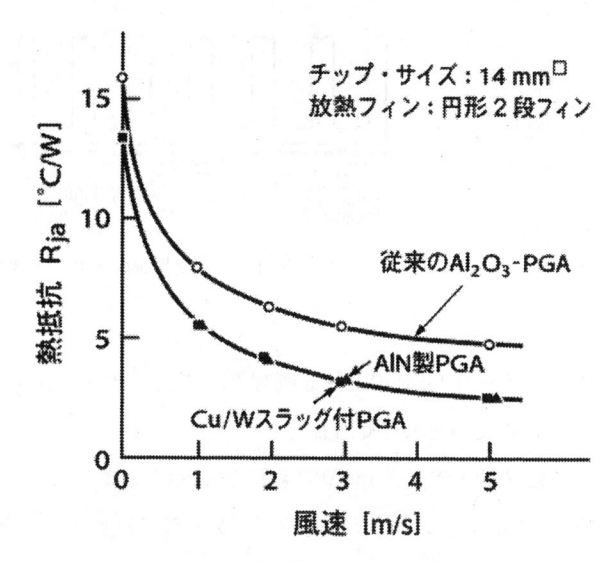

図10 低熱抵抗構造のPGAの熱抵抗データ

内部熱抵抗（R_{jc}）は1℃/W未満で，ほぼ限界に達しており，その熱抵抗のほとんどが外部熱抵抗（R_{ca}）だからである。したがって，R_{ca}を下げる技術，すなわちシステム・レベルでの"冷却技術"が今後の高パワー・デバイス搭載のポイントになる。

5 金属製の低熱抵抗パッケージ

その他，セラミック・パッケージではないが，セラミック・パッケージなみの熱抵抗を有し，しかも廉価な低熱抵抗パッケージとして，Olin社の開発した"MQUAD"がある。これは図11に示したようにちょうどサークワッドのアルミナを金属のアルミニウムに，またシール・ガラスをエポキシ樹脂に置き換えた構造のものである。パッケージ・コストはプラスチックQFPの3〜4倍程度である。QFP160で比較したデータによれば，放熱フィンをつけない状態で，通常の

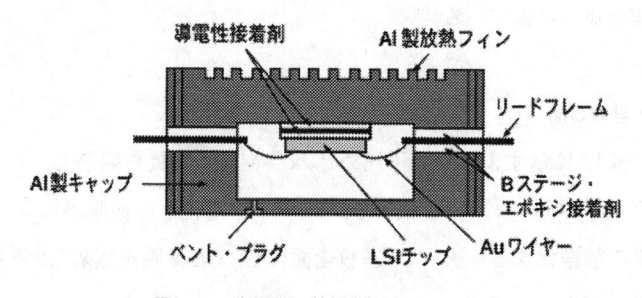

図11 金属製の低熱抵抗パッケージ

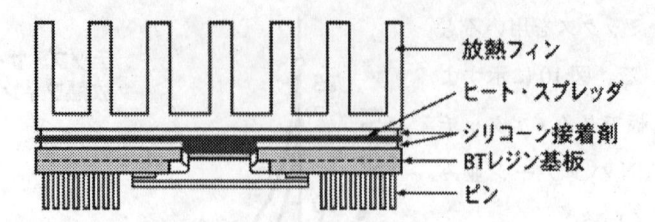

図12 低熱抵抗構造のプラスチックPGA

プラスチックQFPの5～6割程度，また銅ヒートシンク付きプラスチックQFPに対しても8～9割程度の熱抵抗である。

またプラスチックPGAでも図12に示したように，ダイ・アタッチ部に銅を用いた低熱抵抗PGAがある。この様な構造のパッケージで放熱フィンを取り付けた場合，ダイ・アタッチ部から放熱フィンへの放熱経路が支配的となるため，セラミックの低熱抵抗PGAに匹敵する熱抵抗が得られる。多ピンが難しい点，また信頼性の点でセラミック・タイプよりも劣るものの，廉価版のPGAとして今後注目される。

6 MCMの低熱抵抗化

6.1 MCMの低熱抵抗化技術

LSIの集積度の増大とクロックの高速化により，チップ・レベルでの発熱は増大傾向にある。汎用／スーパーコンピュータでは，高速性能追求のために，ECLのようなバイポーラ・デバイスを用いているため，発熱密度は高く液冷などの冷却手段もとられている。

これに対してワークステーション用のMCMでは，CMOSを用いるため発熱密度は低くなるが，オフィスのような騒音の小さなことが要求される環境で使うため，取りうる放熱手段は，風速2m/s以下の強制空冷に限定される場合が多い。CMOSでも，10Wを越えるものが出始めてきたため，LSIのジャンクション温度を所定の温度以下に抑えるためには，パッケージ材料，構成などの工夫が必要となってきている。

6.2 素子埋め込み型MCM

GE社では昔から図13に示すような素子埋め込み型MCM実装を開発している。チップを埋め込む絶縁樹脂にポリイミドフィルムを使用し，ICチップ電極上の樹脂層にレーザで孔あけし，プラズマエッチングで清浄化する。続いて，基板全面にCr/Cu薄膜を蒸着し，その上に，Cuメッキを施した上で，その表面にレーザービーム感光性のレジストを塗布し，レーザ露光，現像後，

第4章 3次元実装の熱対策

Cr/Cu薄膜をエッチングしてビアホールおよび配線パターンを形成する。ビアホール形成と導体パターン形成用のレーザ照射装置には，複数チップの相対的な位置ずれをコンピュータで補正しながらビームをスキャンしていくメカニズムが採用されている。さらに，その上に配線が必要な場合は，ポリイミド膜をスピンコートし，以下同様のプロセスを繰り返して多層配線構造とする。チップ相互の間隔は25～50μm，ビアホール径はΦ25μmが実現でき，高密度なMCMが得られる。

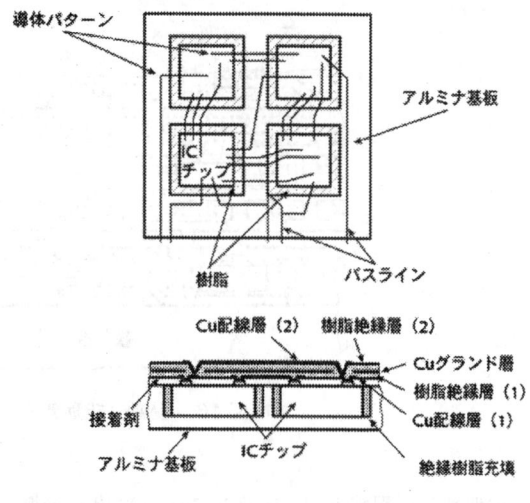

図13 チップを埋め込む基板

試験的には10μm前後までのパターンとビアホール形成が可能なことが確認されている。この例では，実装後の機能テストでICチップに不良が見出された場合は，チップ上の多層配線層を除去して不良チップを交換し，再度配線する方法でリペアが可能なことも確認されている。さらに，同社から，ICチップだけでなくCチップも基板に埋め込んで配線していく方式（図14）が発表された。この考え方をさらに進めると，ICチップを三次元実装したMCM構造（図15）や，受動／能動素子入り三次元MCM構造（図16）が実現できる可能性もある。このようにICチッ

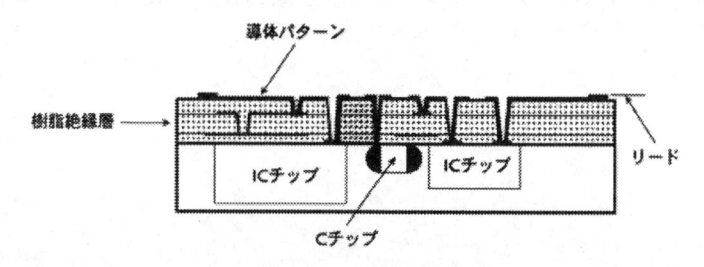

図14 ICチップだけでなくCチップも基板に埋め込んだ基板

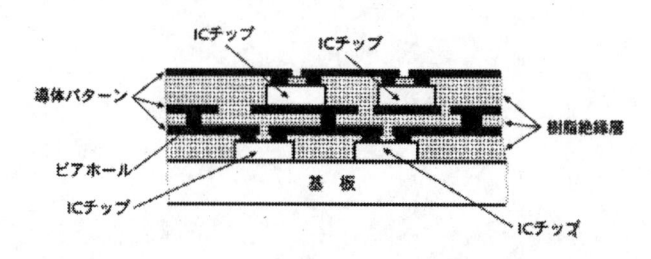

図15 ICチップを三次元実装したMCM構造

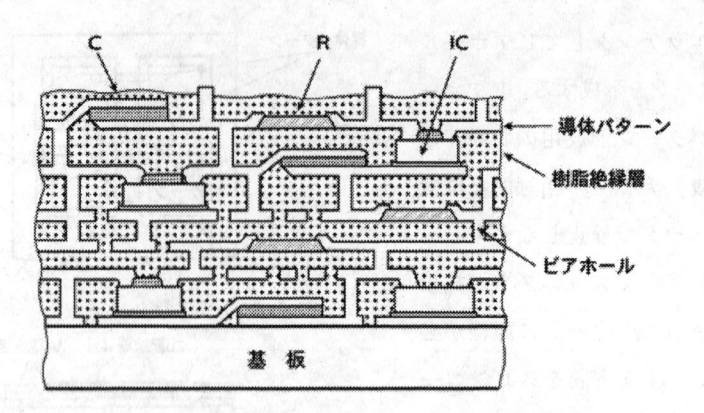

図16 受動／能動素子入り三次元 MCM 構造

プの埋め込み配線方式は，従来のチップ実装の概念を大きく変えていく可能性を秘めており，今後の新たな展開が期待される。

文　　献

1) 石塚，電子機器・デバイスの熱設計とその最適化技術，産業科学システムズ (1999)
2) 石塚，電子機器の熱設計，基礎と応用 (2003)
3) 香山・成瀬監修，VLSI パッケージング技術，上巻，日経 BP 社，p.178 (1993)

第5章　3次元実装の信頼性評価

高島　晃[*]

1　はじめに

　システムインパッケージ（SiP）の信頼性は，設計検討段階で行われるさまざまなシミュレーション技術から導き出された最適構造と，その最適構造を実現するための要素技術から成り立っていると言える。特に，2次元実装から3次元実装への開発が活発化している現在では，パッケージとしての信頼性を保障するためには，両技術を共に向上させることが，パッケージの構造設計を行う上でますます重要になっている。

　この章では，3次元実装に対応するシミュレーション技術の例と，3次元実装構造により高度化する要素技術開発が抱える問題点の一例を挙げ，信頼性評価の方向性を示すものとする。

2　シミュレーション技術

　SiPの設計段階において，各種シミュレーションを事前に実施することは，熱特性，構造的な問題の有無，及び電気特性を検証でき，開発期間と，開発費を大幅に削減するために必須になっている。シミュレーション技術を適用した例として，SiP専用に最適化されたパッド配列をもつチップの実用化が挙げられる。最適化されたチップを用いれば，インターポーザ内部の配線構造の簡略化が実現し，インターポーザの複雑化によって生じていた特性的，コスト的負担を減らすことができる。これにより要素技術にかかる負荷が減少すれば，信頼性の向上にもつながることになる。

　ここでは，各種シミュレーション技術の検証例について説明する[1]。

2.1　熱シミュレーション

　ウェーハ薄化技術や積層技術の向上により搭載チップ数が増加し，パッケージ全体の熱抵抗は増加の一途にある。また，異種チップの搭載が可能なSiPは，稼動温度の異なるチップが組み合わせられることを意味し，限界温度の一番低いチップがパッケージ全体の熱抵抗の上限値を決定

---

*　Akira Takashima　富士通㈱　LSI実装統括部　第二開発部　部長

3次元システムインパッケージと材料技術

サーマルボール無し　　　　　　サーマルボール有り

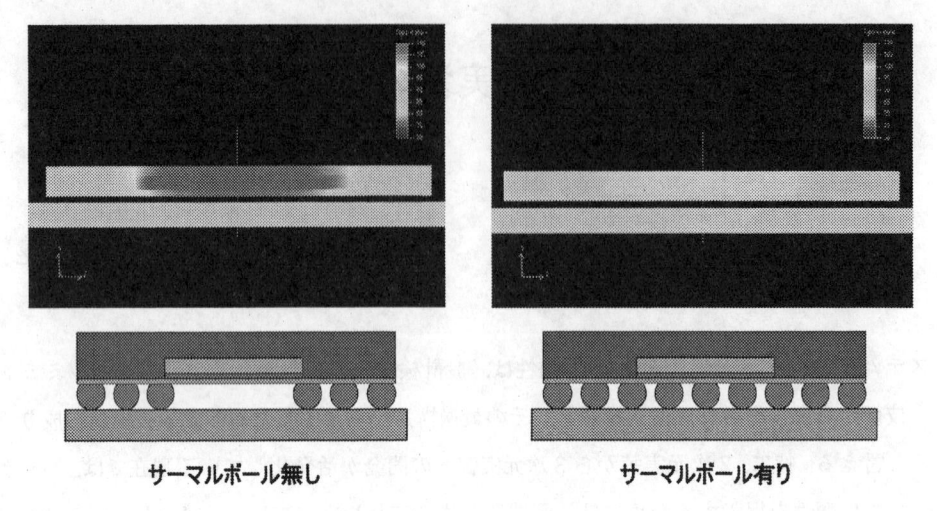

図1　熱シミュレーション例

する構造になっている（例えばロジックデバイス（稼動限界温度125℃）とメモリデバイス（稼動限界温度100℃）が混載された場合，パッケージの発熱温度は100℃以下に抑える必要がある）。このため，チップ構成を決定する上でも他のチップからの発熱影響を考慮する必要があり，パッケージとしての熱抵抗を事前に把握することは，SiPの信頼性を保障する上で重要な確認項目になっている。

図1に熱シミュレーションの一例を示す。パッケージ熱抵抗の低熱化を図る一般的な手法として，チップの直下にサーマルボールと呼ばれるダミーボールを追加する方法があり，左側の図が通常，右側の図がサーマルボールを追加した結果である。ダミーボールの追加によって高温部分が明らかに減少していることがわかる。このように，パッケージに要求される特性が満たされているかを事前に検証し，それによってチップ構成やボール配列を決定することが可能になっている。

2.2　3次元配線シミュレーション

複数のチップを混載するSiPでは，配線構造がより複雑化する。チップ〜チップ間接続とチップ〜インターポーザ間接続が混載し，立体的な配線構造を有するSiPでは，既存の2次元の配線図面では検証しきれないワイヤショートや，エッジショートなどが問題になってくる。さらにウェーハ薄化技術の加速は，ワイヤ接続に必要なワイヤの高さ方向の間隔を減少させ，不具合発生の確率を格段に上昇させている。このためワイヤの形状を3次元的に検証し，チップの積層位置，及びパッド配列を最適化する事前検証が重要な項目になっている。また，チップ側，インターポーザ側のファインピッチ化により，実際のキャピラリの大きさや，その動きさえも考慮する必

第5章　3次元実装の信頼性評価

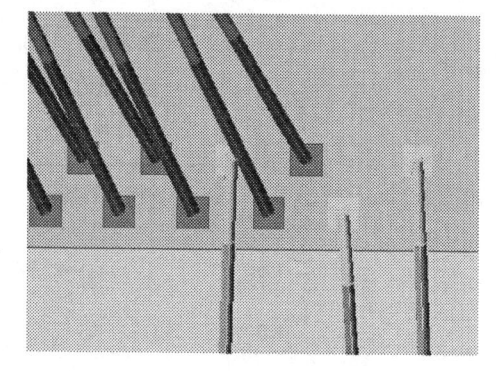

開封写真　　　　　　　　　　　　**ワイヤDRC結果**

図2　三次元配線シミュレーション例

要があり，ワイヤボンディング工程そのものを検証した上で配線構造を決定することが，SiPの接続信頼性を保証する上で欠かせない確認項目になってきている。

図2，図3に3次元配線シミュレーションの一例を示す。図2は，実際のパッケージで発生したワイヤショート部分を，3次元配線シミュレーションを用いて検証した結果である。シミュレーションでは，実際のワイヤショートに非常に近い配置が再現され，事前に検証を実施していればワイヤショートを回避できていたことが理解できる。また，図3は，実際のパッケージで発生したワイヤショートについて，キャピラリの動きを合わせて検証した結果である。3次元配線の検証からでは，ワイヤショート原因を突き止めることが出来なかったこのケースも，キャピラリの動きをシミュレートすることによってワイヤとの接触を再現することが出来た。このように，従来の図面上からでは問題が検出できない配線工程上の問題も検証することが可能になっている。

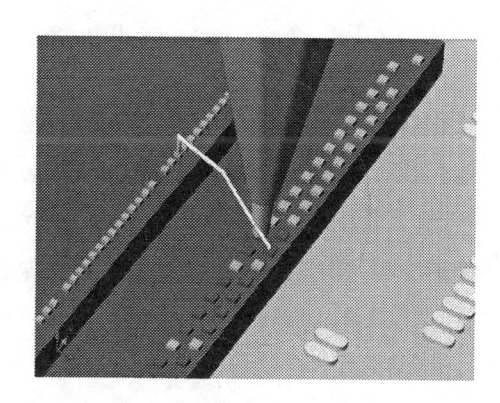

図3　三次元配線シミュレーション（キャピラリの挙動）例

2.3　応力シミュレーション

ウェーハ薄化技術によりチップの多段化が進むにつれ，さまざまな応力がチップに付加されている。特に，異なるサイズのチップを組み合わせることにより形成されるオーバーハング領域では，ワイヤボンディング工程のボンディング荷重やモールド工程の封止圧力によってチップが破損する可能性が高くなる。このため，各組立工程においてチップにかかる応力を検証し，チップ

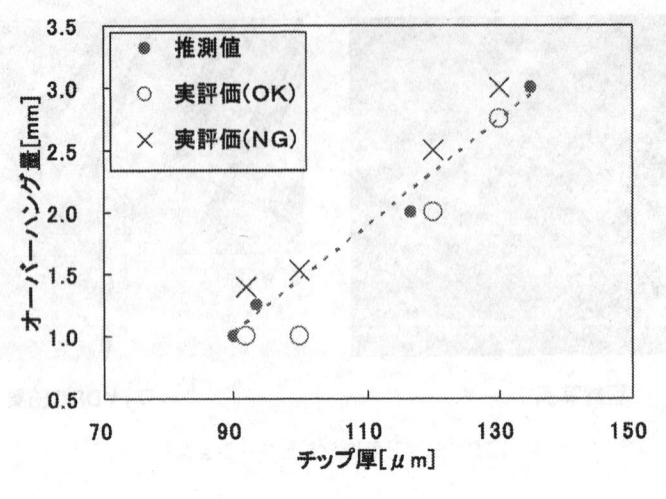

図4 応力シミュレーション例

厚や部材などの要因によって破損や不具合が生じないことを事前に確認することは，SiPの信頼性を保障する上で切り離せない確認項目になっている。

図4に応力シミュレーションの一例として，ワイヤボンディング工程にてチップに付加される荷重についてシミュレーションを行った結果を示す。グラフ上の○×記号は実測の結果を表しており，○は特に問題がないことを，×はチップに破損が生じたことを示している。直線はチップにかかる応力をチップ厚とオーバーハング量のパラメーターから検証した結果である。このシミュレーションでは，チップ厚に応じたチップのたわみ量を考慮していないが，破損の可能性が高い領域の切り分けが，シミュレーションで求めた直線によって可能であることが理解できる。

応力シミュレーション技術を用いることによりマザーボードに実装した後の二次実装信頼性などを把握することも可能であり，今後その活用範囲は広がっていくものと思われる。

2.4 電気特性シミュレーション

パッケージ内部でひとつのシステムを構築しているSiPは，チップ～チップ間でも信号の応答を行っている。この関係を成立させるためには，あるチップから発信されたデジタル信号が，いくつかの配線を経由し，別のチップに正しく伝播させる必要がある。しかし，配線構造の複雑化や異種チップの混載は，デジタル信号上にさまざまな雑音の混入を誘発し，論理反転や信号遅延などの動作不具合を引き起こす可能性を高めている。さらにSoC並みの電気特性を求められている現状では，事前検証によって要求される電気特性を確認しておくことは，信頼性を保障する上でも必要不可欠な項目になっている。

図5に電気特性シミュレーションの一例を示す。既存チップを使用した通常の配線では，イン

第5章　3次元実装の信頼性評価

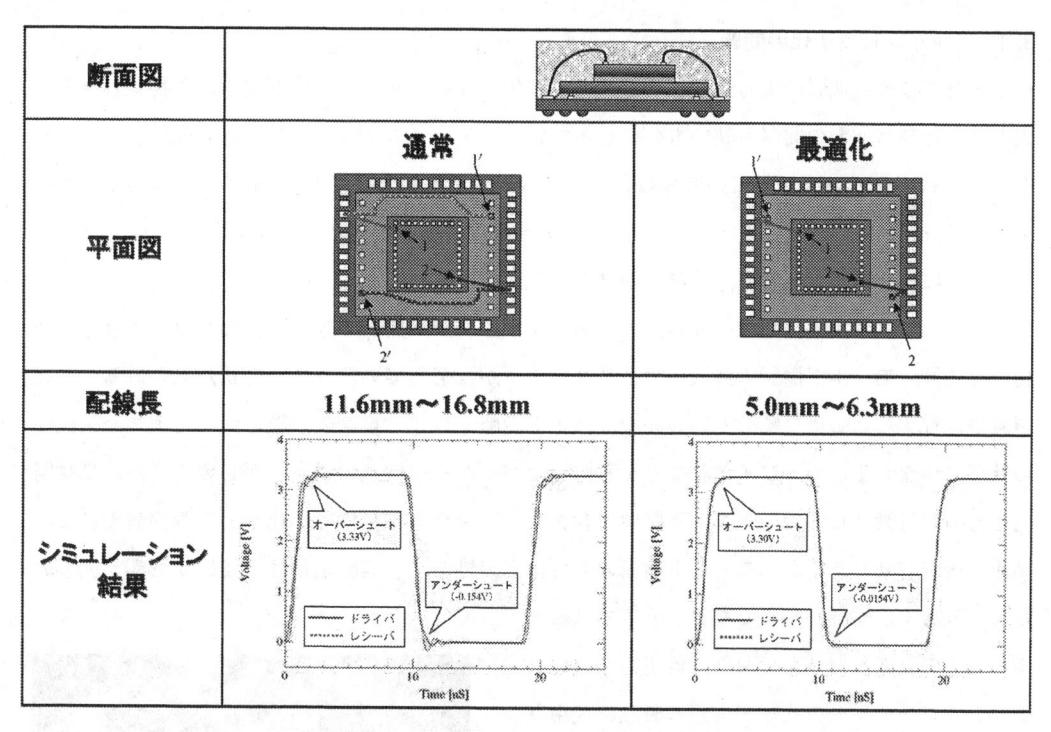

断面図		
平面図	通常	最適化
配線長	11.6mm～16.8mm	5.0mm～6.3mm
シミュレーション結果		

図5　電気特性シミュレーション例

ターポーザでの配線長が長いが，チップの最適化を行うことにより配線長を1/2～1/3に低減することが可能である。それぞれのケースの電気シミュレーション結果から，最適化を行うことによって，波形歪みが軽減しており，最適化の効果が現れていることが理解できる。これは配線長が短くなったことに加え，インターポーザのビアなどの経由をしなくなったことから，インピーダンスに影響を与える因子を削減することが出来たためと考えている[2]。

3　要素技術開発

3次元実装技術が進むことによって問題になってくるのは，デバイスのテクノロジの向上に合わせたチップサイズの縮小によるパッドピッチの微細化，取り付け高さを低く保つためにチップを始め全ての構成部材に要求される薄型化，構造が複雑化する中で微細化，薄型化，低コスト化が求められる基板構造など，今までの技術の延長では対応しきれない技術的負荷の高い開発項目が考えられる。

要素技術開発が抱える問題点とその対策について説明する。

3.1 ファインピッチ化の問題

プロセス技術の進展によるチップサイズの小型化に伴い，チップ上に形成された接続パッドの大きさ，及びパッドの間隔も狭いものになっている。デバイスメーカーによって配線テクノロジとパッドピッチ，パッド開口の関係は異なるが90nmテクノロジで50μmピッチ，45μm開口前後，65nmテクノロジで40μmピッチ，35μm開口前後が妥当のようである。このファインピッチ化に伴う問題点として，接続信頼性の低下が挙げられる。

写真1にワイヤ接続信頼性の問題点の一例を示す。パッド開口の縮小に合わせワイヤ径を小径化した結果，モールド樹脂の注入圧力によりワイヤが変形しているフロー形状が見られる。この現象が進行すると隣接ワイヤとの短絡や，パッド剥離，ワイヤ自身の断線といった大きな信頼性の低下につながるため，ワイヤ長などを考慮したパッケージ構造の見直しが必要である。部材開発を含めた対策としてはモールド樹脂中に含まれるフィラー粒径の微細化や，粘弾性調整による高流動化が有効であるが，モールド樹脂の変更は実装性や二次実装信頼性に及ぼす影響が大きいため十分な事前検証が必要である。近年ではモールド工法の見直しも進んでおり，低圧力のコンプレッションモールド方式等が実際の製品に使用され始めている。

写真2にフリップチップ接続信頼性の問題点の一例を示す。左写真はチップと基板間の距離が狭くなりすぎたことによる隣接バンプ間の短絡，右写真はバンプ間のピッチが狭くなったことによるアンダーフィル材中のボイドが見られる。アン

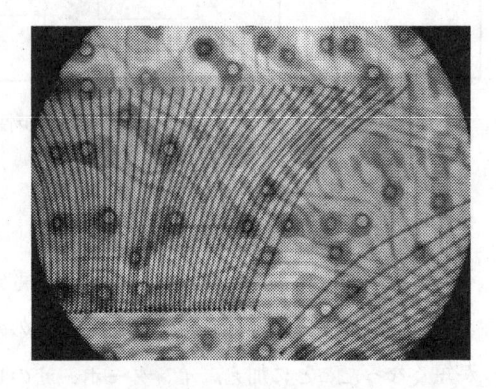

写真1　ワイヤフローの例

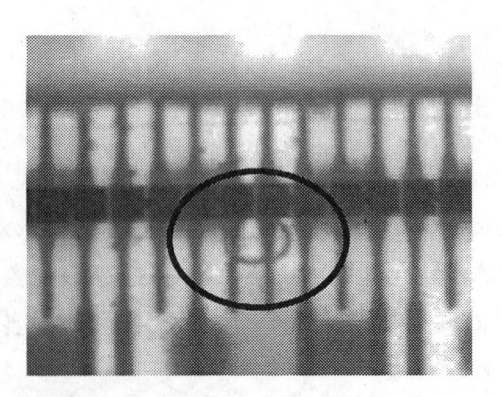

バンプの短絡　　　　　アンダーフィルの未充填

写真2　フリップチップ接続における不具合の例

第5章　3次元実装の信頼性評価

ダーフィル材中のボイド部分ではバンプ接続部の補強の役割を果たすことが出来ず，その部分を起因とした剥離の発生や，本例のようなバンプ間を跨るような大きなボイドの場合は，マイグレーションの発生も懸念されるため，バンプ形状の設計を含めた接続条件の最適化が必要である。部材開発を含めた対策としては，アンダーフィル材の粘弾性や硬化時間の調整による流動性の管理および充填プロファイルの最適化や，インターポーザの配線パターンの断面形状の改良やチップ搭載領域内における配線レイアウトの最適化が有効である。

3.2 薄化の問題

大容量化，高密度化の市場要求は依然として高く，パッケージ外形の薄型化の開発は各半導体メーカー，サブコンメーカーで盛んに行なわれている。要素技術開発への波及範囲は，チップの薄化を中心に，基板，ダイボンド材，モールド樹脂などの各パッケージ構成材料，さらには接続技術といったパッケージを構成する技術のほとんどに至っている。この薄化に伴う問題点として，チップを含めた各パッケージ構成部材の脆弱性を起因とした信頼性の低下がある。

写真3にチップの薄化における問題点の一例を示す。厚さを$50\mu m$に研削したチップを搭載したオーバーハング構造をとるパッケージにおいて，左写真ではワイヤボンディングの影響によるひび割れ（パッドの整列方向に対して平行に進行），右写真ではモールド注入圧力の影響による屈折破損が見られる。この現象はすでにチップが破壊されている大問題のため，工程条件の最適化を含めたパッケージ構造の見直しが必要である。部材開発を含めた対策としてはチップに剛性を持たせるため，ウェーハ内に蓄積された歪を解消する各種ストレスリリーフ技術の導入や，ダイボンディング材をフィルム化し，各工程でのハンドリング性を向上させることなどが有効であるが，ウェーハ裏面の研削工程以降，設備導入を含めた大きな工程変更になるため十分な検

ワイヤ工程で発生したクラック　　　**モールド工程で発生したクラック**

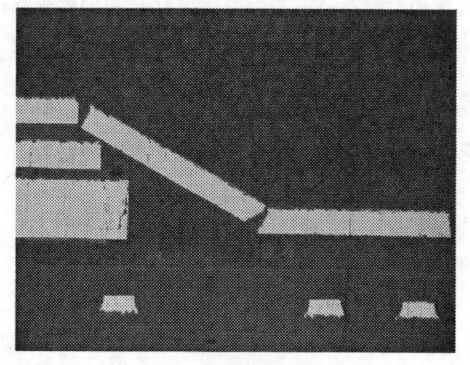

写真3　チップクラックの例

3.3 基板の問題

ファインピッチ化，薄化の効果を十分生かすために，インターポーザの開発も重要視されている。ファインピッチ化ではライン／スペース＝30μm/30μmの製品が，薄化技術では2層基板で130μm厚前後，4層基板でも200μm厚をきる製品がすでに市場に出回っている。しかし，これらの基板作製技術は基板メーカーの配線形成技術にゆだねられる部分が大きく，信頼性はその仕上がりに大きく左右されるのが現実である。基板開発による信頼性向上の対策例として，インターポーザ表面の配線や，ビアによる凹凸を削減し，半田耐熱性の向上を図る平坦化技術や，コア材に比較的硬い基材を使用し，二次実装信頼性の向上を図る低反り化技術などが実施されている。

3.4 その他

構成技術の微細化によりこれまであまり気にされなかった問題点などもクローズアップされようになってきている。

写真4にワイヤ接続信頼性に関連した問題点の一例を示す。ワイヤ径が小径化しパッドとの絶対的な接続面積が減少した結果，Au-Alの異種金属間の接合部分で形成される金属間化合物が顕在化し，完全なボイドにまで成長しているのが見受けられる（カーケンドールボイド）。この現象は接触抵抗を増加させ続け，最終的には接合部の断線といった信頼性の低下につながるため，初期接続の最適化を図ることが必要である。部材開発を含めた対策としては，金属化合物の生成を抑制する合金線の使用や，ハロゲンフリー樹脂のように金属化合物の成長を助長する可能性のあるイオン物質を含まない樹脂の使用が有効的である。

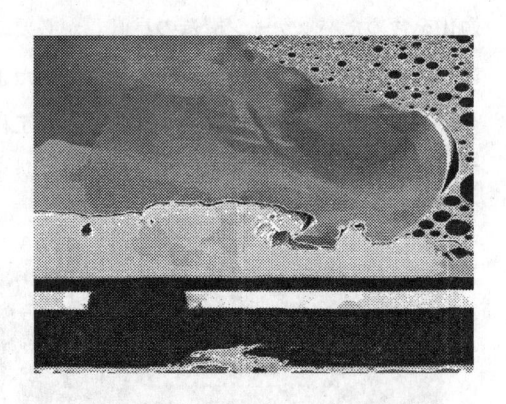

写真4　カーケンドールボイドの例

4　まとめ

3次元実装技術はチップ積層型パッケージ，パッケージ積層型パッケージ（PoP）へと進展を続け，近年ではチップ貫通技術，シリコンインターポーザ技術，素子内蔵基板技術などの新規技術を取り入れさらに広がりを見せている。その一方で評価技術確立の遅れによる未知の問題によ

第5章 3次元実装の信頼性評価

る不具合の発生や,従来ではほとんど問題にならなかったことが,微細化技術の採用により重大な問題になって表面化し,著しい信頼性の低下を招いている。そのため,今後とも高い信頼性を維持し続けるためには,さまざまな不具合現象を念頭に置き,その理解の上に立ってシミュレーション技術検証と要素技術開発を両立させていくことが重要である。

文　　献

1) 高島　晃他:シミュレーション技術を用いたシステムインパッケージ (SiP) 開発, FIND Vol.23 No.1 (2005)
2) 小澤　要他:SiP (System in Package) の電気特性評価, エレクトロニクス実装学会誌 Vol.6 No. 4 (2003)

第Ⅲ編　3次元SiPのための
　　　　ウエハ加工技術

第6章　シリコンウェーハ薄化の現状

小林義和[*]

1　はじめに

　近年，携帯電話などのデジタル・モバイル機器に使用されるSiP（System in Package）や，ICカード・RFIDタグなどの普及に伴い，100μm以下のチップ厚みの製品が実用化されている。また被加工物であるシリコンウェーハの直径はφ300mmに移行してきており，ウェーハの大口径化と薄化要求とが相まってウェーハ薄化の難易度はますます上がっている。そのため，薄ウェーハを取り扱う組み立て工程での歩留まりを向上させる技術が重要となっている。

　ここでは今後の更なるSiPの高集積化・薄化を見据えたウェーハ薄化技術と，その加工ダメージを取り除くストレスリリーフ技術など，次世代デジタル・モバイル機器に向けたソリューションについて述べる。

2　ウェーハ薄化の課題

　従来のバックグラインド工程で求められていたことは，指定の厚み・面粗度で仕上げるというものであった。しかし，現在ではこの二点に加えて，より薄く，かつ高いチップ強度を達成するというニーズが加えられてきている。

　ウェーハを薄くすることによって，ウェーハ破損が生じるリスクは高くなるが，その原因は主に下記の通りである。

　A：強度の低下
　B：ウェーハの反り，たわみ
　C：研削加工ダメージ
　D：エッジチッピング

　A・Bについては，ウェーハ自体が薄くなることで相対的な強度が低下することが原因となる（写真1）。ウェーハ自体が厚い場合は，表面の回路形成時のストレスなどによるウェーハの圧縮

---

[*] Yoshikazu Kobayashi　㈱ディスコ　PSカンパニー　営業技術部　マーケティング課　マーケティングチーム

3次元システムインパッケージと材料技術

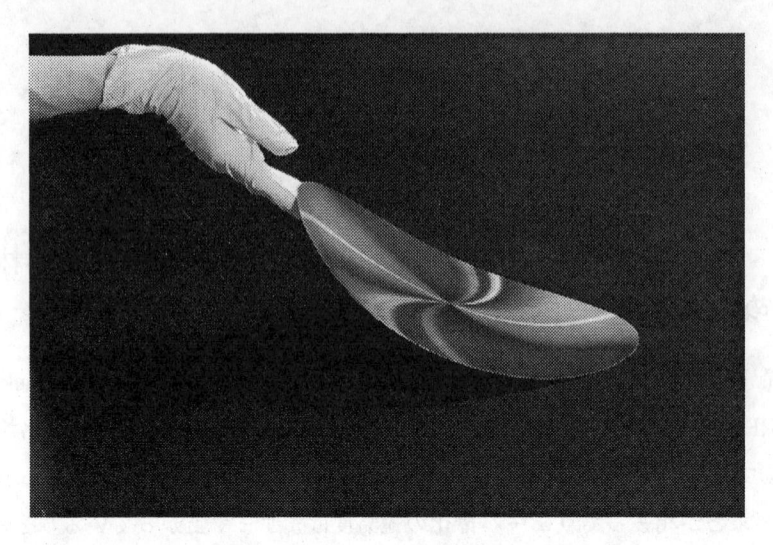

写真1　薄ウェーハ（φ8　50μmt）

もしくは引っ張り応力に耐えられるが，薄くなると表面側の応力に耐えられず大きなウェーハ反りなどを生じさせる場合がある。このような場合，特に問題になるのが装置内および装置間のハンドリングであり，この過程でウェーハ破損が発生しやすい。

また，Cの研削加工ダメージは，バックグラインド加工がシリコンを破砕モード（brittle mode）で加工するために発生する。一般的なバックグラインド加工では，粗研削と仕上げ研削の2段階の加工を行っている。粗研削加工では主に装置の処理能力を上げるため，数十μmの大きさのダイヤモンド砥粒を用いた砥石で効率よく薄化する。その際に10μm程度の破砕層が加工ダメージとして残ってしまう。2段階目の仕上げ研削加工では，数μm程度の砥粒の砥石を用い1/10程度の砥石軸送り込み速度で指定の仕上げ厚みに揃えつつ，粗研削加工で入った深いダメージ層を取り除く。しかし，当然ながら仕上げ研削加工で生じたダメージ層は新たに残留する。このようにシリコンを破砕モードで加工しているために，いかに微細な砥粒を使用してもダメージ層の残留が生じてしまう。従来の200μm厚仕上げ以上の加工では問題は無かったが，ウェーハの薄化の進展により，この仕上げ研削加工で生じる1μm以下のごく浅いダメージでさえもウェーハの破損につながる要因となってきている。

Dのエッジチッピングは，元々ウェーハのエッジ部の断面形状がR形状になっていることが大きな要因となっている（図1）。ウェーハを薄くしていくと，このR形状をしたエッジ部がシャープな形状になり，機械的強度が非常に低くなる。エッジチッピングを生じさせてしまう例としては研削水が挙げられるが，これは研削加工中に使用する研削水がこのエッジ部に当たり，ウェーハがバタつくなどしてチッピングが発生する。このエッジチッピングに起因し，エッジ部からのウェーハ破損が生じやすくなる。

第6章　シリコンウェーハ薄化の現状

図1　エッジチッピング

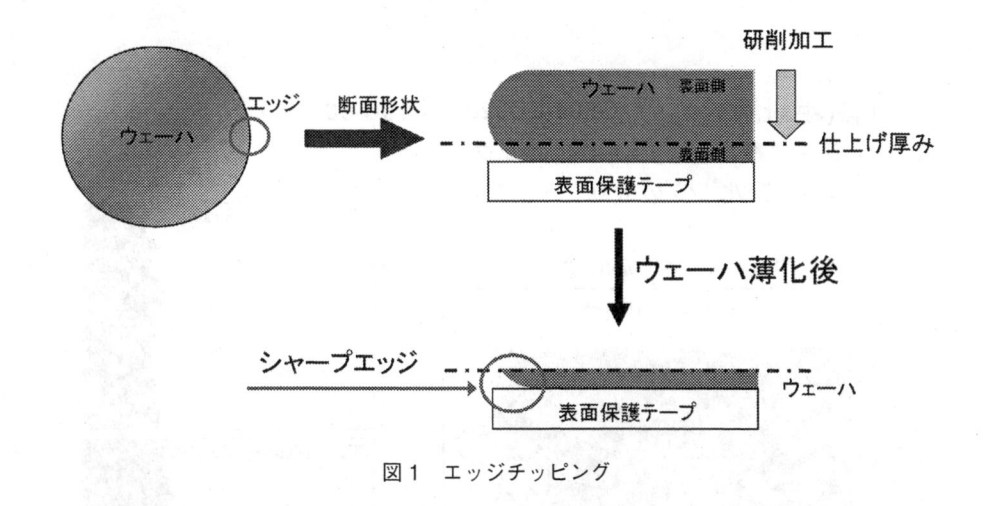

3　バックグラインディング技術

　バックグラインド工程でウェーハを薄化する際には，研削装置仕様・研削砥石・研削アプリケーションの三要素それぞれの最適化が重要となる。

　装置仕様として具体的には，研削水の供給方法を加工点へピンポイントで供給できるノズル方式にすることや，研削加工中にウェーハを吸着するテーブルの吸着エリアを極力，ウェーハ最外周まで広げた部材にすることや，研削装置から次工程へ安全に受け渡すために人の手を極力介在させないインラインシステム化などが有効な解決手段となる。また装置仕様の改善以外にもウェーハの強度低下や反りに対しては，BGテープ（Back Grinding Tape：デバイス回路面保護テープ）のサポート性の向上や，WSS（Wafer Support System）と呼ぶ硬質支持体にウェーハを貼り合わせる手法などもある。

　また研削砥石については，粗研削用・仕上げ研削用ともに低ダメージ化を図り，エッジチッピングを抑制させる砥石を選択することが重要である。粗研削用砥石に関しては，ウェーハ裏面側に回り込んだ酸化膜や窒化膜ごとウェーハを研削できる研削力を確保し，高速研削加工性を維持しながら低ダメージ化を図る必要がある（図2）。仕上げ研削用砥石においては，粗研削加工によるダメージを十分に除去するための多量除去性能を持たせたうえで，低負荷での研削加工を行う必要がある。そのため，従来の砥石からボンド材料の変更を行い，より微細なダイヤモンド砥粒を使用し低ダメージ化を図っている（図3）。

　研削アプリケーションに関しては，粗研削・仕上げ研削軸ともにエッジチッピングを抑えるために，砥石軸の回転速度を低速化しつつウェーハ吸着テーブル側を高速回転させ，砥石軸の送り込み速度を最終仕上げ厚み付近で低速化することなどが有効である。

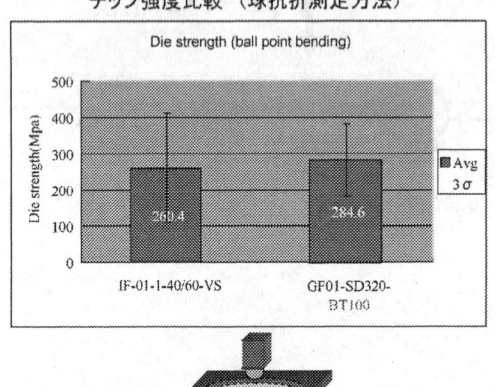

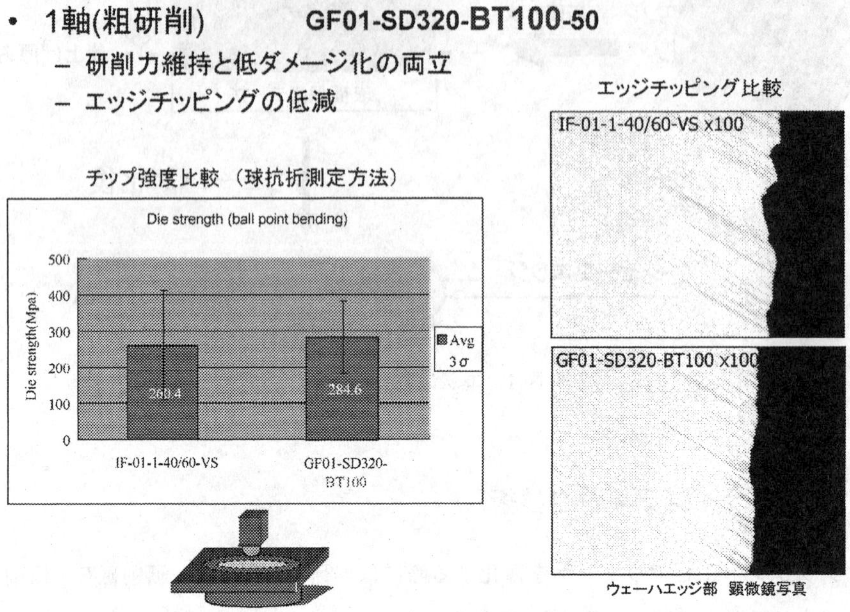

- 1軸(粗研削)　　GF01-SD320-BT100-50
  – 研削力維持と低ダメージ化の両立
  – エッジチッピングの低減

図2　粗研削用砥石

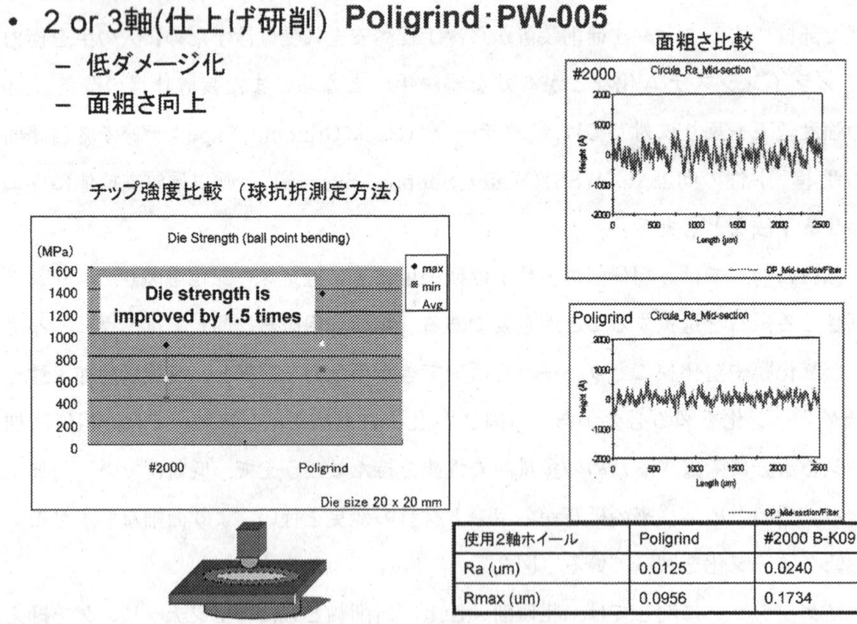

- 2 or 3軸(仕上げ研削)　Poligrind：PW-005
  – 低ダメージ化
  – 面粗さ向上

使用2軸ホイール	Poligrind	#2000 B-K09
Ra (um)	0.0125	0.0240
Rmax (um)	0.0956	0.1734

図3　仕上げ研削用砥石

第6章　シリコンウェーハ薄化の現状

4　ストレスリリーフ技術

　前述したように通常のダイヤモンド砥粒による研削加工では破砕モードの加工メカニズムであるため，ダメージ層をゼロにすることは難しい。仕上げ研削加工後でも平均 0.2～0.3μm，最大 1μm 程度と微少であるがダメージ層がウェーハに残る。ウェーハが薄くなるとこの加工ダメージによって後工程プロセス中や最終製品に実装された後の様々な応力によって破損につながる恐れがある。そのため近年では，ウェットエッチング，ドライエッチング，ウェットポリッシング，ドライポリッシングなどバックグラインディングでの研削加工ダメージの除去を目的としたストレスリリーフプロセスが導入されている（写真2）。ただしウェットエッチングやCMPといった方法では混酸液や研磨スラリーなどの薬液を使用するため，コスト面・環境面で課題が残る。ウェーハ・チップに求められる抗折強度，プロセスに求められるコストなどを考慮してストレスリリーフプロセスは選択される必要がある。各ストレスリリーフ手法の比較を表1に示す。

　当社ではドライポリッシングと呼ぶ薬液・純水等を一切使用しない乾式ポリッシングプロセスを製品化している（図4）。薬液や水を使用しないドライプロセスでも研削加工ダメージを確実に除去することができ，チップ強度に関しても研削のみのプロセスと比較して，平均値で6倍以上に強度を改善させることが可能である。また加工レートに関してもスラリーを使用したウェットポリッシングと同等のレートを達成しており，加工面状態も他プロセスと同等の光沢度の高い

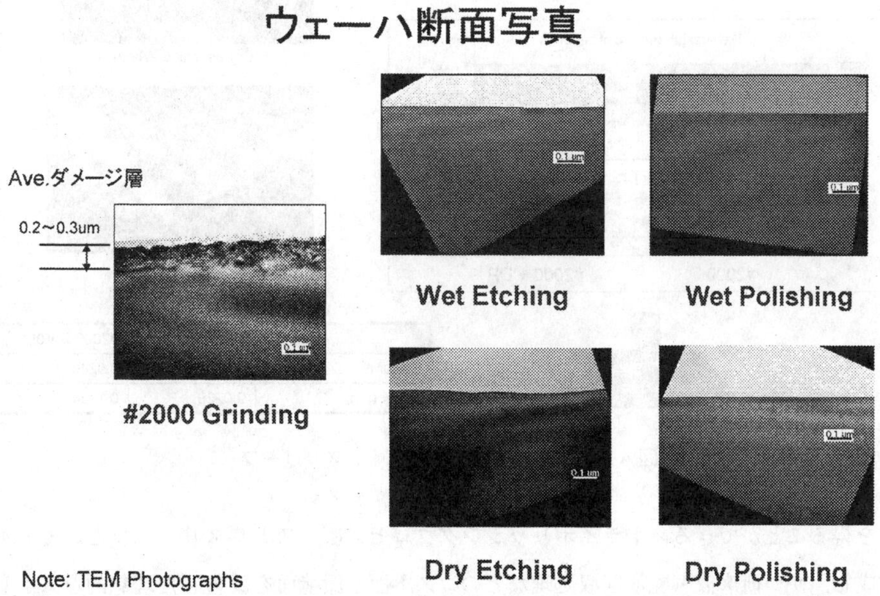

写真2　ストレスリリーフプロセス

表1 各種ストレスリリーフプロセス比較

プロセス	Wet Polishing	Wet Etching	Dry Etching	Dry Polishing
概略図	スラリー／ウェーハ	HF+HNO₃／排気システム／ウェーハ	フッ素ガス／ウェーハ／プラズマ	ドライポリッシュホイール／ウェーハ
反応材	スラリー	HF＋HNO$_3$	フッ素系ガス	ノンダイヤモンド砥粒
エッチングレート	1um/min	> 10um/min	2um/min	1um/min
生産性	○	◎	○	○
抗折強度	○	○	○〜◎(DBG)	○
環境性	スラリー管理	NOx	SF$_6$	◎
ランニングコスト	△	△	△〜○	◎

- 3軸(ストレスリリーフ)
  – 研削ダメージの除去
  – 面粗さの向上

Dry polishing：DP-F05

チップ強度比較（球抗折測定方法）

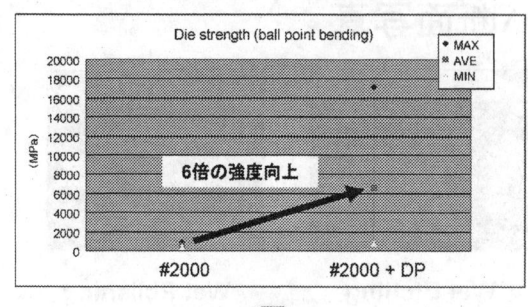

Die strength (ball point bending)
6倍の強度向上
#2000　　　#2000 + DP

Dry polishing Wheel

Polished surface
Chip photo by SEM

	Dry Polishing	#2000 B-K09
Ra (μm)	0.0028	0.0240
Rmax (μm)	0.0229	0.1734

図4　ドライポリッシング ストレスリリーフ

面状態を得ることができる．ドライポリッシングプロセスは，ストレスリリーフとしての加工品質を達成し，かつ研磨液・廃液回収処理などのコスト面と環境面を改善した理想的なストレスリリーフ手法である．

5 DBGプロセス

DBG（Dicing Before Grinding）とは，従来のバックグラインディングしてからフルカットダイシングするというプロセスの順序を逆にしたものである。先に溝入れダイシングを表面の回路面側から行い，BGテープを貼付し，バックグラインディング加工中にウェーハ厚みが形成された溝に到達した際，チップに分割させるプロセスである（図5）。DBGプロセスは，大口径ウェーハにおいても薄化した時点でチップに分割されるため薄ウェーハそのものを単体で扱う必要がなく，ウェーハ自体の反りやたわみなどの影響も受けない。またシャープエッジの影響もエッジ部のみに留めることができるため高歩留まりでの生産が可能である。さらにダイシング加工でいうチップの裏面チッピングそのものを大幅に低減できるため（図6），チップの曲げ強度を向上させることが可能なプロセスである。その他，溝入れダイシングで済むため通常のフルカットダイシングと違いダイシングテープを切断しないので，ダイシング用砥石の消耗を抑えることが可能になる。また，通常のフルカットダイシングでは裏面チッピングを抑制するために加工速度を落とす場合があるが，DBGプロセスでは裏面チッピングを大幅に低減するためダイシング加工速度の向上が容易になる。

またDBGプロセス後にドライエッチングのストレスリリーフを用いることで，ウェーハ裏面のダメージ除去のみならずチップ側面のダイシングダメージの除去も行うことが可能である。さらなるチップ曲げ強度の向上が期待でき，機械的ダメージの無い理想的なチップ（Ideal Chip）に近づけることができる（図7）。

近年はこのDBGプロセスと，SiPの積層に不可欠なボンディング材料であるDAF（Die

図5 DBGプロセス

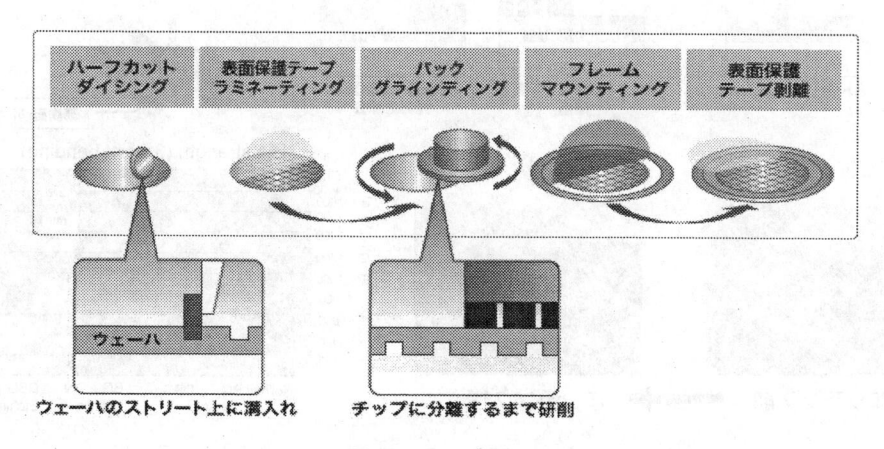

3次元システムインパッケージと材料技術

(75 umt chip)

DBG

チップ断面写真　　チップ裏面写真

Grinding and Single cut dicing

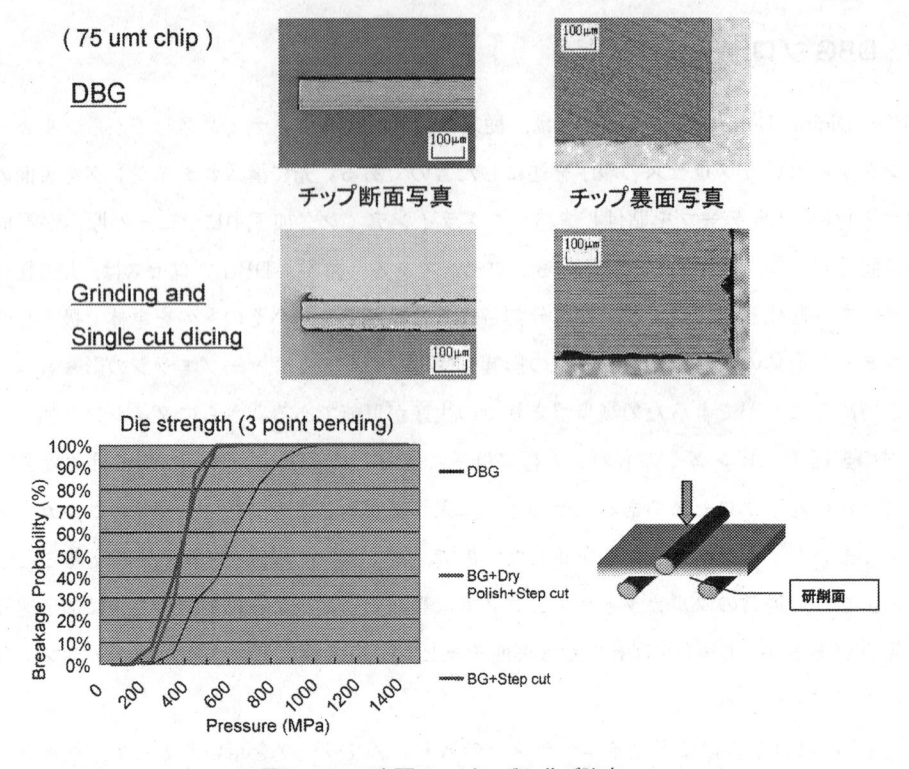

図6　DBG 裏面チッピングと曲げ強度

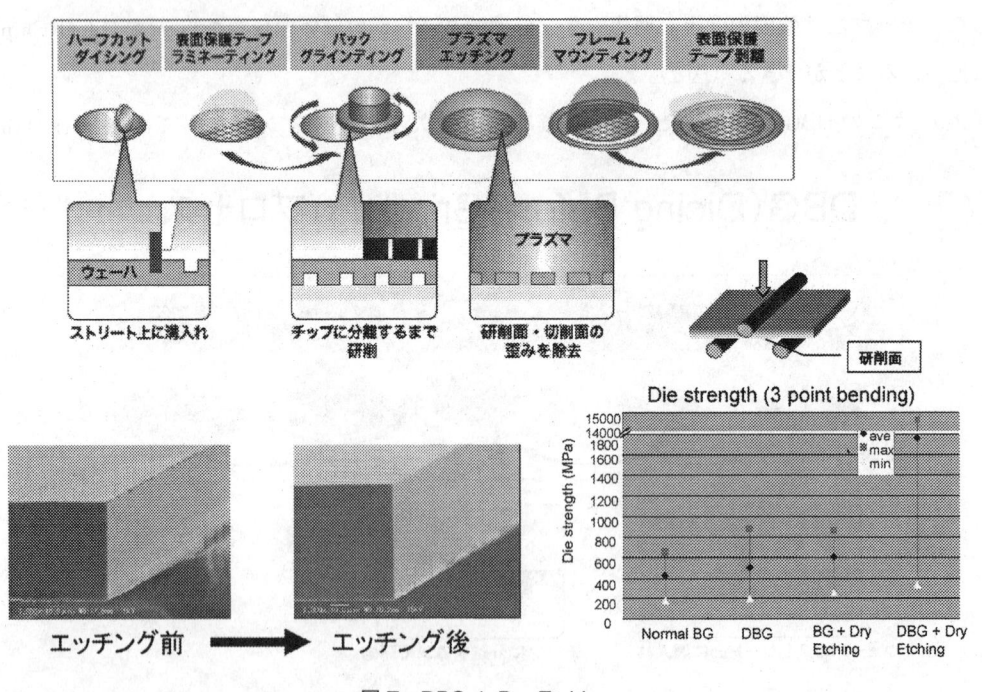

図7　DBG + Dry Etching

68

第6章 シリコンウェーハ薄化の現状

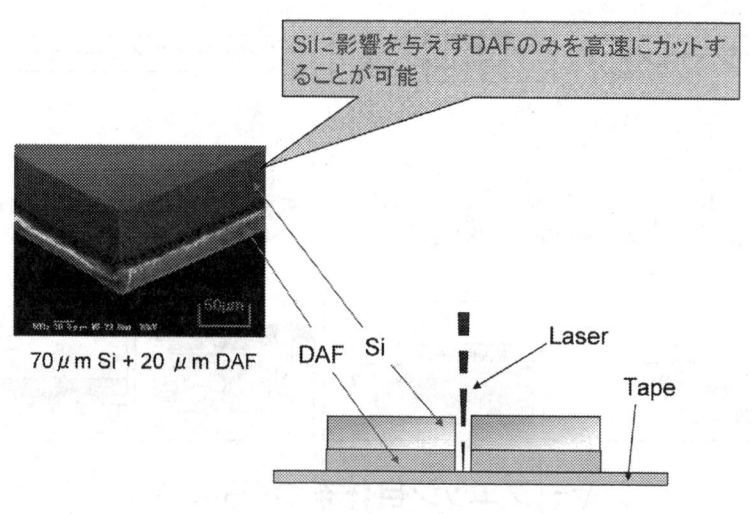

Siに影響を与えずDAFのみを高速にカットすることが可能

70μm Si + 20μm DAF

図8　DBG + DAF Laser Cutting

Attach Film）を融合させるレーザ加工技術が開発されている．従来，DBG プロセスによってチップ分割されたウェーハの裏面に DAF を貼り付けると，再度 DAF だけを切断する必要があり，ブレードダイシングで行おうとした場合，チップの整列性，ブレードの刃幅，生産性などにおいて有効ではなかった．そこで曲線加工が可能なレーザソーを用いて DAF だけを切断するというアプリケーションを提案している（図8）．DAF の種類によらず切断加工が可能であり，ブレードダイシングで発生しやすい DAF やダイシングテープのバリが抑えられ，数百 mm/秒という高速加工が可能となる．このようなアプリケーション開発によって，薄チップ製造に適した DBG プロセスを次世代 SiP 製造プロセスに提案している．

6　エッジトリミングプロセス

　通常のプロセスでウェーハを薄化する場合，前述の通り，エッジ部がシャープエッジになることによるエッジチッピングが問題となる．このシャープエッジの問題を根本から解決する方法としてエッジトリミングプロセスがある．エッジトリミングプロセスとは，DBG プロセスのように，まずブレードダイシングでウェーハのエッジ部の円周に沿って溝入れ加工を行い，その後，BG テープを貼付し，裏面研削加工を行うプロセスである（図9）．ウェーハが薄く加工されると同時にウェーハエッジ部が垂直なエッジ形状となるため，エッジチッピングの原因となるシャープエッジ自体が発生しない．エッジトリミングプロセスを使用した場合のエッジチッピング低減効果を図10に示す．DBG プロセスと違い，薄化した際にウェーハ状態での取り扱いが必要になってしまうが，逆にエッジトリミングダイサによるプロセス追加のみで，従来プロセスとほぼ

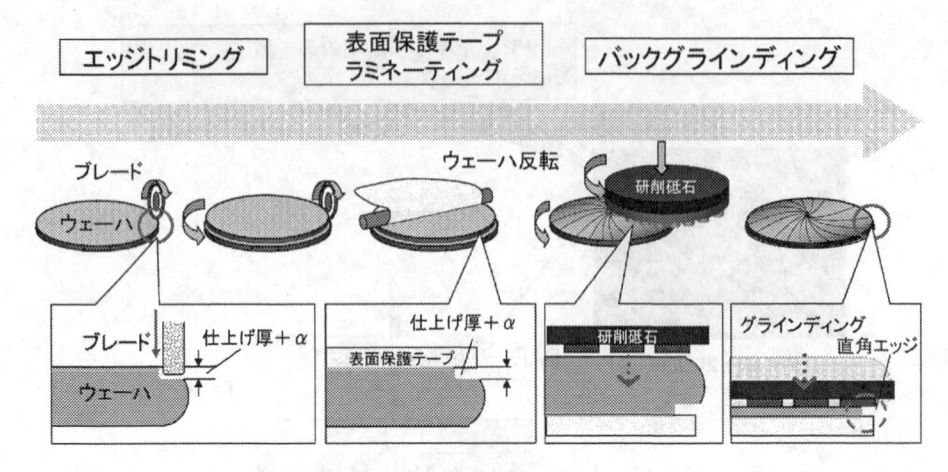

図9　エッジトリミングプロセス

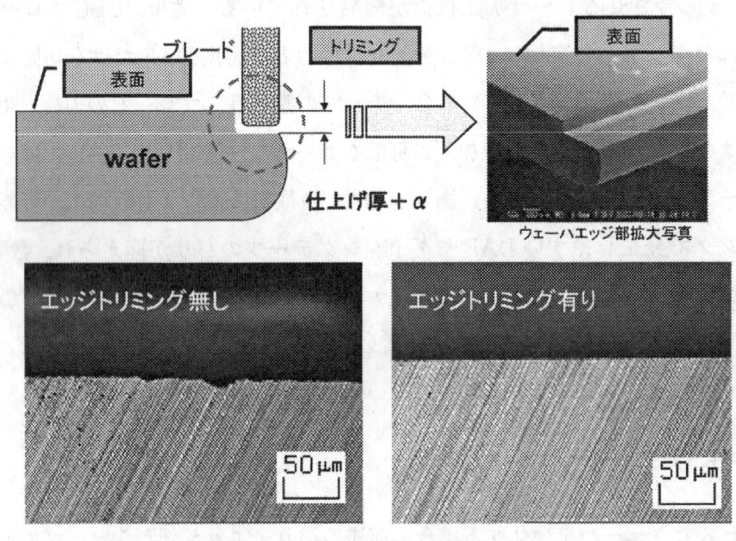

図10　エッジトリミング効果

同じプロセスが使用できる。

7　おわりに

　近年はSiPに代表されるように、組立プロセスでパッケージとしての付加価値を生み出す製品が増えてきており、チップの薄化もその手段の一つとなり重要度が増している。しかしウェーハ

第6章　シリコンウェーハ薄化の現状

の薄化が進むにつれ，SiP向けではウェーハ薄化後の裏面にDAFの貼り付けが必要となったことや，次工程のダイシング工程でフルカットダイシングの品質を維持するために生産性が下がっていることなど，周辺工程でも課題が増えてきている。

　今後はバックグラインディングによる薄化という工程だけではなく，最終的なパッケージ形態を見据え，ストレスリリーフプロセスなども含めたデバイスに合ったプロセスの提案を行うことが必要となっていく。当社は今後も装置・砥石・アプリケーションの薄化チップ製造技術の提供を中心に，周辺工程の課題にも対応したプロセスを含めトータルソリューションを提供していく。

第7章　プラズマエッチング技術による
　　　　ウエハ薄型化加工

有田　潔*

1　ウエハ加工工程へのプラズマエッチング技術の導入

1.1　システムインパッケージ分野におけるウエハ薄型加工技術の重要性

　近年のシステムインパッケージの普及に伴い，薄型パッケージ作製工程におけるウエハ薄型加工技術が注目を浴びている。例えば，携帯電話等で使われているスタックパッケージの分野では，パッケージの内部に100μm以下に薄型化したチップを6段も積層させた製品が開発されている。さらにスマートカードの分野では，チップ厚みを50μm程度まで薄型化させた製品が開発されており，ウエハの薄型化動向は今後益々進展していくものと考えられる[1,2]。

　しかしながら，ウエハの薄型化が進むと，現状のダイヤモンド砥石を用いたメカニカルなグラインディング技術およびダイシング技術だけでは，チッピングやチップ割れ，ウエハ割れが発生し，歩留まりの低下や生産性の低下といった問題が発生する。これらの問題は今後，低誘電体層間絶縁膜（low-k膜）が導入されたウエハの割合が増えてくると，low-k膜の剥離やクラックといったさらに深刻な問題も生じてくると考えられる[2,3]。

　そこで，我々は機械的加工を用いないプラズマエッチング技術を利用した新たなウエハ薄型加工技術を開発した[4,5]。これらの技術は従来の"固体"（シリコンウエハ）を"固体"（ダイヤモンド砥石）で加工する方式から，"固体"（シリコンウエハ）を"気体"（プラズマ）で加工する方式への転換であり，ダメージレスでドライな薄型ウエハの加工を実現するものである。

1.2　プラズマエッチング技術

　プラズマプロセス技術は1970年代より半導体集積回路の作製工程，所謂ウエハプロセスに導入されてきた。現状，殆どの高集積半導体素子の作製に不可欠な技術となっている。その特長としては半導体プロセスの「ドライ化」，「低温化」，「微細加工」が挙げられる。特に微細加工においては反応性イオンエッチング（Reactive Ion Etching）技術が最も広く用いられてきた[6]。

---

　　*　Kiyoshi Arita　パナソニックファクトリーソリューションズ㈱　精密プロセス事業推進
　　　　　　　　　グループ　戦略商品チーム　主任技師

第7章 プラズマエッチング技術によるウエハ薄型化加工

　RIE技術は平行平板型電極上にウエハを配置し，CF_4やSF_6等のフッ素系ガスを電離させプラズマ化し，プラズマ中のイオンやラジカルでウエハ上の薄膜の微細パターンエッチングを可能とするものである。この技術は微細加工に優れている以外に，均一なプラズマを生成できる点，装置コストが安価である点が他のプラズマ生成方式より優れている。我々はRIE技術の持つこれらの特長に着目し，RIE技術をウエハ加工分野へ適用できるよう改良を加えた。

　例えば，ウエハプロセスにおいては放電圧力を数Pa程度まで低くしてイオンの直進性を維持し，$1\mu m$以下の微細加工を実現している。しかしながら，圧力を低くすれば，プラズマ中のイオンやラジカル密度も低くなり，結局エッチングレートが低下することが知られている。一方，我々の対象とするウエハ加工の分野では，微細な異方性エッチング加工よりも，広範囲なエリアを高速でエッチングする加工が求められる。したがって，放電圧力はウエハプロセスよりも2桁程度高い圧力領域で放電させることとした。また，エッチング用ガスも鏡面でエッチングが可能で，且つシリコンのエッチングレートが高い六フッ化硫黄（SF_6）を用いている。さらに装置構造上も平行平板電極の距離を狭める等してプラズマの高密度化を図り，ウエハプロセスに比べ，エッチングレートが1桁以上高いウエハ加工用のプラズマエッチング技術を開発した。

　次に，本技術をグラインディング後のストレスリリーフ工程へ応用したプラズマストレスリリーフ技術を紹介する。

2　プラズマストレスリリーフ技術

2.1　プラズマストレスリリーフ技術とは

　図1に示すように，グラインディングプロセスはダイヤモンド砥石を用いてシリコンウエハを裏面側から研削してウエハの薄型化加工を行う工程である。そのため，研削面には加工変質層と呼ばれるダメージ層が発生してしまう[7,8]。これらのダメージ層の厚さは砥石の番手にも依存するが，通常#2000で$0.2\mu m$程度となっている。これらのダメージ層はマイクロクラック等を含み，ウエハの割れや反りの原因となっているためグラインディング後に除去する必要がある。この工程はストレスリリーフと呼ばれ，従来ウェットエッチングで行っていたが，今回我々は図2に示すようにプラズマエッチング技術を用いてダメージ層を除去する新たなプロセスを開発した。これが「プラズマストレスリリーフ技術」である。

2.2　プラズマストレスリリーフ技術の特長

　図3に各種ストレスリリーフ方法の特徴を示す。従来，ストレスリリーフにはウェットエッチングが多く用いられてきた。しかしながら，ウェットエッチングはフッ硝酸等の危険な化学薬品

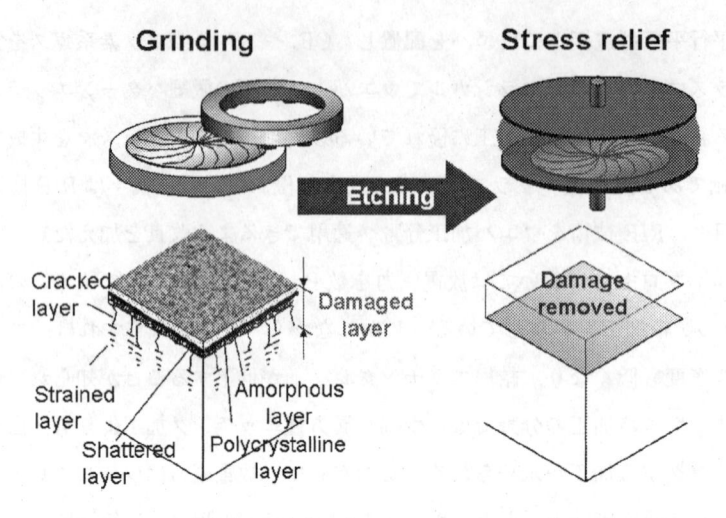

図1 ウエハ薄化工程（プラズマストレスリリーフ使用の場合）

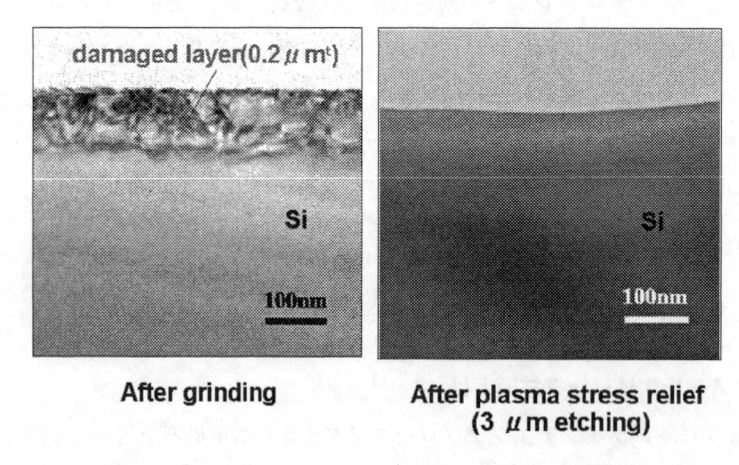

図2 プラズマストレスリリーフ前後でのダメージ層観察

を用いるだけではなく，NO_Xガスを発生させることや，廃液処理の費用が高いこと等の課題があったため，新たなストレスリリーフ方法が求められていた．次に開発されたケミカルメカニカルポリッシングやドライポリッシングは研磨によってダメージ層を除去する方法である．しかしながら，これらの方法は研磨レートが1μm/minと低いことや，ポリッシング時にウエハに負荷を加えながら研磨するためバンプ付ウエハを処理することが難しい等の課題が残る．

一方，プラズマストレスリリーフはウェットエッチングに比べると，安全なガスプロセスでありドライなエッチングが可能である．さらに，CMPやドライポリッシュに比べると，パーティクルも発生せず，またウエハに負荷を加えずダメージ層を除去することも可能である．

特に，近年チッピングを低減できるプロセスとして注目を浴びている先ダイシングプロセス

第7章 プラズマエッチング技術によるウエハ薄型化加工

Process	Wet etching	CMP	Dry polishing	Plasma etching
Figure	HF+HNO$_3$	Slurry	Dry polish wheel	Fluorine gas
Reactive material	HF+HNO$_3$	Slurry	Silica abrasive	Fluorine gas
Removing rate	> 10 μm/min	1 μm/min	1 μm/min	2 μm/min
Productivity	High	Low	Good	High
Die strength	Good	Good	Good	Good (DBG)
Environmental	NOx	Slurry management	Very good	Good
Running cost	High	High/Medium	Very low	low

図3 各種ストレスリリーフ方法の特徴

(Dicing Before Grinding) とプラズマストレスリリーフ技術とを組み合わせると，他のストレスリリーフ方式に比べ最もチップ抗折強度を高くできるという特長を持っている。次節ではこの理由について述べる。

2.3 先ダイシング（DBG）プロセスへの応用

通常，グラインディングによりウエハを薄化した後にダイシングでチップ分割を行うが，DBGプロセスは図4に示すように工程を逆転して，先に厚いウエハ状態でハーフカットダイシングを行い，その後グラインディング時にチップ分割を行う方法である[9]。

我々は，このチップ分割されたDBGウエハにプラズマストレスリリーフを施すと，チップ抗折強度を著しく改善できることを見出した[3〜5]。この理由としては，通常はグラインディング処理を行った後にストレスリリーフを行うため，チップ分割前の丸ウエハの状態でストレスリリーフを行う。したがって，この後ダイシング処理を施すとチップ側面にはダイシングによるダメー

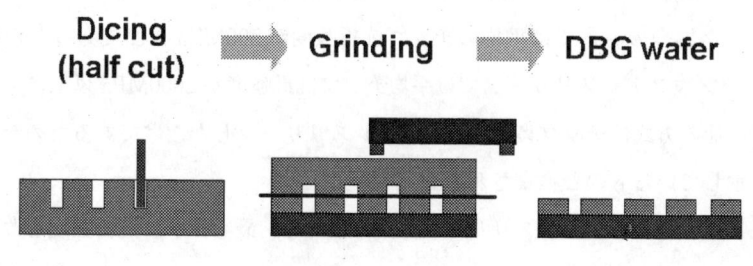

図4 先ダイシングプロセス

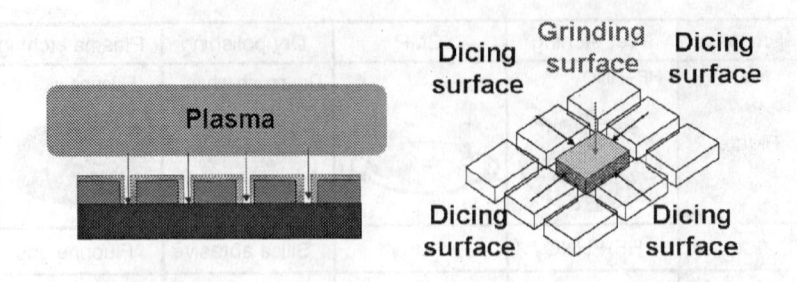

図5 先ダイシングウエハへのプラズマストレスリリーフ処理

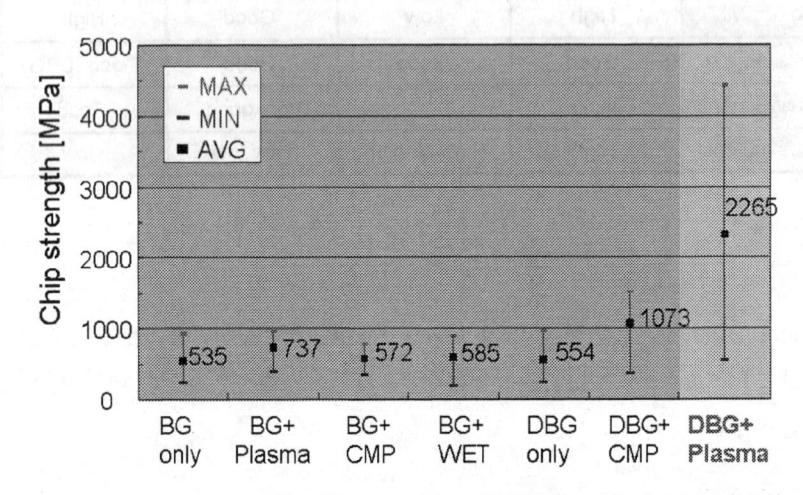

図6 ストレスリリーフ方法の違いによるチップ抗折強度の変化(三点曲げ試験)

ジ層が残留してしまう。一方，DBGウエハにおいては図5に示すようにチップ分割された状態でプラズマ処理が施されるため，プラズマ中のフッ素ラジカルがチップの裏面のみならず，チップとチップの間にも拡散するためチップ側壁のダメージ層をも除去できる。つまり本プロセスでは，チップ裏面のグラインディングによるダメージ層のみならず，チップ側面のダイシングによるダメージ層も全て同時に処理することができ，その結果，高いチップ抗折強度を得ることができるのである。

図6にストレスリリーフの違いによりチップ抗折強度がどのように変化するか調べた結果を示す。この図は三点曲げによりチップ抗折強度を測定した結果であるが，通常のBGのみ（バックグラインディング処理のみ）では平均のチップ抗折強度が500MPa程度であったのに対し，上述のDBG＋プラズマストレスリリーフでは平均チップ抗折強度が2000MPa以上にも達していることがわかる。他の方式はチップ裏面のみをストレスリリーフしただけであるためチップ抗折強度は低い値を示しているものと推察される。

以上の結果より，様々なストレスリリーフ方式の中でも，最もチップ抗折強度を改善することができる本プロセスは，多くのスマートカードメーカーに注目され現在量産工程にも用いられて

第7章 プラズマエッチング技術によるウエハ薄型化加工

いる。

3 プラズマダイシング技術

3.1 プラズマダイシング技術とは

　現在，主流であるメカニカルダイシングにはウエハの薄型化対応に限界があると考えている。その理由としては，ウエハ厚みが50μm程度になってくると切削時にウエハ自身の撓みが発生してチップ割れやチッピングの原因につながること，さらにそれらを防止するためにダイシングスピードが低下してしまうことが挙げられる。また，今後半導体ウエハに機械的強度の低いlow-k膜が採用されてくると，切削時の応力によりlow-k膜の剥離が生じる等，半導体素子の信頼性を低下させる問題も発生してくる。したがって，今後進展するウエハの薄型化に対応できる新たなダイシングプロセスが求められていた。その解決策として，我々はプラズマエッチング技術を用いたドライかつダメージレスでチップ分割可能な「プラズマダイシング技術」を提案した。

　プラズマダイシング工程としては図7に示すように，まずグラインディングが完了したウエハをストレスリリーフした後，ウエハ裏面にレジスト膜を塗布し，フォトリソもしくはレーザーによりダイシングラインに沿ってパターンニングを行う。次にウエハをプラズマチャンバーへ搬送した後，プラズマエッチングでウエハ裏面から表面に向けてエッチングを施しチップ分割し，最後にレジスト膜を同一チャンバー内で酸素プラズマにより除去して完了となる。この工程で，金属成分を含むTEGチップはフッ素系プラズマではエッチングできないためグラインディング用

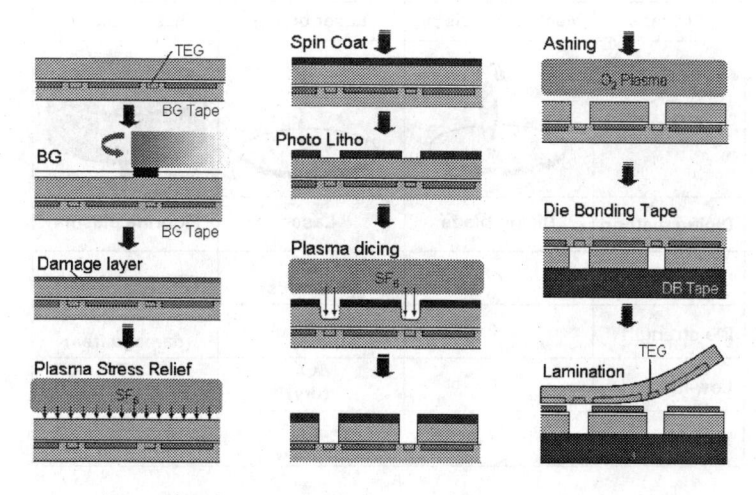

図7 プラズマダイシングプロセスを用いたウエハ薄化工程

保護テープ(BG テープ)上に残留するが,これらは BG テープ剥離工程においてテープと一緒に除去できる。

3.2 プラズマダイシングの特長

図8に,メカニカルダイシングの特徴および近年 low-k 対応のため開発されたレーザーダイシングの特徴および我々のプラズマダイシングの特徴を示す[3,10]。

メカニカルダイシングにおいては,機械加工で厚いウエハを高速にチップ分割できるメリットを持っているが,今後ウエハの薄型化が進むとチッピングやチップ側面へのダメージ層発生の問題が顕在化してくると考えられる。さらにはダイシングのスピードも歩留まり確保のため低下してくると予想され,ウエハの薄型化対応には限界が近いと推察される。

次に,low-k 膜付ウエハ対応で開発されたレーザーダイシングは,現在アブレーション方式でシリコンを昇華させフルカットする手法や,レーザーでシリコン内部に加工変質層を導入しテープエキスパンド時に分断する手法,さらにレーザーでダイシングライン部の low-k 膜を除去してからメカニカルダイシングするグルービング手法がある[3]。これらの方法はメカニカルダイシングに比べるとドライで low-k 膜の剥離を防止できるものの,レーザーによるシリコンチップへの熱歪は残留し,チップ抗折強度はメカニカルダイシングと大差は無い。

一方,我々の開発したプラズマダイシングはプラズマでシリコンを気化してチップ分割を行うためドライ,低温,パーティクルフリー,ダメージフリーでダイシングが可能となる。さらに後述するが,プラズマダイシングはエッチング時にレジストマスクが必要なものの,エッチングはメカニカルダイシングやレーザーダイシングのようにライン毎ではなく,ウエハ全面一括でチッ

Process	Mechanical dicing	Laser dicing	Plasma dicing
Figure	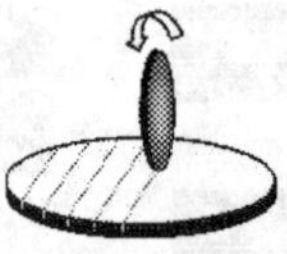		
Dicing method	Dicing blade	Laser	Fluorine plasma
Dicing speed	×	△ (300mm/s)	◎ (2〜4min/wafer)
Die strength	×	△	◎ (damage free)
Low-k	×	○ (dry)	◎ (dry & low-temp)
Running cost	○	○	△ (mask cost etc.)

図8 各種ダイシング方法の特徴

第7章 プラズマエッチング技術によるウエハ薄型化加工

プ分割が可能となるため，通常の薄型ウエハでは2〜4分程度でダイシングが可能となる。このようにプラズマダイシングはダイシング時間の短縮化が図れるというメリットもある。

3.3 プラズマダイシングの性能

図9は50μm厚ウエハをプラズマダイシングしたサンプルウエハである。BGテープ上には全面シリコン残渣が無く，完全にチップ分割されており，またダイシングライン部にはチッピングが無いことも確認した。

次に，ダイシングの断面形状を調べるため，断面SEM観察を行った。図10よりエッチング

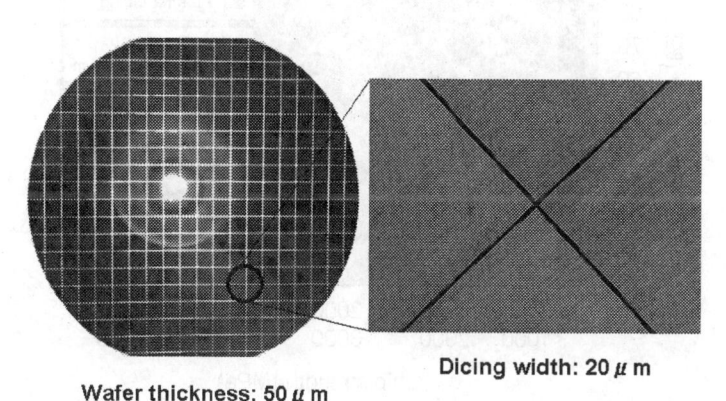

図9 プラズマダイシング処理を施したウエハ

図10 ダイシング形状（断面SEM像）　図11 チップ側面のダメージ層観察（メカニカルダイシングとプラズマダイシングの比較）

形状は異方性であることがわかる。この時，ダイシング幅は20μm，深さは60μmであり，エッチング速度は約20μm/minであった。

また，プラズマダイシングとメカニカルダイシングにおけるダメージの違いを調べるために，50μm厚のチップ側面を断面TEM観察した結果を図11に示す。この図より，メカニカルダイシングはシリコン側面から内部に向かって多くのクラックが観察され，その深さは0.5μm程度であった。一方，プラズマダイシングで分割したチップでは，クラックは全く観察されなかった。

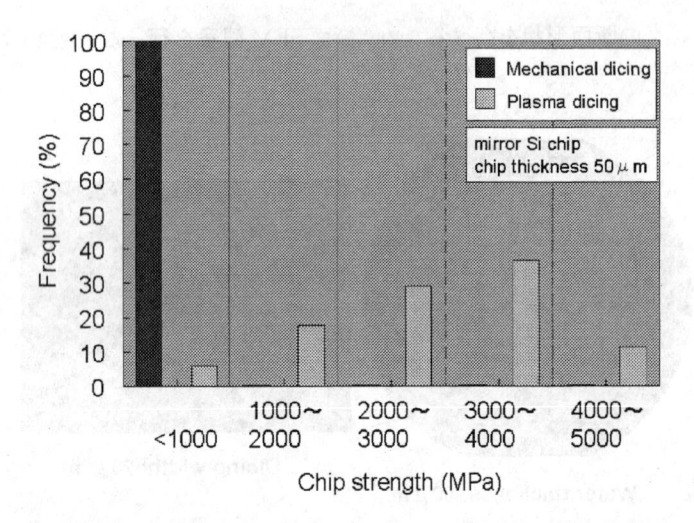

図12 メカニカルダイシングとプラズマダイシングのチップ抗折強度比較

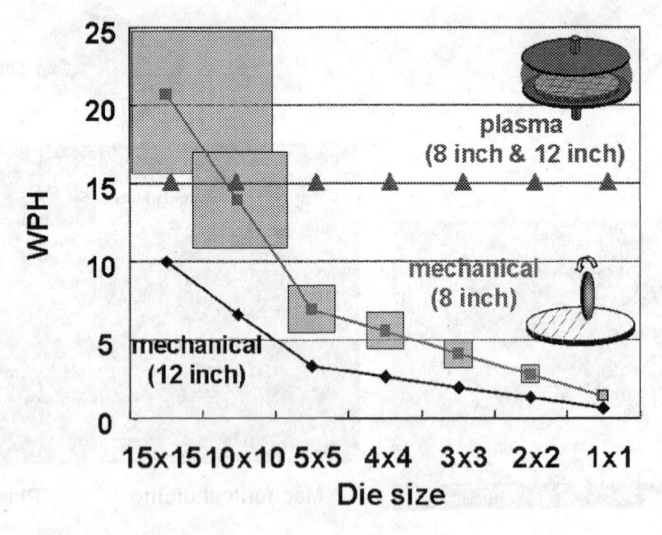

図13 メカニカルダイシングとプラズマダイシングのダイシングスピード比較

第7章　プラズマエッチング技術によるウエハ薄型化加工

このダメージの違いを検証するために，メカニカルダイシングしたチップと，プラズマダイシングしたチップとのチップ抗折強度を比較した。図12より，メカニカルダイシングで作製されたチップは全て1000MPa以下になったのに対し，プラズマダイシングで作製されたチップはややばらつきがあるものの平均値が3000MPa以上となった。

次に，プラズマダイシングの高生産性について述べる。図13はメカニカルダイシングとプラズマダイシングにおけるチップサイズの違いによるダイシングのスループットの変化を示している。図より，メカニカルダイシングではチップサイズが小さくなるとダイシング本数が増えるため生産性は低下するが，プラズマダイシングはウエハ厚みが同じであればチップサイズに依存せず一定である。したがって，プラズマダイシングはメカニカルダイシングやレーザーダイシングに比べ，大口径ウエハで小チップの生産に適しており，この領域では圧倒的な高生産性を示している。

3.4 ビア形成技術への応用

次にプラズマダイシングプロセスを用いてビアホールを形成した例を図14に紹介する。本サンプルはレジスト膜塗布後に，レーザーによってレジスト膜をホール形状に開口し，その後ダイシングと同一レシピでプラズマエッチング処理を施したものである。今回試作したビア径は$\phi 20\mu m$で深さは$60\mu m$である。図に示すようにビア形状に問題無いことを確認した。エッチングレートもダイシングと同等に$20\mu m/min$程度で加工でき，プラズマダイシングチャンバーによりビアホール形成も可能であり，今後は三次元実装の分野への応用も期待できる。

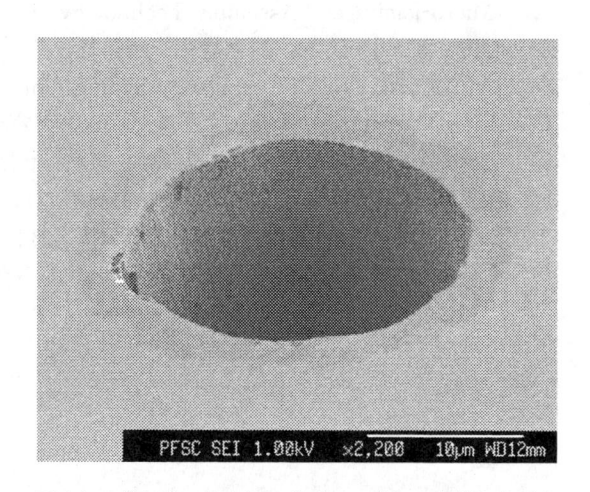

図14　プラズマダイシングチャンバーで作製したビアホール

4　まとめ

我々はプラズマエッチング技術によるウエハの薄型加工技術を開発してきた。今後の課題としては，プラズマダイシング時のマスクの低コスト化，DAFテープへの対応，TEGチップへの対応等があげられるが，現在それぞれにおいて対策案を評価中であり，プロセスの完成度を高めて

いる。将来，薄型ウエハ加工分野でプラズマプロセスがデファクトスタンダードとなるよう開発を加速していく。

文　　献

1) 嘉田守宏，日本・アジアの3次元SiPの技術動向と将来展望，SEMI FORUM JAPAN JISSOセミナー予稿集システムインパッケージと周辺技術の動向，p.1 (2006)
2) 傅田精一，薄型チップの動向と問題点，薄型シリコンウエハー・チップの加工技術と取扱技術予稿集，p.1 (2003)
3) 川合章仁，SEMICON JAPAN 2006　SEMI Technology Symposium　予稿集セッション7，p.29 (2006)
4) 有田　潔，岩井哲博，土師　宏，新田永留夢，狛　豊，荒井一尚，8th Symposium on "Micro-joining and Assembly Technology in Electronics", 2002, Yokohama.
5) 有田　潔，中川　顕，岩井哲博，藤澤晋一，小野貴司，川合章仁，荒井一尚，SEMICON JAPAN 2005　SEMI Technology Symposium　予稿集セッション9，pp.56-61 (2005)
6) Brian N. Chapman，プラズマプロセッシングの基礎，電気書院
7) 志村史夫，半導体シリコン結晶工学，丸善，p.111
8) 高須新一郎，エレクトロニクス用結晶材料の精密加工技術，サイエンスフォーラム，p.577
9) Electronic Journal別冊半導体工場・装置・材料（2000年版）DBG.
10) 浜松ホトニクス株式会社　技術資料　ステルスダイシング技術とその応用（MAR. 2005）

第8章　ステルスダイシング技術（Stealth Dicing）
―チッピングレスを実現した内部加工型レーザダイシング技術―

内山直己[*]

1　はじめに

　デジタルカメラや携帯型映像端末の高精細化，高機能化に伴い，半導体メモリデバイスはますます大容量化が進んでいる。またメモリ以外にも DSP や CCD/CMOS イメージセンサなどの各種デバイスにも，実装面積を縮小しかつ，高速，低消費電力化を望む声が高まっている。現時点でこれらを解決しうるソリューションとして SiP（システムインパッケージ）が注目されており，それらを効果的に実現するために既存プロセスの見直しや，新しい材料の開発など，各種課題の解決に取り組みが必要とされている。

　半導体メモリーデバイスの大容量化／高密度化の流れに伴い，半導体ウェーハは「薄化」「大型化」が進んでいる。特にメモリカード向けのフラッシュメモリでは，パッケージサイズはそのままに，大容量化が進み，積層する Si ウェーハ厚へは極薄化の要求が絶えない。1～2 GB の製品化が進む中，将来的は数十 GB までその容量を増大させることを視野に入れた製品開発が進められており，ウェーハ厚は 30 μmt 以下にまで薄化が要求されている。

　Si ウェーハの薄化に伴い，従来ダイシング技術に限界を感じ始め，今後のデバイストレンドに沿った，新たなブレークスルー技術が必要であるとの認識が一般的になってきた。

　浜松ホトニクスは，ウェーハの薄化に伴い一層顕在化する既存の砥石切削型ダイシング技術の抱える問題点を解決し，さらに同工程における生産コストの削減にも寄与する新たなダイシング技術として，内部加工型レーザダイシング技術（ステルスダイシング技術）を開発した。

　本稿では，前段で Si ウェーハの薄片化に伴うダイシング技術課題を整理した上で，それらを解決する内部加工型レーザダイシング技術（ステルスダイシング技術）の特長と原理ついて触れる。後段では，そのメカニズムとステルスダイシング時の熱シミュレーション結果を交え，デバイスへの影響について考察をする。

---

[*]　Naoki Uchiyama　浜松ホトニクス㈱　電子管事業部　電子管営業部　営業技術

2 Si薄片化に伴うダイシング工程の抱える技術課題

ウェーハの薄化が進むに連れ，ダイシング工程がデバイスの生産効率を左右するますます重要な工程のひとつになりつつある。

薄化に伴い脆弱さを増す極薄Siウェーハにおいて，ブレードダイシング工程は以下の課題に直面している。

1) チッピングによるチップ抗折強度低下
2) タクト低下

これら何れの課題も，ブレードダイシング時に生じるチッピングに起因しており，それを根本的に解決しうる技術が必要とされていた。

それらの課題を克服してさらに，新しい利点を提案するダイシング技術がステルスダイシング技術である。

3 内部加工型レーザダイシング（ステルスダイシング）

ステルスダイシング技術の基本的な原理を図1に示す[3,4]。ステルスダイシング技術とは，レーザを用いた新しい概念のダイシング技術であり，我々は他のレーザダイシング方法と区別するために「内部加工型レーザダイシング」と称している。

Siウェーハに対して光学的に透明な波長のレーザ光を，Siウェーハ内部の任意の位置に集光。集光点付近で，単結晶Siの加工閾値を超えるエネルギー密度となるよう調整された光学系で，局所的に改質層（SD層）を形成する。このSD層は単結晶Siが高転移密度層に改質されたものであり，同時にこの形成過程でSD層に沿ったき裂が形成される。そのき裂をウェハ両表面に伸展させ，チップに小片化するダイシング方法である。

このステルスダイシング技術の特長を以下に示す。

(1) 完全チッピングレス

100μmt以下のウェーハも一切のチッピング無く，300mm/sでダイシング可能。薄片化の

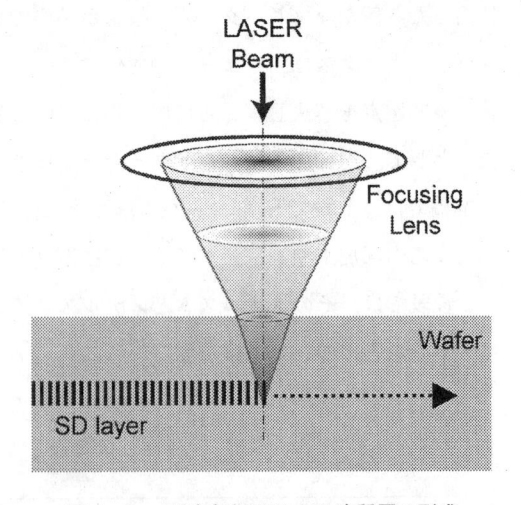

図1 レーザ内部加工による改質層の形成
（高転移密度層（SD層）の形成）

第8章　ステルスダイシング技術（Stealth Dicing）

進むフラッシュメモリなどの薄くて大きなチップのダイボンディング工程においても，その信頼性向上に寄与している。

(2) 発塵レス

内部加工型レーザダイシングであるため，表面加工型レーザダイシング技術と異なり，デブリや溶融飛散物が生じない。

(3) 完全ドライプロセス

大気中で行うレーザプロセスであり，特殊なガス雰囲気や水等も必要としない。さらにDbrisなどの溶融飛散物もないため，洗浄水も必要としない。

(4) 切削幅＝ゼロ

内部割断技術であるため，切削領域は存在せず，ダイシングストリート幅は極小に抑えられる。

(5) チップ収率向上

切りシロが極小に抑えられることから，ウェーハあたりのチップ収率が向上する。切り出したチップ側面の直進性は$2〜3\mu m$程度であるため，ストリート幅は最小$10\mu m$程度にまで縮小することが可能となる。

次に，ステルスダイシングプロセスを紹介する。

4　ステルスダイシングプロセス

このステルスダイシング技術は，大きく2つのプロセスで構成されている。第1の工程は，レーザ光をSiウェーハの分割予定ラインに沿って，その内部に集光し，割断の起点（き裂）を形成する「レーザプロセス」。第2の工程は，その内部に形成された割断の起点（き裂）を外部応力によりウェーハ表面に到達させ，チップ状に小片化する「ウェーハ分割プロセス」である。

図2に，第1工程のレーザプロセスを示し，図3に，第2工程のウェーハ分割プロセスを示す。

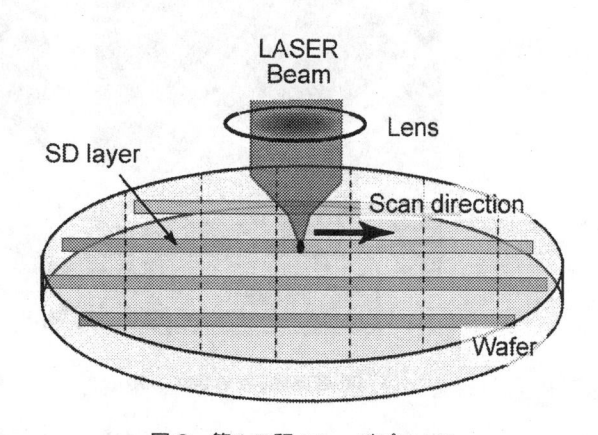

【第1工程：レーザプロセス】

レーザ光を用いてSiウェーハ内部に選択的に分割の起点を形成するプロセスである。Siウェーハ内部に導かれたレーザ光によってウェーハ内部に改質層を形成。この改質層に沿って同時にき裂も形成される。通常は，ウェーハの裏面研削

図2　第1工程：レーザプロセス

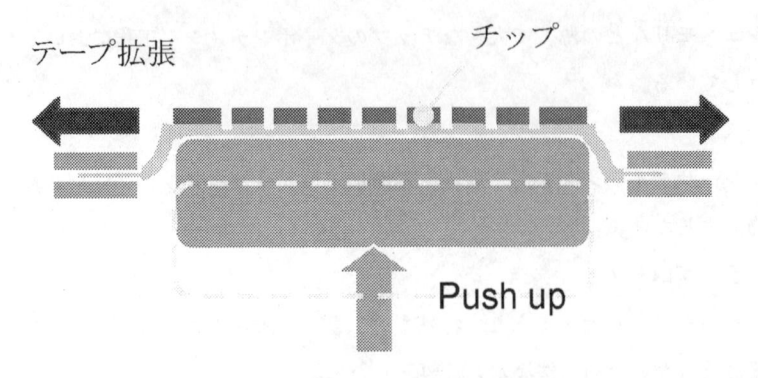

3次元システムインパッケージと材料技術

図3 第2工程：ウェーハ分割プロセス

後，パターン側に BG テープを貼付した状態で，ウェーハ裏面側からレーザ光を照射する。ダイシングストリート上に TEG などの金属膜を有した回路が形成されていると，レーザ光が金属膜で反射されてしまいウェーハ内部へ導光することができない。そこでウェーハの裏面側からレーザ光を照射し，内部加工を行う。尚，ダイシング速度に関しては通常 120 μmt 以下の Si ウェーハにおいて 300mm/s である。

【第2工程：ウェーハ分割プロセス】

Si ウェーハ内部に形成されたき裂は，何らかの外部応力が加わらなければ，ウェーハ表裏面方向に成長しない。ステルスダイシングでは，その一つの方法としてダイシングテープの拡張工程時にウェーハ外周方向に働く引っ張り応力を利用する。このテープ拡張工程を経て，ウェーハはチップ状に小片化される。図4にテープエキスパンド前後のウェーハの分割状態を示す。図4

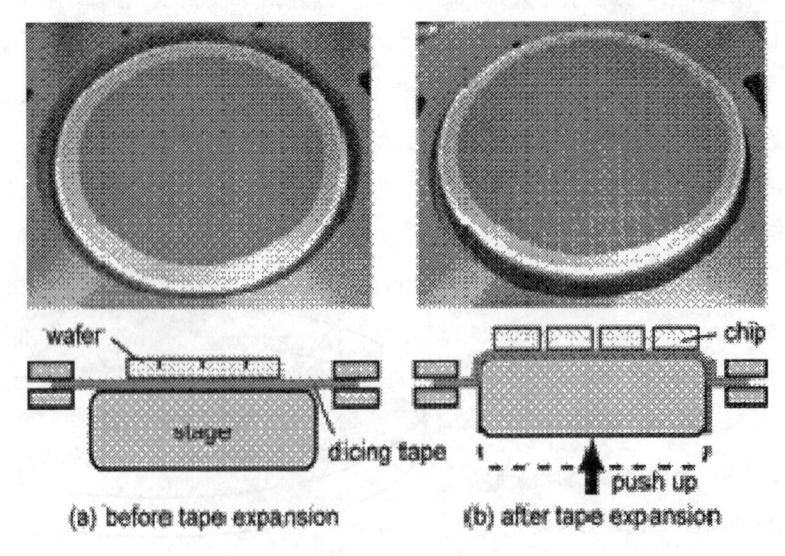

図4 テープエキスパンド前・後のウェーハ写真とエキスパンド機構のイラスト

第8章 ステルスダイシング技術（Stealth Dicing）

(a)はテープエキスパンド前の状態であり，図4(b)はテープエキスパンド後の小片化された状態を示す。最終分割工程にテープエキスパンド工程を利用することで，チップ同士が競り合うことなくウェーハ全体のチップに引っ張り応力を印加できるため，チッピングレスの切断品質を提供できる。

5 ステルスダイシング切断結果

続いて50μmtSiウェーハのステルスダイシング結果を示す。図5にテープエキスパンド後のウェーハの全体写真を示す。

次に，小片化されたチップの顕微鏡写真を図6に示す。チップの表面，裏面いずれにも一切のチッピングが無く，綺麗に分割されていることが分かる。このウェーハ断面部の中央に見える帯状の領域がSD層である。続けて図7に，チップ切断面のSEM写真を示す。SD層の上下方向に向かってき裂が伸展し，チップ状に割断されていった様子が見て取れる。

6 レーザ内部加工プロセスにおける熱影響範囲

一般的にレーザダイシング技術に対しては，そのレーザプロセスにおけるデバイスへの熱影響が懸念されている。そこでステルスダイシングのレーザプロセス時に生じる熱の影響を熱解析シミュレーション技術を用いて考察した。

図5 テープ拡張後のウェーハ全景写真
（ウェハ径：8 inch，厚さ：50μmt，Chip size：10mm×10mm）

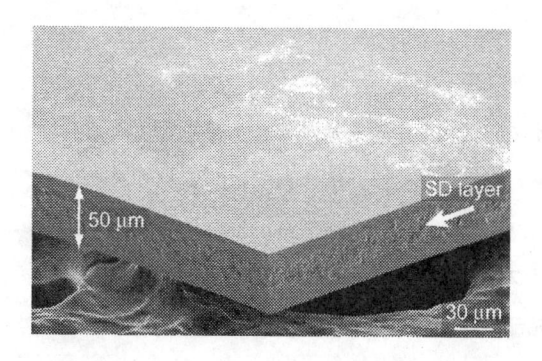

図6 SDによって切り出したチップのSEM写真

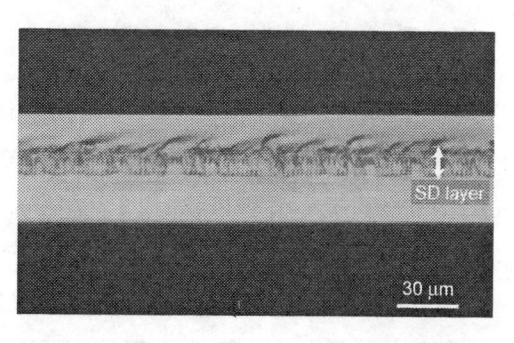

図7 SDによって切り出したチップの断面写真

図8には，レーザ光をウェーハ表面から60μmの深さに集光させ，SD層を形成した際のレーザ光1パルス当たりの最高到達温度を熱解析シミュレーションによって導出した結果を示す[5~8]。この結果から，集光点から半径3μm付近では1500℃を超える温度となっていることが推察され，これはSi内部に形成された高転位密度領域の形状とも相関がとれる。さらに200℃以上に達する温度範囲をみてみると，半径7μm程度に留まっていることが明らかになってきた。

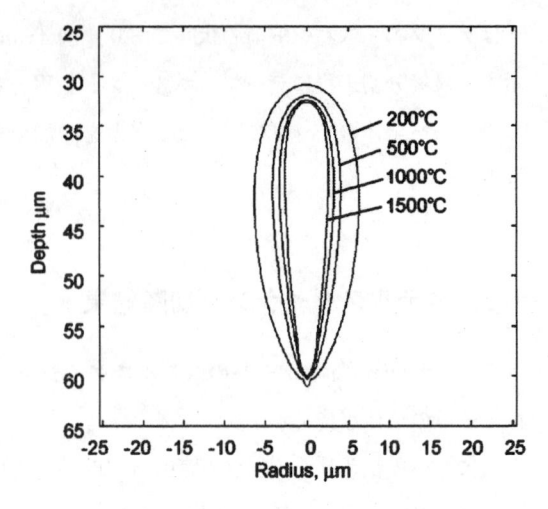

図8　レーザ1パルスあたりのSi内部での最高到達温度分布[5]

この結果を，デバイス領域を有する厚さ100μmのSiウェーハに適用した場合の熱作用範囲を図9に示す。通常のデバイスウェーハにおいて，ダイシングストリートの幅は50μm～100μm程度である。図9からも判るように，ステルスダイシング時のレーザによる熱影響の範囲は，一般的なダイシングストリート幅より狭い範囲に留まることがわかる。このことから，ダイシングストリートのさらなる狭幅化を可能にし，ウェーハあたりのチップ収率を向上させられる可能性を有する技術であることがわかる。

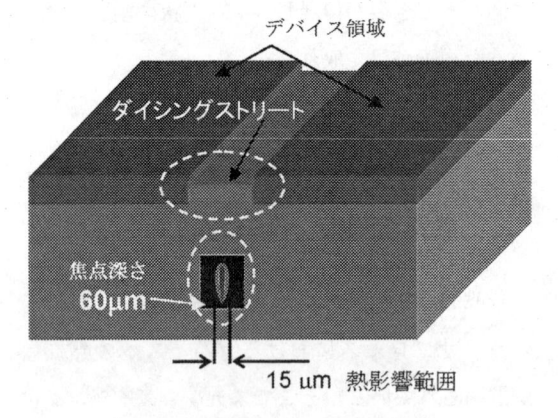

図9　SD層形成時の熱作用範囲

7　デバイス特性への熱影響確認

次に，実際のデバイスウェーハにおけるデバイス特性への影響を検証した結果を報告する。検証に利用したデバイスは光センサー（フォトダイオード）。検証方法としては，デバイスのアクティブ領域からチップの切断端面までの距離：dを$d=10\mu m$と$d=150\mu m$の2種類のサンプルを作成し，ステルスダイシングにおけるレーザプロセス時の熱影響の範囲を考察した。

フォトダイオードの暗電流特性に着目し，受光部を遮光した状態で逆バイアスを印加し，リーク電流を計測した。特性評価は，THB（Temperature Humidity Bias）テストと，TC

第8章 ステルスダイシング技術（Stealth Dicing）

（Temperature Cycle）テストの二つの方法で実施した。THBテストでは，湿度と温度を85%／85℃として，500時間実施。温度サイクル試験（TC Cycle Test）としては−55〜125℃を100cycles実施した。フォトダイオードはパッケージモールドタイプであり，チップサイズは2mm×2mm，チップ厚は100μm。アクティブ領域からチップ切断端面までの距離：dは，150μmと10μmの2種類で検証した。

図10にTHBテスト結果を示す。暗電流はVr：10V以下で0.1nA程度を示しており，Vr：10Vを越えると急激に増加し始め，ブレークダウンの閾値が存在していることがわかる。$d=$150μm及び$d=$10μmの何れも，Vr：10V以下において暗電流は0.1nAと0.2nAであった。チップ切断端面からアクティブ領域までの距離が$d=$150μmから10μmまで変化してもわずか0.1nAしか増加していないことがわかる。さらに，500h後のテスト結果を見ても初期状態と比較してほとんど変化の無いことがわかる。

図11にTCテスト結果を示す。ここでも暗電流の値は100サイクルのTCテスト後も初期状態と比較しても，ほとんど変化が無いことがわかる。

両方の結果から，ステルスダイシングにおいてレーザプロセスがデバイスの寿命や耐久性に大きな影響を与えない技術であることがわかる。これは図8の熱解析シミュレーション結果が示す通り，200℃以上に加熱される範囲は半径7μm以内であり，アクティブエリアから半径10μm離れた位置で切断した場合では，すでにその熱的影響がデバイス特性には及ばない事実の裏付けともなる。

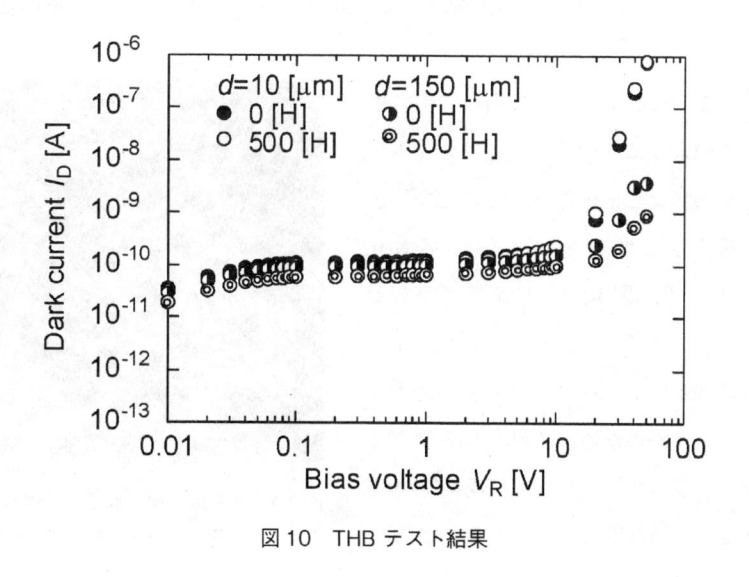

図10　THBテスト結果

図11 TC テスト結果

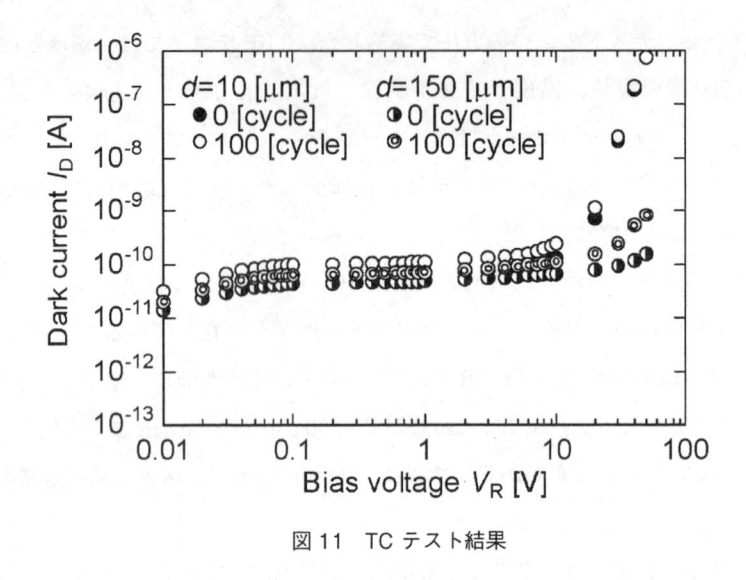

8 ダイボンディングフィルムへの対応

フラッシュメモリなどの積層チップパッケージには，欠かせないダイボンドフィルムに関しても，極めて品質良く分割できることを紹介しておきたい。図12に示したSEM写真（提供：日立化成工業㈱）は，100μmtウェーハに20μmtのダイボンドフィルムをマウントした状態で，チップに小片化した切断結果である。

写真上部がSi，下部がダイボンドフィルムである。ステルスダイシングの場合，ダイボンドフィルムを貼る前に，予めレーザプロセスを完了し，Siウェーハ内部にSD層を形成しておく。その後，ダイボンドフィルムをSD層形成済みのSiウェーハにマウントし，そのままテープエキスパンドする。ダイボンドフィルムはSiチップに密着したまま，チップサイズに沿って引き裂かれていく。このように，ダイボンドフィルムには熱的な衝撃や影響などを一切与えることなく，物理的な引き裂く力だけでチップサイズに小片化されてゆく。しかも，図12のSEM写真からわかるように，チップとダイボンディングフィルムとの境界面には剥がれなどなく，極めて密着性よく接合していることがわかる。これらは各種ダイボンディングフィルムの厚さに関しても対応しており，1層目及び2層目以降のそれぞれにあった

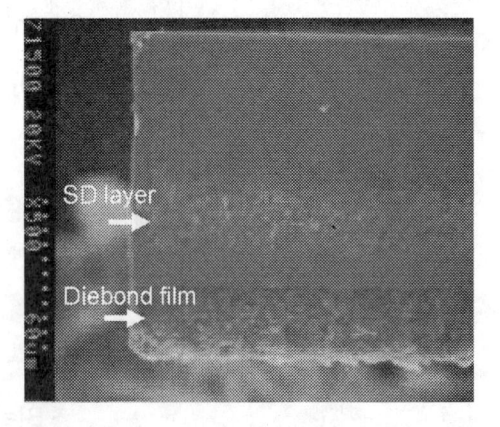

図12 ステルスダイシングで切り出したダイボンドフィルム付きSiチップ

第8章 ステルスダイシング技術 (Stealth Dicing)

製品がラインナップされ始めている。今後本技術の特長を生かした新たな SiP 技術が次々と具体化してくることと思われる。

9 おわりに

ステルスダイシング技術は内部加工型レーザダイシング技術であり，材料内部に分割の起点を形成し，外部応力によって割断する技術である。切削除去領域も無く，レーザプロセス時に表面及び裏面テープ材などに一切のダメージを与えることのない，対象材料に極めて低負荷なダイシング技術といえる。さらに，レーザプロセス時に200℃以上になる範囲は，ウェーハ内部の集光点から左右に7μm程度に抑制されており，ダイシングストリート幅の縮小やそれに伴うウェーハあたりのチップ収率向上が期待される。尚，レーザダイシング技術というと，表面加工型レーザ加工技術であるレーザアブレーション技術を想像されるケースが多いため，その詳細に関しては参考文献を紹介する[1,2]。

最後に，ウェーハの大口径化，薄型化が進む中，SiP 技術を支える半導体後工程では，ダイシング工程のみならず，プロセス全体の最適化がもっとも重要であることは言うまでも無い。特にウェーハの搬送技術は今後一層重要なプロセス技術となる。それにはウェーハ裏面研削工程，ストレスリリーフ工程，ダイサー，テープマウンターなどの装置が，最適な搬送系を基軸にインテグレーション化されていく必要があると考える。

謝辞

今回の寄稿にあたり，資料のご提供を戴いた大阪大学 大村悦二教授及び，日立化成工業株式会社に心から感謝申し上げます。

文　　献

1) B. Richerzhagen, D. Perrottet and Y. Kozuki, "Dicing of wafers by patented water-jet-guided laser: the total damage-free cut", Proc. of the 65th The Laser Materials Processing Conference, 197-200, 2006.
2) P. Chall, "ALSI's Low Power Multiple Beam Technology for High Throughput and Low Damage Wafer Dicing", Proc. of the 65th The Laser Materials Processing Conference, 211-215, 2006.

3) F. Fukuyo, K. Fukumitsu, N. Uchiyama, "Stealth Dicing Technology and Applications", Proc. 6th Int. Symp. on Laser Precision Microfabrication, 2005.
4) K. Fukumitsu, M. Kumagai, E. Ohmura, H. Morita, K. Atsumi, N. Uchiyama, "The Mechanism of Semiconductor Wafer Dicing by Stealth Dicing Technology", Proc. 4th International Congress on Laser Advanced Materials Processing, 2006.
5) E. Ohmura, F. Fukuyo, K. Fukumitsu and H. Morita, "Internal modified-layer formation mechanism into silicon with nano second laser", *J. Achievement in Materials and Manufacturing Engineering*, Vol. **17**, 381-384, July-August 2006.
6) H. A. Weakliem and D. Redfield, "Temperature dependence of the Optical properties of silicon", *Journal of Applied Physics*, Vol. **50**, 1491, 1979.
7) Y. S. Touloukian ed., Thermophysical Properties of Matter. New York: IFI/Plenum, 1970, 161.
8) Y. S. Touloukian ed., Thermophysical Properties of Matter. New York: IFI/Plenum, 1970, 204.

第9章　薄ウェハのハンドリング

泉　直史*

1　はじめに

　高度情報化社会の急激な進化に伴い，各種電子情報通信機器やその他電子製品の高機能化が進んでいる。「いつでもどこでも」といったユビキタス社会が提唱される中で機器のさらなる小型化・軽量化が期待されており，内部に搭載されるICパッケージは小型・薄型・軽量化と同時に高性能化が要求されている。これらを実現するためにICパッケージ内では半導体回路の微細化やICチップの三次元積層による高密度化が追求されている[1]。ICチップの三次元積層にはICチップの薄型化が重要な技術となる[2]。一方で生産性向上を目的にウェハの大口径化（200mm径から300mm径へ）が進行している。結果として大口径ウェハから薄型ICチップを安定生産することが必要不可欠となった。

　信頼性の高い高密度ICパッケージを生産するためには，回路形成後のウェハ薄型化，ウェハからICチップへの個片化，そしてICチップ実装に至るまでのすべての工程で用いられる材料・装置の見直し，さらにはプロセス全体の最適化が重要となる。

　本稿では三次元積層実装を可能とするウェハ・チップ薄型化技術と高密度ICパッケージの信頼性向上に向けたチップ抗折強度改善に関して当社の取り組みを紹介する。

2　ICパッケージの生産プロセス

2.1　従来プロセス

　回路形成された半導体ウェハは，図1に示すプロセスを経てICパッケージへ加工される。ウェハはまず砥石を用いて回路の形成されていない裏面から研削（バックグラインド工程）される。バックグラインド（BG）工程の目的は不要化学物質の除去[3]，そしてICパッケージに要求される厚さに仕上げることである。このときウェハ回路面を傷や汚染から保護するためにウェハ裏面研削用回路保護テープ（BGテープ）が貼付される。要求される厚さまで研削されたウェハ

---

*　Naofumi Izumi　リンテック㈱　アドバンストマテリアルズ事業部門　企画／マーケティング統括グループ

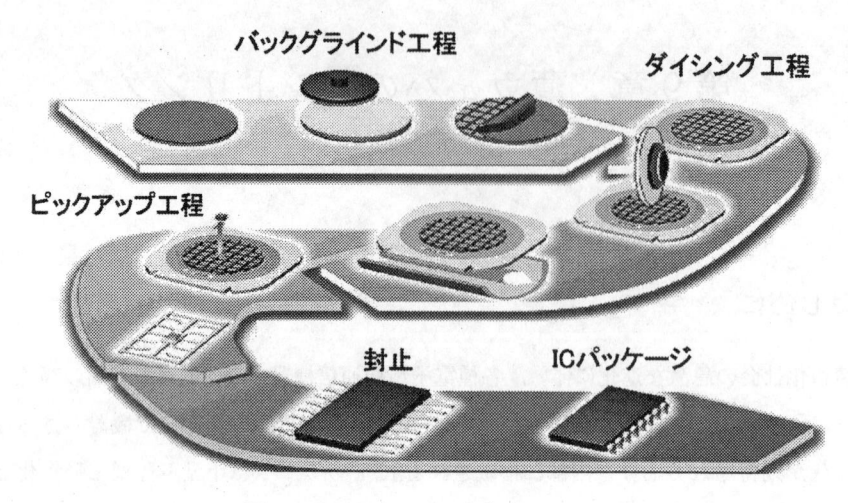

図1 ICパッケージの生産プロセス

はBGテープが剥離され，次にダイシングテープ上に固定されてブレードによって個々のチップに分割される。分割されたチップは一つずつピックアップされてリードフレームまたはインターポーザ等の基板へとマウントされ，最終的にはエポキシ樹脂等で封止されICパッケージへ加工される。

2.2 ウェハ薄型化の問題点

　従来の材料を使って従来プロセスで安全に量産できるウェハ厚さは150mm径ウェハで150μm，200mm径ウェハで200μm程度が限界といわれている[4]。高密度実装を実現するためのICチップ三次元積層ではウェハ厚さを50μm以下にまで薄型化する必要がある。従来プロセスでは裏面研削後の薄型化されたウェハおよびチップの取り扱いに起因した歩留まり低下が最も問題視されている。従来プロセスを再度確認すると次のようになる。

　①BGテープ貼付 → ②裏面研削 → ③BGテープ剥離 → ④ダイシングテープマウント → ⑤ダイシング → ⑥ピックアップ・ダイボンディング

　矢印で示した工程間では，次の工程へ搬送するためにウェハはカセットに収納される。薄型研削されたウェハからBGテープが剥離されウェハ単体でカセットへ収納，ウェハはテープ等で保護されることなく単体でダイシングテープマウント工程へ搬送される。ダイシングテープマウントの工程内でもダイシングテープにマウントされるまでの間，搬送はウェハ単体での扱いになる。このプロセスでは薄型ウェハの破損リスクは高いと推測される。上記問題を解決するため，当社では材料と装置の両側からアプローチしているので以下に紹介する。

第9章 薄ウェハのハンドリング

3 ウェハ薄型化への提案

3.1 ウェハ薄型研削用BGテープ

3.1.1 UV硬化型BGテープ Adwill® Eシリーズ

　テープ剥離前に紫外線（UV）を照射することで粘着剤を硬化させ，UV照射後の粘着力（剥離力）を制御可能なUV硬化型BGテープが一般化している。UV硬化型BGテープはUV照射後の粘着力を制御できるだけでなく，ウェハへの粘着剤残渣を僅少に抑制することが可能である。テープ剥離時のウェハへのダメージを考慮すると，特に大口径ウェハの薄型研削用途ではUV硬化型BGテープが有利だといえる。UV硬化型BGテープを用途に合わせ各種ラインアップしている（表1）。

3.1.2 応力緩和型BGテープ Adwill® E-8000

　ウェハ回路面へのBGテープ貼付は専用のラミネーターを用いて行われる。研削後のウェハ厚さが従来の350μm程度では問題とならなかったテープ貼付時の張力が，ウェハ厚さ100μm以下の薄型研削では問題となってきた。貼付後，テープに残留した応力がテープを収縮させ，結果として研削後のウェハを反らせ，あるいは破損してしまうという問題である。この問題を解決するために応力緩和型BGテープ Adwill® E-8000 シリーズを開発した。従来型BGテープとAdwill® E-8000 シリーズの応力緩和比較を図2に示す。従来型BGテープは10%伸長時，1分後の応力緩和率が約25%であったのに対してAdwill® E-8000 シリーズは約90%を緩和する。

3.2 BGテープラミネーターRAD-3510F/12

　従来より貼り付け張力が抑制可能な T.T.C.（Tape Tension Control）機能を搭載したBGテープラミネーターを上市していた。ウェハ薄型化の進行に同調して貼り付け張力をさらに低減する

表1　UV硬化型BGテープ

		E-6142S	E-8180HR	E-3128D
テープ総厚（μm）		130	180	120
基材厚（μm）		110	160	80
粘着剤厚（μm）		20	20	40
粘着力対SUS mN/25mm	紫外線照射前	3000	4400	12400
	紫外線照射後	50	200	1200
残留パーティクル数		<10	<10	<10
適応		標準品	応力緩和・耐熱	DBG

テープ総厚：剥離フィルムは除く
粘着力：JIS Z0237に準拠
残留パーティクル数：0.27μm径以上／150mm径ウェハ（日立ハイテクノロジーズ社製 LS6600）
UV照射条件：照度150mW/cm^2，光量=300mJ/cm^2

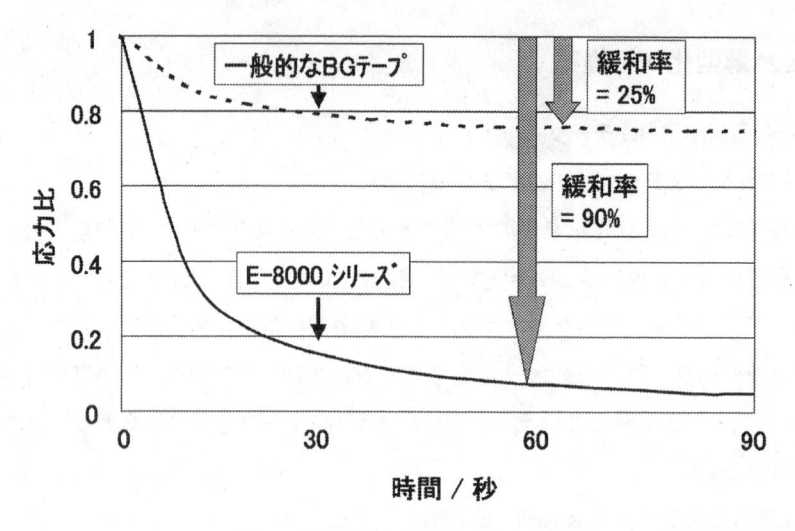

図2　応力緩和曲線（10％伸長時）

新技術を開発した。BGテープ貼付時にテープに加わる張力をリアルタイムで測定して装置側にフィードバックし，この情報に基づき張力を制御する技術である。新型BGテープラミネーターRAD-3510F/12（写真1）にこの機能を搭載した。これにより貼り付け張力に起因したウェハ反りを極限まで低減した。Adwill® E-8000シリーズと併せて導入いただければ薄型ウェハの貼り付け張力に起因した反り対策に最大の効果を発揮する。

またRAD-3510F/12はBGテープ切断方法の見直しも行なわれている。BGテープラミネーターではBGテープ貼付後にブレードによりウェハ外径に沿ってテープを切断する。このときウェハ外径よりテープを大きく切断すると，特にウェ

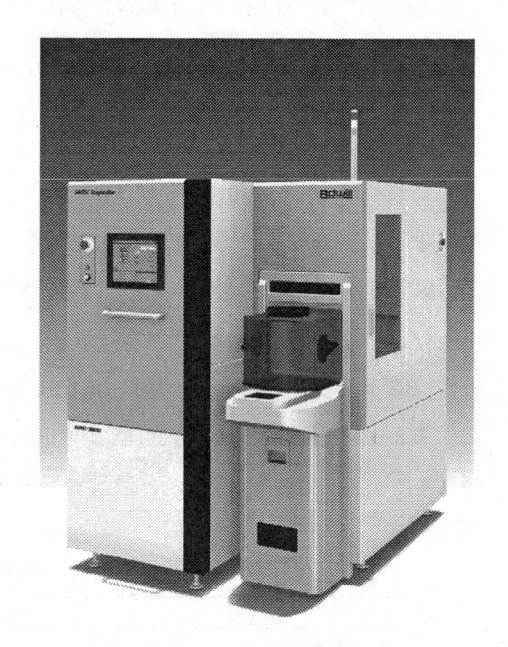

写真1　RAD-3510F/12

ハ薄型研削ではグラインダー砥石とBGテープの距離が接近するため高速回転する砥石にBGテープが巻き込まれ，結果的にウェハ破損を引き起こす可能性が懸念される。逆にテープ切断をウェハ外径に近づけ過ぎるとブレードがウェハと接触してウェハ外周部にマイクロクラックを発生させてしまうことが懸念される。ウェハ薄型研削ではウェハ外周部のマイクロクラックが起点となり，ウェハ破損が引き起こされる可能性がある。この問題を解決するためにRAD-3510F/12では6軸ロボットが採用され，三次元でのブレード角度や切断速度等を細部まで制御

可能とした。

3.3 マルチウェハマウンターRAD-2700F/12Sa

薄型ウェハを安全に取り扱うことを目的に従来プロセスから工程順序の変更を提案している。具体的には2.2項の③と④を入れ替える（図3）。

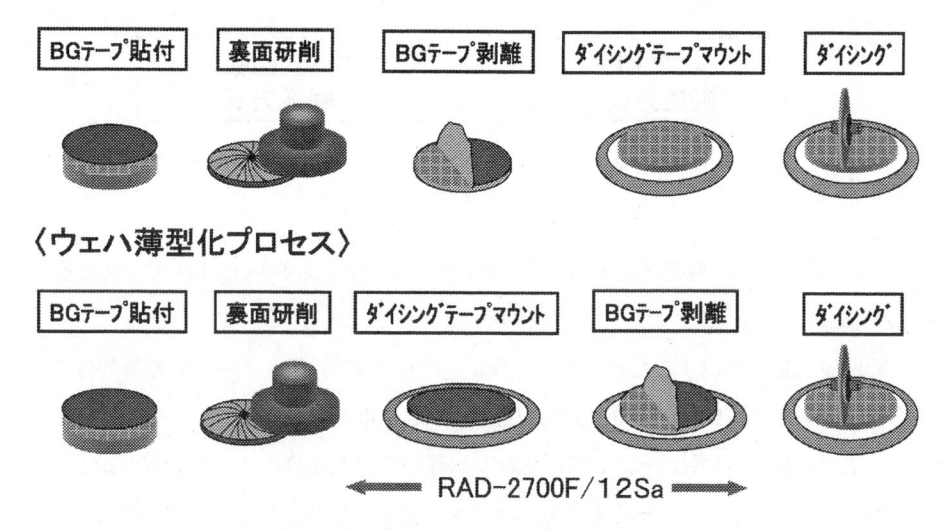

図3　従来プロセスとウェハ薄型化プロセス

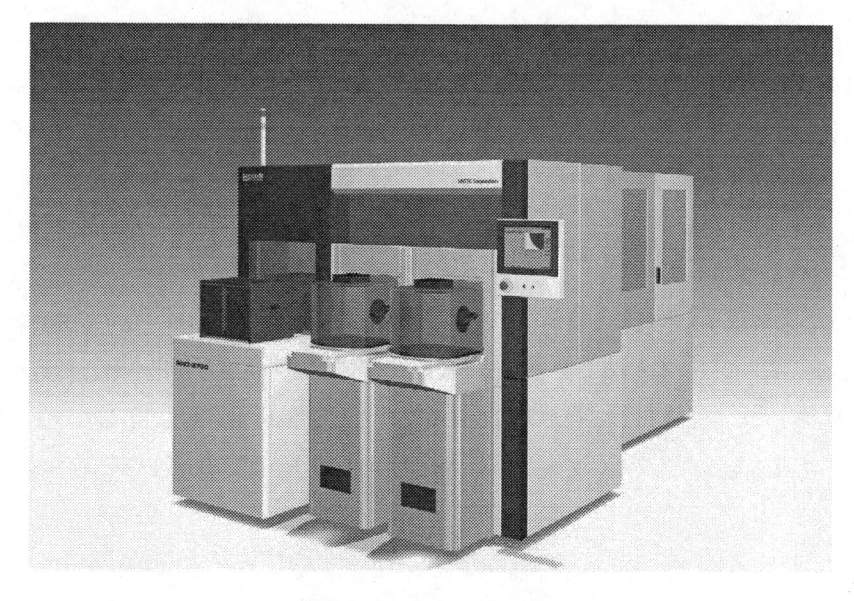

写真2　RAD-2700F/12Sa

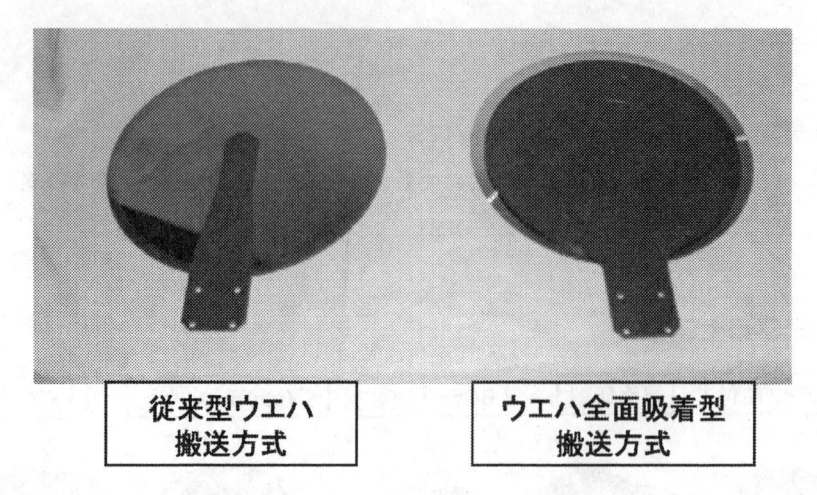

3次元システムインパッケージと材料技術

写真3 従来型ウエハ搬送方式とウエハ全面吸着型搬送方式の比較

(a) BGテープ貼付 → (b) 裏面研削 → (c) ダイシングテープマウント → (d) BGテープ剥離 → (e) ダイシング → (f) ピックアップ・ダイボンディング

この工程順序変更を実現するためにマルチウェハマウンター（BGテープ剥離機能付きダイシングテープマウンター）RAD-2700F/12Sa（写真2）を上市している。この装置の機能を簡単に紹介する。裏面研削後，BGテープが貼付された状態のウェハをカセットから取り出しBGテープへUV照射，次にリングフレームとともにダイシングテープへマウント，ついでBGテープを剥離しカセットへ収納する。この方法であればウェハの回路面または研削面のいずれか一方が常にテープによって支持されることになり，脆弱な薄型ウェハを単体で扱うことはない。また(c)から(d)に至る一連の動作を1台の装置で処理可能としたことでカセットからの取り出し，収納の回数を削減しウェハ破損リスクを低減した。装置内での搬送もウェハ破損防止の観点から全てウェハ全面吸着（写真3）とした。

3.4 インラインプロセス

薄型ウェハの破損リスク低減を目的にグラインダーとその後の工程のインライン化を推奨している（図4）。インライン化することでBG工程後，グラインダーから排出された薄型ウェハのカセット収納，および取り出し工程が省略されるためカセットへの接触に起因したウェハ破損リスクからも回避できる。グラインダーとインライン化可能なRAD-2700F/12Sa（写真4）もラインアップしている。

第9章 薄ウェハのハンドリング

〈インラインプロセス〉

| BGテープ貼付 | 裏面研削 | ダイシングテープマウント／BGテープ剥離 | ダイシング |

← インライン搬送 →

←―― RAD-2700F/12Sa ――→

〈DBGプロセス〉

| 回路面ハーフカット | BGテープ貼付 | 裏面研削・チップ分割 | ピックアップ用テープマウント／BGテープ剥離 |

← インライン搬送 →

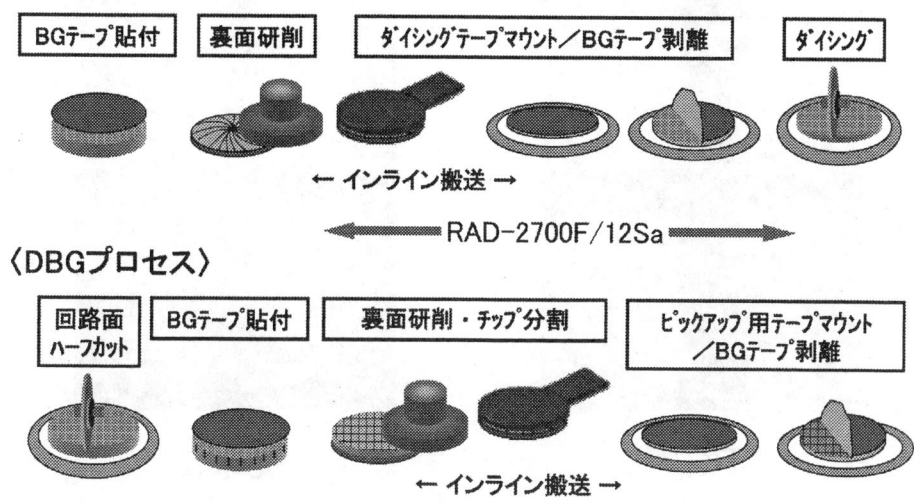

図4 インラインプロセスとDBGプロセス

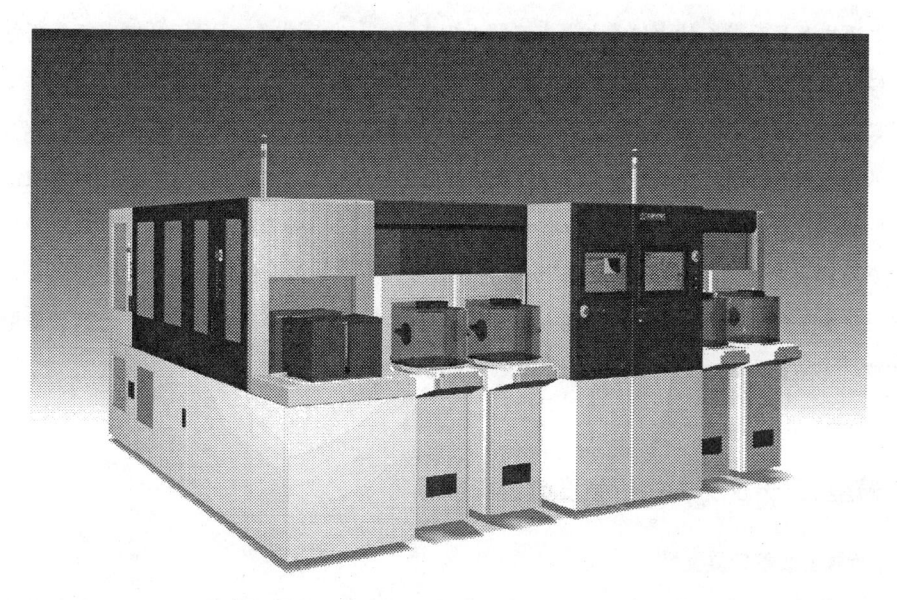

写真4 ㈱ディスコ社 DGP8760 と当社 RAD-2700F/12Sa とのインラインシステム

3.5 DBG（Dicing Before Grinding）プロセス[4〜6]

DBGプロセスはインラインプロセスの特殊な形態でありグラインダーとマルチウェハマウンターRAD-2700F/12Saが連結されていることが前提となる。先ダイシングプロセスとも呼ばれるこの方法（図4）では最初にウェハ回路面側から目標チップ厚さより幾分深くハーフカット（溝入れ）する。その後ハーフカットされたウェハ回路面にBGテープを貼付，ついで裏面から研削

DBG	従来法

写真5　チップ裏面比較

することでウェハを薄く仕上げるとともに個々のチップに分割する。BGテープ上で分割されたウェハはリングフレームとともに研削面側がピックアップ用のテープ（ダイシングテープでの代用可）にマウントされ，個々のチップが固定された状態でBGテープが剥離される。このDBGプロセスの最大の特徴はウェハを大口径のまま薄型化しないことでありウェハ破損の危険性を最大限に回避できる。また反りやたわみもチップ単位に分散されるため搬送等の取り扱いが容易になる。さらに裏面研削によってチップ分割するためダイシング工程によって生じるチップ裏面チッピングを懸念する必要がない。従って薄型研削後にダイシングした従来プロセスの薄型チップと比較して品質の高いチップが得られる（写真5）。

4　薄型ICチップの抗折強度改善に向けて

4.1　抗折強度改善の重要性

　ICチップ薄型化における最大の問題点はチップ破断荷重の低下であり[7]，上述してきたチップ個片化までの問題に留まらず，ピックアップ・ダイボンディング工程での歩留まり低下，さらにはICパッケージとしての信頼性低下を誘発する原因となる。

　薄型チップとして代表的なICカード用途ではスペックとして折り曲げ強度が重視されており，抗折強度の改善は重要である。

　また薄型チップの三次元多段化実装の検討が進行しているパッケージとして代表的なSiP（System in Package）では，組み合わされるチップ間のサイズ上の問題やパッド位置の制約か

第9章 薄ウェハのハンドリング

ら上段のチップが下段のチップから突き出た，いわゆるオーバーハング（テラス構造）でワイヤボンディングされるケースが予測され，チップ抗折強度の改善が期待されている。

4.2 BGテープの課題

　ウェハ裏面を砥石で機械的に研削するBG工程では，ウェハ裏面に加工歪（破砕層）や研削条痕などのダメージが残留する。特にウェハ薄型研削では，これらダメージはウェハの反りを誘発して次工程への搬送を困難にするだけでなく，抗折強度低下の要因となり結果的にウェハ破損の原因となる。従ってウェハ薄型化ではこれら加工歪や研削条痕などのダメージ除去（ストレスリリーフ）が重要となる。ストレスリリーフとしてはウェットエッチング法[8]，CMP（Chemical Mechanical Polishing）法[3,9]，ドライポリッシュ法[10]，プラズマエッチング法[11]などが提案されている。いずれの方法でもウェハ回路面へのダメージを回避する目的でBGテープは貼付されたままの状態で処理される。ウェットエッチング法では一般に高濃度の混酸が薬液として用いられ，CMP法では一般に研磨剤が分散されたアルカリ性薬液が用いられる。従ってこれらの処理法ではBGテープに耐薬液性が要求される。ドライポリッシュ法ではBGテープに耐圧縮応力性，耐せん断応力性，耐熱性が要求される。プラズマエッチング法は減圧下で行われるためBGテープに低発ガス性が要求される。このように薄型研削用途ではBGテープにウェハを所定の厚さまで均一に研削可能な性能に加え，ストレスリリーフ環境への耐性が要求されてきている。

4.3 DBGプロセス＋プラズマエッチングによる抗折強度の改善

　DBGプロセスでは前述のとおりウェハ裏面研削によって薄型化と同時にチップ分割する。このため従来プロセスのように薄型研削した後，ダイシングによって分割した薄型チップと比較して裏面チッピングが抑制された抗折強度の高いチップが得られる。しかしハーフカットおよび裏面研削は砥石を用いた機械的な加工で行なわれるためチップ裏面および側面には加工歪と条痕がダメージとして残留する。

　DBGプロセスでチップ単位に分割されたウェハにプラズマエッチング法によるストレスリリーフを行なうと（図5）チップの抗折強度は飛躍的に改善される。それはチップ裏面のダメージだけでなくチップ側面のダメージも同時に除去されるためである。ICカード用途など高い抗折強度が要求されるチップの薄型化にはDBGとプラズマエッチングの融合は有効なプロセスとなる。

4.4 ダイシング・ダイボンディングテープ

　従来ICチップのボンディングには液状ペースト剤が広く用いられていた。薄型化されたIC

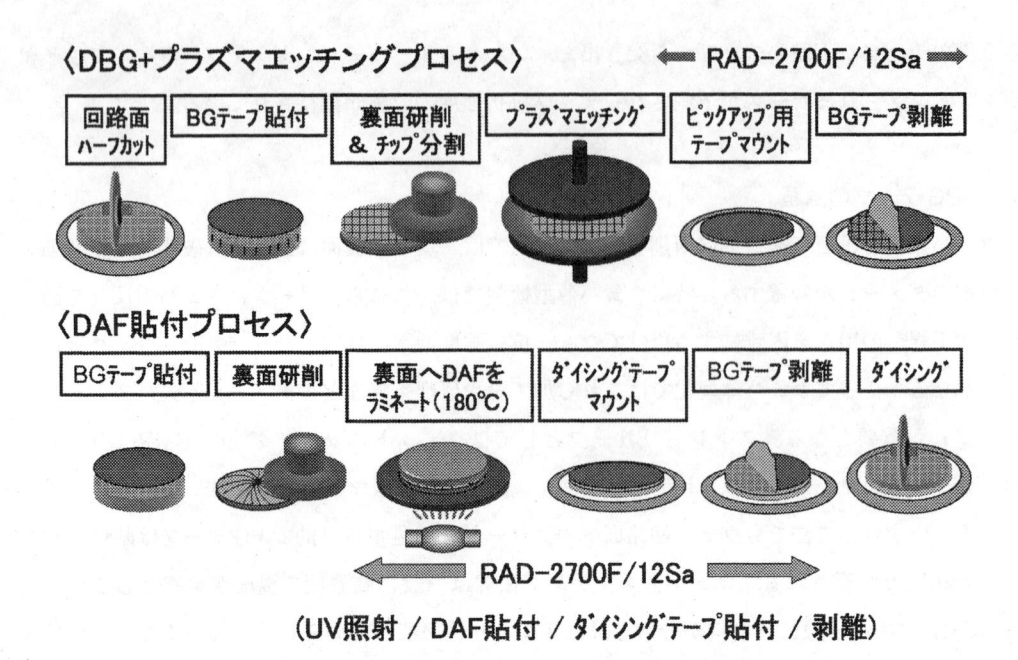

図5 DBG／プラズマプロセスとDAF貼付プロセス

チップの三次元積層には液状ペースト剤からDAF（Die Attach Film）と呼ばれる接着性シートへの代替が進行している。ペースト剤のチップ端部からのはみ出しやチップ側面からのまき上がりが，積層されたICチップへのワイヤボンディングを阻害し，またチップの傾きが積層化を困難にするためである。一般的なDAFは常温域では粘着性を発現しないため，研削後のウェハ裏面に貼付するにはウェハを150～180℃で数分間加熱する必要がある。DAFが貼付されたウェハはダイシングテープのマウント工程へ移される。マルチウェハマウンターRAD-2700F/12Saはこれら一連の動作に対応可能である（図5）。当社からはダイシングテープとボンディング剤の機能を併せ持つダイシング・ダイボンディングテープ『Adwill® LEテープ』を上市している[12]。LEテープは常温での貼付が可能な粘接着剤設計である。DAFを用いた場合にはウェハへの加熱貼付工程およびダイシングテープマウント工程の2工程が必要となるがLEテープでは1工程に削減される。従って薄型研削されたウェハのテープ貼付に起因した破損リスクが低減される。さらにウェハ裏面に形成されたLE粘接着剤がダイシング後の薄型チップの補強材となるためピックアップ・ダイボンディング時の破損リスクも低減される。

ほぼ同サイズのICチップを積層する場合，下段チップへのワイヤボンディングスペースを確保するため，上段チップと下段チップの間にスペーサとなる小サイズのダミーチップ積層が必要だった。当社では実装された下段チップのボンディングワイヤを破損することなく積層可能な上段チップ用LEテープもラインアップしている。これによりスペーサ実装工程の削減とICパッ

ケージの小型化が可能となった。

4.5 プロセスの選択とチップ抗折強度

これまでに紹介してきたプロセスの中から下記4プロセスでシリコンチップを作成した。それらプロセスで得たシリコンチップの抗折強度を図6に紹介する。抗折強度は図7に示す四点曲げ法[7]により測定した。

A) 従来プロセス（ウェハ裏面研削 → ダイシング）
B) DBG プロセス
C) DBG プロセス＋プラズマエッチング
D) DBG プロセス＋プラズマエッチング＋裏面 LE 粘接着剤形成

プロセス D) で作成したシリコンチップが最も高い抗折強度を示した。DBG プロセス＋プラズマエッチングで作成した裏面および側面がストレスリリーフされた薄型チップに対しても LE 粘接着剤による補強効果が確認された。さらにチップの積層を考慮した場合，このプロセス D) はダイボンディング時にはチップ裏面に絶縁性の粘接着剤が形成されているため，上段チップ裏面が直接下段チップのワイヤに接触することから回避される利点もある。今後，三次元多段化への加速が予測される SiP への適用の期待が高い。

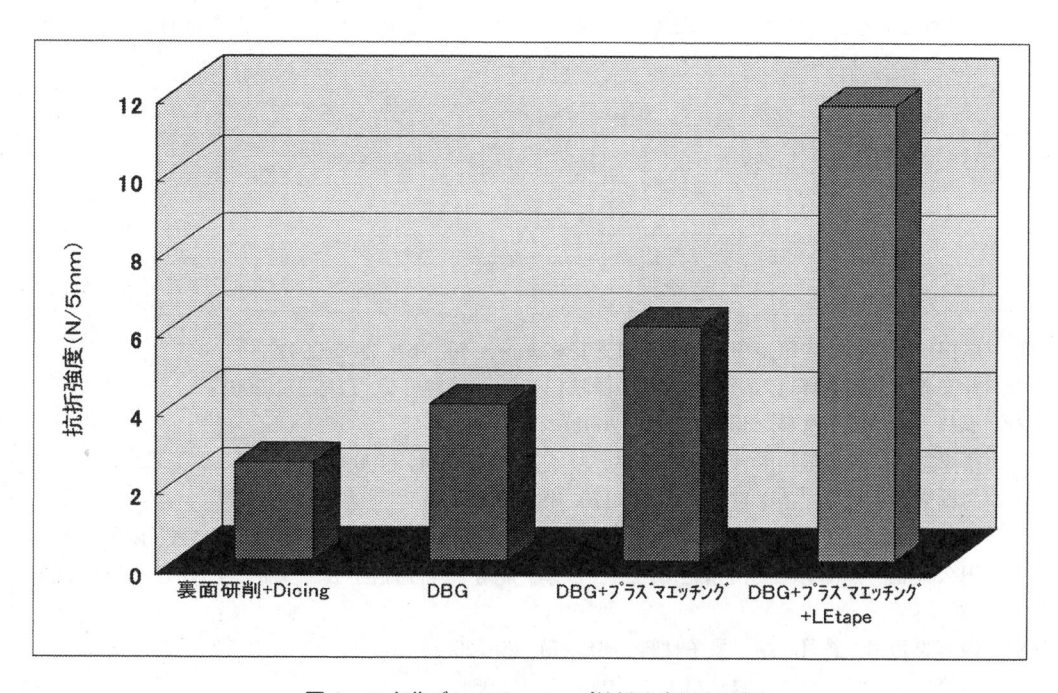

図6 四点曲げシリコンチップ抗折強度測定結果

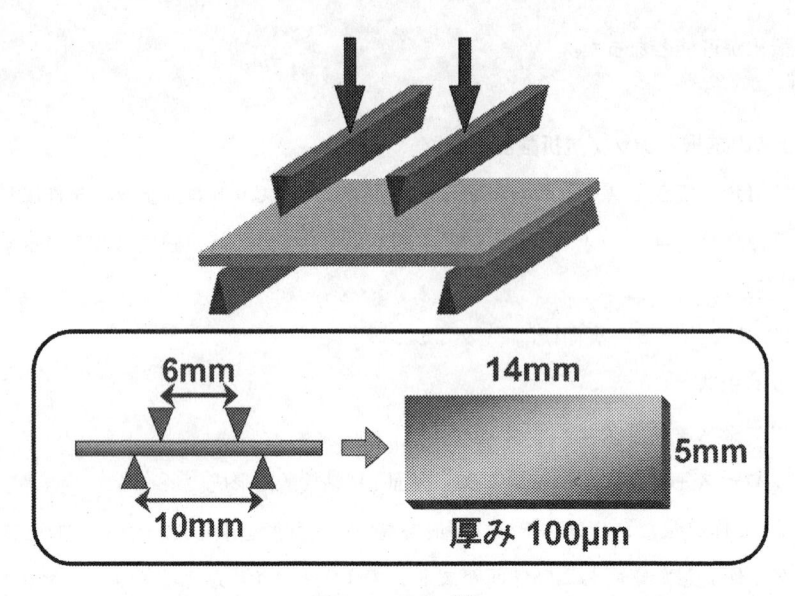

図7 四点曲げ法

5 おわりに

本稿ではウェハ薄型化およびICパッケージの高密度化を実現するための粘接着材料とそれを使ったプロセスに関して当社の取り組みを紹介した。今後も信頼性の高い材料を開発するとともにより効率的で安全なプロセスを提案し，ICパッケージ発展の一助となるよう努力を継続したい。

文　　献

1) 原田　享，杉崎吉昭，田窪知章，東芝レビュー，40，(8)，26 (2004)
2) 井守義久，田久真也，黒澤哲也，中澤孝仁，電子材料，40，(7)，18 (2001)
3) 小林一雄，電子材料，40，(7)，33 (2001)
4) 藤津隆夫，高橋健司，日経マイクロデバイス，169，144 (1999)
5) 高橋健司，日経マイクロデバイス，170，48 (1999)
6) K. Takahashi, T. Kondo, RadTech Japan 2000 Symposium proceedings, 50 (2000)
7) 田久真也，黒澤哲也，清水紀子，原田　享，電子情報通信学会論文誌，J-88-C，(11)，882 (2005)
8) 伊藤志乃ぶ，神月　靖，電子材料，40，(7)，29 (2001)
9) 宮崎生成，日経マイクロデバイス，245，59 (2005)

第9章　薄ウェハのハンドリング

10)　篠原己幸，電子材料，43, (3), 18 (2004)
11)　小林義和，エレクトロニクス実装技術，21, (12), 38 (2005)
12)　江部和義，妹尾秀男，山崎　修，日本接着学会誌，42, (7), 280 (2006)

第Ⅳ編　3次元 SiP 用配線板技術

第10章　有機絶縁材料を用いた高密度微細配線インターポーザ

青柳昌宏[*]

1　はじめに

　次世代の携帯電子機器における実装技術は，高密度集積と高速信号処理を兼ね備えた技術になる必要があり，そのためには，高密度微細配線と高速信号伝送がキーテクノロジーであると考えられる。独立行政法人産業技術総合研究所では，半導体LSI素子の高密度3次元実装を実現するため，高密度微細配線インターポーザを用いてLSIチップを多数積層して接続するLSIチップ3次元実装技術の開発に取り組んでいる。このインターポーザは，積層されたLSIチップの層間に配置し，高密度・高速のLSI集積システム実現を可能にするものである。そのため，信号線幅10μmの微細配線と毎秒10Gビットの高速信号伝送を達成するように，低誘電率の感光性ポリイミドによる絶縁層形成，露光によるビア穴加工，蒸着リフトオフによる微細金配線形成などからなる作製プロセスを採用している。ここでは，本インターポーザ技術の研究開発について，詳しく紹介するとともに今後の展望について述べる。

2　開発の背景

　パソコンはもとより，携帯電話，PDA，デジタルカメラ，更には将来の情報家電，知能ロボットなど，ユビキタス時代の次世代情報通信機器には，小型化，低消費電力化が重要であり，それと同時により一層の高機能化（高速，大容量など）が求められている。一方，半導体LSI技術はこれに答えるべく，高速・高集積化を図っているが，素子の高速・高密度化だけではこれらの要求に答えることはできず，システム集積技術としての実装技術の高度化が強く求められている。

　現状の電子機器においては，回路素子の高速化は進んでいるが，素子での処理時間よりも配線遅延の方が大きくなっている。LSIの内部クロックは例えば最近のCPUは数GHzと高速である

---

　　*　Masahiro Aoyagi　㈱産業技術総合研究所　エレクトロニクス研究部門　高密度SIグループ　研究グループ長

が，チップの外との信号伝達クロックは数百 MHz とそのギャップは約 10 倍と非常に大きい。また，外部に信号を取り出すためのバッファ回路での遅れと駆動のための消費電力も無視できない。配線ルールもチップ内部と外部実装系で約 100 倍の開きがあり，LSI 外部での配線の高密度化を達成しないとシステム全体を小型化できない。LSI 素子を高性能化する技術としては，システム・オン・チップ（SOC）と呼ばれるシステムを一つの LSI チップに収める方向での開発が行われている。しかし，基板材料，プロセスが異なる素子をオンチップ化できない，回路設計の情報が極端に肥大化する，量産コストの増大が深刻化するなど，様々な限界が指摘されている。

我々は，高密度微細配線インターポーザを用いた高密度 3 次元実装技術の開発を進めており，上述した問題点を解決し，小型・高速・低消費電力・低コストを同時に満たす将来の IT 機器を実現するための基本技術の一つと考えている。

3　高密度微細配線インターポーザによる LSI チップの 3 次元実装

従来，複数の LSI 素子を接続する方法としては，プリント回路基板あるいはセラミックス回路基板上に LSI 素子を 2 次元的に配置し，その間を多層の配線で接続する方法がとられている。しかし，この方法では，実装面積が LSI の数とともに増加し，配線長が急増することから，LSI 間の信号遅延が大きくなってしまう。また，プリント回路基板においては，エポキシ系絶縁材料の誘電率が高いことから，伝送損失・信号遅延ともに高くなる傾向があり，さらに，銅配線の表面が粗いことから，信号線の微細化，高速化の障害となっている。

これらの問題点を解決するため，多数の LSI チップを積層し，その LSI チップ間をインターポーザを介して接続できれば，画期的に高密度化された実装が可能となる。例えば，CPU，キャッシュ・メインメモリ，I/O チップなどを一つのチップ積層体上に集積すれば，超小型・高性能のマイクロコンピュータシステムが実現できる。

LSI チップ間の接続を担うインターポーザの構造とその組み立て法を図 1 に示す。まず，(a)微細な多層配線，微細バンプを有するインターポーザを作成し，一方，(b) LSI チップには，貫通電極，微細バンプを形成し，(c), (d)それらを金属バンプ接合によるフリップチップ接続技術により，順次積層して行く。(e), (f)所定の数だけ積層したチップ積層体を並べて微細配線，微細バンプを有する基板上にフリップチップ接続技術により，搭載する。

4　実装配線用の有機絶縁材料

実装配線に用いられる有機絶縁材料としては，熱可塑性，熱硬化性に大別され，エポキシ樹脂，

第10章　有機絶縁材料を用いた高密度微細配線インターポーザ

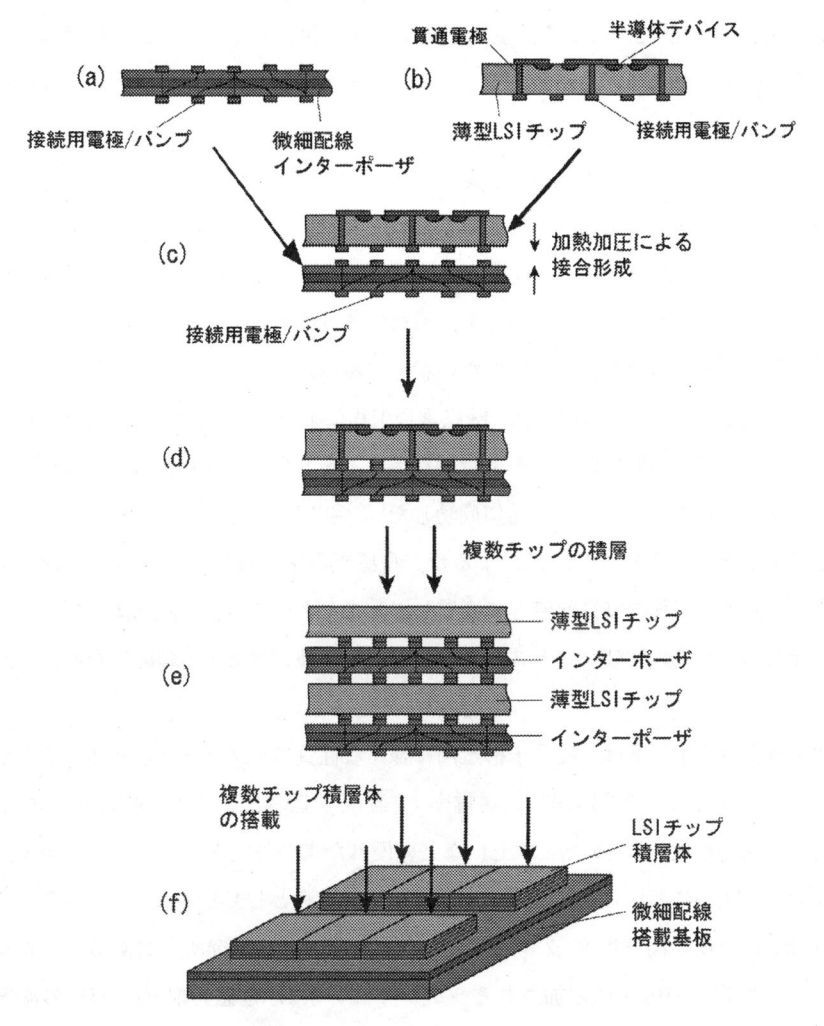

図1　微細配線インターポーザによるLSIの3次元実装

BTレジン，液晶ポリマー，ポリイミドなどが代表的材料である。特に，ポリイミドは，軽量性，強靱性，屈曲性などの物理的特長と併せて，電気絶縁性，低誘電率性などの優れた電気特性を持つために半導体デバイスを中心とするマイクロエレクトロニクスと関連した技術分野で，特に，小型携帯電子機器のフレキシブル基板として広範囲に使われている。イミド結合を有する高分子のポリイミドは，400℃以上の耐熱温度を持っており，機械的強度も高く，化学的にも安定した高耐熱性有機高分子材料の1つである。この材料にさらに，感光性を付与した感光性ポリイミドは，絶縁性と耐熱性の双方を必要とする絶縁オーバーコート，ハンダレジストなどに使われている。現在主流の感光性ポリイミドは，ポリアミック酸ベースの前駆体型感光性ポリイミドである。スピン塗布形成された膜に対して，リソグラフィ工程により微細パターンを形成した後，

300℃を越える高温での熱処理による熱重合工程でイミド化される。熱重合過程で生じる体積収縮により膜自体に大きな内部応力が発生するため，層間絶縁膜への応用に際して，配線の多層化を阻害する要因となっている。

これに対して，イミド化された状態で溶媒に溶けるポリイミド材料の開発が進められてきている。高温熱処理による熱重合工程が不要となるため，マイクロエレクトロニクス応用に向けた新しい材料として，注目されている。しかし，基本になるモノマーの化学構造を変更することにより，可溶性を付加した場合は，耐熱性の低下，機械的強度の劣化などが引き起こされ，前駆体型ポリイミドと同レベルの物性が得られていない状況であった。

一方，ピーアイ技術研究所の板谷らは，触媒重合工程によって180℃でイミド化が可能であり，ブロック共重合プロセスにも対応できる革新的なポリイミド合成法を考案し，非前駆体型で溶剤可溶なブロック共重合ポリイミドの開発に成功した[1]。さらに，ジアゾナフトキノン（DNQ）感光剤を添加することで，アルカリ現像によるポジ型感光性を実現した[2,3]。このブロック共重合ポリイミドは，熱重合工程の高温熱処理で変質してしまうような脆弱な微細構造体を含んだ次世代電子デバイスのデバイス作製プロセスおよび多層配線作製プロセスへの応用が期待される画期的材料である。

ブロック共重合ポリイミドは，高分子構造内に様々な性質のモノマーを取り込むことができるため，溶媒可溶性とともに，低誘電率（比誘電率：3程度），低誘電損失性（誘電損失：0.02程度），高耐圧絶縁性（絶縁耐圧：1 MV/cm以上）などの優れた電気特性を持たせることができる。次世代LSIデバイス実装における高速・高密度配線の絶縁材料として非常に有望である。

産業技術総合研究所の高密度SIグループでは，ピーアイ技術研究所と共同で，ブロック共重合ポリイミド（型番21-101）に添加されるジアゾキノン系DNQ感光剤（PC-5）の濃度を最適化することによって，1ミクロンより薄い感光性ポリイミド膜に対して，i線露光による0.5ミクロンレベルのポジ型パターン形成技術の開発に成功した[4,5]。さらに，10ミクロン以上の厚膜領域については，ポリイミド膜での吸収が大きいi線露光に代えて，g線露光を採用するとともに，現像コントラストを向上させるため，30%程度に高めたDNQ感光剤（THBP）濃度値を採用することにより，10ミクロン厚のポリイミド膜に対しても，g線露光による高コントラストのポジ型パターン形成技術の開発に成功した[6,7]。また，感光剤添加による誘電特性への影響もほとんど無いことが1-20GHz周波数領域での誘電特性測定評価により確認できている。

このような優れた絶縁材料を用いることで，10Gbpsを越える高速信号伝送に対応した10ミクロンピッチ微細配線からなるLSIチップ積層実装用インターポーザの開発が可能となった。

第10章　有機絶縁材料を用いた高密度微細配線インターポーザ

5　ブロック共重合ポリイミドを用いた高密度配線インターポーザ

　ブロック共重合ポリイミドは，NMP，ジオキソランなどの有機溶媒に可溶性を示し，サブミクロンレベルの高解像度リソグラフィを実現できるポジ型感光性ポリイミドとしての優れた性質を有する。このポリイミドについて，ワニス状の溶液でスピン塗布を行うことにより100nmから10μmまでの広い膜厚範囲で平坦性と被覆性に優れた膜を形成できる。また，微細パターンの形成は，スピン塗布後に温度90℃でプリベークして，i線またはg線紫外線による露光及びエタノールアミンを含む専用現像溶液による現像の後，溶媒を除去するために温度150-300℃でベーク乾燥を行うことにより，実現できる。なお，NMPを溶媒に用いた場合は，200℃以上のベーク温度が好ましい。

　従来のエッチング工程を主体としたパターン形成に比べて，プロセス数の大幅な削減が実現できる。また，従来のポリイミド前駆体ベースの感光性ポリイミドに比べて，パターンの収縮がなく，微細パターンの形成が可能であるのと同時にポリイミド膜に発生する内部応力もほとんどない点も，大きなメリットである。

　産総研で開発したインターポーザの作製プロセスを図2に示す。絶縁層としては，溶媒可溶感光性ブロック共重合ポリイミドを塗布，露光，現像，乾燥によるパターン形成後にそのまま絶縁層に用いる。また，配線層としては，厚膜レジストパターン形成後に真空蒸着により，チタン（またはアルミ）の密着層および金の配線層を堆積し，溶媒に浸潤させてリフトオフ法により微細パターンを形成した配線層を用いる。チタン薄膜は，金と下地層の密着性を向上させるのに用いて

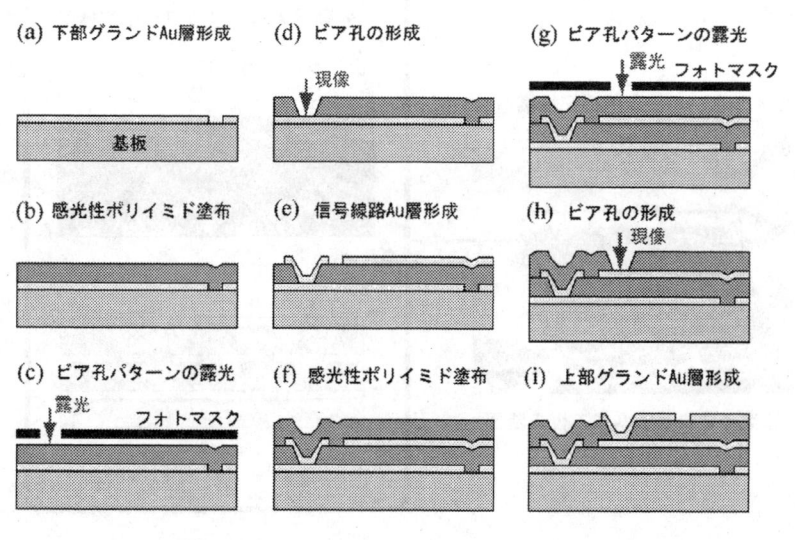

図2　感光性ポリイミドによるインターポーザ作製プロセス

おり，アルミ薄膜をポリイミドと金の密着性を向上させるのに用いている[8]。ポリイミド絶縁層を重ねて多層化する際には，下層ポリイミドの表面を低エネルギープラズマで処理することにより，表面のみ溶媒不可溶とする工程が不可欠である[9]。

このような作製プロセスにより試作した微細配線インターポーザについて，内部に形成された差動ペアストリップライン構造の断面写真を図3に示す。これは，集束イオンビームにより断面加工した配線構造を走査型電子顕微鏡により撮影したものである。ここで，微細配線の幅は，7.5μmである。微細配線の積層断面構造は，寸法形状に歪みがなく，良好な平坦性が得られていることが分かる。

図4に試作した微細配線インターポーザの全体写真を示す。外形寸法は，12.8mm角であり，中心の10.4mm角の領域に対して，複数のLSIチップがフリップチップ接続技術により積層搭載される。同図の右側の写真は，フリップチップ接続用の10μm微細バンプがその上に形成される20μmピッチのバンプ用パッド配列の拡大写真である。

積層された4つのLSIチップを，上下二つのインターポーザで挟みこむ構造を持つ3次元LSIチップ積層実装テストモジュールの一例を図5に示す。下部の外部接続用インターポーザはチップ内の貫通電極からの配線を外部回路と接続する役割を持ち，上部の内部接続用インターポーザはチップ内の貫通電極の相互配線に用いられる。これは，3次元LSIチップ積層体を含む3次元実装技術に関して，高速デジタル信号伝送特性を検証するための実証モデルとして，毎秒10Gビット以上の高速信号伝送が可能な設計となっている。

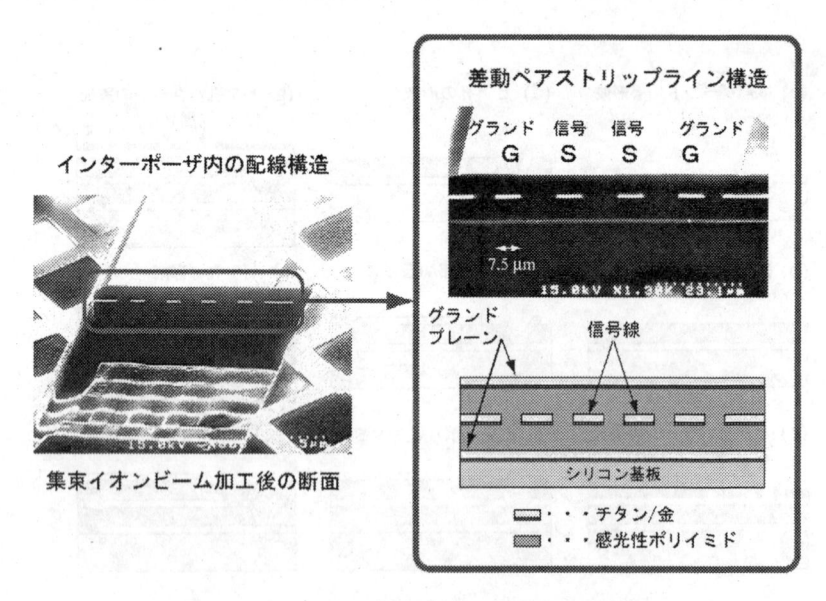

図3 インターポーザ内の信号伝送線路の断面構造

第10章　有機絶縁材料を用いた高密度微細配線インターポーザ

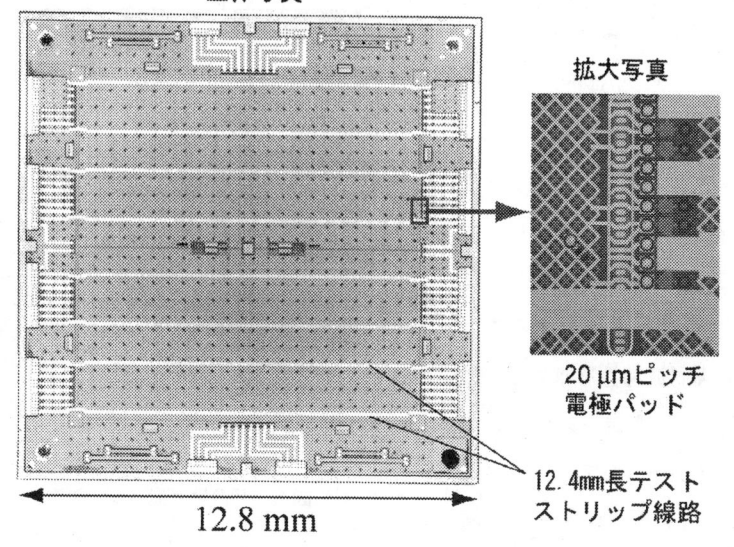

図4　試作した高密度微細配線インターポーザ

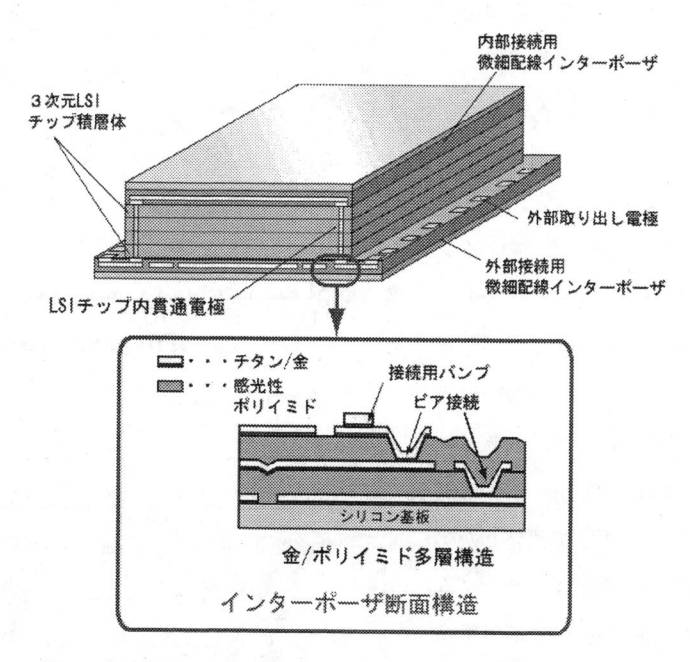

図5　高速伝送モデルとしての3次元LSIチップ積層モジュール

　図5に示された下部のインターポーザに関して，水平方向に配置されている12.4mm長，12.5μm幅の差動テストストリップ線路について，高周波特性の測定評価実験を実施した[10]。図6に実験に用いた，立ち上がり時間7 psの超高速ステップ信号による超高速差動TDT測定シス

115

テムの概要図を示す．被測定物に対して，高周波コンタクトプローブを使って信号発生モジュールからの超高速信号を入力し，内部の線路で伝達された信号を再度高周波コンタクトプローブで受け取り，サンプリングモジュールで波形を観測する．そして，被測定物の代わりに短絡回路を測定した波形と比較することで，被測定物の高周波特性を求める．図7に超高速差動TDT測定システムを用いて求められた12.4mm長ストリップ線路の差動oddモードSパラメータの結果を示す．周波数10GHzで−5.5dB（第1試作），−3.0dB（第2試作）の損失であった．第1試作では，絶縁層の厚さ不足により特性インピーダンスのズレが10%以上あり，また，配線金属層の厚さも1μmと不足していた．第2試作では，絶縁層の厚さを増やし，特性インピーダンスのズレを無くして，信号の反射を無くすとともに，配線金属層の厚さを2μmと増やすことで，配線層の直流抵抗による，直流損失が大きく改善された．また，図8には，10Gbpsのランダム高速デジタル信号を用いて測定したアイパターン波形データを示す．ランダムな0, 1のデジタル信号を一定時間重ねて表示することで得られるアイパターンにおいて，十分なアイ開口が得られていることから，試作したインターポーザの高速伝送性能が実証できた．

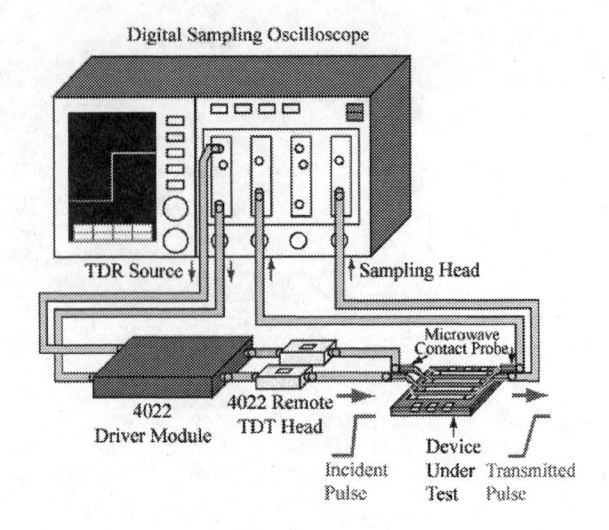

図6　超高速差動TDT測定システム

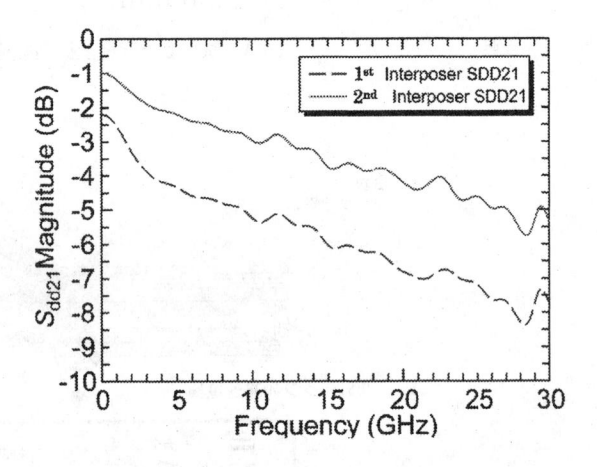

図7　差動TDT測定法による差動Sパラメータ測定データ

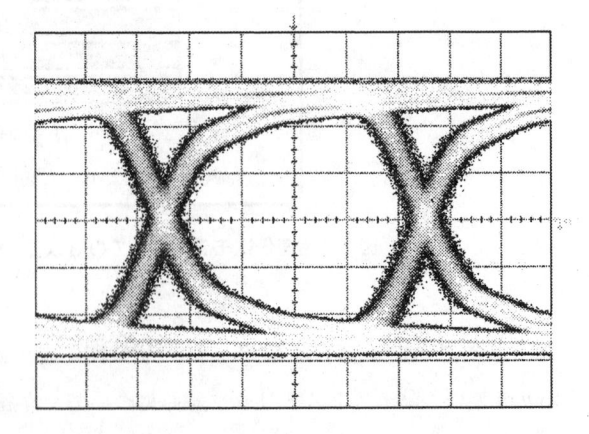

図8　10Gbpsランダム信号によるアイパターン測定波形

6 まとめと今後の展開

　積層されたLSIチップの層間に配置し，高密度・高速のLSI集積システムの実現を目指して開発された多層微細配線インターポーザ技術について，詳しく紹介した。これまでに，低誘電率の感光性ポリイミドからなる絶縁層と蒸着リフトオフ法による微細金配線で構成される，差動ストリップ線路構造において，信号線幅10μmの微細配線で，毎秒10Gビットの高速信号伝送を達成することができた。

　3次元LSIチップ積層実装技術は，小型化と高性能化の進展により高機能化が著しく進んでいる携帯情報電子機器について，将来の発展を支える重要技術の一つとして期待されている。平成11年度から5年間にわたって実施された新エネルギー開発機構（NEDO）の次世代半導体デバイスプロセス等基盤技術プログラム「超高密度電子システムインテグレーション（SI）技術」の中で，民間企業による研究組合ASETを中心に産総研，大学が共同研究に参加して，3次元LSIチップ積層実装技術の研究開発が進められ，チップ内貫通電極形成技術，多層チップ積層技術，チップ薄型化技術，微細電極検査技術，微細構造電気特性評価技術，インターポーザ技術などの要素技術が確立した。この成果が基礎となり，現在，世界各国の研究機関で研究開発が進んでいる。ただし，インターポーザ技術は，まだ研究開発の担い手が少なく，今後の動きに期待したい。

　今後の展開としては，インターポーザ作製プロセスにおいて，金属配線層にCuメッキ技術を適用して，特性の向上を図るとともに，量産化への道筋を探りながら，3次元LSIチップ積層実装技術への展開を図っていく予定である。

文　　献

1) H. Itatani *et al.*, U. S. Patent 5502143 (1996).
2) H. Itatani, T. Aoyagi, T. Nakano and T. Yamada, *17th IUPAC Symp. on Photochemistry* (1998).
3) T. Itatani, S. Gorwadkar, T. Fukushima, M. Komuro, H. Itatani, M. Tomoi, T. Sakamoto, S. Matsumoto, *Proceedings of SPIE*, **3999**, 552 (2000).
4) M. Aoyagi, S. Segawa, E. Jung, T. Itatani, M. Komuro, T. Sakamoto, H. Itatani, M. Miyamura and S. Matsumoto, *Proceedings of SPIE*, **3454**, 1073 (2001).
5) Eun-Sil Jung, S. Segawa, T. Itatani, M. Komuro, H. Itatani, M. Miyamura, S. Matsumoto, M. Aoyagi, *J. Photopolym. Sci. Technol.*, **14**, 61 (2001).
6) K. Kikuchi, S. Segawa, E. Jung, Y. Nemoto, H. Nakagawa, K. Tokoro and M. Aoyagi, *Ext.*

Abst. 2003 Int. Conf. Solid State Devices and Materials, 116 (Tokyo, 2003).

7) S. Ito, H. Osato, Eun-Sil Jung, K. Kikuchi, S. Segawa, K. Tokoro, H. Nakagawa, H. Itatani and M. Aoyagi, *J. Photopolym. Sci. Technol.*, **18**, 301 (2005).

8) K. Kikuchi, S. Segawa, E. Jung, H. Nakagawa, K. Tokoro, H. Itatani and M. Aoyagi, *Proc. 6th VLSI Packaging Workshop of Japan*, 43 (Kyoto, 2002).

9) S. Segawa, E. Jung, H. Nakagawa, K. Tokoro, K. Kikuchi, H. Itatani and M. Aoyagi, *Proc. 6th European Technical Symposium on Polyimides and High Performance Functional Polymers STEPI6*, 215 (France, 2002).

10) K. Kikuchi, H. Oosato, S. Itoh, S. Segawa, H. Nakagawa, K. Tokoro and M. Aoyagi, *Proc. 56th Electronic Components and Technology Conference*, 1294 (USA, 2006).

第11章 シリコンインターポーザ

倉持 悟*

1 はじめに

　今日の情報・通信機器の発達は，小型・モバイル化および多機能化の面で極めて目覚ましく，無線による端末機器の普及とともに，大きく情報伝達機能や利便性を向上させている[1]。近年，モバイル端末をはじめとする電子機器の動向は軽薄短小化はもとより，高性能化，高機能化，複合化の要求が大きくなっている。特に普及が進む携帯電話では，従来，1個のパッケージには，1個のLSIチップを搭載する実装方式が主流であったが，複数のLSIチップをひとつのパッケージに収納するMCPの採用が進んできた。一方では，半導体デバイス自身の高集積化，小型化は著しく進歩し続け，その結果として，実装技術に高度な要求が増し，ウエハーレベルパッケージや貫通電極三次元実装が盛んに開発されてきている。

　さらに，近年，MEMS技術の発展により，加速度センサ，角加速度センサ，RFスイッチなど新しい分野の製品が登場し，MEMSとLSIをシステムインパッケージ化したような高度なシステムモジュールが実用化されつつある。このような，背景の下，Si貫通孔電極形成技術を用いたシリコンインターポーザが注目されるようになってきた。

2 開発の背景

　大日本印刷社はもともと，印刷の写真製版技術を基礎とした微細加工技術をベースに，半導体向けフォトマスクやリードフレームを製造している。近年，半導体用フォトマスクはムーアの法則に従い，年々加工線幅が小さくなり，従来のフォトマスクでは転写できない線幅に近づきつつある。このため，従来と異なる露光方法が提唱され，当社では，電子線を用いた露光方式（EPL）の開発を行って来た。このEPLマスクの製造プロセスは，SOIウェハを用い，両面アライメント露光，Deep-RIE，犠牲層エッチを行うものであり，SOIマイクロマシンニングプロセスそのものであった。昨今，一部のMEMS製品が量産段階に移行し始めており，当社においても顧客

---

*　Satoru Kuramochi　大日本印刷㈱　研究開発センター　MEMSプロジェクト　開発部部長

から，MEMS受託加工依頼が多く寄せられていた。このような背景をふまえ，2001年8月15日MEMSファウンダリーサービスを開始した。用途は加速度センサや高周波向けモジュール，各種3次元構造物であるが，分野としては自動車や電子機器，医療分野等，幅広い。

当社MEMSファウンダリーの特徴は，元来フォトマスクサプライヤーであるため，自社製品を持たず，顧客に対し常に中立にサービスを提供することにある。技術的には，8インチまでの大口径対応，EPL開発で培ったDeep-RIE技術に特徴を持つ。さらに，将来のシステムモジュール化を睨み，MEMSのシリコンベースの加工技術に加え，Si貫通孔電極形成技術を開発し，組み合わせを行うことにより，多様なシステムモジュールを製造することが可能となった（図1）。

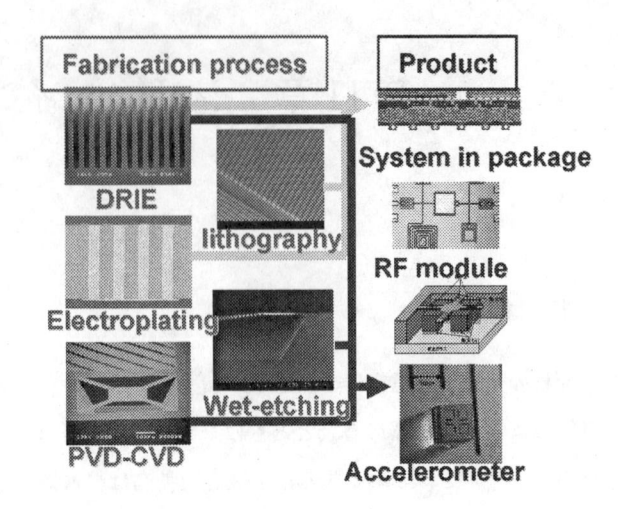

図1　MEMSの加工技術と応用例

3　シリコンインターポーザの開発コンセプト

Siに貫通穴を設けて表裏導通を図る，Si貫通孔電極の発想は，以前から検討されてきた。近年のMEMS（マイクロマシン加工）技術の進展により，バルクSiへの加工技術が著しく進み，Si圧力センサーやインクジェットプリンターヘッド[2]などが実用化されており，現在では各デバイスで多用される技術となってきた。

Si貫通孔電極基板の基本的特徴としては，最小限の面積で微細な垂直方向の電気接続が行えることにある。Si貫通孔電極の用途は主に3つに大別される（図2）。一つは，MEMSのパッケージ，もうひとつは，メモリーの3D積層，そして，シリコンインターポーザである。

MEMSデバイスは可動部分を有することから，MEMSパッケージはパッケージレベルで真空封止などを行うことが多く，

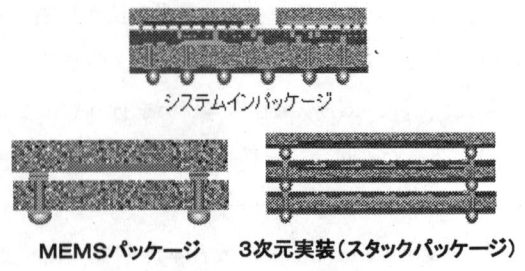

図2　Si貫通電極の用途

第11章　シリコンインターポーザ

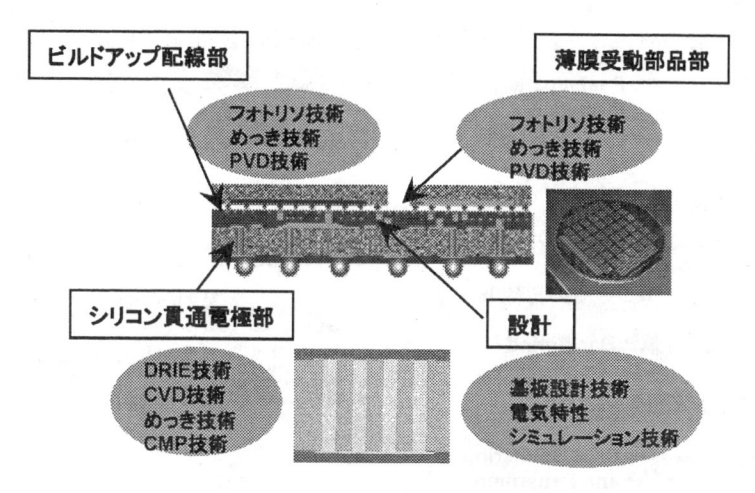

図3　Siインターポーザの必要技術

小型化，低コスト化の障害となっていた。貫通電極を用い，ウエハーレベルで配線引き出しを行うことが提案されており，小型化，低コスト化が期待できる。

　メモリーの3D積層は，メモリーデバイスの周辺Alパッドに貫通電極を設け，多段に接続するものである。最小限の面積，最小限の厚みのスタックメモリーパッケージが可能となる。近年，電子機器製品市場からの要求として，ハイエンドの電子機器では，例えばCPUと積層されたメモリLSIの間で高速・多ビットの信号を表裏導通する必然性が出てきた。また，携帯機器の分野でも機器の高性能化・小型・薄形化の進展に伴って，ワイヤーボンドのワイヤーの高さ自身が問題となってきた。MEMS技術や貫通孔への充填技術の進展と，市場要求とに支えられて，最近では多数のSi-3D技術が研究開発・報告されている[3]。

　シリコンインターポーザは，インターポーザ基板の材質をシリコンとしたもので，微細化，熱伝導性に優れ，また，LSIと熱膨張係数が等しく接合の信頼性にメリットがある。受動部品や能動部品をウエハープロセスで組み込んだ構成も提案されている。

　シリコンインターポーザの必要技術は，微細な貫通孔電極をSi基板に形成するSi貫通孔電極形成技術，薄膜材料と成膜法で受動部品を形成する薄膜受動部品形成技術，高密度LSIチップとの接続を達成するための微細配線，および低誘電率絶縁材料から配線層を形成する配線形成技術，高周波設計技術からなる（図3）。

4　Si貫通孔電極の形成技術

　Si貫通孔電極の形成方法を説明する。当社ではSi貫通孔電極を形成するために，Type 1のト

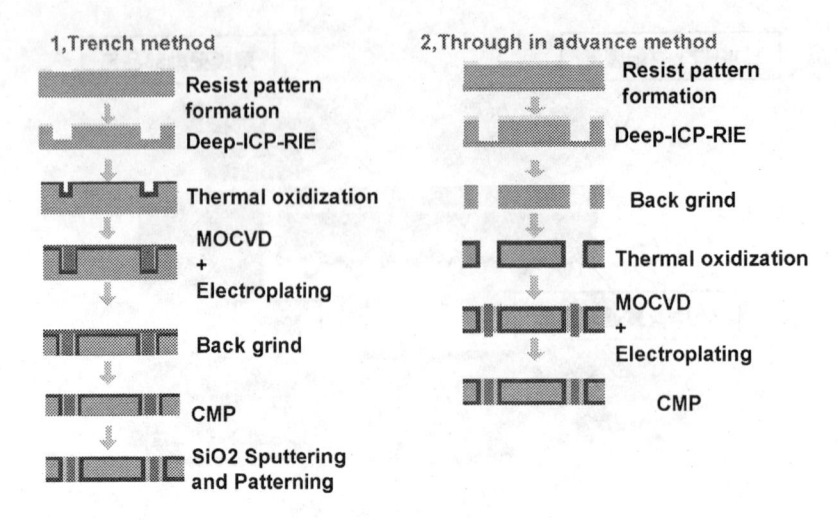

3次元システムインパッケージと材料技術

図4 Si貫通孔電極形成方法

レンチ工法, Type 2の先貫通工法の2つの方式を検討している（図4）。

　Type 1のトレンチ工法では, Deep-RIEにてトレンチ（深孔）を形成し, 穴の内側を絶縁, バリア形成, 穴埋めめっきを行った後, 裏面を研磨して電極のプラグだしを行い, さらに絶縁膜で裏面をカバーし, 貫通孔電極を形成する工法である。Type 2の先貫通方法では, あらかじめDeep-RIEにて深孔を形成した後, 裏面を研磨してスルーホールを形成した後, 穴の内側を絶縁, バリア形成, 穴埋めめっき, 表面研磨を行うものである。Type 1では片側から穴埋めを行うため, アスペクト比の制約からおのずと薄い基板（メモリーの3D積層）に向くプロセスとなる。Type 2はハンドリングの問題から, 比較的厚い基板（MEMSパッケージやシリコンインターポーザ）に向く。

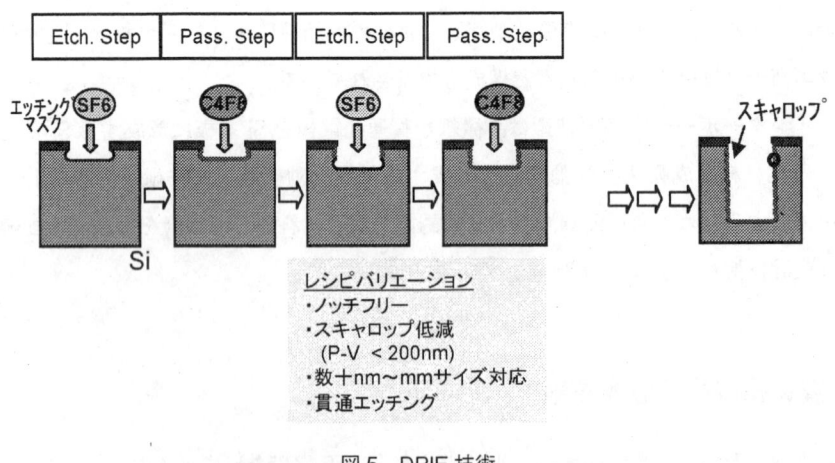

図5 DRIE技術

第11章 シリコンインターポーザ

各プロセスの要素技術を概説する。Siにトレンチもしくは貫通孔を形成するのに，Deep-RIEを用いる。

Deep-RIEは，図5に示すようにエッチングとデポジションを交互に繰り返すことにより，シリコンに深溝を形成する技術であり，MEMSの高アスペクト比エッチング加工の代表的技術である。エッチングのマスクとしては，選択比が50程度以上のレジストの他，酸化膜，メタル材を組み合わせて用いる。エッチングガスはSF_6，デポジションガスはC_4F_8を用いる。

図6に示すように，DRIEの加工範囲は，細かなパターンでは，80nm，大きなものではmm単位の加工が可能である。高アスペクト比加工としては，開口$3\mu m$で深さ$160\mu m$，アスペクト比53のものも得られている（図7）。また，高アスペクトに加え，所望の断面形状を得るため，ノッチフリープロセス，スキャロップ低減プロセスなど，側壁形状を制御することを可能としたレシピバリエーションが重要である。

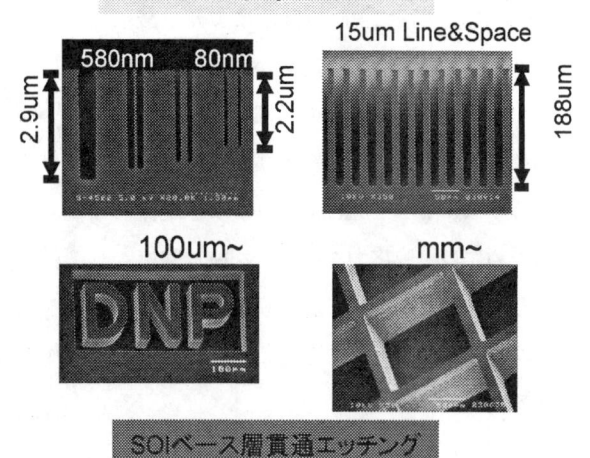

図6 DRIE技術

図7 高アスペクト比エッチング
開口幅：$3\mu m$
深さ：$160\mu m$
アスペクト比：53

貫通孔電極用としては，トレンチ工法で形成する場合では，直径は10-$20\mu m$，穴の深さは170-$200\mu m$，先貫通法で孔を形成する場合は，直径は30-$70\mu m$，穴の深さは250-$400\mu m$程度に加工する。孔の側壁形状としては，スキャロップが小さいこと，マイクログラスのようなささくれがないこと，垂直性が高いことが要求される。

貫通孔を形成した後，孔の内部を絶縁するため，酸化膜を形成する。酸化膜は熱酸化法を用いるか，特にデバイス付きのウエハーに加工する場合などは，400℃以下でのプロセス温度が要求され，PECVD（Prasma Enhanced Chemical Vapor Deposition）法にて成膜する。酸化膜の厚

みとしては，800nmから2μm程度である（図8）。先貫通法でPECVD法により，酸化膜を成膜する場合は，両面から酸化膜を成膜する必要がある。孔の内部の絶縁信頼性を確保するためには，絶縁膜の厚みは厚いほうがよいが，1μm以上の厚みを確保するためには，膜応力を制御しないと基板の反りやクラックが生じる。膜応力の制御は，プロセスパラメータを変えることで制御する。

CuのSiO$_2$への拡散を防止するためにSiO$_2$上にバリア膜を形成する必要がある。スパッタリングや蒸着では孔の内部につきまわりよく成膜することができない。このために，MOCVD（Metal Organic Chemical Vapor Deposition）を用いTiN，10nmを成膜することとした。孔径10μm，深さ170μmの深孔において，つきまわり良く成膜可能であった（図9）。このバリア膜によって，良好な絶縁信頼性を確保できる。

トレンチ法では，TiNをMOCVDにて成膜し，連続プロセスにて，CuをCVDにより成膜する。このCu層をシード層として用い，穴埋めめっきを行う。図10は，

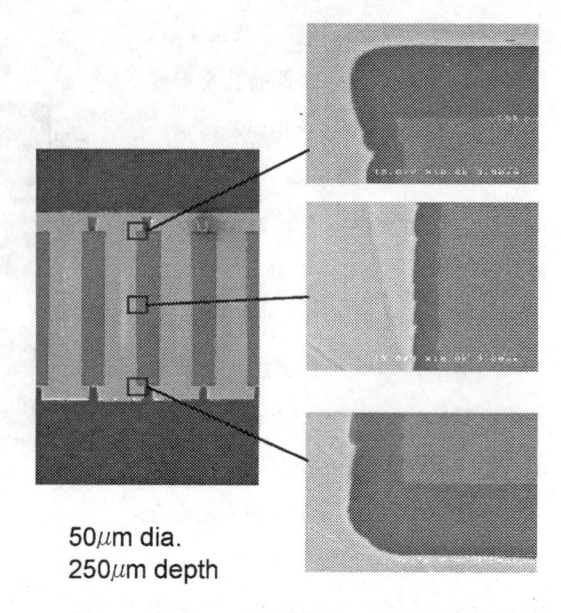

図8 PECVDによる孔内部への酸化膜の形成

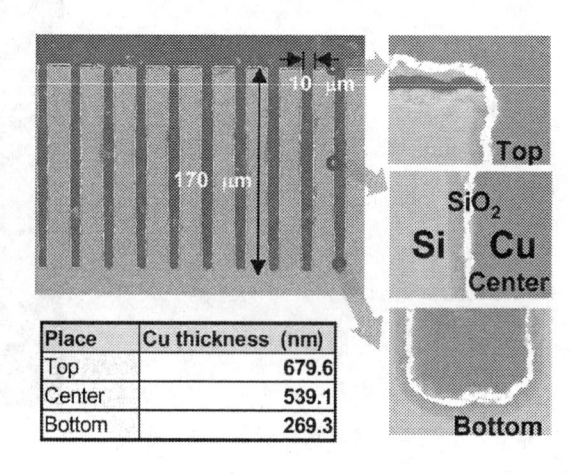

Place	Cu thickness (nm)
Top	679.6
Center	539.1
Bottom	269.3

図9 MOCVDによる孔内部へのつきまわり

トレンチの内部をパルスめっきにて充填したものの断面写真である。孔径10μm，深さ170μm，アスペクト17の孔がCuでボイドなく充填されていることが判る。但し，この場合，穴の底部からボイドなく埋める必要があり，特殊なパルスめっきを用いるため，穴埋めめっきに時間がかかる。先貫通法では，絶縁膜，バリア膜，シード膜を形成した後，穴埋めめっきを行う。図11は，先貫通法で穴埋め充填を行ったものの断面写真である。特に穴埋め時にボイドが発生しないように，めっきプロセスに独自の工夫を行い，穴埋めを安定かつ容易なものとした。こちらの工法ではパルスめっきを使わずに充填が可能であり，量産性に優れるという特徴がある。

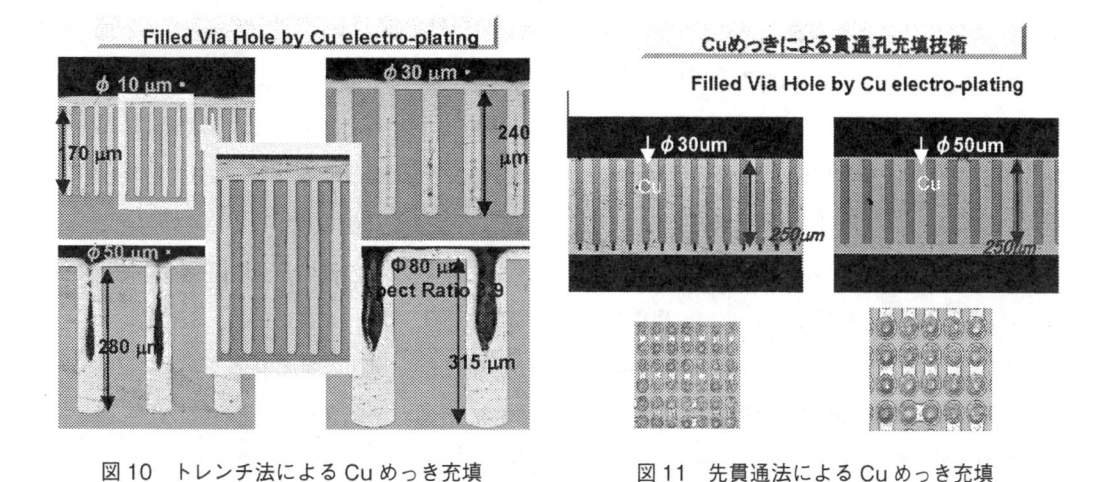

第11章 シリコンインターポーザ

図10 トレンチ法によるCuめっき充填

図11 先貫通法によるCuめっき充填

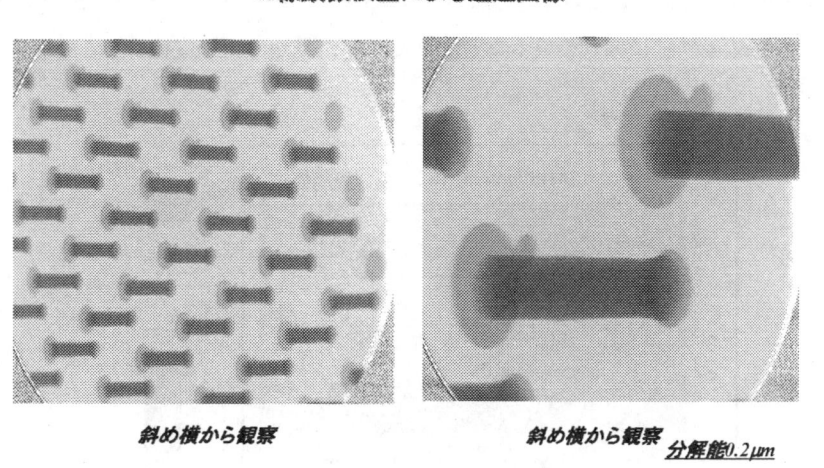

図12 先貫通法によるCuめっき充填

　図12に形成後の貫通電極のX線CT観察結果を示す。X顕微CT装置はマイクロスコーピックスキャン社製XMSシリーズを用い，管電圧は80kV，焦点寸法0.2μm，スライス幅は5μmとした。この貫通電極の穴径は50μm，シリコンの厚みは400μmである。写真上最も黒く写っている部分が銅であり，観察結果が示すように，空隙（ボイド）がなく完全に充填されていることが確認できた。

5　シリコンインターポーザの高周波特性

　Si貫通電極は，高周波伝送特性が重要である。モデルとして，表層の層間接続ビア1個の伝

送特性とシリコン貫通電極1個の伝送特性の実測結果（Sパラメータ）を比較したものを図13に示す。信号の入り口側と出口側の測定パッドが基板の同じ側にあることが必要なため，それぞれ2個が連結されたテストパターンを測定し，その結果を2で割ることで得た結果である。グラフに示すように，層間接続ビアのほうは周波数が20GHzであってもエネルギー損失が無視できるほど小さい一方，シリコン貫通電極は3GHzですでに－3dB（50％損失）という結果となった。貫通電極1個でこの結果であるので，一往復もしくはそれ以上の数の電極を通過すると，ほとんどエネルギーを損失してしまい，実際には使用できないという結果になる。

この大きなエネルギー損失の原因を図14のように推察した。貫通電極の等価回路を書くと，DC（直流）から低周波領域では抵抗Rとインダクタンスの直列回路と表すことができる。一方，数百MHzから数GHzの高周波領域になると，貫通電極（Cu）とシリコンの間のSiO_2層に寄生容量がうまれ，これが並列Cとしてふるまっている可能性が考えられる。

Siへの電流の漏れを調べるために，電磁界シミュレーションを行った結果を図15に示す。伝送線路を流れる電流がSiに漏れていることが解る。Siが見かけ上の電極にならないよう，抵抗

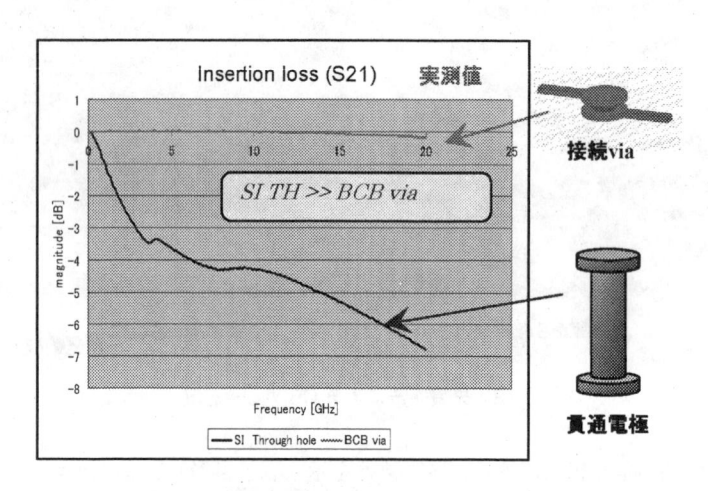

図13　高周波電気特性評価（Via，貫通TH）

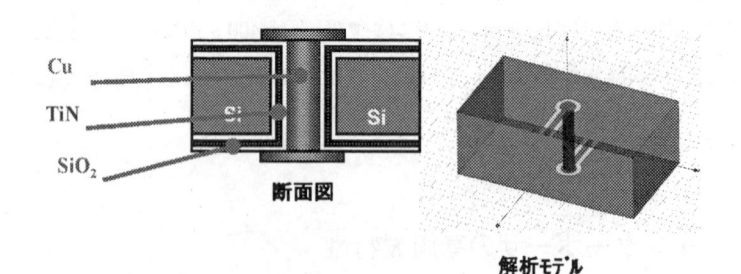

図14　貫通電極部のエネルギー損失の原因

第 11 章　シリコンインターポーザ

電流密度分布[A/m^2]　5Ghz　シリコン抵抗率　4000Ωcm

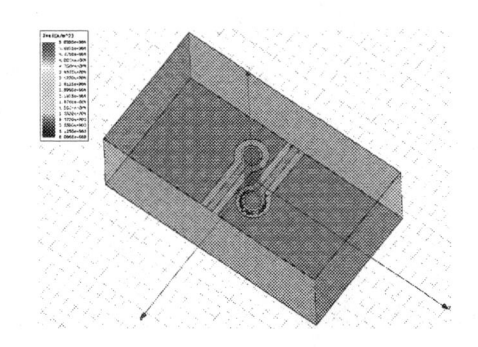

図 15　貫通電極部のエネルギー損失（高抵抗シリコン）

電流密度分布[A/m^2]　5Ghz　シリコン抵抗率　1.5Ωcm

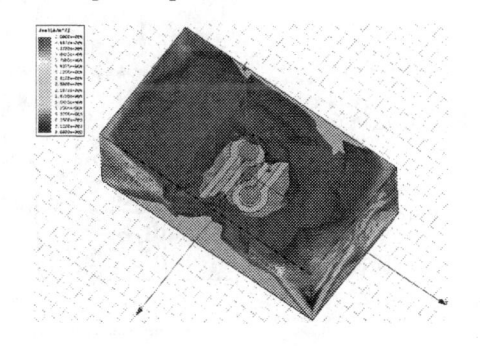

図 16　貫通電極部のエネルギー損失（低抵抗シリコン）

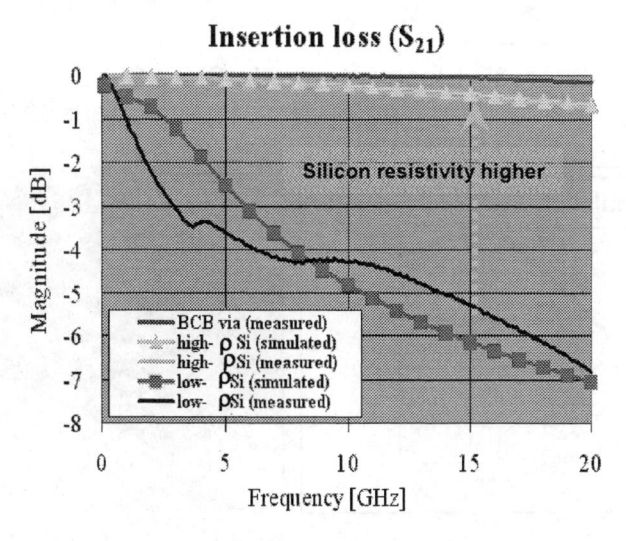

図 17　高周波電気特性評価（Via，貫通 TH）

率の高い Si に変えて再シミュレーションを行ったところ，高抵抗 Si を使用することにより漏れる電流を減らせることが解かった。この結果はシミュレーション結果で，目的とする低損失な特性が得られることがわかった（図16）。実際に，抵抗率を制御したウエハーを用い，TEG を試作，高周波特性を実測したところ，良好な高周波伝送特性が確認できた（図17）。

6　薄膜受動部品形成技術

近年，受動部品の点数が大幅に増加しているのと同時に，電源ノイズ低減など高性能化が望まれ，インターポーザに受動部品を内蔵する技術が盛んになっている。シリコンインターポーザの場合，薄膜のウエハレベループロセスで素子を表層に形成可能であり，プロセスのコンパチビリティが高い。

図18に，シリコンインターポーザ上に，バンドパスフィルターを形成した例を示す。

インダクターは，スパッタセミアディティブ法で形成し，キャパシタは陽極酸化法により形成した TaO_5 を用いて，薄膜工法で形成した。図19に，シミュレーション結果を示す。

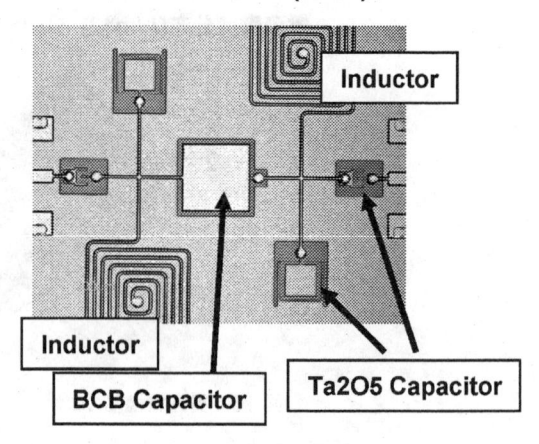

図18　薄膜受動部品

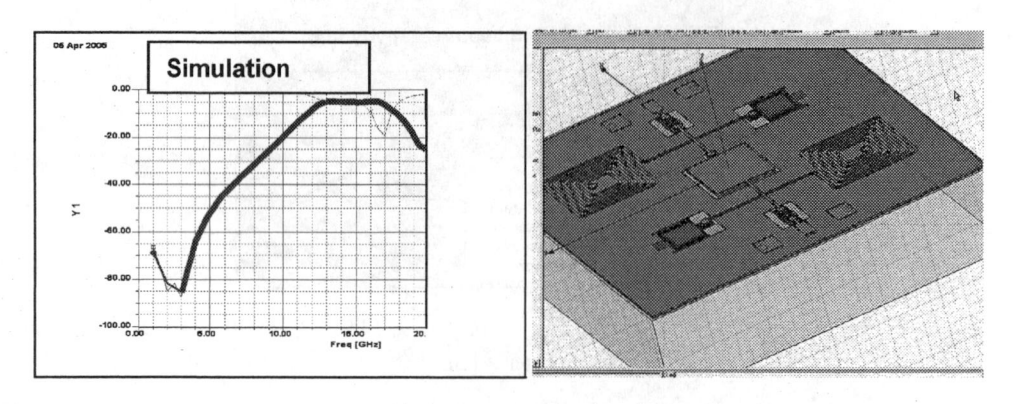

図19　特性シミュレーション結果

第11章　シリコンインターポーザ

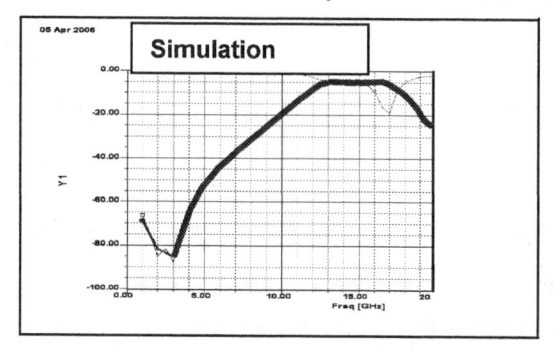

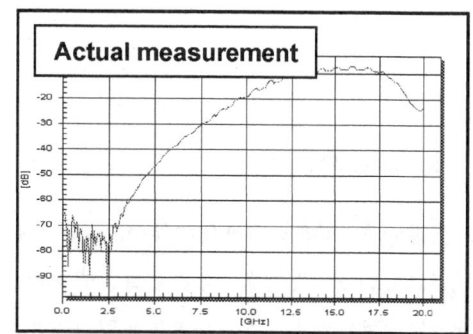

図20　特性実測結果

　図20に，特性を実測した結果を示す。シミュレーションと実測結果が一致し，10～20GHzを通す，バンドパスフィルターとして機能していることがわかる。

7　応用展望

　Si-3D技術のSiPへの適用が強く意識された開発が進められているが，その実用化のためには，半導体素子・プロセスとMEMS，検査，実装，システム設計などのすべての分野に精通している必要がある[4]。高密度化・高付加価値化の市場ニーズが非常に強いことから，シリコンインターポーザは，MEMS技術の進展とともに，さらなる技術開発により，今後の先端実装技術分野の主力構造になっていくことは間違いないものと考えられる。

文　　献

1) 福岡義孝：多機能回路実装技術調査専門委員会活動報告Ⅰ，平成18年電気学会全国大会講演論文集 S16 (1)
2) S. Kamisuki et al., Proc. MEMS 2000, 793-798 (2000)
3) I. Miyazawa et al., Proc. ICEP 2003, 320-325 (2003)
4) 新田秀人：多機能回路実装技術調査専門委員会活動報告Ⅱ，平成18年電気学会全国大会講演論文集 S16 (2)

第12章　基板内蔵用薄膜コンデンサ材料

小川裕誉*

1　はじめに

　先進の電子装置の高速化に伴い，受動素子や能動素子の適材適所配置である部品内蔵基板が提唱されている。受動素子であるコンデンサに目を向けると様々な材料での提案が成されている。充放電の反応性の良さと誘電体薄膜の薄さへの可能性の見込みから無機誘電体であるSTO及びBSTを目標に選定し，コストメリットの見込める大気成膜法であるエアロゾルCVD法（ASCVD）を用いた薄膜コンデンサの開発を進め，結晶STO薄膜（$SrTiO_3$）とアモルファスSTO薄膜の作製を検討した。結晶STOの場合は誘電率160，誘電正接3.5%（1 kHz）という結果を得，アモルファスSTOの場合は誘電率20～65，誘電正接1%（1 kHz）を得，I-V特性±30VDCで10^{-6}～10^{-8}A/cm^{2}という結果を得た。

　これらの結果に基いて，10層のアモルファスSTOによる薄膜積層コンデンサを作製した。誘電体厚160nm，Pt電極厚120nmの実効面積2×2mmサイズで600℃アニール後，900nF/cm^{2}の静電容量密度を示し，誘電正接0.1%（1 kHz），I-V特性は±5Vで10^{-7}A/cm^{2}を得た。現在，大容量のコンデンサとして積層セラミックコンデンサ（MLCC）があり，1000層に及ぶ薄層の積層化による小型化で大きな進歩をしてきた[1,2]。しかし更なる小型化と薄層化は必須の要求と考え，コストメリットのあるASCVDによる無機薄膜の開発を進めてきた。この開発の事例を紹介する。

2　成膜方法について

　高密度なDRAMやモノリシックのマイクロ波集積回路（MMIC）に於いて高い誘電率を示すBST[(Ba_xSr_{1-x})]TiO_3を使って強誘電体薄膜形成される各種技術において，MOCVDで最初のBST薄膜をもつMLCCが作製された[3,4]。しかし積層成膜過程でBST薄膜表面の粗さが増加し，MLCCのリーク電流の増加に繋がった。また，材料と装置の高いコストは実用の量産に於いて不利と考える。

---

　*　Hirotaka Ogawa　㈱野田スクリーン　取締役　研究開発部　部長

第12章 基板内蔵用薄膜コンデンサ材料

CSD（Chemical Solution Deposition）によるSTO積層薄膜コンデンサの作製[5]には湿式化学エッチングを必要とし，プロセスの複雑さを伴っている。溶液霧化を用いた方法を調査するとASCVD[6]はPyrosol Depositionとも呼ばれる[7]他，超音波スプレーCVD[8,9]とSPD[10]（Spray Pyrolysis Deposition）がある。超音波スプレーCVDはASCVDと近い方法である。1980年から始まるASCVDは他の方法の利点，例えばMOCVDでの良好なステップカバレッジやゾルゲル法と同様に比較的安価な材料を用いる点，また環境中の酸素を取り込むプロセスである酸化物膜の成膜，シンプルな装置及び成膜のパラメータ調整による誘電体膜の結晶化制御等，ユニークな利点を有している。

これらの調査結果から高価な真空システムを必要とする方法に比して経済的な堆積装置とシンプルなプロセスに量産の優位性を感じている。また，ASCVDとSPDはTCO（透明導電酸化物）例えばITOやTiO_2[6,8,9,12]ではしばしば利用されるが，プロブスカイト構造[13]のような複合酸化物薄膜に関する報告は少ない。当社ではASCVDを改善・構築しサブミクロンの厚みでのSTOを誘電体層とする薄膜コンデンサを試作した。この結果は部品内蔵基板に用いる受動部品[14]として好ましい低コストの方法である事を示した。

3 実験手順

薄膜の成膜は豊島製作所製アルコキシド前駆体溶液（0.2mol/kg）を材料とし，霧化部では本田電子製超音波発振素子（2.4MHz）を使用した。この霧化部で発生した霧を搬送する為，圧縮空気を1気圧10L/minに調整したガスを注入し熱分解部へ搬送した。基板は100mm角のブロックヒーター上に載置され，上部熱分解部の先端ノズルからガスを吹き付けられる構造とし，ブロックヒーターを含む下部はX-Yロボットとして構成され，堆積中は薄膜の領域と厚みを制御すべく移動させた。この堆積部は大気開放されている。事前実験ではPt/Ta/SiO_2/Siウェハ基板を用い，上部に450～560℃の基板温度で5～30分のSTO成膜を行った。更にマスクを用いて上部にAu電極（φ0.5mm）又はPt電極（φ5.5mm）をDC

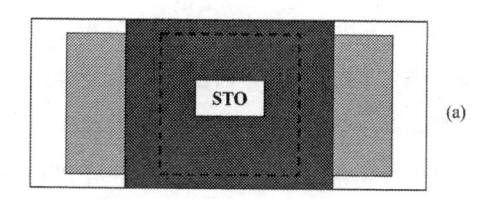

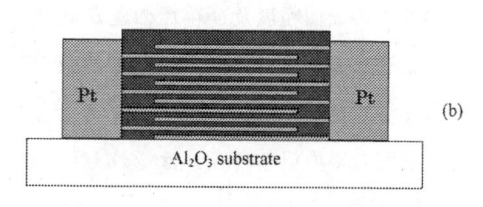

図1 Schematic of thin-film MLCC prepared on polycrystalline Al_2O_3 substrate, in which STO dielectric thin layers are deposited by ASCVD and Pt electrodes are deposited by DC sputtering at room temperature: (a) top view and (b) cross-sectional view, dotted line shows effective electrode area.

スパッタを用いて成膜した。

　現在はベース基板に Al_2O_3 の 50mm 角（0.25mmt）を用い，上下電極と誘電体膜は其々マスクを用いて薄膜積層コンデンサの作製を行っている。電極（Pt）及び誘電体膜（STO）の成膜には其々 DC スパッタ及び ASCVD を用いて行った。誘電体膜の成膜溶液の消費量は 2.5ml/min に対して，堆積率は 20nm/min となった。図 1 に薄膜積層コンデンサの形状イメージを示す。

4　測定装置

　誘電体膜の結晶化は X 線回折（XRD；X'Pert-MRD）によって確認した。誘電体膜の形態と断面微細構造は SPM（SPM-9500J3；島津製作所）と SEM（JSM-5510；JEOL）を用いて観察された。薄膜コンデンサとしての静電容量と誘電損（誘電正接）は LCR メーター（4284A；Agilent Technologies）により 1 kHz～1 MHz で測定し，リーク電流の測定は強誘電体テストシステム（Precision Workstation, Radiant Technologies）を使用した。

5　ASCVD による STO 薄膜

　まず，STO 薄膜の形態と性能に及ぼす各成膜パラメータの影響を調査した。前駆体溶液の溶質濃度を減少させた場合，特定の基板温度に於いてポストアニール無しでも結晶化 STO 膜が形成出来る事が判明し，図 2 で示すように XRD 分析によって確認された。対応して図 3 では濃度の異なる溶液から得た STO 膜の SPM 観察により，結晶化 STO 膜とアモルファス STO 膜の其々の表面粗度及び粒径の差が確認された。原液と 75vol％ トルエン添加の溶液の差は得られたアモルファスと結晶化膜の差となり，薄膜表面の平均粗さ（Ra）はそれぞれ 1.05 と 2.68nm であった。

　また，図 3 に示す両膜の表面モフォロジを比べると，結晶化 STO 膜の粒径［図 3(a)］がアモルファス STO 膜の粒径［図 3(b)］より，明らかに小さいことが示された。これは超音波霧化過程における溶液濃度の異なるエアロゾルの

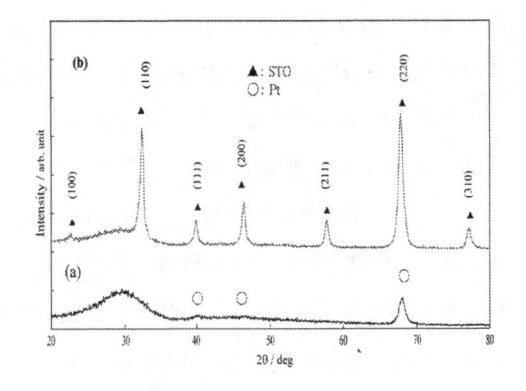

図 2　Low-angle incidence XRD patterns of STO thin films deposited on Pt/Ta/SiO$_2$/Si wafer substrate by ASCVD
at substrate temperature of 560℃ for about 30min using (a) initial precursor solution and (b) diluted solution with 75vol% toluene.

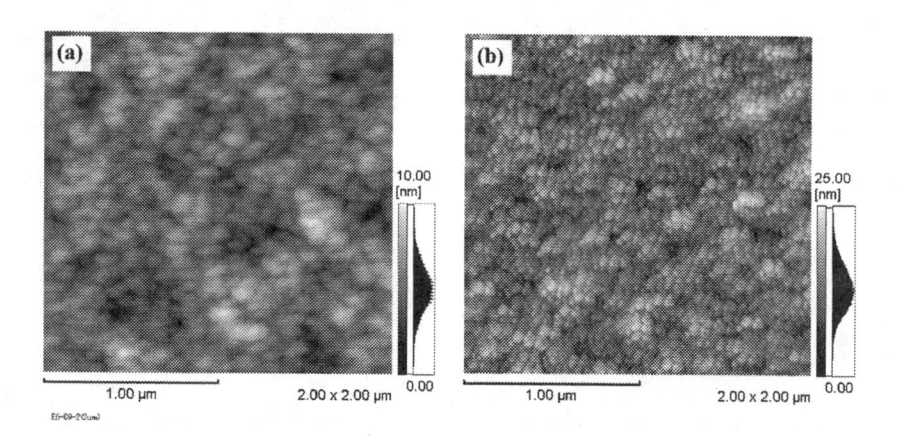

第12章 基板内蔵用薄膜コンデンサ材料

図3 SPM images of STO thin films deposited on Pt/Ta/SiO$_2$/Si wafer substrate by ASCVD
at substrate temperature of 560℃ for about 30min using (a) initial precursor solution and (b) diluted solution with 75vol% toluene.

粒径の違いが起因と考えられた。前駆体溶液の超音波霧化によって発生するエアロゾルの平均液滴寸法（$d_{droplet}$）はラングの方程式[21]によって計算出来る。

$$d_{droplet} = 0.34 \ (8\pi\gamma/\rho f^2)^{1/3} \tag{1}$$

γは表面張力，ρは25℃での密度，fは超音波の振動周波数である。仮に溶液濃度を無視した場合，f = 2.4MHz，溶液の主な溶媒をトルエンとして，$\gamma_{toluene}$ = 28.4dyn/cm，$\rho_{toluene}$ = 0.87g/cm^{3}から，$d_{droplet}$は約1.8μmである。しかし，この霧は次工程で加熱されると，溶媒は揮発する事で液滴の溶質濃度が薄いほど，得られるゲル状粒子のサイズが小さくなるはずである。つまり粒

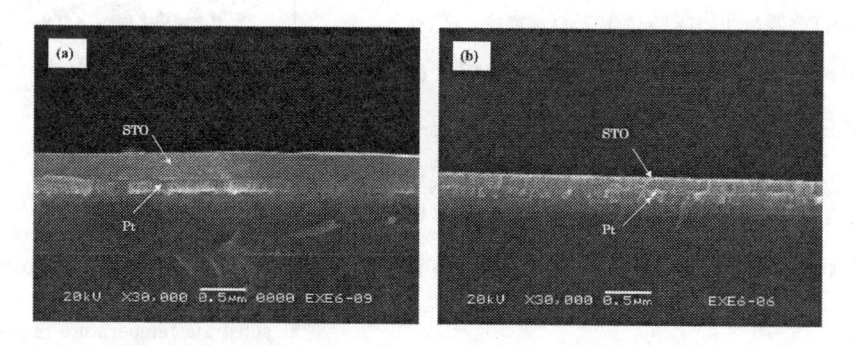

図4 Cross-sectional SEM images of STO thin films deposited on Pt/Ta/SiO$_2$/Si wafer substrate by ASCVD
at substrate temperature of 560℃ for about 30min using (a) initial precursor solution and (b) diluted solution with 75vol% toluene.

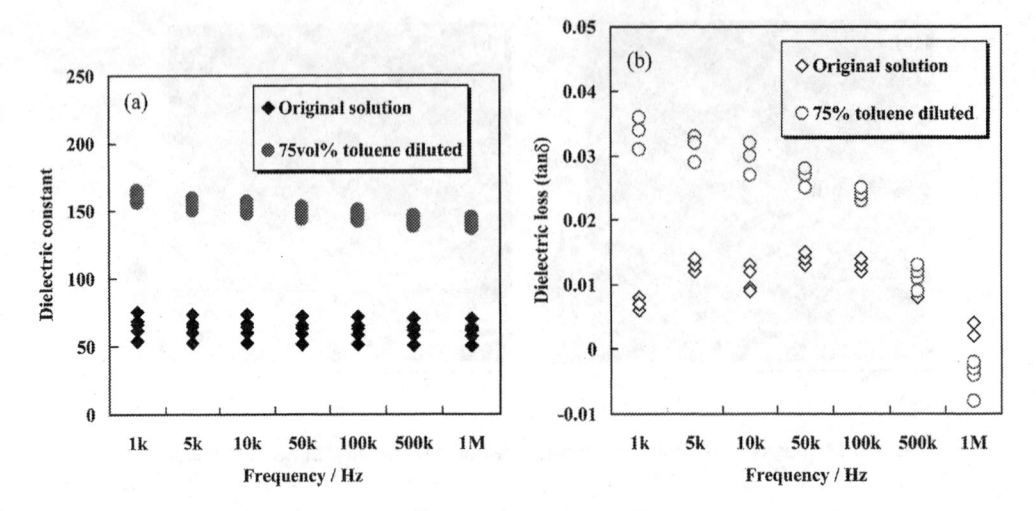

図5 Comparison of (a) dielectric constants and (b) dielectric loss (tan δ) of STO thin films deposited on Pt/Ta/SiO$_2$/Si wafer substrate by ASCVD
at substrate temperature of 560℃ for about 30min using initial precursor solution and diluted solution with 75vol% toluene (upper Au electrode diameter: 0.5mm).

子が小径になるほど表面積が増え,表面エネルギー増大となり,活性化すると共に酸化また結晶化し易くなると理解している[22]。

図4は薄膜の断面SEM像である。図4(a)はアモルファスSTO膜で,非常に滑らかな断面と均質,緻密な微構造として見え,比べて,図4(b)に示す結晶化STO膜が結晶粒界での破断の様子が伺える。そしてこれらの薄膜の電気特性を調べた。図5(a)に誘電率/周波数,図5(b)に誘電正接/周波数を示す。結晶STO膜は1kHz時に157の誘電率,3.5%の誘電損に対して,アモルファスSTO膜では65の誘電率と0.7%という小さな誘電損が示された。また図6に示すようにアモルファスSTO膜が結晶化されたSTO膜よりリーク電流がはるかに小さい事が分かった。この結果はアモルファス膜を含むBSTのレポート[15~17]と一致している。

これらの結果を踏まえて,実験結果をまとめた。Siウェハ,多結晶Al$_2$O$_3$,ガラス基板上に160~480nm厚のアモルファスSTO単層膜をASCVDに

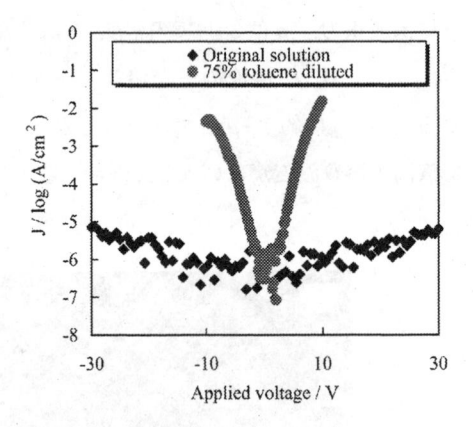

図6 Comparison of leakage currents exhibited by STO thin films deposited on Pt/Ta/SiO$_2$/Si wafer substrate by ASCVD
at substrate temperature of 560℃ for about 30min using initial precursor solution and diluted solution with 75vol% toluene (upper Au electrode diameter: 0.5mm).

第12章 基板内蔵用薄膜コンデンサ材料

より成膜した。得られた薄膜コンデンサの誘電率は20〜65であり，静電容量密度が50〜100nF/cm^2，誘電損が1%（1kHz），リーク電流では±10〜30V$_{DC}$で10^{-6}〜10^{-8}A/cm^{2}であった。

しかし部品内蔵基板へ埋め込みコンデンサへの要求は1pF〜1kFという広範囲な静電容量を必要としている記述もあり[18,19]，今後は充放電の急峻性や等価抵抗軽減，容量精度や形状の小型化を考えると薄膜積層コンデンサが必然的なトレンドであると考えられる[3]。したがって，我々はASCVDによるサブミクロン厚みのアモルファスSTOを誘電体層とする薄膜積層コンデンサの作製を検討した。

6 ASCVDによるSTO薄膜の多層化

コスト削減としてベース材料にAl$_2$O$_3$セラミックス基板を選定した。電極材料はPtとし，リーク電流対策を重視した結果，アモルファスSTOでの薄膜積層プロセスによるコンデンサとした。また，多層化する場合の熱履歴の蓄積を考慮する意味で500℃の基板温度設定とし，8分間の成膜とした。得られた誘電体層厚は160nmであった。Pt電極はDCスパッタを用い，30分で成膜し，膜厚は120nmであった。積層後に酸素雰囲気中に600℃でmax6hrのポストアニールを行った。得られた単層STO膜の誘電率が21となり，誘電損は0.5%（1kHz）となった。図7に11層のSTO/Pt積層膜の断面と表面のSEM像を示す。積層数の増加にも拘らず，誘電体層と電極層の形態変化は見られなかった。比べてMOCVDを用いたBST積層コンデンサにおいて積層数が増えるに従い上部の膜に劣化が生じた事があった[4]。

図8にASCVDを用いて製作した1層のコンデンサと10層のコンデンサの誘電特性を示す。静電容量密度は1〜100kHz時に層を増加する毎に，ほぼ直線的な容量増加が示された。そして10層のコンデンサでは静電容量密度が900nF/cm^{2}に対して，誘電損が0.1%（1kHz）まで保持

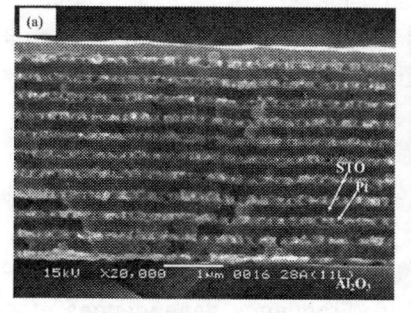

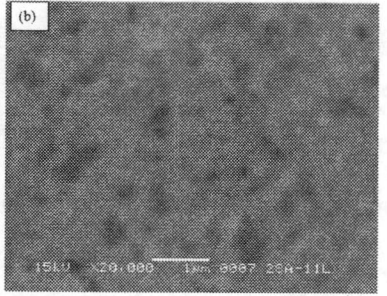

図7 SEM images of thin-film MLCC composed of 11 layers of STO/Pt thin films with total thickness of about 4μm on polycrystalline Al$_2$O$_3$ substrate: (a) cross section and (b) surface of top STO dielectric film.

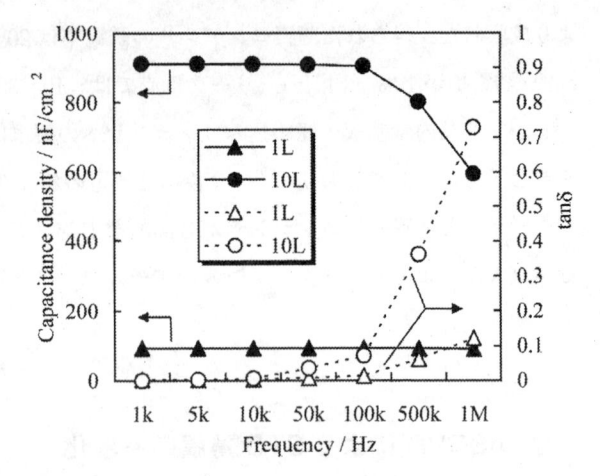

された。しかし，周波数を>100kHzにすると，突然の誘電損の増加に伴う容量密度の減少が発生した。この現象は積層数が4を上回る時起こる事が判明した。この原因について大きな電極面積（2mm×2mm）に因る抵抗成分の影響と考えた。類似した現象がMOCVD成膜でPt電極を用いたBST積層膜でも報告された[20]。

図9は1層と10層のアモルファスSTO膜コンデンサのリーク電流の比較である。積層効果で積層コンデンサの静電容量密度がほぼ10倍に増えた（図8）にも関わらず，リーク電流が10^{-7}A/cm^2（±5V$_{DC}$）で，単層膜コンデンサとほぼ同等であった。この結果はASCVDによるサブミクロン厚みの誘電体層を持つ高積層薄膜コンデンサを作製する可能性を示すものと考える。

先の大きな積層薄膜コンデンサの有効電極面積（2mm×2mm）による高周波数で誘電パフォーマンスの劣化原因を確認するため，有効電極面積を0.8mm×0.8mmにしたアモルファスSTO膜を5層積層したコンデンサを作製した。図10に示すように，誘電容量密度が100kHz以

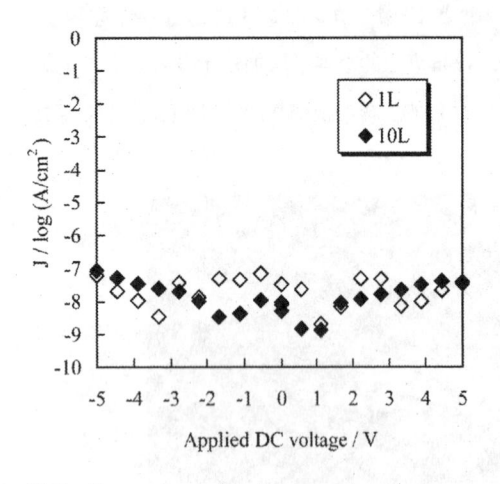

図8 Dielectric performance of MLCC with 10-layer amorphous STO dielectric thin films shown in Fig. 6（図6），compared with that of thin-film capacitor with single-layer amorphous STO dielectric film (effective area of Pt electrodes: 2 × 2 mm^2).

図9 Comparison of leakage currents between 10-layer MLCC and single-layer capacitor with identical amorphous STO dielectric films deposited by ASCVD.

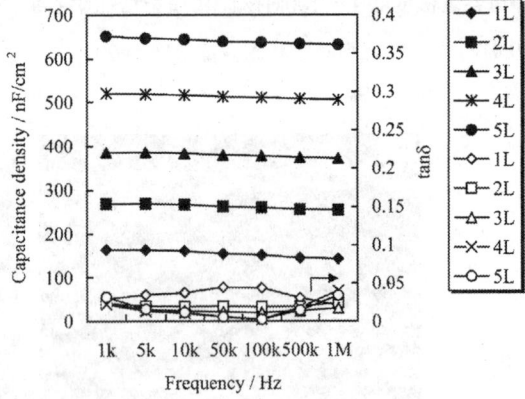

図10 Frequency dependences of dielectric performance for thin-film MLCC containing up to 5 layers of amorphous STO films with effective Pt electrode area of 0.8×0.8mm^2.

第12章　基板内蔵用薄膜コンデンサ材料

上でも安定的に示され，誘電損も5％以下で収まっている結果を得た。

7　おわりに

　ASCVDによる結晶化とアモルファスSTO薄膜を作製し，実験検討を行った。低濃度の前駆体溶液ではポストアニールなしで結晶化を進める事が確認出来た。この結晶化STO膜は誘電率160，誘電損3.5％（1 kHz）が示された。またアモルファスSTO膜は誘電率20〜65，誘電損1％で，リーク電流が$10^{-6} \sim 10^{-8}$ A/cm^2（±30V$_{DC}$）であった。この結果に基づいて10層のアモルファスSTO薄膜積層コンデンサを作製した。単層STO膜とPt電極（2 mm×2 mm）の膜厚がそれぞれ160nmと120nmであった。作製した積層薄膜コンデンサは酸素雰囲気中に600℃でポストアニールした後に静電容量密度900nF/cm^2，誘電損0.1％（1 kHz），リーク電流10^{-7} A/cm^2（±5V$_{DC}$）を達成した。

　今後は更なる静電容量密度の向上のために，強誘電体組成，成膜条件及びポストアニールの検討による誘電体薄膜の微構造制御が進行中である。また，部品内蔵基板への取り組みはコンデンサの構造や形状の最適化が大きな要素となると感じている。薄膜開発に取り組みつつ新たなコンデンサの構造や形状へのチャレンジが出来れば幸いである。

文　　献

1) Y. Nakano, T. Nomura and T. Takenaka: *Jpn. J. Appl. Phys.*, **42** (2003) 6141.
2) K. Saito and H. Chazono: *Jpn. J. Appl. Phys.*, **42** (2003) 6145.
3) Y. Takeshima, K. Shiratsuyu, H. Yakagi and Y. Sakabe: *Jpn. J. Appl. Phys.*, **36** (1997) 5870.
4) Y. Sakabe, Y. Takeshima and K. Tanaka: *J. Electroceram.*, **3** (1999) 115.
5) M. Grossmann, R. Slowak, S. Hoffmann, H. John and R. Waser: *J. Europ. Ceram. Soc.*, **19** (1999) 1413.
6) K. Maki, N. Komiya and A. Suzuki: *Thin Solid Films*, **445** (2003) 224.
7) G. Blandenet, M. Court and Y. Lagarde: *Thin Solid Films*, **77** (1981) 81.
8) Z. B. Zhou, R. Q. Cui, Q. J. Pang, Y. D. Wang, F. Y. Meng, T. T. Sun, Z. M. Ding and X. B. Yu: *Appl. Surf. Sci.*, **172** (2001) 245.
9) M. Girtan and G. Folcher: *Surf. Coat. Technol.*, **172** (2003) 242.
10) K. Murakami, I. Yagi and S. Kaneko: *J. Am. Ceram. Soc.*, **79** (1996) 2557.
11) M. Ichiki, L. Zhang, Z. Yang, T. Ikehara and R. Maeda: *Jpn. J. Appl. Phys.*, **42** (2003) 5927.

12) M. Okuya, N. A. Prokudina, K. Mushika and S. Kaneko: *J. Europ. Ceram. Soc.*, **19** (1999) 903.
13) I. T. Kim, S. J. Chung and S. J. Park: *Jpn. J. Appl. Phys.*, **36** (1997) 5840.
14) Y. Imanaka: J. Jpn. Inst. Eletron. Packag., **8** (2005) 170 [in Japanese].
15) P. Bhattacharya, T. Komeda, K. H. Park and Y. Nishioka: *Jpn. J. Appl. Phys.*, **32** (1993) 4103.
16) P. Bhattacharya, K. H. Park and Y. Nishioka: *Jpn. J. Appl. Phys.*, **33** (1994) 5231.
17) K. H. Yoon, J. C. Lee, J. Park, D. H. Kang, C. M. Song and Y. G. Seo: *Jpn. J. Appl. Phys.*, **40** (2001) 5497.
18) W. J. Borland and S. Ferguson: *CircuiTree*, **March** 1 (2001).
19) R. Ulrich: *CircuiTree*, **May** 1 (2005).
20) Y. Takashima and Y. Sakabe: New Ceramics, **11** (1998) 45 [in Japanese].
21) R. J. Lang: *J. Acoust. Soc. Am.*, **34** (1962) 6.
22) J. H. Lee and S. J. Park: *J. Am. Ceram. Soc.*, **76** (1993) 777.

第13章　部品内蔵・デバイス内蔵基板，エンベデッド基板
"Embedded Wafer Level Package"

若林　猛*

1　はじめに

電子機器の今後のさらなる機能向上，特に無線通信関連の部品＆モジュールの複合実装を，限られた小さな容積の中に可能にしていく為には，部品単体での従来の実装基板へのハンダによる表面実装だけでは不十分となってきており，又，携帯機器の宿命である，落下衝撃への耐性を強化する為にも，新たな実装構造が望まれてきた。この期待される実装構造の1つが，半導体の"実装基板（有機基板）への内蔵化技術"である。

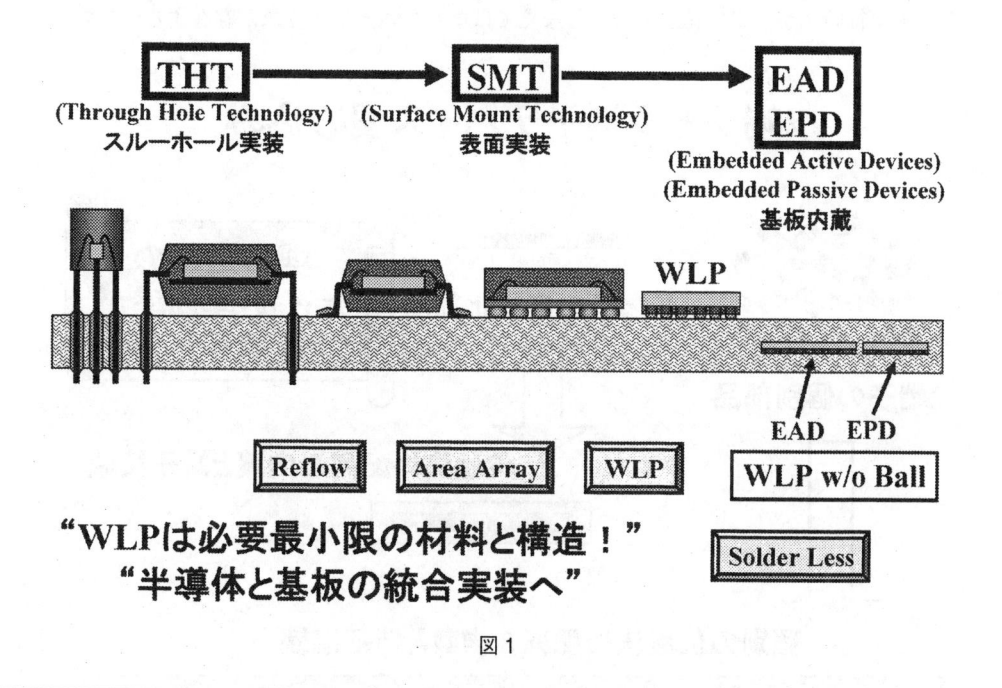

図1

---

*　Takeshi Wakabayashi　カシオ計算機㈱　要素技術統轄部　高密度実装開発部　部長

SiP の構成要素としても，また，基板技術の次世代技術としても，EAD（Embedded Active Devices）や EPD（Embedded Passive Devices）技術の開発とこれを利用した応用技術が検討されているが，本章では，EAD も EPD も含めた統合的な実現手法として有効な，EWLP（Embedded Wafer Level Package）技術について述べる。

電子部品の実装技術の変遷として，スルーホール実装から表面実装へ，そして今，基板内部実装への実用化が始まった。

2 EWLP（Embedded Wafer Level Package）の基本的な考え方

電子部品の基板への内蔵化技術は，既に国内外の複数の研究機関や企業で取り組まれてきた。主に，受動部品を対象とした，セラミック基板への造り込みが代表例として挙げられる。さらに，有機基板への受動部品内蔵の実現についても，いくつかの手法で実現へ向けてのアプローチがされている。ところが，システム全体の半導体利用拡大に伴い，半導体の実装基板表面に於ける占有面積の増大も顕著になっており，さらに，この半導体の端子数の増加によって，表面実装そのものの難易度が高くなってきている。これは，ファインピッチの端子接続を鉛フリーの少量のハンダで確実に行い，かつ高信頼性を確保しなくてはならないという要求が存在するからである。

2端子と多端子デバイス埋め込み

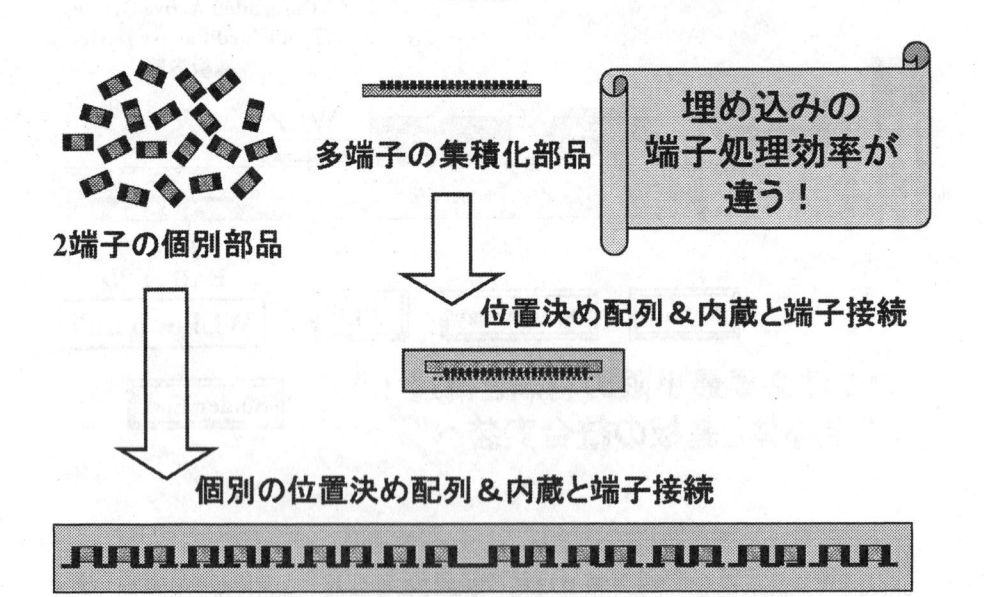

2端子の個別部品

多端子の集積化部品

埋め込みの端子処理効率が違う！

位置決め配列＆内蔵と端子接続

個別の位置決め配列＆内蔵と端子接続

図2

第13章　部品内蔵・デバイス内蔵基板，エンベデッド基板

　通常の受動部品の場合には，殆どの場合，2端子であることから，これらの部品を基板内蔵したとしても，接続端子の処理数としては，効率が低い。一方，半導体を有機基板に内蔵する場合には，例えば，1つの半導体が200端子を有していたとすると，一度に200端子接続が処理できる事になり，実装に於ける端子処理効率が非常に高いと考えられる。精度の高い一括加工が可能になると，基本的には全体の生産性，歩留まりが向上し，実用性，コスト面での実現性が飛躍的に向上する。

　端子接続方式としては，基板配線の基本材料である銅との親和性の良い銅端子（銅バンプ）と直接メッキ接続できる構造＆プロセスが最も望ましい。ハンダでの内部接続を利用する場合には，2次実装でのハンダ溶融の問題や，微細化，基板プロセスや中間材料との整合性等の課題がある。導電性の接続材料を利用した，一括積層型の基板プロセスでは，メッキでなくビア材料と内蔵部品端子の圧着プロセスで構成することも可能であり，内容によってはプロセスの簡易化や設計の自由度，低コスト化の可能性もあり興味深い。

　さて，特に半導体内蔵に於いて，従来から大きな課題となっていたことは，埋め込み工程時のストレスによる半導体の損傷である。プリプレグ材料やビルドアップ材料を使用して，熱と圧力を加えて内部に埋め込む場合には，ある程度の機械的なストレスが加わることは避けられない。

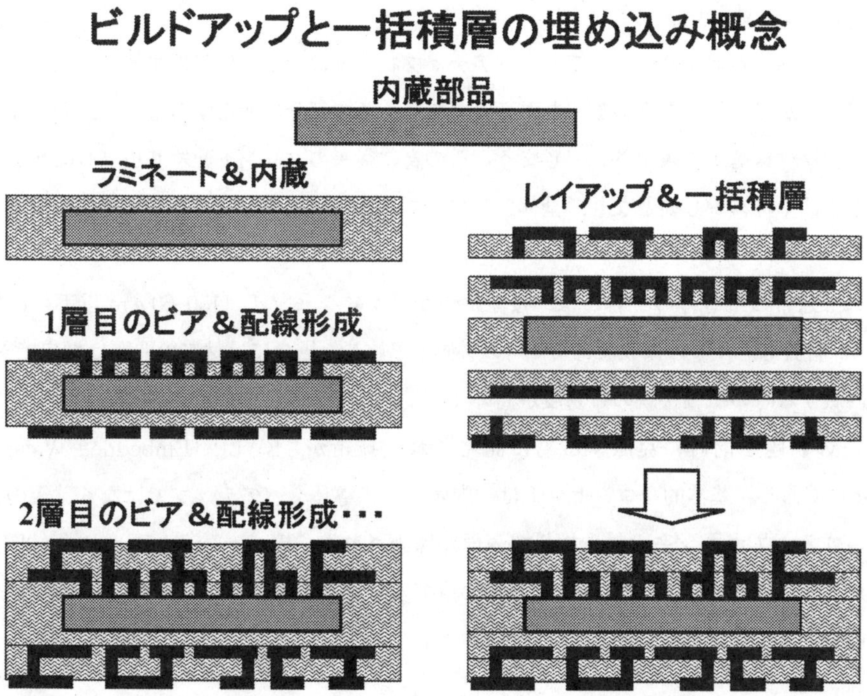

ビルドアップと一括積層の埋め込み概念

内蔵部品

ラミネート＆内蔵

1層目のビア＆配線形成

2層目のビア＆配線形成・・・

レイアップ＆一括積層

図3

埋め込み時のダメージリスク

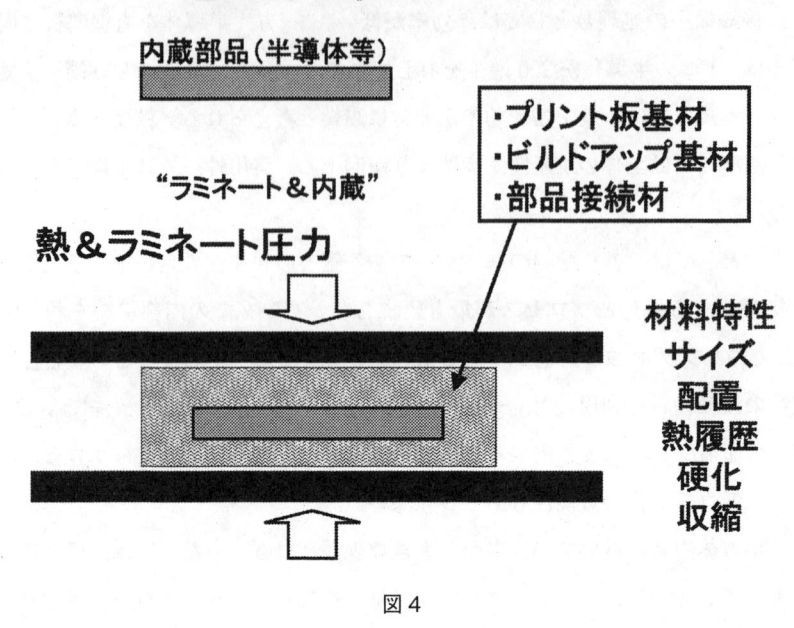

図4

　単なるバンプ付のベアチップの様な形態であれば，半導体表面からの損傷リスクは解決しなくてはならない重要な難しい課題となる。

　さらに，半導体の信頼性についても，ベアチップ状態では，十分に確保することは難しく，基板に内蔵しながら信頼性を高めることが必要であり，その部分に使用する材料は，高信頼性を実現できる様な材料構成に限定されてしまう。その為に従来のプリント配線基板プロセスとは違った特殊な手法や材料が必要となり，全体としてコストアップに繋がってしまう可能性が高いと考えられる。

　さらに，通常の半導体の場合には，接続端子がファインピッチ（150-60μm以下）になってきており，材質もアルミの薄膜である。バンプ加工を施した場合には材質の問題は対応できるが，基板に内蔵する時の微細接続の難易度が高い。

　これらの課題を同時に克服する為に開発された技術が，EWLP（Embedded Wafer Level Package）である。基本的なコンセプトは，内蔵する半導体をベアチップではなく，銅の再配線構造を有する，エポキシ系の封止材料で表面が保護された，Wafer Level Package（以下WLPと記す）に加工しておくことであり，これによって安全に高信頼性と高歩留まりを実現しながら，基板へ内蔵することが可能になる。

第13章　部品内蔵・デバイス内蔵基板，エンベデッド基板

EWLPの基本的な考え方

"先ず半導体をWLP（Wafer Level Package）に加工する"

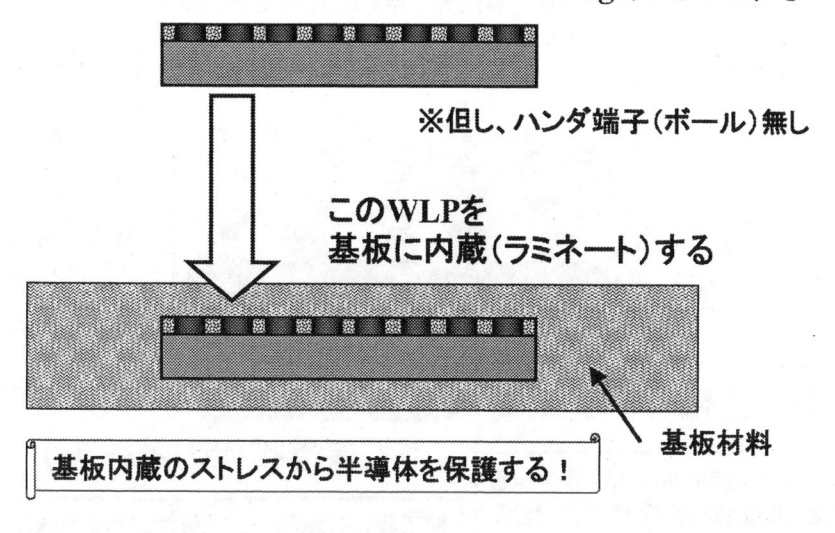

※但し，ハンダ端子（ボール）無し

このWLPを
基板に内蔵（ラミネート）する

基板材料

基板内蔵のストレスから半導体を保護する！

図5

3　Wafer Level Package（WLP）技術

　WLPは，2000年以降，市場に展開された究極の半導体パッケージ技術のひとつであり，もちろん当初は基板内蔵を目的に開発された訳では無く，高信頼性と高性能を実現しながら，小型化とウエハでのプロセスによる低コスト化が可能なパッケージとして位置付けされている。現在，既に多くの携帯電話等の半導体実装パッケージとして採用されており，今後もさらに広範囲の用途に使用されていく。

　有機基板へ内蔵するのに適した，このWLPは，埋め込まれる前の状態で，既にパッケージとして高い信頼性を有しており，通常の表面実装用途としては，当然，端子にハンダボールが搭載される形態になっているが，内蔵用の仕様では，ハンダ無しで，さらに基板への内蔵を考慮して，薄く仕上げられる形になっている。現在予定されているWLPの総厚は，100-200μmであり，封止樹脂層の部分は50μm程度になる。内蔵される半導体が広範囲に想定されるので，半導体のプロセス，例えば最先端のLow-k配線構造対応や300mmウエハへの安定加工が可能なことも，WLP技術の重要な要件となっている。

　特に，SiP用途が想定されるのは，処理能力が高いデジタル処理のプロセッサー等であり，最先端の半導体プロセスが適用されている。

　一般にLow-k材料を使用した90nmルール以降の半導体では，この低誘電率層間絶縁膜材料

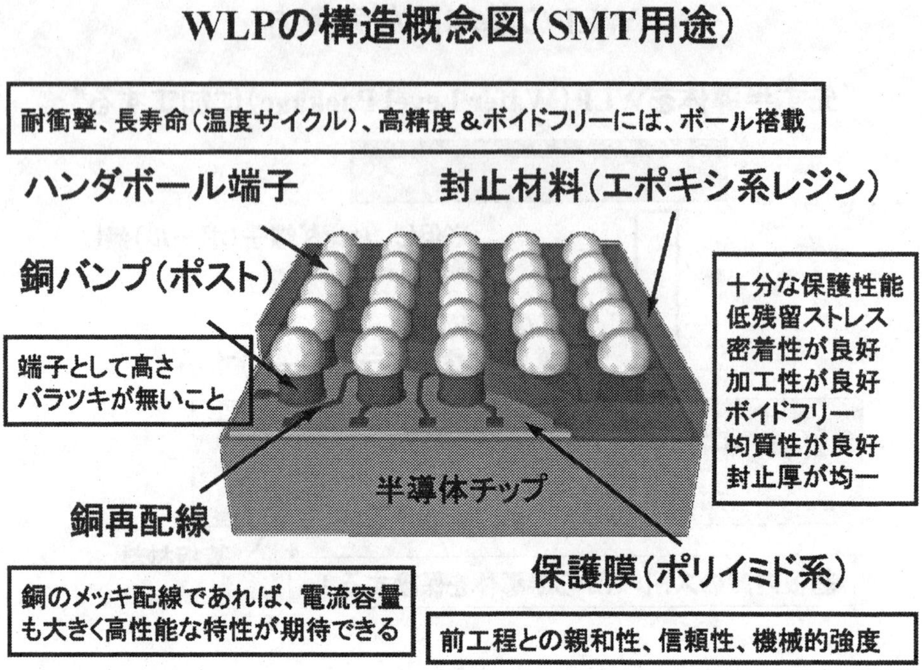

WLPの構造概念図（SMT用途）

耐衝撃、長寿命（温度サイクル）、高精度＆ボイドフリーには、ボール搭載

- ハンダボール端子
- 封止材料（エポキシ系レジン）
- 銅バンプ（ポスト）
- 端子として高さバラツキが無いこと
- 十分な保護性能／低残留ストレス／密着性が良好／加工性が良好／ボイドフリー／均質性が良好／封止厚が均一
- 半導体チップ
- 銅再配線
- 銅のメッキ配線であれば、電流容量も大きく高性能な特性が期待できる
- 保護膜（ポリイミド系）
- 前工程との親和性、信頼性、機械的強度

図6

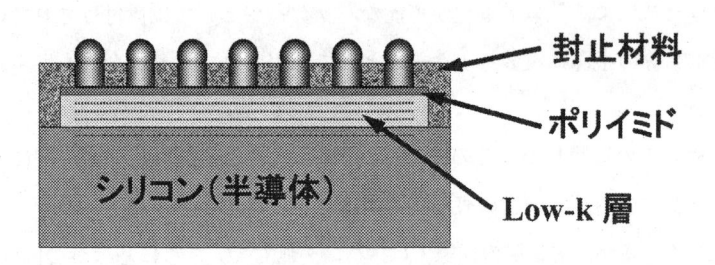

Low-k 層保護のWLP構造

- 封止材料
- ポリイミド
- Low-k 層
- シリコン（半導体）

図7

の機械的強度が弱い為に，パッケージ技術そのものの難易度が高い。しかし，特にこのWLPの様な構造では，エポキシの封止樹脂で表面や端面のLow-k構造が保護できると，ベア状態より格段に丈夫になり，パッケージとしての信頼性が確保できるだけで無く，その後の実装やハンドリング，基板内蔵プロセス等に対して，内部の損傷リスクが軽減できる。

図8には，埋め込み用WLPの製造プロセスの一例を示す。（非Low-k対応）

第13章　部品内蔵・デバイス内蔵基板，エンベデッド基板

WLP製造プロセス概要

① ポリイミド層加工
② Low-k レーザー除去
③ Ti/Copper UBM 形成
④ 銅再配線形成
⑤ 銅ポスト形成
⑥ 樹脂封止
⑦ 表面研削
⑧ 裏面シリコン研削
⑨ ハンダボール搭載
⑩ ダイシング

図8

　EWLPのコンセプトは，WLPの利用によって，内蔵プロセスを容易に実現できることであったが，さらにもう一つ重要な内容が，テストの課題（所謂KGD）であった。ベアチップ内蔵の場合には，内蔵前の半導体のテストが十分に実施されていないか，或いは困難な場合があり，その後の故障発生に対して歩留まり，信頼性，ビジネスリスクの問題が懸念される。
　この場合にも，WLPに於いては，半導体のパッケージとして完全なテストが実施され得るメ

基板へ内蔵するベアチップとWLPの違い

ベアチップを内蔵する場合の課題
　×KGDの問題（良品チップ？）
　×パッドピッチの微細化対応
　×パッド材質の加工性（アルミ、銅薄膜）
　×プリント基板プロセスへの適用
　×半導体の信頼性確保

WLPを内蔵部品として使用する場合のメリット
　○テスト＆バーンインの容易性（KGDの確保が可能）
　○再配線によるデザイン自由度
　○端子材料の加工性（銅厚膜）
　○封止による信頼性確保
　○外力からの半導体保護

図9

リットと，供給者間での役割，責任が明確化され易いという，大きな特長が活きてくることがわかる。

この様に考えると，WLP は，KGD に対して，KGPD（Known Good Protected Die）を実現する手法とも考えることができる。

4 応用展開

さて，EWLP の用途としては，大きく 3 種類の分野が想定されている。先ず，シングルパッケージの形態であり，これはハイパフォーマンスのプロセッサー等も将来の適用が期待される。

次に，やはり半導体メーカー側で検討が進んでいる所謂 SiP の形態である。プロセッサーとメモリーの組み合わせにより，機能モジュールが形成されるのが，代表的な構成となる。

ロジックや RF，その他の半導体や受動部品を含めて機能モジュールを構成するのが，第 3 番目のカテゴリーとなる。この領域は，モジュール設計，製造企業がビジネスの牽引者になると想定される。

それぞれの半導体は，もちろん全てが内蔵される訳では無く，全体の小型化や高性能化，テス

EWLPのパッケージ化応用構造例
（WLP内蔵、分離後の構造概念図）

"メタルコア基板技術でのEWLP化"

メタルコア材料（アルミ、銅系材料等）・・・コアとヒートスプレッダーを兼ねる

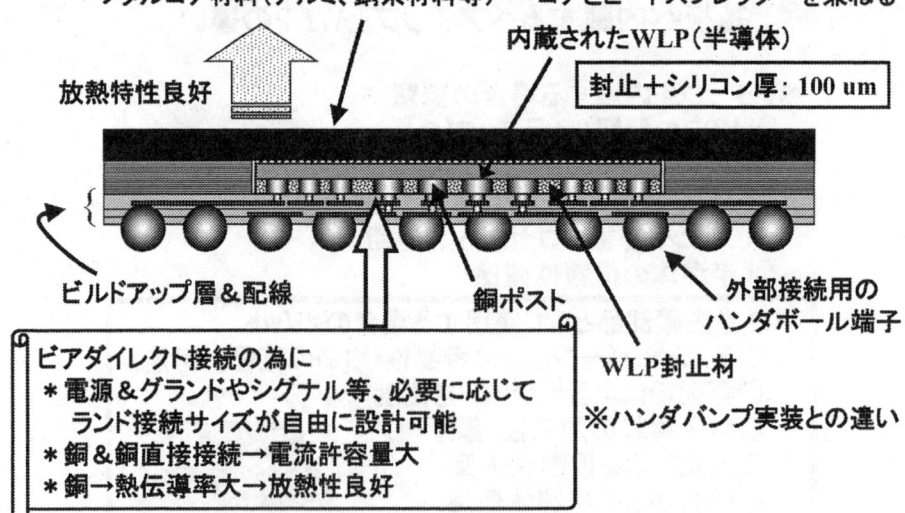

内蔵されたWLP（半導体）

封止＋シリコン厚：100 um

放熱特性良好

ビルドアップ層＆配線　　銅ポスト　　外部接続用のハンダボール端子

WLP封止材

※ハンダバンプ実装との違い

ビアダイレクト接続の為に
* 電源＆グランドやシグナル等、必要に応じてランド接続サイズが自由に設計可能
* 銅＆銅直接接続→電流許容量大
* 銅→熱伝導率大→放熱性良好

図10

第13章　部品内蔵・デバイス内蔵基板，エンベデッド基板

EWLP®を利用したSiPのイメージ

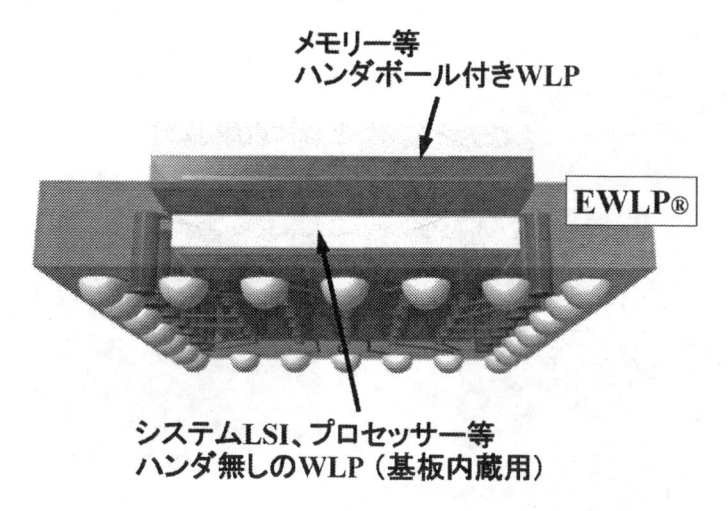

メモリー等
ハンダボール付きWLP

EWLP®

システムLSI、プロセッサー等
ハンダ無しのWLP（基板内蔵用）

図11

EWLP®を利用した機能モジュールの例

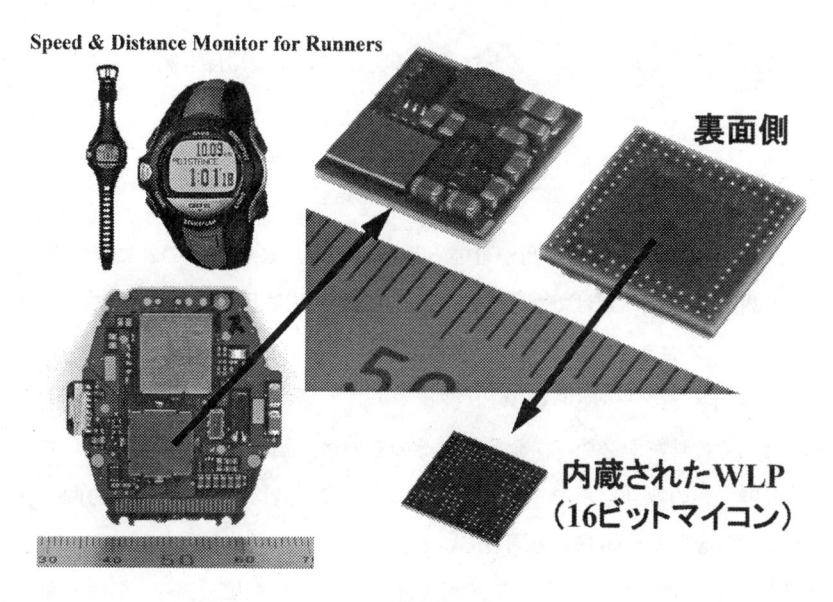

Speed & Distance Monitor for Runners

裏面側

内蔵されたWLP
（16ビットマイコン）

図12

トや部品調達の条件，そして歩留まり，コスト等の検討＆設計が実施されて，最適な構成が実現できる様に，内蔵される部品が選定される。既に，高機能なリスト機器や携帯電話等にはEWLPの技術を適用したモジュールが使用され始めており，今後も応用が拡がっていく。
　EWLPの特徴である，"ハンダレスのインターコネクト"の特徴的な高性能と高信頼性（振動，

147

EWLP断面写真例

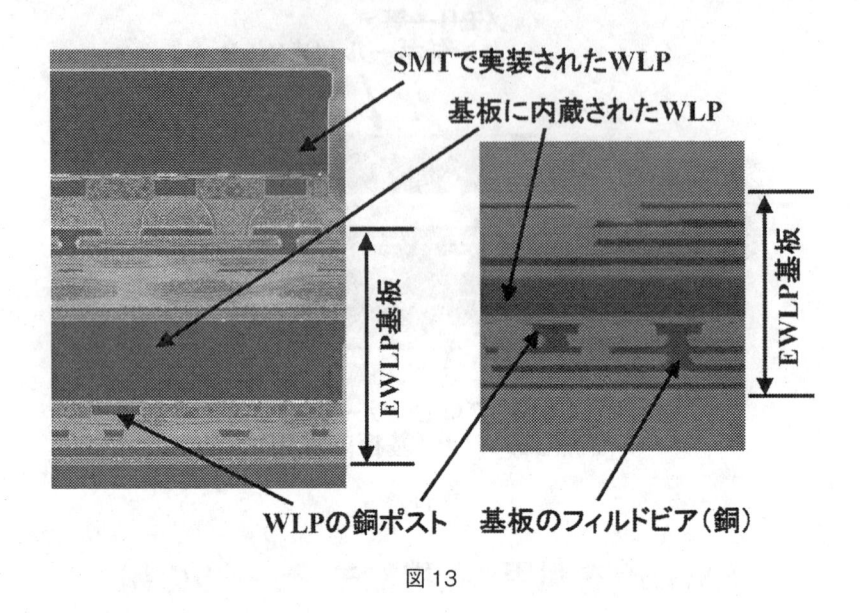

図13

衝撃,耐熱)に対して,車載系のエレクトロニクス実装に対する期待も高まって来ている。

5 実現への課題と展望

以上の様に,EWLPは広範囲な応用が可能と思われるが,この実現の為には,基板内蔵に対する基本的な技術の取り組みだけでなく,特に,半導体を内蔵用のWLPとして,標準的に調達できる様な業界のインフラの実現が重要である。基板メーカー,半導体メーカー,モジュールメーカーと最終製品メーカー,さらにWLP製造やテスト等のサービス,材料,設備を供給するメーカー等,全体での理解が必要で,企業活動そのものは,個々に行なわれるとしても,共通な課題に対しての解決への取り組みや,例えば,標準化への活動は,是非とも協力関係を実現しながら,積極的な推進を行なえる様にと願っている。

幸い,初期のEWLPの実用製品の上市が2006年9月から始まり,さらに応用展開に対する具体的な設計検討も推進されている。また,業界活動として,"EWLPコンソーシアム"が始動した。このコンソーシアムには,日本だけなく海外半導体メーカーも参画し始めており,今後のシステム実装の基板内蔵技術として,EWLPの期待値がさらに高まっていくと思われる。

次に,このEWLPの実現の為に開発されたWLPの位置決め装置を紹介する。この装置は,基板にWLPを内蔵する際に,基板メーカーの生産工程での大きなワークサイズ材料基板への,

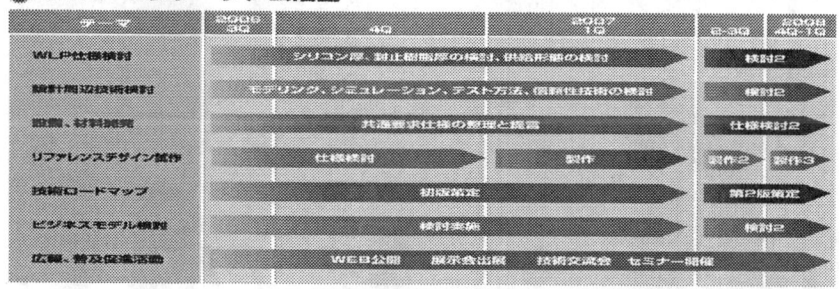

第13章　部品内蔵・デバイス内蔵基板，エンベデッド基板

図14

　高精度な高速ボンディングを可能にする。従来から，パッケージ工程でのチップのダイボンディング装置やフリップチップボンディング装置等はあるが，基本的には，基板のワークサイズはそれほど大きくなく，また，フリップチップ対応の装置は高精度ではあるものの，より高速処理が必要であった為に，EWLPに最適化した狙いで新たに開発された。

　WLPを内蔵することがEWLP技術の基本概念であるが，現在は主にWLP化された半導体がその対象となっている。しかし，WLP化される部品としては，集積化された受動部品，即ちIPD（Integrated Passive Devices）もウエハの状態でのWLP加工が容易に可能で，内蔵が実現でき，今後のシステム開発が注目されている。現在，受動部品の全てが薄膜系のプロセス＆材料だけで構成される状況ではないが，回路構成の再設計や，特に容量素子向けの高誘電率材料のプロセス開発の進展によって，今後はシステムの大部分が集積化され，基板に内蔵されていく可能性もあると考えられる。

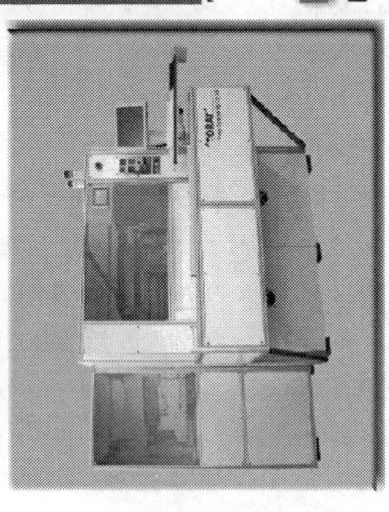

3次元システムインパッケージと材料技術

Bonder for Large-sized (Substrates/Applications/Embedded Packaging etc.)
標準基板対応ダイボンダー MD3000/3500

Specifications (仕様)

Substrate size (mm) / 基板寸法		250L×250W〜560L×610W t=0.05〜
Substrate types / 基板種類		Glass F.epoxy, Cu foil, etc.
Chip size (mm) / チップ寸法		0.8L×0.8W〜20L×20W t=0.1〜
Number of chip types / チップ種類		1〜4
Chip bonding direction / チップ実装方向	MD3000	Face up
	MD3500	Face down (Face up possible with an optional unit)
Chip orientation / 供給方式		Face up (Wafer 6",8",12" or Waffle Tray 2",3",4")
Cycle time / サイクルタイム	(※1)	2.0sec/chip
Alignment accuracy (3σ) / アライメント精度	(※2)	±5μm(XY)
Bonding force (N) / 加圧力		0.5〜50
Heat tool temperature(℃) / ヒートツール温度	MD3000	RT〜80 Constant heater
	MD3500	RT〜450 Ceramic heater
Stage temperature (℃) / ステージ温度		RT〜200
Power / 電源		3-phase AC200V±10%,50/60Hz±1Hz or 3-phase AC220V±10%,50/60Hz±1Hz, 10kVA
Air pressure (MPa) / 圧空源		Dry air 0.49
Vacuum (kPa) / 真空源		-80
Equipment dimensions (mm) / 装置寸法		Approx. 2710W×2320D×1890H
Weight (kg) / 重量		Approx. 2500

Notes (※1) Under the optical alignment mode. Excluding processing time for loading, bonding, and vacuum release.
(※2) Accuracy measurement is taken using Toray standard substrates.

(※1) グローバルアライメントヒータ実装時。また、工法ソフト(原体ボンディング実装装置機能)検査治具測定ツールにて測定。

Process (工法)

Embedded パッケージ
MD3000
・Heat stage
・Head constant heater
・Face up bonding

WLP (Face up)
DAF film
Substrate

チップリプレースメント方法
MD3500
・Heat stage
・Head Ceramic heater
・Face down bonding

Substrate / NCP / Bare chip (Face down) / Substrate / Solder

Options (オプション)

1. Wafer changer / ウェハチェンジャー
2. Vacuum pump / 真空ポンプ
3. Ionizer / イオナイザ
4. Wafer mapping / ウェハマッピング
5. Dispenser / ディスペンサ
6. Face up unit (for MD3500) / フェイスアップ対応ユニット(MD3500)

- フェイスアップ実装対応(MD3000)とフェイスダウン実装対応(MD3500)をラインアップ、アプリケーションによって選択可能。
- 大型基板560mm×610mmに対応。
- グローバルアライメント機構によって、実装エリア内絶対精度±5μmを実現。
- ツール平行度自動調整機能によって、オペレータの負担を軽減。

図15

第13章　部品内蔵・デバイス内蔵基板，エンベデッド基板

IPD&LSIの基板内蔵

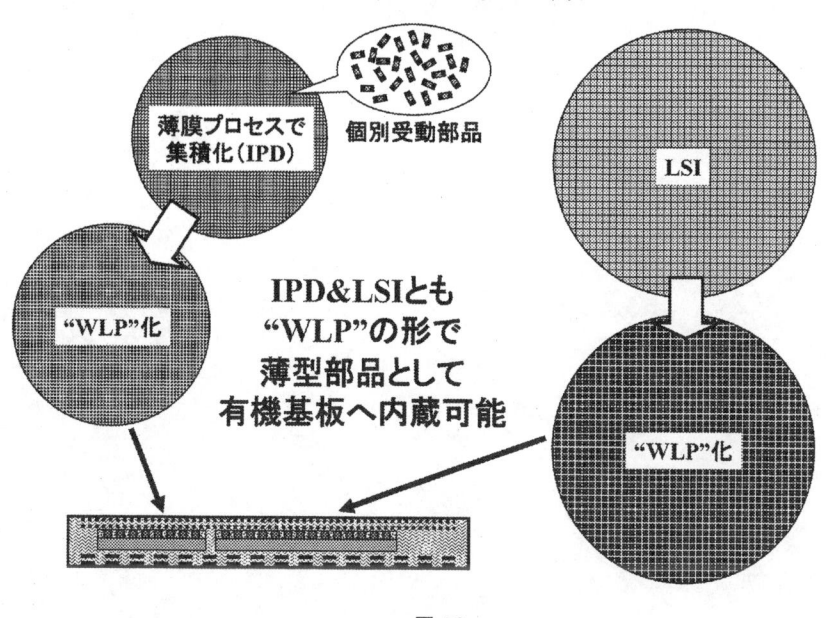

図16

6　まとめ

　本章では，半導体や集積化された受動部品（IPD）を有機基板へ内蔵する技術として，樹脂封止された銅ポスト構造を持つWLPを用いるEWLPについて述べた。埋め込み時の表面保護が可能で，半導体の信頼性が確保され，さらに銅の再配線と銅ポストにより，端子接続加工が容易になる等のメリットが確認されている。既に，実際の電子機器への採用も始まっており，今後もモジュール化への用途が拡大していくと予想される。

　また，ハイエンドのパッケージへの適用では，メタルコア基板での内蔵実現が期待されており，SiP用途でも，特にメーカーの違う半導体での，組合せ自由度拡大に貢献できる技術として有効性が高いと考えられており，実装手法としても，EWLPは有機インターポーザーを置き換える形で，さらに従来のワイヤーボンディングやフリップチップ，WLPのSMT実装とのコンビネーションが可能となっていく。

第Ⅴ編　3次元 SiP 実装接合技術

第14章　ワイヤボンデイングを用いた部品／デバイス内蔵型3次元SiP

藤津隆夫*

1　はじめに

　電子機器の新しい実装インフラとして半導体パッケージング技術をベースとした部品／デバイス内蔵型3次元SiP（3D-実装）がJ-SiP/SiPコンソーシアムにて開発され提案された。SMT実装は半導体パッケージやプリント基板，コンデンサー，抵抗などの部品や装置が高度に標準化され，日本でも中国でもほぼ同等のレベルでEMSにて製造できるように成熟化してきた。さらに高密度な実装インフラとして3次元実装を可能とする部品／デバイス内蔵型3次元SiPが次世代の電子機器アプリケーション（ロボットやMEMS製品）において必要とされており，最新の開発状況について紹介する。

2　二次元実装から三次元実装へ

2.1　SMT実装インフラの標準化による成熟

　実装技術立国として先輩諸兄のたゆまぬ努力の結果，SMT実装技術は電子，電気製品を生み出すインフラとして20年以上をかけて完成されてきた。Jissoとして国際的にも認知されてきたことはSMTインフラに対する日本による貢献が大きかったことがわかる。図1，2に示すように日本人技術者によるPick & Place用Mounterの高度化と標準化，PCB Designの微細化と標準化，半導体パッケージを含めた部品の小型化と標準化，とSMT実装インフラの高度な標準化により，いまや世界中に広まりだれでも，どこでも，同じものが製造できるようになったわけである。

　このインフラに対応した部品・材料・装置により，日本でも中国でも，どこで実装しても大差のない電子機器が安価に供給できるようになった。と同時にコピー製品も容易に作ることができるくらいにインフラとして完成されてきた。SMTインフラの微細化，小型化は更なるいざりより技術により少しずつ進められているが，その限界が近づいている。高度な標準化により相対的

　＊　Takao Fujitsu　SiPコンソーシアム　理事長；J-SiP㈱　代表取締役社長

```
┌─────────────────────────────────────────┐
│ SMT実装インフラの標準化による成熟      │
└─────────────────────────────────────────┘
         │         ・Pick&Place用Mounterの高度化と標準化
         │         ・PCB Designの微細化と標準化
         ▼         ・半導体パッケージを含めた部品の小型化と標準化
┌─────────────────────────────────────────┐
│ SMT実装をどこでやっても大差なし（日本でも中国でも） │
│ SMTインフラの微細化、小型化の限界が近づいている     │
│ SMTは2次元実装、3次元実装には不向き                 │
│ SOCによる半導体部品による差別化志向（SIPでも実現）  │
└─────────────────────────────────────────┘
         │
         ▼
┌─────────────────────────────────────────┐
│ 小型化、微細化を実現する3次元実装も可能な新しい実装インフラの │
│ 構築（半導体パッケージング技術をベースとして）               │
└─────────────────────────────────────────┘
```

図1　システム実装技術の現状と将来

・現状の電子機器はほとんどがSMT実装の製品。

・プリント基板、半導体・コンデンサーなどのSMT部品、SMT実装機の標準化と成熟化によって世界中どこでも、だれでも製造できる。

・プリント基板にペタペタ二次元実装だから小型化に限界がでてきた。

・汎用部品の組み合わせたプロダクトはコピーが簡単！

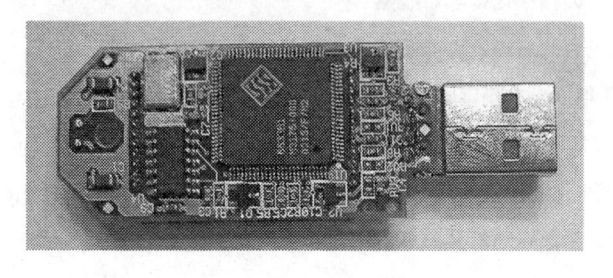

図2　SMT（表面実装技術）とは

に日本における実装製造の比重が下がってきており次世代の実装技術の開発が必要になってきている。

　表面実装という名のとおり，二次元実装の限界は三次元実装化にてブレイクスルーされる。J-SiPとSiPコンソーシアムが提案する新しい実装インフラの構築は半導体パッケージング技術をベースとした小型化，微細化を実現する三次元実装も可能な実装技術を目指している。

第 14 章　ワイヤボンデイングを用いた部品／デバイス内蔵型 3 次元 SiP

2.2　部品／デバイス内蔵型 3 次元 SiP 技術

半導体パッケージング技術をベースとした部品／デバイス内蔵型 3 次元 SiP 技術は図 3 に示すように半導体パッケージングの MCP（Multi Chip Package）技術などの 3 次元化を実現させた基本技術を Si デバイス以外の部品にも横展開させたものである。

半導体のパッケージング技術は SiP コンソーシアムに参加している各社により材料，装置ともに年々著しい進歩をとげ半導体製品の高度化に対応してきた。例えば Au 線によるワイヤボンデイング接続技術は 50μm での微細接続を可能とし三次元での自由度の高いデザインにも対応で

- SiP(System in Package)で半導体パッケージング技術として開発されSOC(System On Chip)に対して使われることが多い。ワンチップ内にすべての回路を作りこむのに対して複数のチップをパッケージ内に組み込む技術。
- シリコンチップ以外のコンデンサ、抵抗などの受動部品、MEMSセンサー部品をSiP技術で三次元的に実装することができるので超小型化できる。
- カスタム仕様によるモジュール化が可能となり、SMT製品との差別化が計れる。
- ブラックボックス化によりコピー製品が難しい。

図 3　部品／デバイス内蔵型 3 次元 SiP 技術とは

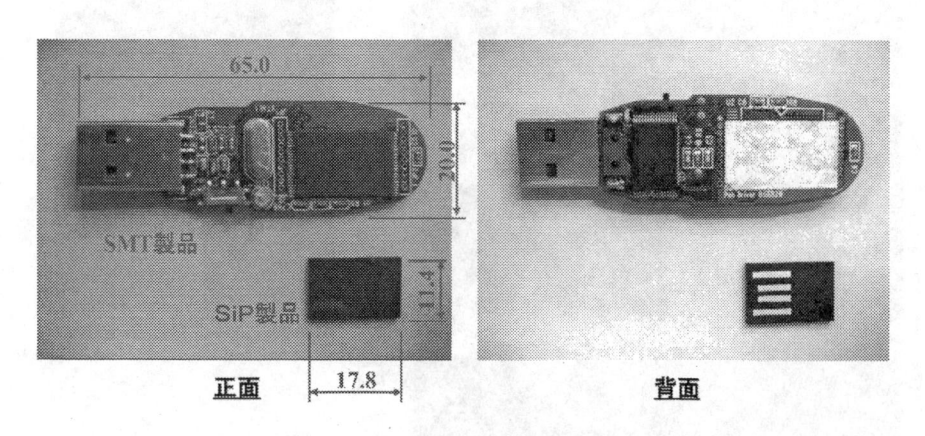

同一の部品構成でSMT構造の対面積比84%縮小を達成。
フラッシュメモリ（14mm×20mm）よりも小さな面積で全システムを搭載。

図 4　SMT 製品と SiP 製品の比較（USB ペンドライブ）

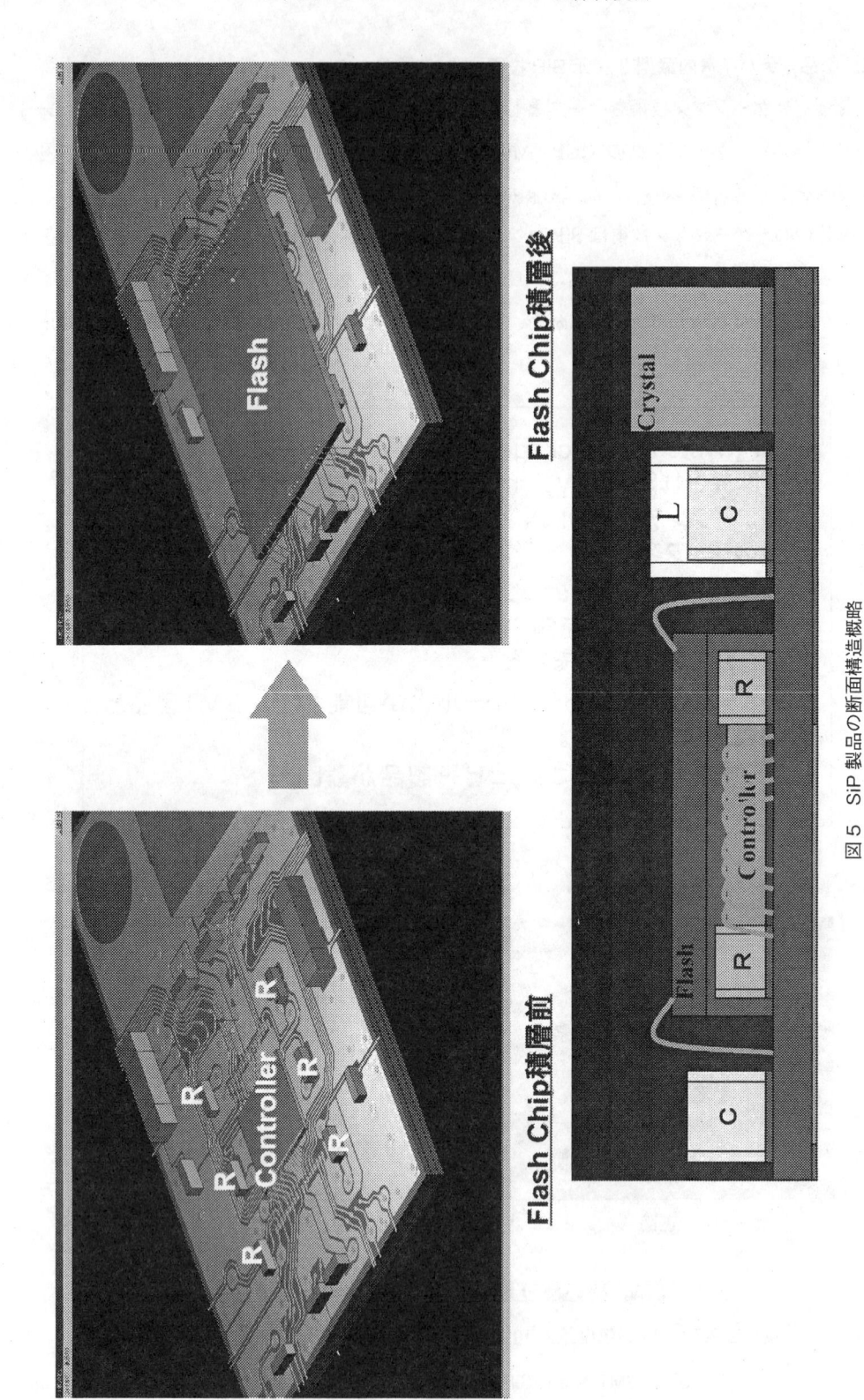

3次元システムインパッケージと材料技術

Flash Chip積層後

Flash Chip積層前

図5 SiP製品の断面構造概略

第 14 章　ワイヤボンデイングを用いた部品／デバイス内蔵型 3 次元 SiP

きる技術である。図 4, 5 に USB モジュールにおける 3D-実装の例を示す。Si チップとコンポーネント部品を同一パッケージ内に SMT 接続，ワイヤボンデイング接続を 3 次元的に行うことにより，SMT 実装に比べて 84％もの縮小化が計れた。高度に成熟した二次元の SMT 実装では実現が難しい三次元実装による超小型化や高密度実装が必要なプロダクトが今後期待され，大きくその需要も拡大してゆくものと考えられる。

3　多様化するシステムを構成する部品と 3D-実装のロードマップ

要求される電子機器のシステムの高機能化により，半導体をはじめとした部品の高度化が進むとともにセンサー等の MEMS 部品や将来はバイオチップ，アクチュエーター等の新規部品が必要になってきている。これらの部品は現在の部品よりも脆弱なものが多く，これらの組み込み技術が大きな課題となっている。リフローソルダリングの SMT 実装では堅牢なパッケージが必要となりロボット等の電子機器の小型化の隘路になろうとしている。SMT 実装では実現できない分野での新しい実装インフラを半導体パッケージングで培った技術をベースにして作り上げることにより，これらの新規部品を含めた三次元実装を 3D-実装として構築することが SiP コンソーシアムの志であり，これに賛同した各社によりその実現に向けて一歩一歩着実に進められている。また新規ビジネスのチャンスとして部品，材料，装置などの多くの技術者の参加を鼓舞したいと思う。

鉄腕アトムのような小型ロボットや，センサー等の MEMS 部品を使った電子機器などの三次元実装をおこなうインフラとして必要な部品・材料・装置を逐次準備してゆくことが，このコンソーシアムの目的であり，図 6 のロードマップに従って開発してゆく。従来半導体のみを扱っていた SiP を 3D-実装として拡大し，新規部品への対応とまた新規部品に対する負荷を低減して扱えるインフラを提供しつつある。

4　部品／デバイス内蔵型 3 次元 SiP の基本技術

4.1　POC（Parts On Chip）技術
Si チップ上に抵抗やコンデンサ等の受動部品を搭載し接続する。ダイボンデイングや部品へのワイヤボンデイング等部品の最適化とプロセスの最適化が必要。

4.2　COP（Chip On Parts）技術
受動部品の上に直接半導体 Si チップを搭載するため，ダイボンデイング材料・プロセス開発

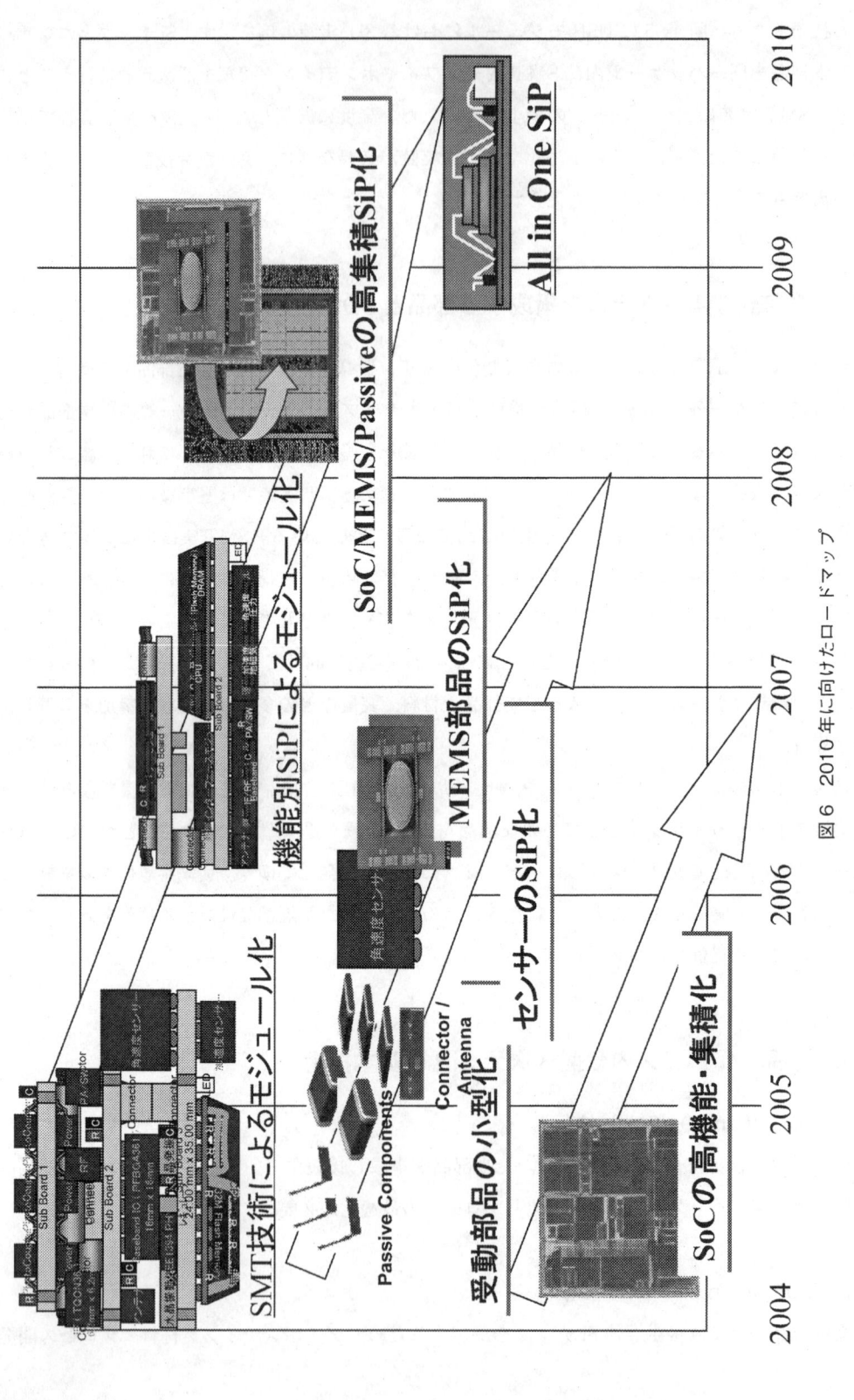

図6 2010年に向けたロードマップ

が行われた。

4.3 COW (Chip On Wire) 技術

Si スペーサーレスでの半導体チップの積層が可能。下段 Si チップへのボンデイングワイヤーの上に上段 Si チップをダイレクトに積層することができる。B-stage 材料開発がポイントとなった。COW 技術により，受動部品・Si デバイスなどの上にレイアウトデザインが制限なく行えるようになった。

4.4 VSP 構造，受動部品の最適化

三次元構造デザインの自由度があがり，各部品のあるべき姿の指針が得られた。

今後の MEMS 部品，機械部品などの取り込みにあたり部品の最適化とプロセス開発が重要となる。

半導体 Si 部品への最適化からすべての部品への材料・プロセスの見直しが部品／デバイス内蔵型 3 次元 SiP 技術として行われており，半導体技術の一つの横展開といえる。

5　ロボットアプリケーションにおける小型化・機能モジュール化

ヒューマノイド型のロボットの開発が進んでいるが鉄腕アトムの実現には 3 次元実装が不可欠となる。SMT 実装での限界をブレークスルーが求められている分野であり，毎年 NEDO の開発受託によりテクノロジードライバーとしての位置づけとしてロボットアプリケーションに対応している。

図 7 のように CPU，センサー，機械部品などとの一体化を進める上で新規接続技術，封止技術や材料開発が必要となる。加速度センサー・角速度センサーなどの MEMS 部品の SiP 化やその他の部品の SiP 化が必要となる。図 8 に 2005 年の愛知万博で出品されたロボットの超小型パッケージコンピューターの実施例を示す。

6　センサーネットワークモジュールの SiP 化

我々の周りにある大量の情報を多種のセンサと無線を組み合わせて環境測定や制御を行う無線センサネット技術は，ユビキタスネットワーク社会を実現する手段として，近年非常に注目されている。小型化することによるメリットはどこにでも設置できること，どんなものにでも組み込めることである。加えて無線でのデータ通信が可能なため，取り付けが簡単になり，今まで測定

3次元システムインパッケージと材料技術

PoC
Parts on Chip Technology

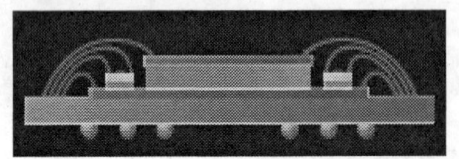

半導体チップ上に受動部品を実装

抵抗やコンデンサといった受動部品を半導体チップ上に配置し，パッケージングする技術。PoCに適した薄型受動部品を設計・試作し，接着フィルム付きの新しい供給形態を提案。

CoP
Chip on Parts Technology

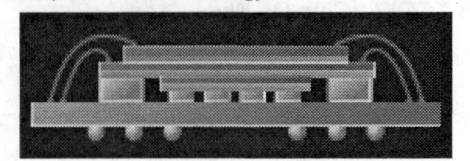

受動部品の上に半導体チップを実装

受動部品上に半導体チップを実装，パッケージングする技術。受動部品を半導体チップ下に集積化できるため，メモリモジュールのようなアプリケーションに威力を発揮。

CoW
Chip on Wires Technology

樹脂材料を用いて半導体チップを積層

樹脂材料を用いて，本来不可能とされていたセンターパッドボンディングの半導体チップを積層できる技術。他にもワイヤ以外の凹凸のある部材上に半導体チップをスペーサレスで積層することができる。

受動部品の最適化
Optimized Passive Parts

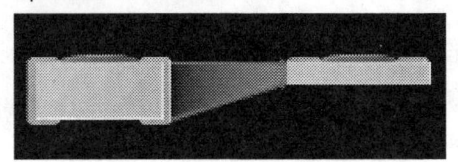

受動部品のサイズや接続方法を開発

受動部品を半導体チップとともにパッケージングするため，サイズや接続方法の開発を行っている。ワイヤボンド接続に対応した部品厚み$100\mu m$の抵抗，コンデンサを開発し，パッケージ内に組み込んだ場合の信頼性や高周波特性を評価している。

VSP
V-Stacked Package

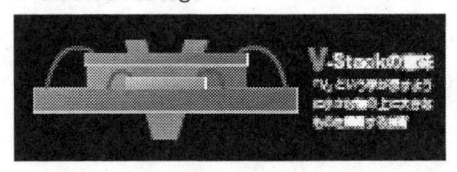

小チップ上への大チップ積層を容易に

従来困難であった小チップ上への大チップ積層を可能にした。また，小チップだけでなく，高さが不揃いの2チップの上や，受動部品などの上にもチップを搭載できる。実装面積はもちろん，スペーサを使用しないため，高さ低減にも貢献している。

図7 部品／デバイス内蔵型3次元SiPの基本技術

第14章　ワイヤボンデイングを用いた部品／デバイス内蔵型3次元SiP

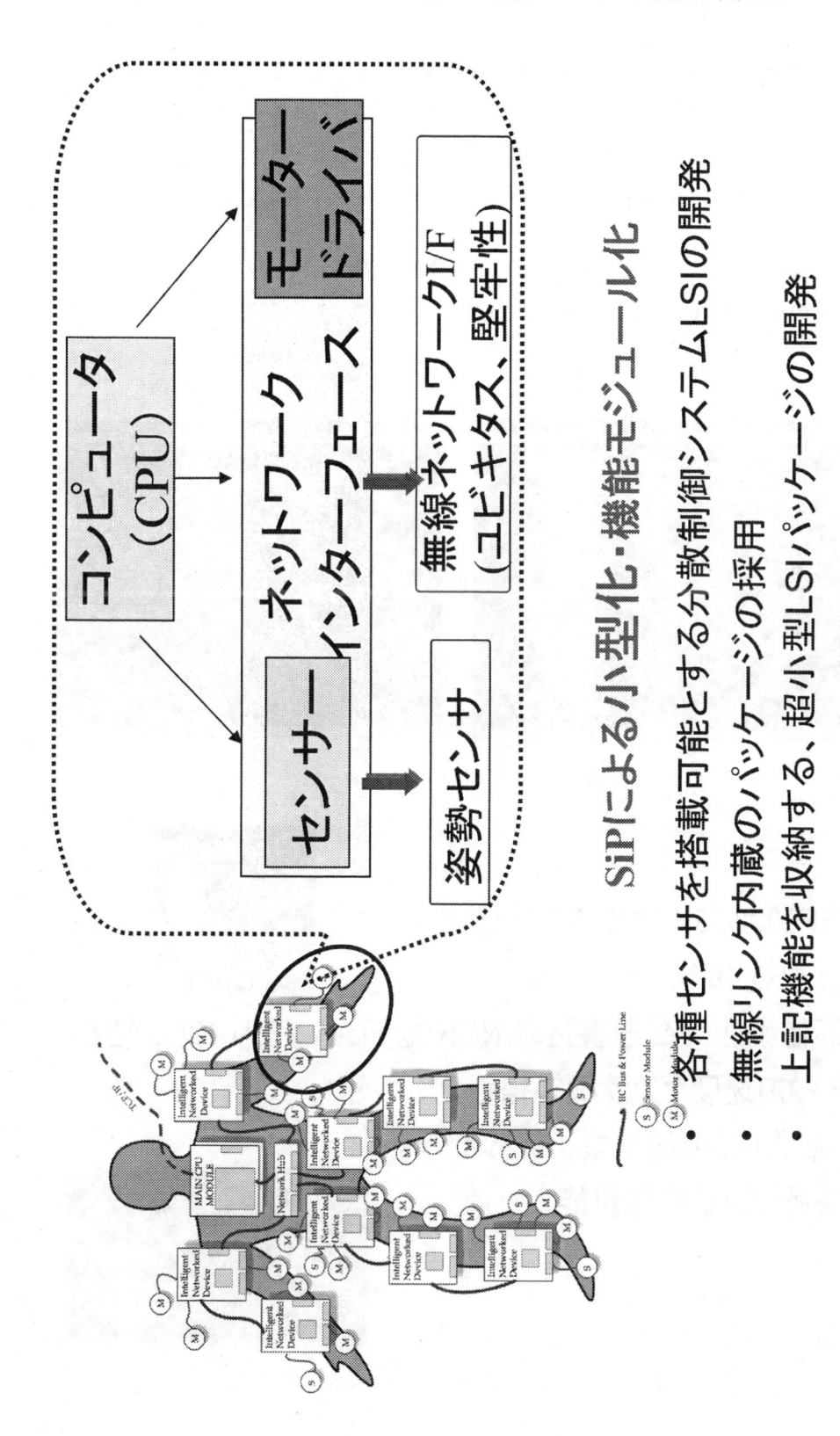

- SiPによる小型化・機能モジュール化
- 各種センサを搭載可能とする分散制御システムLSIの開発
- 無線リンク内蔵のパッケージの採用
- 上記機能を収納する、超小型LSIパッケージの開発

図8　ロボットモジュールのSiP化

3次元システムインパッケージと材料技術

できなかった場所でさえ，センシングや関連技術への応用が可能となる。これは，今までは不可能であった快適な環境の実現，快適なサービスの提供など新しい産業分野の発展に繋がる。大きさが小さいということは人体や動物へも違和感なく取り付けることができるため，人の動きを常時モニタリングすることも可能で，取り分け生体信号に関しては，体の動きや呼吸などによって

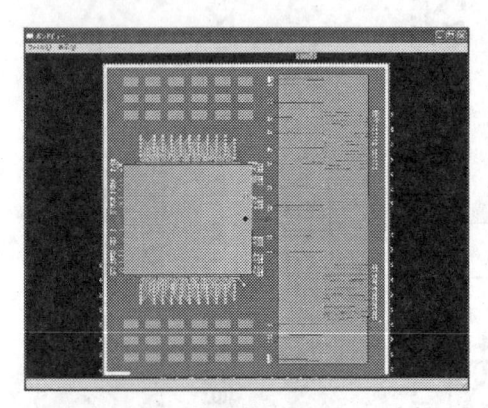

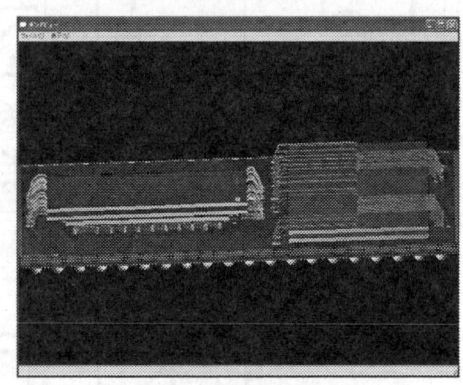

●製品概要
　独自のSiP(System in Package)技術を用いた世界最小の1パッケージコンピュータです。

●主な仕様
・64/32ビットRISC型マイクロプロセッサ
・256MバイトNORフラッシュメモリ
・256MバイトSDRAM
・329ピンBGAパッケージ

図9　超小型パッケージコンピュータ

・IEEE802.15.4 準拠 RF 搭載
・高性能 16Bit CPU 搭載
・高信頼性、高速書込み NOR 型 Flash メモリ 128M 搭載
・3 軸加速度センサ標準搭載
・Sip 化により超小型 15mm×15mm
・各種センサ取付可能

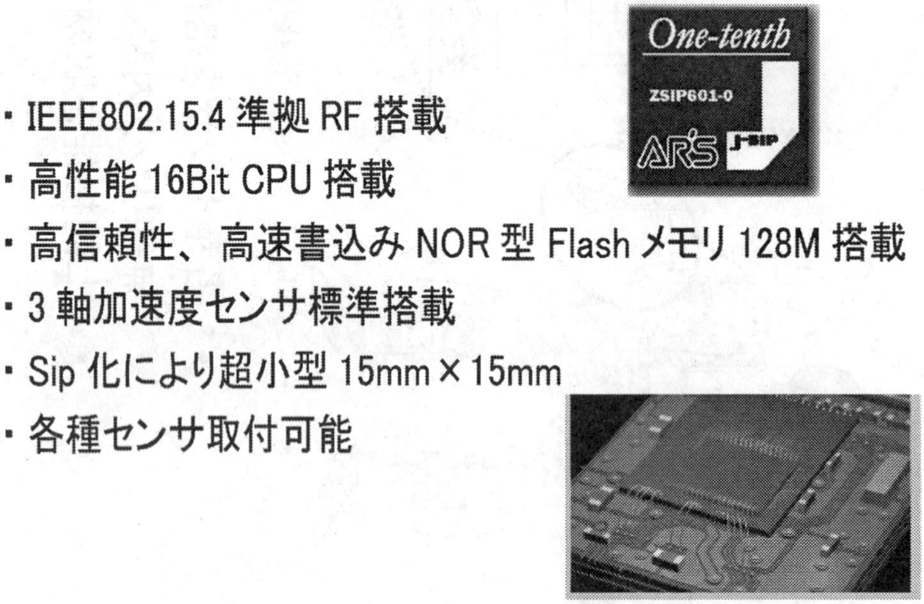

図10　センサネットモジュール One-tenth の仕様

第 14 章　ワイヤボンデイングを用いた部品／デバイス内蔵型 3 次元 SiP

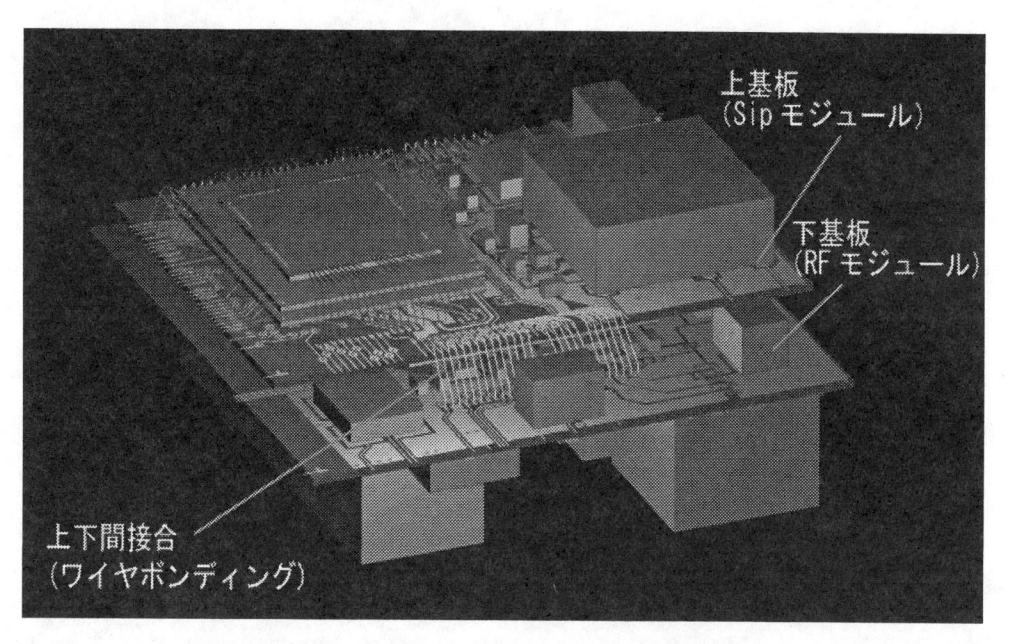

図 11　センサーネットワークモジュールの SiP 構造

病気の早期発見ができることも提唱されており，今までは病院に行って診察を受けないと発見できなかった病気を日常生活での測定データの変化から早期に発見できる可能性が期待できる。

　これらの技術は現在様々な研究がされているが，実際の測定を行なうための機材が無いため，解析に必要なデータ取りが不十分であるという問題がある。本製品はこの様な用途に最適で，実使用に近い形でデータ取りができるため，今後の技術の発展に大きく貢献することが可能である。また，現在は有線で行っている建物の振動や歪みのモニタリングにも使用することができ，無線，電池駆動であることから導入コストやメンテナンスコストの削減が可能となる。これを実現させるためアーズ株式会社と共同開発した One-tenth を図 10，11 に示す。2 層の基板にベアー Si チップと受動部品，RF モジュール，センサーを 15mm 角のパッケージ内に SiP 化している。

7　SiP コンソーシアムと 3D-実装インフラの拡大

　現在 SiP コンソーシアムは表 1 に示す 17 社にて構成されており，各社とも半導体パッケージング技術を支え，技術開発を推し進めてきた。強力な各社の技術開発力によりコンソーシアムの技術セミナーやホームページ http://www.sip-c.com にて紹介している COP，POC，COW 等基本技術の開発がすでに終了して，いま MEMS 部品に対する開発が始められている。川西会長，須賀副会長による提言や関係各所への働きかけも含め，今後多くの技術屋の参加を得て，急速に

3次元システムインパッケージと材料技術

表1 SiP Consortium のメンバー各社

会長	：川西　剛　（TEK コンサルティング代表）
副会長	：須賀　唯知（東京大学大学院工学系研究科精密機械工学専攻教授）
理事長	：藤津　隆夫（J-SiP 株式会社　代表取締役）
参加企業	：イビデン株式会社　　　　　　　　日立化成工業株式会社
	J-SiP 株式会社　　　　　　　　　株式会社ディスコ
	新日本製鐵株式會社　　　　　　　株式会社巴川製紙所
	住友ベークライト株式会社　　　　田中電子工業株式会社
	リンテック株式会社　　　　　　　凸版印刷株式会社
	株式会社新川　　　　　　　　　　株式会社ルネサス東日本セミコンダクタ
	太陽誘電株式会社　　　　　　　　谷電機工業株式会社
	大日本印刷株式会社　　　　　　　加賀電子株式会社
	インフィニオンテクノロジーズ
	（順不同）
実行グループ	：技術部会／プロモーション推進 G
ウェブサイト	：http://www.sip-c.com

3D-実装のインフラ整備を計り実用化を計ってゆきたい。3D-実装インフラの拡大により，再び日本が実装におけるリーダーシップを手にして世界に発信できる実装技術立国への道を歩むことができると確信している。

第15章　狭ピッチ微細バンプによるCOC型SiP(MCL)

江崎孝之[*]

1　はじめに

　システムの多機能化，高性能化の要求が年々強まっており，それに応える一つの方法として，例えばロジック回路とメモリ(DRAM)回路を同一チップに搭載するSOC(System on Chip)技術がある。しかし，この方法は，製造プロセスの複雑化による歩留やコスト等の問題を抱えている[1]。一方で，これらを複数のLSIチップで実現しようとするSiP(System in Package)技術も盛んに検討されているが，チップ間のデータ転送レートが充分ではなく，トータルシステムの消費電力が大きいと言う問題を持っている。図1に示すように，SOCとSiPはそれぞれメリットとデメリットを持っており，どちらが良いのかに関しての議論も盛んに行われている[2]。この様な状況のなか，今回我々は，両者のメリットを活かすことが出来る実装プロセス技術開発，回路設計技術を開発し，高速で低消費電力なチップ間インターフェイス技術を開発した[3]。我々はこの技術を用いたシステムを Multichip LSI = MCL と呼んでいる。

　本章では，COC (Chip on Chip) 技術を採用した新しい高速データ転送技術であるMCL技術

	SOC	SiP	MCL
データ転送速度(バンド幅)	+	-	+
消費電力	+	-	+
開発、製造期間	-	+	+
設計変更に対する柔軟性	-	+	+
チップ毎の性能最適化	-	+	+

(SOCのメリット) + (SiPのメリット)
　　　　　　　　= Multichip LSI = MCL

図1　MCL技術のコンセプト

---

[*]　Takayuki Ezaki　ソニー㈱

の特徴，実装プロセス技術，回路設計技術について解説する。

2　MCL 技術の特徴

　MCL 技術の第1の特徴は，チップ間のインターフェイスの入出力回路に，従来の LSI に使われている外部入出力回路に対して，チップ内蔵バッファと同様の小型のバッファを用いる点である。これにより，従来の SiP と比較して，低消費電力を実現することが可能となる。また，第2の特徴は，チップ間の接続に，マイクロバンプを介した千本以上の信号線を用いる点である。これにより，従来の SiP では実現できなかった高速データ転送が可能となる。

　MCL 技術の実現形態としては，図2に示すように，COC 構造，あるいは，シリコンインターポーザー構造がある。MCL 技術で用いるシリコンインターポーザーには，ウエハープロセス技術を使って，サブミクロンルールの配線を形成したものを使用する。これら2つの構造は，それぞれにメリット，デメリットがあり，MCL 技術を適用するシステム，アプリケーションにより，使い分ける必要がある。すなわち，シリコンインターポーザー構造は COC 構造と比較して，使用するチップサイズに対する自由度が高く，チップ面積当たりの消費電力が低いので，熱設計に対する自由度も高いというメリットがある。一方，COC 構造はシリコンインターポーザー構造と比較して，コストやサイズの面で有利である。

3　実装プロセス技術

　MCL 技術を実現するためには，チップ間の高速データ転送の実現，および，チップサイズの

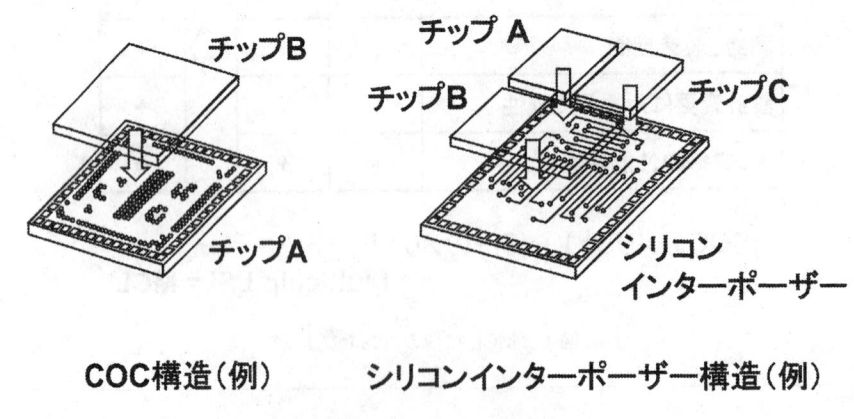

図2　MCL 技術の実現形態

第 15 章　狭ピッチ微細バンプによる COC 型 SiP（MCL）

抑制を目的として，上下チップのアクティブエリア上での，数千本のチップ間接続が必要となる。そのために，アクティブエリア上にパッド電極を設け，パッド電極上にはアクティブエリアにダメージを与えずにチップ同士を接続するように，マイクロはんだバンプを形成し，これを溶融させて低荷重で接続する実装プロセス技術を開発した。

図 3，および，図 4 に MCL のプロセスフローの一例を示す。この図では，CPU チップとメモ

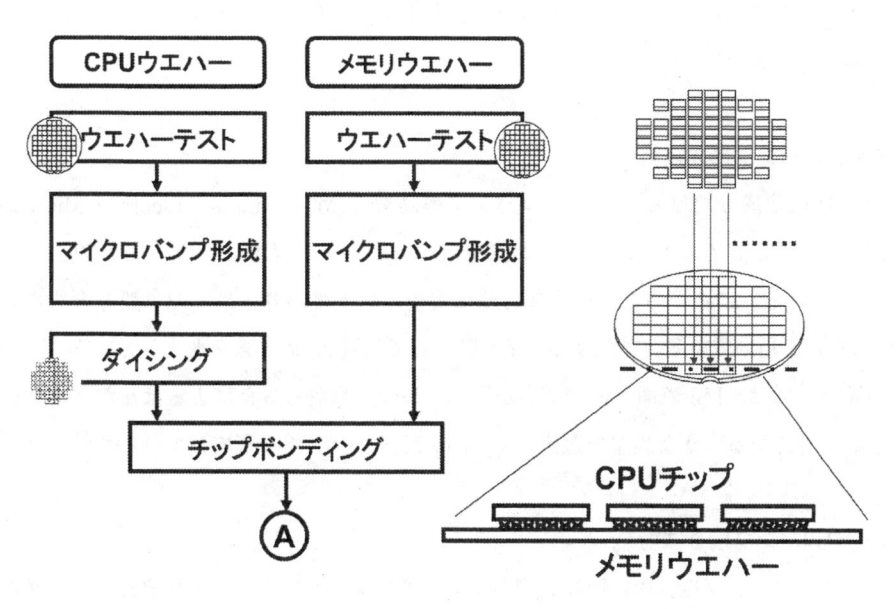

図 3　MCL プロセスフロー（1/2）

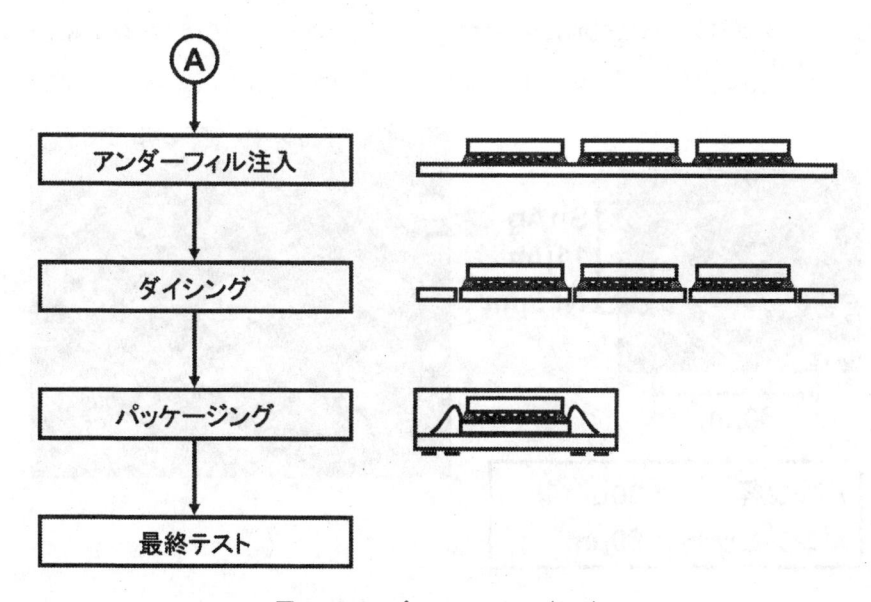

図 4　MCL プロセスフロー（2/2）

3次元システムインパッケージと材料技術

リチップとを用いた例を示している。CPU，および，メモリウエハーは完成（前工程完了）後，それぞれウエハーテストを経て，マイクロバンプを形成する。その後，上チップ（この例ではCPUチップ）となるCPUウエハーのみをダイシングにより個片化し，先ほどのウエハーテストにて良品と判定されたCPUチップを，下チップ（この例ではメモリチップ）となるメモリウエハーにチップボンディングしていく。その後は，チップ同士の間隔にアンダーフィルを注入し，メモリウエハーをダイシング，パッケージング，最終テストを経て，完成する。

以下に個々の重要技術について解説する。

3.1 マイクロバンプ形成技術

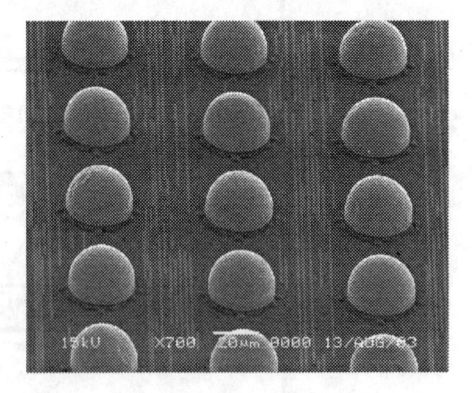

チップ表面に形成したはんだマイクロバンプの鳥瞰SEM（Scanning Electron Microscope）写真を図5に示す。はんだバンプサイズは高速データ転送を実現するために直径30μmでピッチは60μmである。はんだバンプの形成方法は電解めっきであり，はんだは鉛を含まないSn-Ag系のはんだを用いている。またはんだ下地膜として電解Niめっきを形成している。電解めっきの下地膜としては，LSI表面との密着力が取れ，かつ，電解めっきによるはんだバンプ高さのばらつきが小さくなるような膜厚を選定して，Cu/Tiスパッタ膜を形成している。

3.2 マイクロバンプ接合技術

図6にマイクロバンプ接合の断面模式図を示す。接合は上下2チップそれぞれのチップ表面に形成した前述のマイクロバンプ同士をボンダーにて位置合わせし，加熱加圧にて両バンプを接合している。マイクロバンプは電気的にオープン／ショートなく，歩留良く接合するため両方の

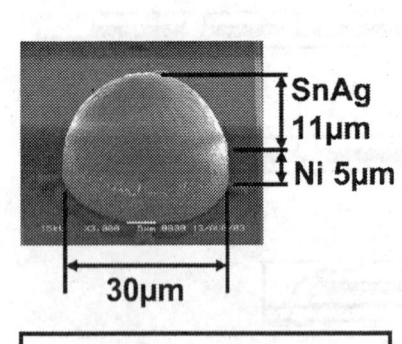

図5　はんだマイクロバンプ

第15章 狭ピッチ微細バンプによるCOC型SiP(MCL)

アクティブエリア上

上チップ表面

下チップ表面

アクティブエリア上

接合前　　　　　　　　　　　　　　　接合後

図6　マイクロバンプ接合の断面模式図

チップに設けている。

　この接合でのポイントは，曲率半径の小さい円弧状の形状をしたバンプ同士を，位置ズレが少なくかつ，両チップのアクティブエリアにダメージを与えることなく接合し，接合後のチップ間ギャップを安定させることである。これを実現するためにボンダーの上チップを吸着するボンディングツールと下チップを置くボンディングステージの平行度を1μm以内に抑え，かつ，接合時の荷重を0.1gf/バンプ以下にし，また，接合時の温度及び荷重・加熱時間などのシーケンス

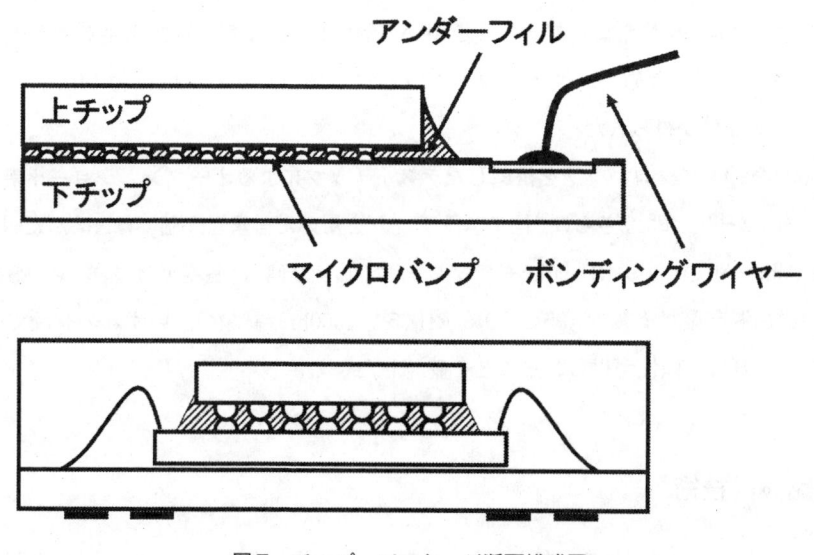

図7　チップ・パッケージ断面模式図

を工夫することで，接合後のチップ同士の間隔を約20μmで，接合後のチップ間の位置ズレを平均AVE＋3σ＜10μmにすることが出来た。

次に，上下2チップを接合後，チップ同士の間隔にアンダーフィルを注入し，信頼性を高める必要がある。図7に示すようにMCLは最終的にワイヤーボンディングにてパッケージのインターポーザー基板と接続をしているので，アンダーフィル工程では，アンダーフィルをワイヤーボンディング用アルミパッドを汚染することなくチップ同士の約20μmの間隔に精度よく注入する必要がある。この工程においては，アンダーフィル塗布精度をあげることにより，チップ間隔にボイドが発生することなく，かつ，アルミパッドを汚染することなく注入することが出来た。

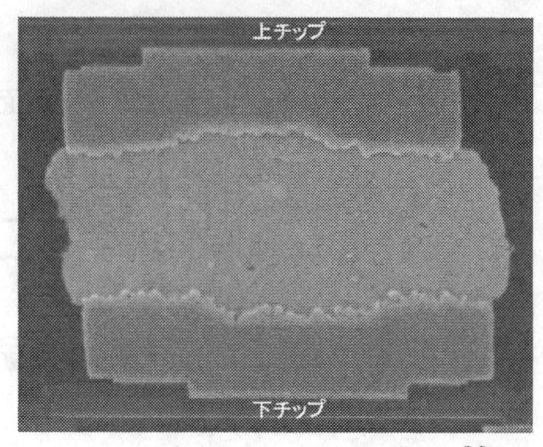

図8 マイクロバンプ接合断面

図8に本実装プロセス技術で作製したMCLのマイクロバンプ接合部の断面SEM写真を示す。マイクロバンプ同士が界面を発生することなく接合され，かつアンダーフィルがボイドを発生することなく注入されていることが分かる。

3.3 マイクロバンプ接合評価結果

前述したマイクロバンプ形成，接合技術を用いて形成した，電気特性評価用テストチップを用いて電気特性を評価した結果，マイクロバンプ接合1個当たりの抵抗は約14mΩ，容量は約50fFという良好な値が得られた。

また，5000個のマイクロバンプを搭載したテストチップによるオープン／ショート評価では，十分に高い歩留が得られた。さらに，同テストチップを用いた信頼性評価では，はんだ耐熱（85℃/85% RH 96hr＋30℃/80% RH 96hr＋リフロー260℃×3回），温度サイクル（－25℃/125℃ 3000Cycle），高温高湿バイアス（85℃/30% RH/5V 1000hr）試験の，いずれの試験でも不良の発生がなく，良好な信頼性が得られることを確認した。

4 回路設計技術

MCL技術のデータ転送特性を評価し，SOC技術と比較するために，我々は図9に示すような

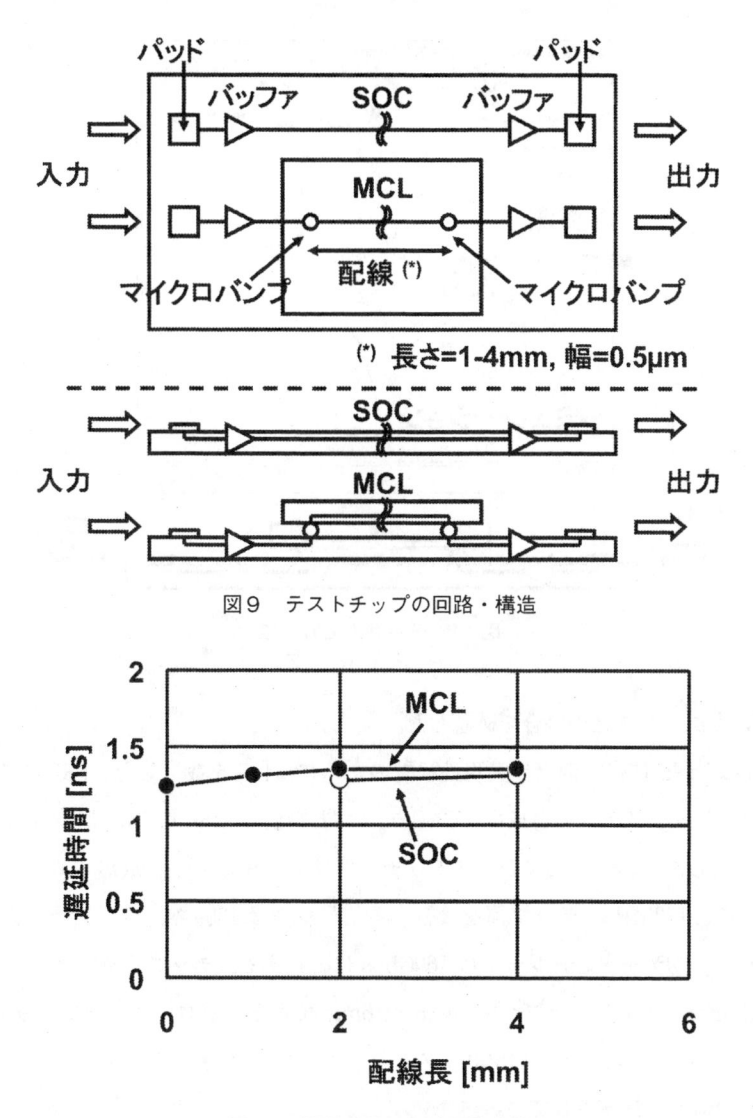

第15章 狭ピッチ微細バンプによるCOC型SiP（MCL）

図9 テストチップの回路・構造

(*) 長さ=1-4mm, 幅=0.5μm

図10 遅延時間の配線長依存性

テスト回路を搭載したチップを設計，試作し，評価した。SOC技術を想定したテスト回路では，入力データは，入力側のバッファから同一チップ内の配線，出力側のバッファを介してデータ出力される。一方，MCLを想定したテスト回路では，入力データは入力側のバッファからマイクロバンプ，COC構造の上チップ内の配線，マイクロバンプ，出力側のバッファを介してデータ出力される。これら2つの回路における遅延時間の配線長依存性を同時に評価した結果を図10に示す。両者の遅延時間の差は最大6％以下の差であることが確認された。

このようにして得られたデータ転送特性，および，前述のマイクロバンプの電気特性評価結果（抵抗，容量）を用いて，マイクロバンプのモデル化を行い，回路シミュレーションに反映し，

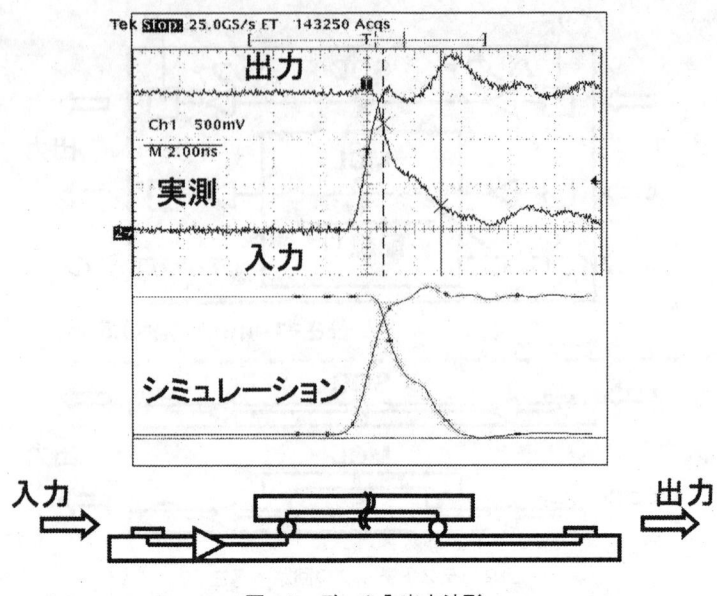

3次元システムインパッケージと材料技術

図11 データ入出力波形

図11のように実測データとの整合を確認した。

次に，我々はMCL技術の開発，実現性検証のために，LSIを設計した。LSIの基本仕様は，以下の通りである。システムの構成は，CPUチップと容量64MbitのDRAMメモリチップとのCOC構造を採用した。CPU，および，メモリチップは共に0.15μm CMOSプロセス，標準電圧1.5V，動作周波数123MHz，チップ間を接続する信号線数は1300本，チップ間の総バンプ数は1788個であり，実効データ転送レートは160Gbpsに相当する。チップサイズは，CPUチップが10.45mm×8.15mm，メモリチップが11.9mm×9.6mmである。ブロックダイアグラムを図12に示す。64Mbitのメモリは，4つの16Mbitメモリマクロで構成されており，CPUチップとそれぞれ128bit幅の信号で接続されている。

設計フローを図13に示す。それぞれのチップについては，個別に設計するのではなく，システム全体で設計したネットから2つのチップに分割して作成した。分割したチップのデザインにおいて，それぞれ異なる設計ライブラリを使うことで，異なるプロセスフローで作製された複数チップのMCL設計にも対応可能になる。また，分割後にそれぞれのチップのフィジカルデザインを行うが，最終的なタイミング検証はまたシステム全体で行っている。こうすることで，システムとしての検証もあわせて行うことが出来る。これらの設計のための環境はどれも既存のSOCの設計環境をそのまま使用することができる。

システム全体のタイミング検証をするにあたっては，前述のマイクロバンプモデルを通常のタイミング解析用ネットに追加することにより，2チップを含めたタイミング解析を行った。ク

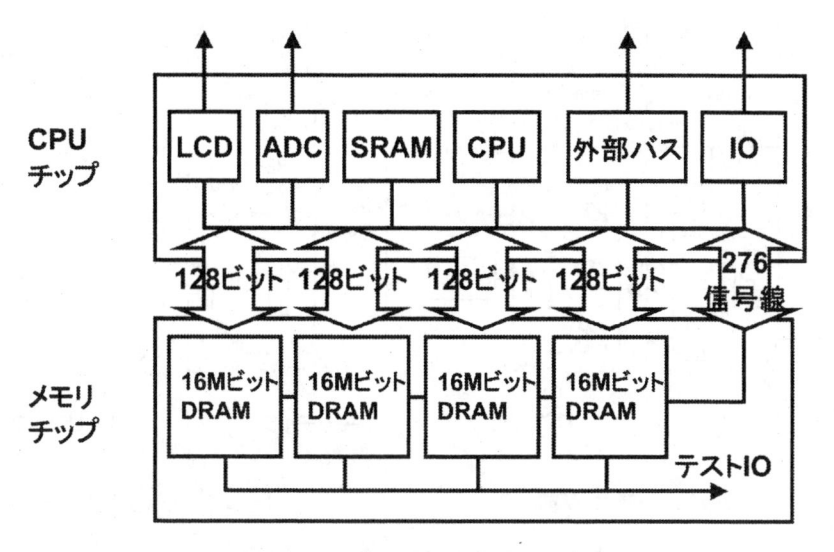

第15章 狭ピッチ微細バンプによる COC 型 SiP（MCL）

図12 ブロックダイアグラム

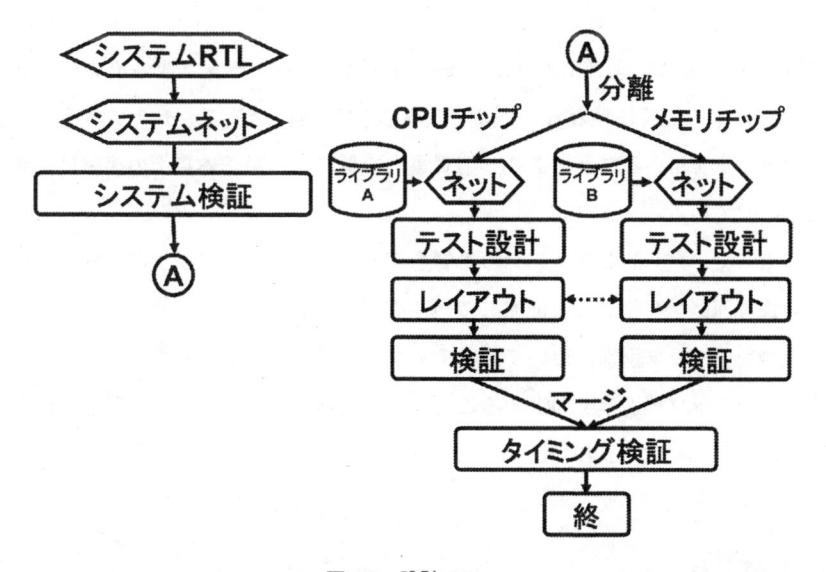

図13 設計フロー

ロック設計についても2チップを含めたシステムレベルでスキュー調整を行った。まず，クロックソース（PLL）がないメモリチップ側でタイミング，スキューの調整を行い，次にそのクロック遅延値をCPUチップ側に取り込んで，そのクロック遅延値を含んだ形でタイミング，スキュー調整を行った。その結果，2チップ全体でのクロックスキューを100psに押えることが出来た。

メモリチップとCPUチップ間のインターフェイス，マイクロバンプテスト回路のブロックダ

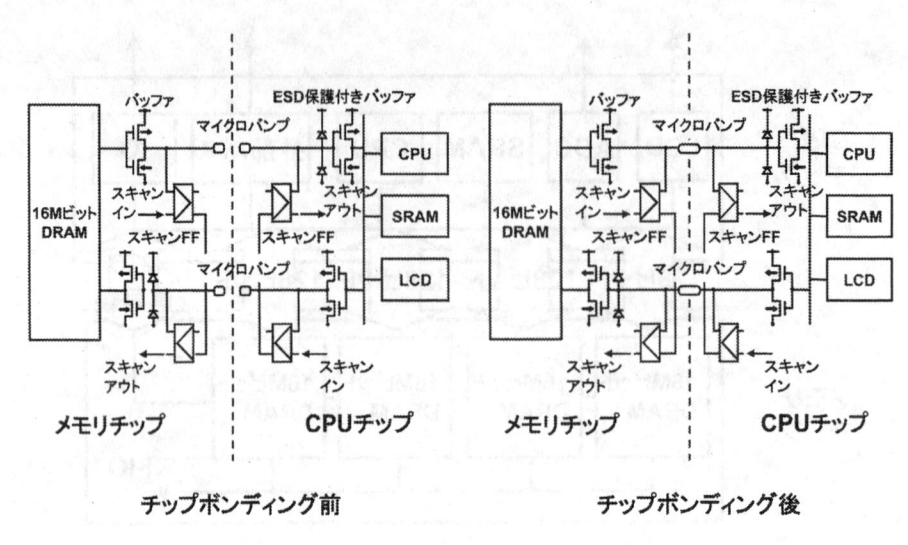

図14 インターフェイス・テスト回路

イアグラムを図14に示す。前述したMCL技術の特徴である，チップ間のインターフェイスの入出力回路に，従来のLSIに使われている外部入出力回路に対して，チップ内蔵バッファと同様の小型のバッファを用いることにより，消費電力を低減し，数千本以上の接続により高速データ転送を可能にしている。

また，プロセスでの電気的なダメージの影響を回避するために，チップ間の転送速度に影響のない範囲での保護回路をバッファに付加している。

さらに，接合前のチップ選別において，各チップのマイクロバンプ前後のバッファまでスキャンテストを行い，チップ選別率を向上することができる接続ノードテスト回路を付加することにより，MCL良品率の向上が実現でき，トータルコストが低減できる。

5 LSI評価結果

このように設計，試作したMCL技術を用いたLSIについて，その特性評価を行った。図15にチップレイアウトを，図16にチップボンディング後のウエハー写真をそれぞれ示す。メモリウエハー上にCPUチップがマイクロバンプによりCOC接続されている。また，図17に動作周波数の電源電圧依存性を示す。標準電圧1.5Vで動作周波数123MHz，実効転送速度160Gbps以上のチップ間インターフェイス動作を確認することができた。なお，動作周波数上限は，チップ間インターフェイスではなく，CPUの動作周波数で決まっている。また，LSI単体評価に加えて，システムレベルでの評価も行い，動作を確認することができた。

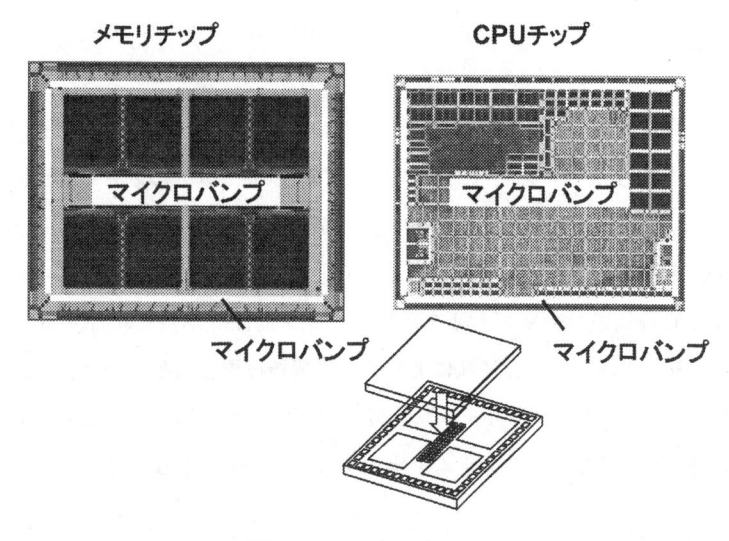

第15章 狭ピッチ微細バンプによるCOC型SiP (MCL)

図15 チップレイアウト

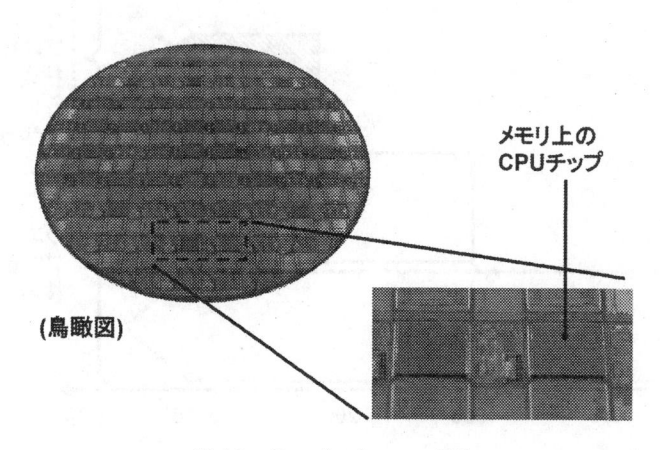

図16 サンプルウエハー写真

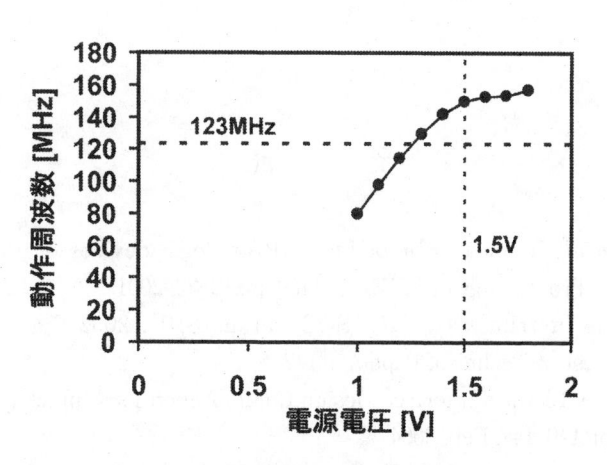

図17 動作周波数の電源電圧依存性

6 おわりに

今回,我々は,高速,かつ,低消費電力のデータ転送が可能な MCL (Multichip LSI) 技術を開発し,その技術を使った LSI を設計,試作,評価を行い,その実現性,有用性を示すことができた。図18に示すように,今後の LSI の多機能・高性能化への要求に対する1つの解として,本 MCL 技術の重要性はますます高まってくると予測している。また,今後の MCL 技術の方向性としては,より動作周波数の高い LSI を用い,チップ間配線本数を増加することにより,さらに高速なデータ転送を実現し,貫通孔によるチップ積層技術と組み合わせた,より多チップの3次元 SiP システムや,CPU,メモリチップ以外の広範囲の半導体チップに応用することで,さらに多機能・高性能な全く新しいシステムを実現することが可能となると考えている。

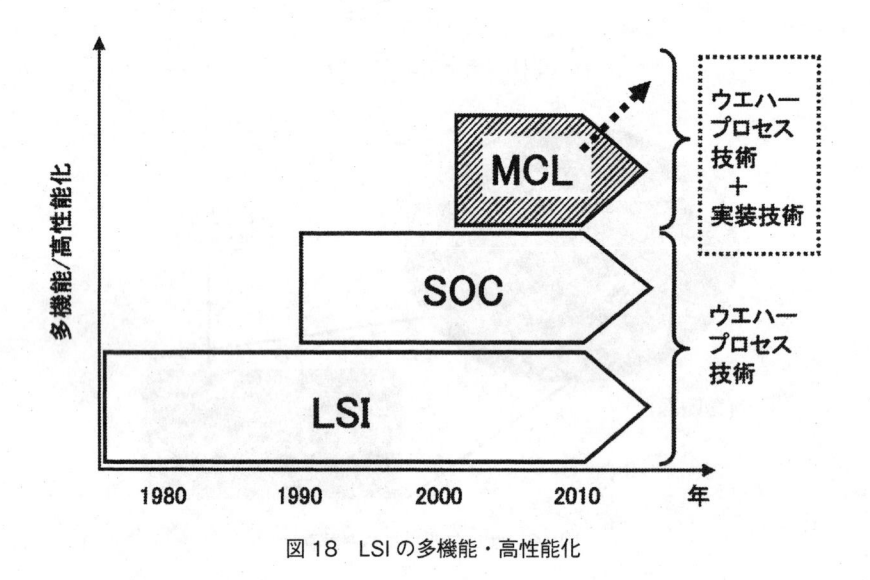

図18　LSI の多機能・高性能化

文　献

1) T. Hirayama et al., "Impact of embedded DRAM logic devices on the semiconductor manufacturing", Proceedings of SPIE Vol.4409, pp.12-22, 2001.
2) D. Buss, Texas Instrument et al., "SOC versus SIP", 2002 Symposium On VLSI Technology Digest of Technical Papers, p.142.
3) T. Ezaki et al., "A 160Gb/s Interface Design Configuration for Multichip LSI", ISSCC Dig. Tech. Papers, pp.140-141, Feb. 2004.
4) 江崎孝之ほか,エレクトロニクス実装学会誌, 8, No.7, pp.550-554, 2005.

第16章　3次元SiPのためのバンプレスインタコネクト

重藤暁津[*]

1　はじめに

　小型・高性能化の要求がますます強まる民生用電子デバイスにおいては，システムスケールの縮小と異種信号・材料の混載が同時に達成されなければならない。しかし，Si微細加工技術に基づくSoC（system on a chip）では長TAT（turn around time）や高IP（intellectual property）コストなどの問題が顕在化しており，このような要求に対応できなくなりつつある[1]。これに対し，SiP（system in a package）やMCM（multi chip module）などは個別のモジュールのアセンブリによりシステムを構築するため，既存のアーキテクチャが適用できるという利点がある。ただし，現在のSiPやMCMはダイとパッケージの間にハンダなどの物理的な配線接続を有するため，この部分の高密度化が従来以上の広帯域・高速伝送を実現するための重要な鍵のひとつであることは明らかである。ITRS[2]はエリアアレイ・フリップチップの接続ピッチが今後数年で数十μm程度まで縮小すると予想しているが，例えばこれをグローバル配線層のピッチに匹敵する10μm以下のレベルまで微細化することができればよりシームレスな信号伝送が可能になると考えられる[3~5]。ところが，バンプ（bump）状電極に対して数百℃の加熱プロセスを用いる現存の接続手法では，このような微細な接続ピッチを達成することは難しい。これは，10μm以下のピッチに対応するサイズの電極では従来のバンプ電極と異なり熱歪みを吸収するのに十分な変形能が得られず，また微小な空間に対するアンダーフィルも困難だからである。有効な解のひとつがチップやウエハを薄型化して可撓性を持たせることであるが[6~8]，このようなシステムにおいて接続部の柔軟性・信頼性を確保しつつ超微細接続を実現するためには，薄膜状の電極表面と絶縁層表面が同一平面にあるようなフレキシブルな形状が必要である。この観点に基づき提案されたのがバンプレスインタコネクト（bumpless interconnect）である[9,10]。バンプレスインタコネクトの概念を図1に示す。バンプレス構造においては，絶縁体表面と同一平面にある配線表面が超低プロファイル電極の直接接合を介してミクロンレベルの狭ピッチで接続される。配線材料はAlより低抵抗率かつ高いエレクトロマイグレーション（electro-migration, EM）耐性を有するCuを用いる。将来的には，バンプレス構造の導入によりグローバル層間接続の構築を

---

[*] Akitsu Shigetou　東京大学大学院　工学系研究科　精密機械工学専攻　助手

'貼り合わせ（接合）'技術で代替することが可能になり，多様な組み合わせの3次元SiPの開発に貢献することが期待される。バンプ電極を用いないことで薄型化とスムーズな信号伝送を目指すという点は米Intel社が開発している'Bumpless Build-Up Layer（BBUL）[11]'も同様であるが，BBULではパッケージをSiダイの周辺にプロセッサコアと同様の方法で成長（ビルドアップ）させるところが上記のバンプレスインタコネクトと異なる。本稿では，バンプレスインタコネクトの要素技術開発と10μmピッチ接合事例，そして今後の課題について述べる。

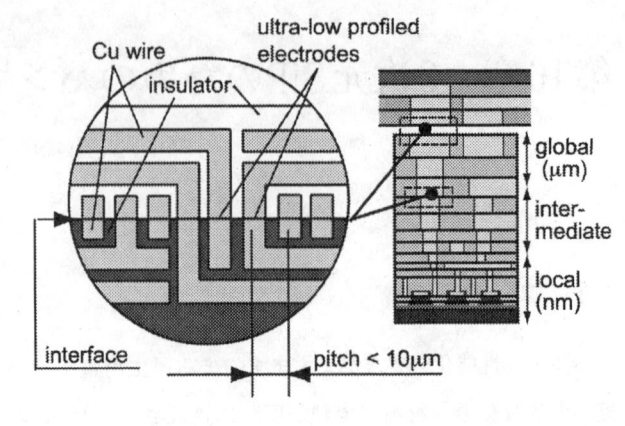

図1　バンプレスインタコネクトの概念

2　バンプレスインタコネクトのための表面活性化常温接合法

バンプレスインタコネクトの核である超微細ピッチCu-Cu直接接合の鍵は接合プロセスの低温化である。Cuの直接接合に関しては界面拡散を利用した薄膜の接合例[12,13]が，微細ピッチ接合に関してはハンダキャップを成膜したバンプの20μmピッチフリップチップ接続[14,15]などが実現されているが，前者は十分な拡散量を得るために複数のガス雰囲気中での400℃以上のアニーリングを必要とし，後者でもハンダ溶融時の自己アライメント効果を促進するための加熱が必要である。これに対し，10μm以下の接続ピッチを達成するためには±1μm以上の実装精度が能動的な方法で得られなければならないが，加熱を伴う従来の接合手法では熱膨張の不一致による位置決め誤差の発生を避けられない。本質的には常温域で接合が得られることが望ましく，実用性も考慮すると許容される接続温度の上限は150℃程度と考えられる。ところが，このような低温域で十分な接続強度を得るためには，Cu表面の状態を積極的に制御し，低温でも高い結合エネルギーをもつ表面を創製しなければならない。この要求を満たす手法のひとつとして，表面活性化常温接合（surface activated bonding, SAB）法が挙げられる。SAB手法は原子レベルで清浄な表面の間に働く凝着力に基づく接合なので基本的には加熱プロセスが必要ない。原子的に清浄な表面は真空雰囲気中でのドライエッチングプロセス，つまりAr高速原子ビーム（fast atom beam, FAB）衝撃・イオンビーム・プラズマ照射などにより得られる[16,17]。図2にSAB手法を用いた接合例を示す。SAB手法は金属材料の接合に非常に有効で，酸化物や有機コンタ

第16章 3次元SiPのためのバンプレスインタコネクト

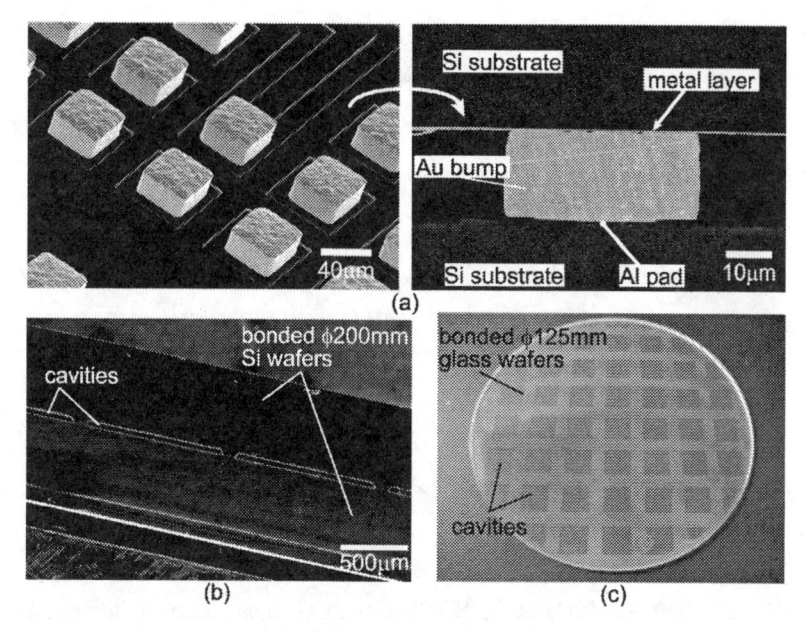

図2 SAB手法による直接接合事例
(a)微細メッキAuバンプ（大気圧雰囲気），(b)キャビティ構造を有するSiウエハ，
(c)キャビティ構造を有する石英ガラス基板

ミで構成された不活性な吸着物層をビーム照射で除去することにより母材破断強度に匹敵する接合強度が常温で得られる。配線材料ではAu，Al，Cu，Ni，Snなど多種にわたる接合実験が行われており，特にAuのように通常雰囲気で安定な酸化物を生成しないものについては表面清浄化後に150℃程度の加熱を伴うことで大気圧雰囲気中でも接合が可能で，過去に$40×40 \mu m^2$のAuバンプの大気圧直接接合が実証されている[18,19]。共有結合性結晶やイオン結合性結晶のように表面の電子密度分布が局在化していてドライエッチングの手法のみでは大きな結合力が得られない試料に対しては，反応性プラズマ照射を併用して反応基を試料表面に生成させて結合力を得る方法が考案されており，これにより石英ガラスなどの材料が大気中・常温で直接接合された例がある[20]。

SAB手法において接合強度に影響する主要な因子のひとつが表面の形状である。常温近辺の温度領域では荷重印加による試料表面の変形能が小さいため，全表面的に接続面を近接させるためには接合初期の接触面積を大きくすることが必要である。特にバンプレス構造では，同一平面に超高密度で表出している電極の接続面を一括して接合するために平滑な表面が不可欠である。表面形状が接触の度合いに及ぼす影響については，弾性体表面の凹凸を正弦波で近似し，全表面的な接触が自発的に進行する条件を弾性接触理論に基づいて解析的に求める研究[21,22]が行われており，Siの場合は数nm以下の平均表面粗さ（Ra）と予測されている。実際に，Siウエハの常

温接合実験では平均表面粗さ約 1 nm のウエハが試料表面を正対させるための荷重を印加した後はほぼ無加圧で全表面的に接合され，界面では Si 原子どうしの直接接合が達成されている様子が確認された[16]。表面が塑性変形をおこす金属材料ではより緩い粗さ条件が予想されるものの，全面的な接触を保証するためには Cu 表面についても Si ウエハと同等の平滑さを有することが望ましい。そのため，Cu バンプレス構造ではダマシン（damascene）プロセスなどで実績のある CMP（chemical mechanical polishing）を用いて接続面を平坦化する。つまり，バンプレスインタコネクトにおける Cu-Cu 接続は，CMP で平坦化処理された Cu（以下 CMP-Cu）電極の SAB 手法を用いた高精度直接接合を意味する。

3　10μm ピッチ Cu バンプレスインタコネクトの試行

3.1　CMP-Cu 薄膜の常温直接接合

　図 3 に SAB 手法で接合された CMP-Cu 薄膜界面の TEM（transmission electron microscope）像を示す[23]。この試料は Si 基板上に電解メッキで成膜された Cu 薄膜を CMP プロセスで平坦化したもので，平均表面粗さは約 1.7nm である。接合界面では Cu 結晶粒間で直接接合が得られている様子が見られる。界面には試料表面の nm オーダーの凹凸が接触時に変形することで生じたと推測されるうねりがあるものの，明確な反応層や空隙はなく表面間の密着が保たれている。接合直後の界面には表面の変形に起因する残留応力によるひずみが存在するが，ひずみは時間の経過とともに空隙の発生なく緩和し，界面は一様になることが大気中での高温放置試験（250℃・1000 時間）で確認されている[24]。したがって，薄膜と同様のプロセスで平坦化されるバンプレス電極の接合界面も同じ経時挙動を示すと考えられる。試料表面の平坦さが確保されている場合，良好な界面を得るために最適化する必要がある接合条件は表面の清浄さに関係する因子で，

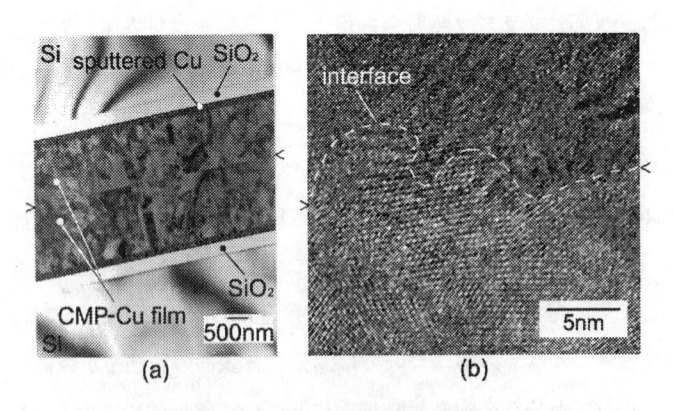

図3　SAB 手法による CMP-Cu 薄膜の常温直接接合界面
(a)界面近傍の低倍率像，(b)高倍率像

第16章 3次元SiPのためのバンプレスインタコネクト

具体的には1)清浄な表面を表出させるためのドライエッチング量，2)表面清浄化後のバックグラウンド雰囲気への露出量，の二つである。1)のドライエッチング量に関してはCMPプロセスにおける防食処理や洗浄法によって差異があるが，除去すべき不活性な層の厚さが10～20nm程度であることがXPS（X-ray photoelectron spectroscope）観察で確認されている。2)の露出量は清浄表面への分子の再吸着に関係する因子である。本来，清浄化された表面はただちに接触・接合されることが望ましいが，実際のプロセスでは試料のハンドリングなどに多少の時間を要するため，活性な表面が真空雰囲気中の残留ガスに露出されることが多い。これにより表面に不活性な吸着物が形成されて結合力が減衰するため，吸着量と結合力のトレードオフを表面に入射する分子数（Pa・s）と接合強度（または面積）で評価したものである。その結果，全表面的に薄膜が破断する強度が得られる限界の露出量は0.1～0.2Pa・sであることが判明し，この条件下で吸着物が水平方向に連続的な膜に成長して表面を不活化している可能性があることが示唆されている[25]。

3.2 バンプレスCu電極モデル試料と接合装置

バンプレスインタコネクトの試行に用いたモデル試料の概要を図4に示す[26,27]。10μmピッチを有する電極アレイは約3×4mm^{2}のエリアに形成され，3μm径の電極が100,000端子形成されている。その他にも直径8μmと10μmの電極により構成されるアレイが同じチップ上に製作され，それぞれの径の電極について4線接触抵抗測定用のパターンが作成されている。対向す

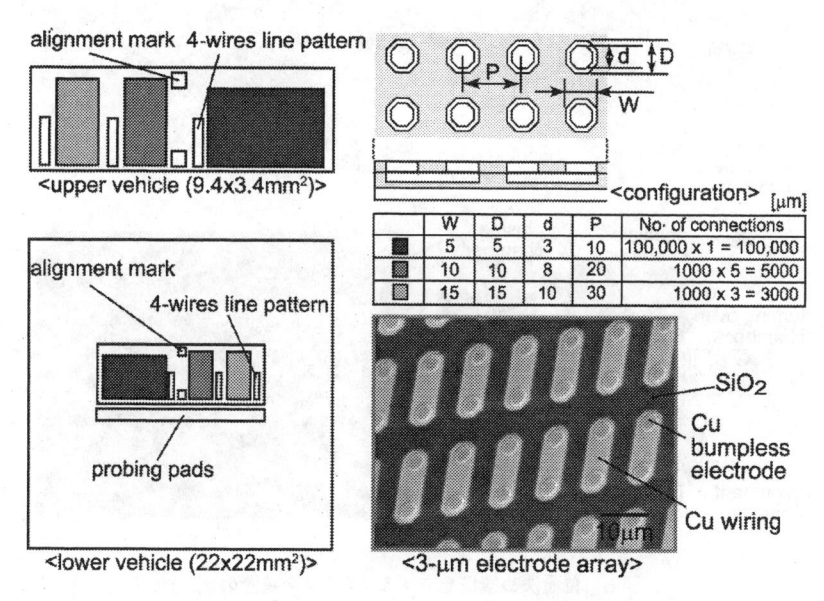

図4 バンプレスモデル試料の概略

3次元システムインパッケージと材料技術

る基板側にも同様の電極アレイが構築されており，これらを接合することでデイジーチェーンが構成されるようになっている。3μm径電極は1000端子ごとに電気的接続の有無を確認できる。このモデル試料はCuダマシンプロセスと反応性イオンビームエッチング（reactive ion beam etching，RIE）の適用によって製作された。製作プロセスの概略を図5に示す[26,27]。熱酸化したSi基板上に下部配線を形成したあと，SiO_2をスパッタ蒸着する。次にRIEで下部配線までスルーホールを開口し，TaNとCuシード層を成膜したあと，電解メッキCuをホールに充填する。その後，絶縁層表面が表出するまで表面をCMPで研磨するところは通常のダマシンプロセスと同様であるが，この時点ではホール上のCu表面がSiO_2表面に対して凹んでいる（ディッシングする）ため，常温でのCu電極間の接触を確実にする目的で，このモデル試料の製作プロセスでは絶縁層表面を100nm程度RIEによりエッチバックして電極表面を頭出しし，それを再びCMPで平坦化するというプロセスが加えられている。

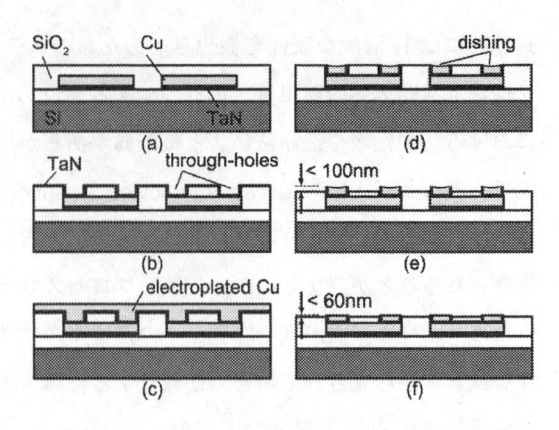

図5 バンプレスモデル試料製作プロセスの概略

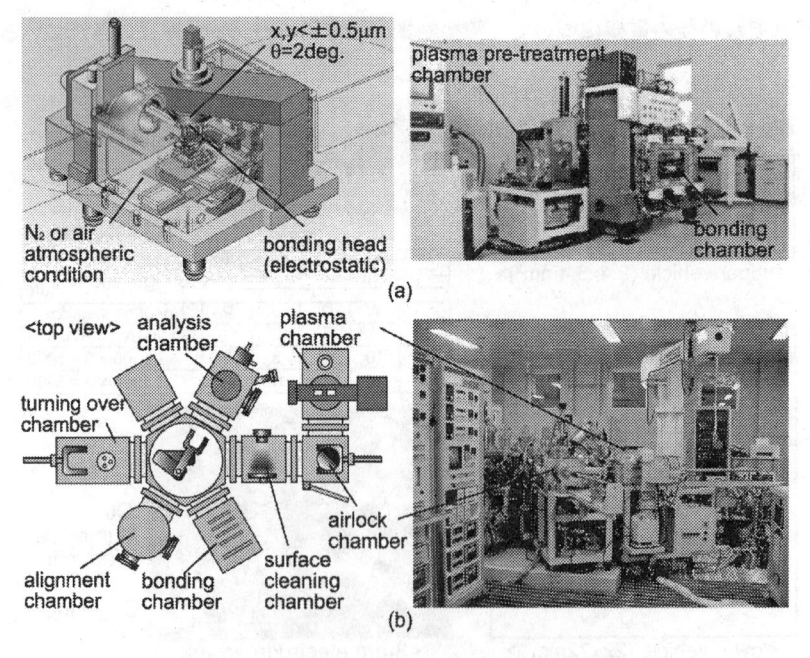

図6 位置決め機構を有するSAB接合装置の例
(a)大気圧雰囲気フリップチップボンダ，(b)8インチ対応ウエハ接合装置

第 16 章　3 次元 SiP のためのバンプレスインタコネクト

その結果，形成された電極の接合表面は絶縁層から約 60nm の高さを有する。

SAB 手法で高い実装精度を得るためには，真空雰囲気中に導入可能な高精度な自動試料搬送・位置決め機構が不可欠である。位置決め機構を装備した SAB 接合装置は図 6 に示されるようなフリップチップボンダ[28,29]やウエハスケール対応の装置[30,31]などが考案されており，いずれにおいても真空チャンバーの中で試料をハンドリングするための試料ステージ（静電チャックなど）・ボンディングヘッ

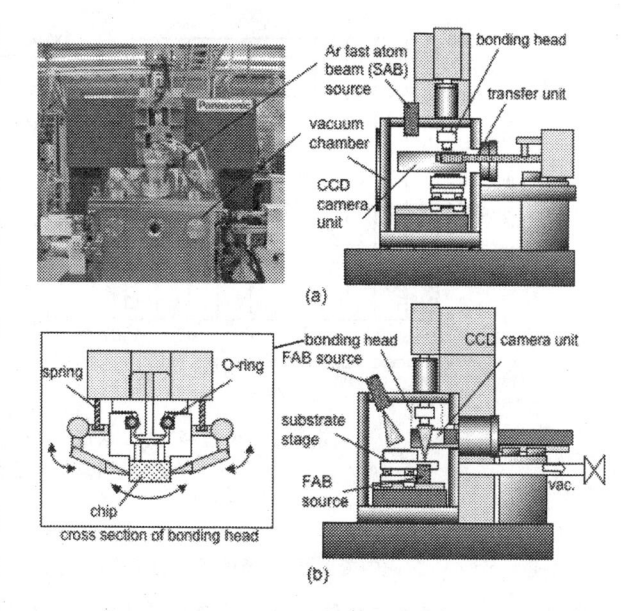

図 7　高精度 SAB フリップチップボンダの概略

ド・表面清浄化プロセスのためのイオンガンやプラズマソース・位置決めマーク画像を取り込むための認識ユニットが設置されている。図 7 にモデル試料の接合に用いられた ±1μm の位置決め精度を有する SAB フリップチップボンダの概要を示す[26,27]。試料はチャンバーの真空排気・位置決め動作・Ar 高速原子ビーム衝撃による表面清浄化を経て接合される。ボンダ内部にはボンディングヘッドと基板ステージの他，上下それぞれの試料に対応する Ar 高速原子ビーム銃・高精度 CCD カメラユニットが装備されている。ボンディングヘッドにはバネ式のチャックが装着されており，試料は機械的にピックアップされる。ヘッドはバイトンゴムリングを介して荷重軸に取り付けられて揺動することができるため，この装置では 10MPa 程度の接触圧力を加えることで試料間の微小な傾きに上側の試料を倣わせ，平滑な試料表面全体を接触させることが可能である。カメラユニットは位置決め動作時に自動で上下試料間に移動してマーク画像を取り込む。基板側ステージは X-Y 方向（0.1μm 単位），ボンディングヘッドは θ 方向（0.01° 単位）に可動で，光学式リニアスケールセンサとパルスステッピングモータで制御される。

3.3　接続強度・接触抵抗の評価

図 8 に接合された 3μm 径電極アレイのデイジーチェーン抵抗の測定結果と，4 線抵抗測定法で計測された 3・8・10μm 径それぞれの電極の接触抵抗値を示す[27]。チェーン抵抗からは，10μm のピッチで配列した 3μm 径電極全 100,000 端子の連続的な電気接続が確認された。抵抗値は電極数にほぼ比例して増加し（平均：約 45mΩ），線形性を大きく逸脱している部分がない

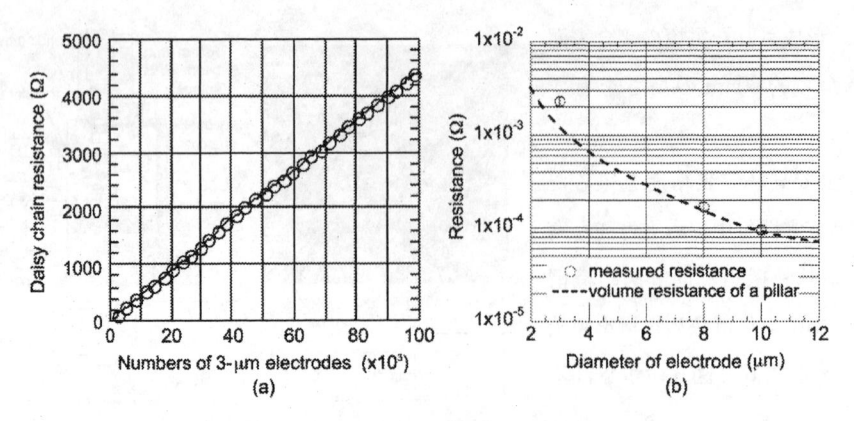

図8 3μm径バンプレス電極アレイの接合結果
(a)デイジーチェーン抵抗，(b)4線測定法による接触抵抗値

ことから，チェーン途中で顕著な接続不良は発生していないと判断できる。接触抵抗の測定結果からは，3μm径電極での値が約2.3mΩ，8・10μm径電極ではそれぞれ約170・100μΩであることが判明した。つまりデイジーチェーンの値はそのほとんどが下部配線で発生する抵抗値であることがわかる。加えて，この測定値には導通経路上にあるTaNバリアメタル膜による抵抗値の増加や，位置決め誤差に起因する導通径の減少で発生するコンストリクション抵抗の影響も含まれると考えられる。グラフ中の点線は接合された一対の電極と同じ寸法を有する純Cu柱の体積抵抗値をあらわしたもので，実測値との比較のために示した。仮にこの値と実測値の差を接合界面で発生した電気抵抗値とみなすと，その値は3μm径電極では約1mΩ，その他の電極では数十μΩ以下と見積もることができる。接合メカニズムの異なる他の接続技術により得られた界面で発生する抵抗値と単純に比較することは難しいが，例えば導電性ペーストバンプのフリップチップ接合界面では数十μm以上の電極径に対して概ね数mΩ以上の接触抵抗が発生していることから，Cuバンプレス電極間の接触抵抗値が十分に実用可能な低さであることが示唆された。図9は接合された3μm径電極の断面のSEM（scanning electron microscope）像と，ダイシェア試験後の破断面の拡大像を示す[27]。断面図からは，接合界面において電極表面が薄膜試料と同様に互いに密着し，電気抵抗の著しい増大を引き起こすような空隙や中間層は含まれていない様子が確認された。絶縁層の表面間には100nm程度のギャップが存在し，これは電極の接続面がSiO_2表面から約60nm隆起していることに起因する。現状では試料製作過程の最初のCMPプロセスで発生するCu表面のディッシングを回避することが困難なため，電極アレイを枠構造で囲んで接合と封止を同時に行うことができるようにするなど，試料形状からのアプローチによる改善が今後必要になると考えられる。また，破断面の拡大像からは，試料が接合界面ではなく電極基部と下部配線の境界付近で破断して電極が接合されたままの状態でスルーホールから抜き取ら

第16章 3次元SiPのためのバンプレスインタコネクト

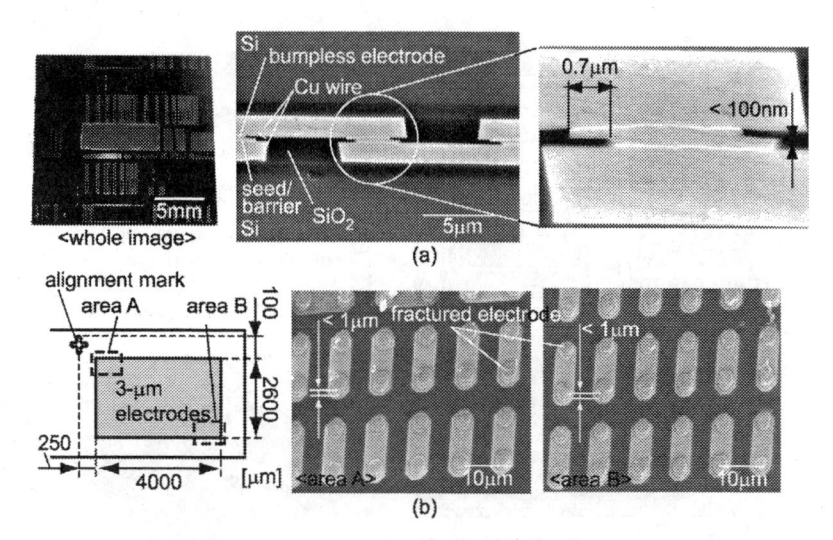

図9 3μm径バンプレス電極の接合後の拡大像
(a)断面のSEM像, (b)ダイシェア試験後の破断面の光学顕微鏡像

れ，上下試料それぞれの表面に移動した様子が観察された。したがって，シェア強度の測定値は40MPa程度であったが，界面での真実の接続強度はこの値より大きくなると考えられる。また，破断痕跡から，位置決め誤差が電極アレイ全体にわたって0.7～1μmの範囲に収まることが確認された。さらに，3μm径電極アレイに対して150℃・1000時間の高温放置試験を行った結果，接触抵抗値の増加率が数％以下であることと，シェア強度がほぼ変化しないことが確認されている。

4 バンプレスインタコネクトの実用可能性と今後の課題

バンプレスインタコネクトの実用への展開を考えたとき，当面の課題として挙げられるのが1)信頼性評価，2)ウエハスケールへの拡張，である。1)に関しては，信頼性評価を行うためにバンプレス構造を実際のパッケージやダイの接続部に導入する必要がある。そのための基礎的な検討として，薄型デバイスチップの上層配線に対してバンプレス構造を構築し，同様の構造のインターポーザとの接続を試みた例を図10に示す[32]。試料は512Mbitのフラッシュメモリチップとn Siインターポーザで，両方とも0.1mm厚に裏面研削されている。この試料では，先にポスト状のCu電極が電解めっき薄膜のパターニングで製作され，その後ポリイミドの塗布・硬化・研磨により絶縁層が形成されている。Cu電極の寸法は25μm角・40μmピッチ・約5μm厚で，CMP時の研磨ムラを防ぐために形成されたダミー電極を含め，チップあたり65,856個の電極が存在する。バンプレス構造は，ポリイミドで被覆された状態のCuポストをCMPプロセスによ

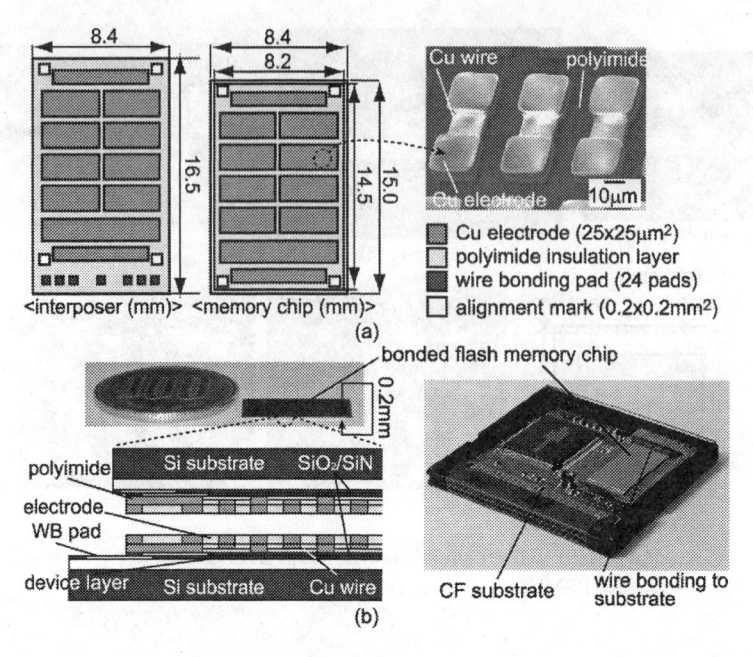

図10 バンプレス構造を有する0.1mm厚フラッシュメモリチップの接合例
(a)試料の概要，(b)アセンブリされたCFカードモジュールの全景

り頭出し・平坦化することで構築された．製作過程では，先述のモデル試料と同様にCuポスト表面のディッシングの影響を回避する目的で，酸素プラズマ照射による絶縁層のエッチバックとCMPによる再平坦化が行われた．作成された試料は高精度SABフリップチップボンダで接合され，総厚0.2mmのメモリチップが得られた．このチップはコンパクトフラッシュ（compact flash，CF）メモリカードモジュールにアセンブリされ，実動作が確認されている．今後はより高速なデバイスに対してバンプレス構造を適用し，アセンブリ後の信頼性を従来品のそれと比較評価することが求められる．2)に関してはウエハスケールでの接合可能性を検討するために，8インチSiウエハ上にスパッタ薄膜のウェットエッチングとCMPで形成された0.6μm厚Cu薄膜電極の接合が試みられており[33]，10μm間隔で配置された$10×40μm^2$の電極の1000万ピンレベルの接続が±2μmの精度で達成された．しかしながら，ウエハスケールでのバンプレス構造の製作・接合には至っていない．ウエハレベルのバンプレス試料の形成では全表面にわたっての電極接続の確保が重要になるため，ウエハのそりを加味した平坦化や薄型化などの製作プロセス・大口径試料に対する高精度接合プロセスの開発が求められる．加えて，スループット向上の観点から，今後はある程度の加熱を伴うことで常圧雰囲気でもCu表面に結合力を与えることのできるSAB手法が必要になると考えられる．

第16章　3次元SiPのためのバンプレスインタコネクト

5　まとめ

　Cuバンプレスインタコネクトは絶縁層と配線接続面の両方を含む平滑な表面間の接合によってミクロンレベルの超微細ピッチ配線接続を可能にするため，パッケージ・ダイ間のシームレスな高速伝送が必要な将来の3次元SiP開発に貢献することが期待される。本稿ではバンプレスインタコネクトの要素技術としてSAB手法を用いたCMP-Cu常温直接接合やCuダマシン手法を適用したバンプレスモデル構造の製作プロセス，さらに高精度SABフリップチップボンダによる10μmピッチバンプレス接合実験の事例を紹介した。また，バンプレスインタコネクトの今後の課題として実パッケージへの適用による信頼性評価とウエハスケールへの拡張の必要性を挙げ，そのための基礎的な検討として試行した薄型フラッシュメモリチップのバンプレス構造を介した接続や薄膜電極のウエハスケール1000万ピンレベル接合の例について述べた。

文　　献

1) C. E. Bauer, *Proc. 3rd IEMT/IMC symp.*, 106 (1999)
2) International Technology Roadmap for Semiconductors HPより：http://public.itrs.net
3) T. Suga, *Proc. 50th IEEE ECTC*, 702 (2000)
4) T. Sakurai, *Proc. JSAP, SSDM*, 36 (2001)
5) R. R. Tummala, *Proc. 3rd IEMT/IMC symp.*, 217 (1999)
6) T. Shimoto et al., *Microelec. and Reliability*, **45**, Issues 3-4, 567 (2005)
7) K. Gurnett et al., *III-Vs Rev.*, **19**, Issue 4, 38 (2006)
8) V. Probst et al., *Solar Ener. Mater. and Solar Cells*, **90**, Issues 18-19, 3115 (2006)
9) T. Itoh et al., *Proc. SEMI Int'l Pack. Strategy Symp.*, A1 (2000)
10) T. Suga et al., *Proc. 51st IEEE ECTC*, 1003 (2001)
11) Intel HPより：http://www.intel.com/pressroom/archive/releases/20011008tech.htm
12) K. N. Chen et al., *J. Electr. Mater.*, **30**, No. 4 (2001)
13) C. S. Tan et al., *IEEE/ECS Lett.*, **8**, No.6, G147 (2005)
14) Y. Tomita et al., *Proc. IEEE EMAP*, 107 (2001)
15) K. Takahashi et al., *Proc. 51st IEEE ECTC*, 541 (2001)
16) H. Takagi et al., *Appl. Phys. Lett.*, **68**, 2222 (1996)
17) N. Hosoda et al., *J. of Mater. Sci.*, **33-1**, 253 (1998)
18) Y. Matsuzawa et al., *Proc. 51st IEEE ECTC*, 384 (2001)
19) M. Tomita et al., *Proc. ECS ISTC*, No. 80 (2002)
20) M. M. R. Howlader et al., *Sens. and Actu. A: Phys.*, **127**, 31 (2006)

21) K. Takahashi *et al.*, *J. of High Press. Inst. of Japan*, **35**, 159 (1997)
22) H. Takagi *et al.*, *Japan J. of Appl. Phys.*, **37**, 4197 (1998)
23) 重藤暁津ほか,日本金属学会秋季講演概要集,410 (2000)
24) A. Shigetou *et al.*, *J. of Mater. Sci.*, **40**, 3149 (2005)
25) 重藤暁津ほか,エレクトロニクス実装学会誌,**9**, No. 4, 278 (2006)
26) A. Shigetou *et al.*, *Proc. 53rd IEEE ECTC*, 848 (2003)
27) A. Shigetou *et al.*, *IEEE Trans. Adv. Pack.*, **29**, Issue 2, 218 (2006)
28) T. Suga *et al.*, *Proc. 52nd IEEE ECTC*, 105 (2002)
29) 東レエンジニアリング HP より:http://www.toray-eng.co.jp/semicon/bonder/flipchip/lineup/fc2000coc.html
30) 伊藤俊輔ほか,精密工学会学術春季講演会講演論文集,343 (2001)
31) 三菱重工 HP より:http://www.mhi-machinetool.com/product/jyou/syosai/jouon.html
32) 重藤暁津ほか,電子情報通信学会論文誌 C, **J88-C**, No. 11, 889 (2005)
33) A. Shigetou *et al.*, *Proc. 56th IEEE ECTC*, 1223 (2006)

第 17 章　RF-3 次元 SiP
―3 次元積層チップ間の RF 接続―

佐々木　守[*]

1　概要

3次元実装された IC チップ間の無線相互接続を実現するインダクタ・カップリング技術について述べる。特に，低消費電力化技術および位相制御された高速クロックを必要とせず，ワイヤ接続と等しい簡易さを実現する非同期通信技術について説明する。まず，スパイラル・インダクタ対間の共振特性を積極的に利用することで低消費電力を実現する。次に，ダイナミック回路およびセルフ・プリチャージ技術を利用することで非同期通信が実現できる。本方法を実証するため，$0.18\mu m$ 6 層メタル CMOS 技術によるテストチップを設計，試作した。評価基板による実験から，0.95mW/1.0Gbps/ch の性能を同期クロックなしに実現できることを確認した。

2　まえがき

3次元 IC チップ積層化を目的に，直径が数μm～数十μmの Si 貫通電極の形成技術が盛んに研究されているが[1]，製造コストの削減や歩留まりなど課題も多い。そこで，静電結合や電磁結合を利用したチップ間の無線相互結合が提案されている[2~6]。しかし，静電結合では，通信を可能にするためパッド間距離を 1～$2\mu m$ 程度にする必要があり，さらに，向かい合わせた 2 つのチップ間の結合のみに制限される。一方，スパイラル・インダクタ対を用いた電磁結合では，シリコン基板を挟んでも通信可能であり，多段のチップ積層化には有利である。実用化に向けて，低消費電力化ならびに貫通電極による有線結合と同等な簡易な通信方式の開発が必要である。

3　インダクタ結合

図 1 に示す 2 つの近接したインダクタ間の非接触情報伝送について，原理動作を説明する。送信側（Tx）のインダクタに電流 i_1 を流す。アンペアの法則により流れる電流の回りに磁界を生

---

[*]　Mamoru Sasaki　広島大学　大学院　先端物質科学研究科　助教授

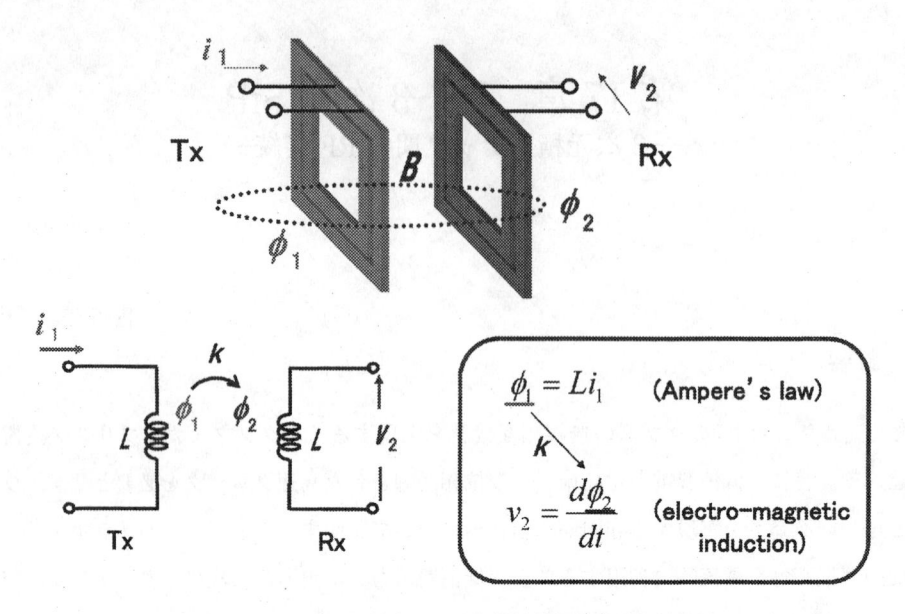

図1 インダクタ結合による非接触情報伝送の原理図

じる。この発生する磁界を集中させるための銅線を巻いたものがコイル（インダクタ）であり，空間に広がっている磁界をすべて加えたものを磁束φという。流れる電流と磁束は比例関係にあり，(1)に示すように，その比例係数がインダクタンスLである。

$$\phi_1 = L_1 i_1 \tag{1}$$

また，図1に示すように受信側（Rx）のインダクタが接近した場合，電流i_1で生じた磁束の中で，受信側（Rx）のインダクタも囲む磁束ϕ_2が生ずる。磁束ϕ_2が生じる割合を結合係数kで表す。

$$\phi_2 = k\phi_1 \quad (0 \leq k \leq 1) \tag{2}$$

一方，磁束ϕ_2は受信側（Rx）のインダクタを囲む磁束であるので，電磁誘導の法則により次式が成り立つ。

$$v_2 = \frac{d\phi_2}{dt} \tag{3}$$

図1に示すように，v_2は受信側（Rx）のインダクタの開放端に生じる電圧である。以上をまとめると以下の式を得る。

$$v_2 = kL_1 \frac{di_1}{dt} \tag{4}$$

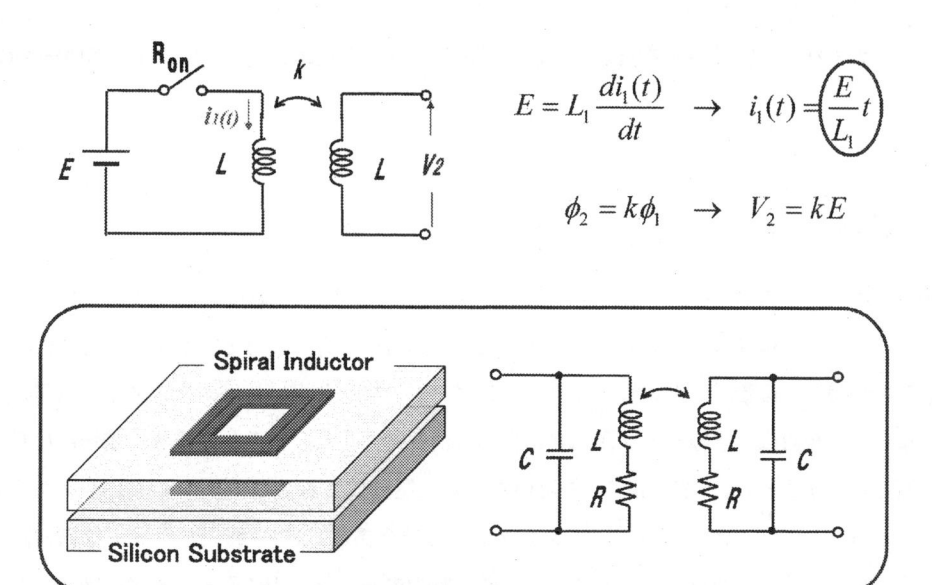

図2 理想的な場合とスパイラル・インダクタ対

送信側の信号を電流 i_1 とすると，その微分が受信側の電圧信号 v_2 として現れる。

次に図2に示す電圧 E を送信側のインダクタに与えた場合を考える。一定電圧をインダクタに与えているため，インダクタに流れる電流 i_1 は，以下のように時間と共に増加する。

$$i_1 = \frac{E}{L_1} t \tag{5}$$

(5)を(4)に代入すると，次式を得る。

$$v_2 = kE \tag{6}$$

(6)が成り立つと，送信側の入力電圧 E が，受信電圧 v_2 に現れるので伝送システムとしては都合がよい。しかし，(6)は，理想状態での結果であり，現実には図2に示すスイッチのオン抵抗 R_{on} のため，電流 i_1 の増加と共にオン抵抗に加わる電圧が大きくなり，反対にインダクタ L_1 に加わる電圧は小さくなる。最終的には，すべての電圧がオン抵抗に加わり，電流 i_1 は次の値に飽和する。

$$i_1 \rightarrow \frac{E}{R_{on}} \tag{7}$$

以後，電流 i_1 に時間変化はないので，受信電圧は生じない。飽和までの時間は，典型的なオンチップ・スパイラル・インダクタおよび MOSFET スイッチの場合，100-200ps 程度と非常に短い。さらに，図2に示すように，スパイラル・インダクタは，従来のパルストランスと違い，

相対的に大きな寄生容量があるため，自己共振周波数が通信帯域に近づき，さらに現象が複雑になる。

4　低消費電力化

図2に積層されたICチップ上のスパイラル・インダクタ間の電磁結合を示す。先に書いたように，この構造には従来のパルストランスと違い，相対的に大きな寄生容量がつくため，自己共振周波数が使用する帯域に近づく。通常，インダクタの自己共振は使用する帯域中には現れてほしくないが，今回は，無線チップ間相互結合の低消費電力化に，自己共振現象を積極的に利用する。図3に示すように，nMOSFETを用いたパルス駆動によるスパイラル・インダクタ対の励振を考える。ここで，スパイラル・インダクタ対は結合係数"k"を導入したπ形等価回路でモデル化されている。回路シミュレータによる過渡解析の結果を図4に示す。まず，図4の左側に示したパルス幅が長い場合について考える。入力パルスの立上りおよび立下り時に出力端に減衰振動が現れる。しかし，その振幅は立上り時より立下り時の方が大きい。この違いは，立上り時には送信側インダクタ，電圧源（V_L）およびnMOSFETスイッチによる閉ループができるためである。一方，立下り時にはインダクタは電圧源と切り離され，開放状態になる（厳密には，等価回路内の閉回路だけになる）。さらに，受信側のインダクタは電圧振幅信号を取り出すように開放状態で使用するので，立下り時には2つのスパイラル・インダクタは全く等価になる。この同一性が入出力インダクタにおける共振現象を大きくし，その結果として消費電力の増加なしに大きな電圧振幅を得ることができる。次に図4の右側に示した場合について考える。ここでは，さらに振幅を増加させるため，立上りおよび立下り時の減衰振動が重なるように短パルスでの駆

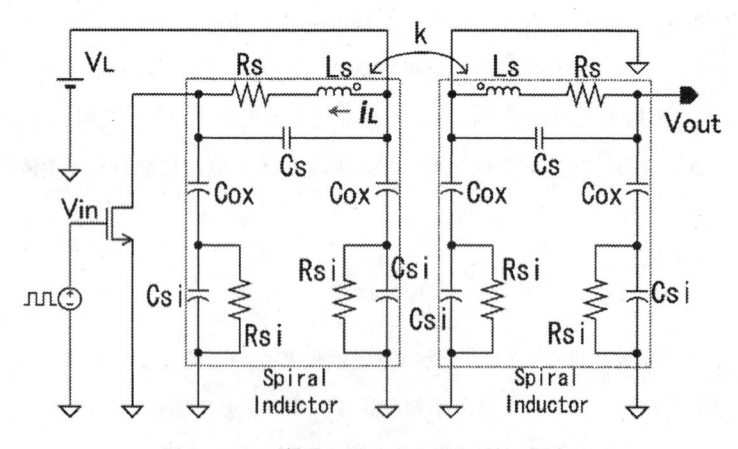

図3　パルス信号によるインダクタ対の励起

第17章 RF-3次元SiP

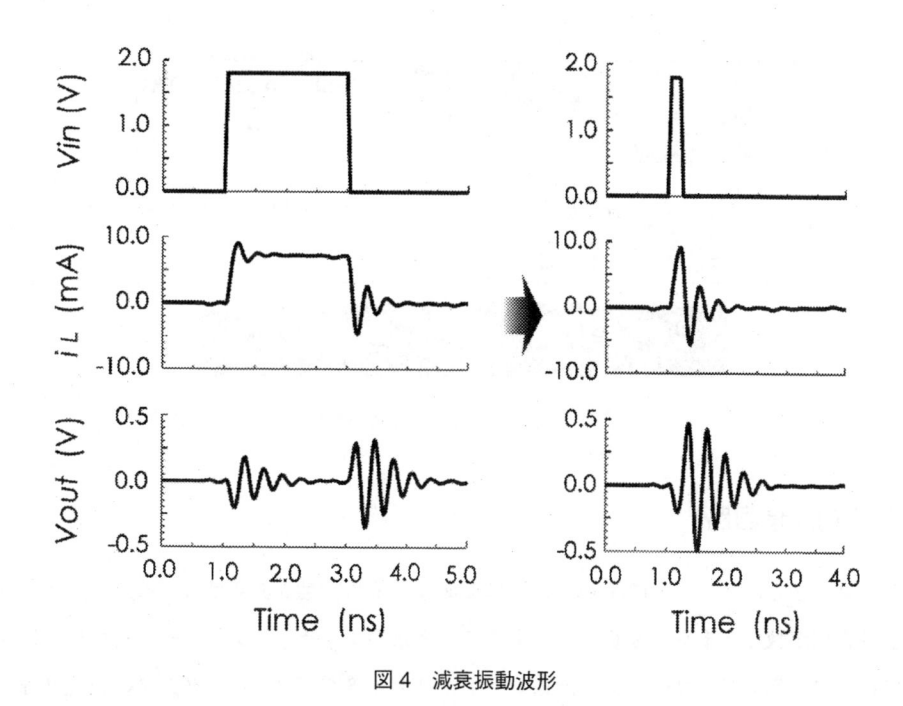

図4 減衰振動波形

動を試みる．以下のパルス幅"t_{pw}"が，2つの減衰振動を重ね合わせる．

$$t_{pw} = \frac{1}{2f_{self}} \tag{1}$$

ここで，"f_{self}"はスパイラル・インダクタの自己共振周波数である．

5 シリコン基板の導電性の影響

スパイラルインダクタ間の電磁結合の障害となることが懸念されるため，シリコン基板の導電性の影響について考察する．通常，スパイラルインダクタでは，下記の条件が成り立つ．

$$f_{self} \ll \frac{\sigma}{2\pi\varepsilon_o\varepsilon_r} \tag{2}$$

ここで，"σ"および"ε_r"はシリコン基板の導電率，比誘電率をそれぞれ表す．従って，シリコン基板のための磁界の減衰率は，図5に示すように見積ることができる．例えば，シリコン基板の厚さが100μm，電導率が10S/m（抵抗率10Ωcm）の場合，減衰率は0.96となり，影響は無視できる．このことは，3次元電磁界シミュレータによってインダクタモデルの結合係数を求める際にも確認している．

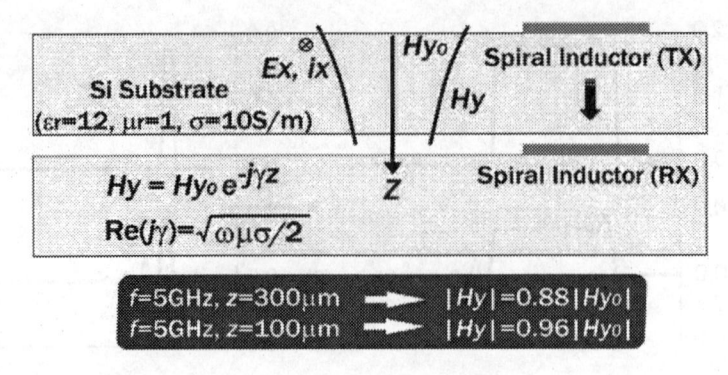

3次元システムインパッケージと材料技術

```
Si Substrate          Ex, ix⊗   Hy₀   Spiral Inductor (TX)
(εr=12, μr=1, σ=10S/m)          Hy
                                  ↓
         Hy = Hy₀ e^(-jγz)       z    Spiral Inductor (RX)
         Re(jγ)=√(ωμσ/2)

         f=5GHz, z=300μm  →  |Hy|=0.88|Hy₀|
         f=5GHz, z=100μm  →  |Hy|=0.96|Hy₀|
```

図5 シリコン基板の導電性の影響

6 非同期通信回路

受信信号は，図4に示すように減衰振動波形であり，その振動周波数はスパイラル・インダクタの自己共振周波数で定まる。図6に示すように，従来のラッチ・コンパレータを用いた同期受信方式では，タイミング・マージンは伝送レートよりも4倍程度高いインダクタの自己共振周波数に支配されるため，原理的に狭くなる。スケーリングによりスパイラル・インダクタのサイズを小さくすると自己共振周波数はさらに高くなり，タイミング設計をより困難にする。この困難さを避けることのできる非同期通信方式を採用する。

（同期）クロック信号を必要としない非同期通信を実現するため，ダイナミック回路および自己プリチャージ技術を導入する。回路構成を図7に示す。回路シミュレータの解析結果を図8に示す。"V_C"で表記される受信信号は減衰振動波形であり，その中心電位はゼロである。まず，

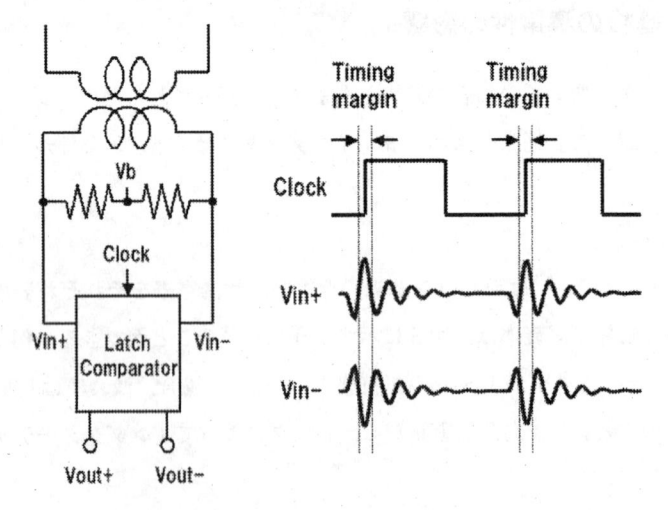

図6 タイミング・マージン

第17章 RF-3次元SiP

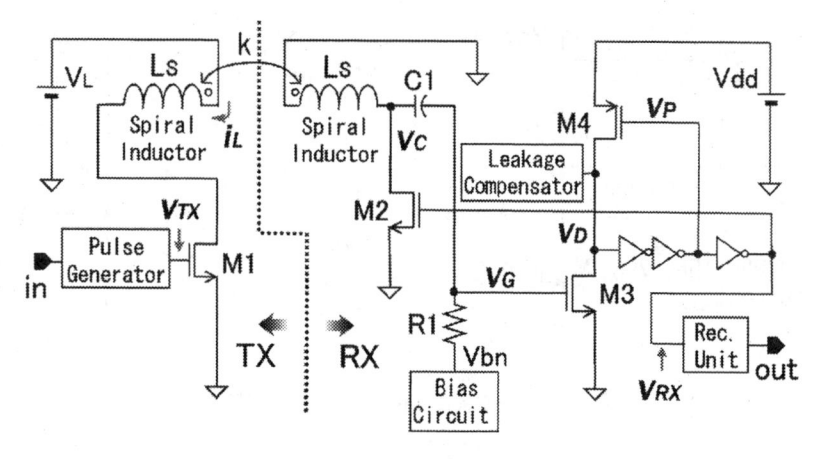

図7 送受信回路

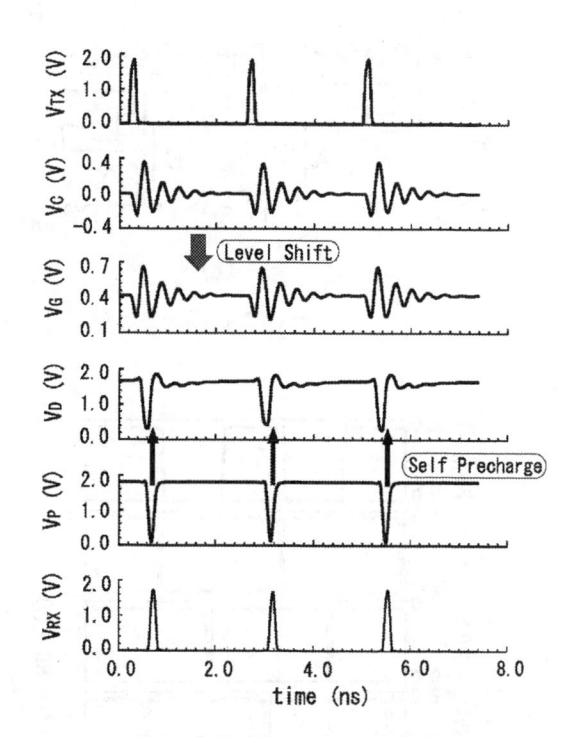

図8 自己プリチャージの動作波形

受信信号をC_1およびR_1によってバイアス電圧"V_{bn}"までレベルシフトする。レベルシフトされた信号を"V_G"と表記する。なお，バイアス電圧"V_{bn}"によってM3の伝達コンダクタンスを変化して，受信感度を調整できる。"V_D"と表記されているノードが動的に充放電される。M3は，レベルシフトされた受信信号に従って，本ノードを放電する。放電された後，M4が遅延されたパルス信号"V_P"に従って，再びノード"V_D"を充電する。この機構は，自己プリチャージと呼ばれ，送信パルス"V_{TX}"が受信信号"V_{RX}"として同期クロックなしに再生される。

また，安定な自己プリチャージ動作を実現するため，リーク電流補償回路を用意した。M3のリーク電流は徐々にノード電圧"V_D"を引き下げ，ついには誤ったパルスを出力する。リーク電流補償回路およびバイアス回路の構成を図9に示す。リーク電流補償回路はM8およびM9で構成される低域通過フィルタによって低周波成分であるリーク電流を検出する。M8およびM9はそれぞれ，抵抗および容量として働く。

本回路でNRZ信号の通信を行えるように，図10に示すパルス生成器（PG）およびNRZ再生

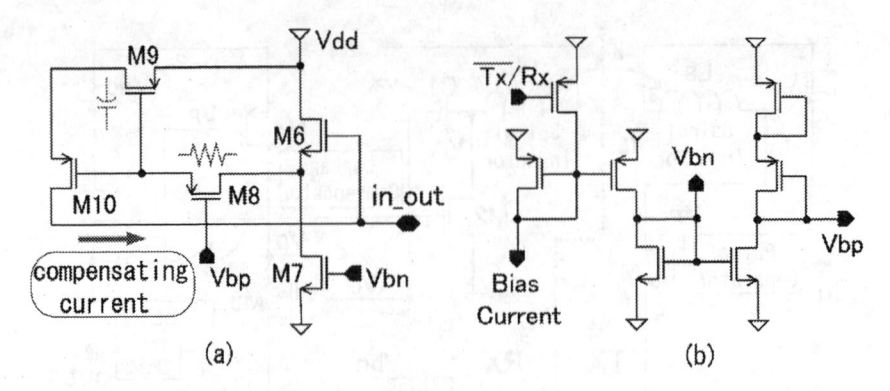

図9 (a)リーク補償回路 (b)バイアス回路

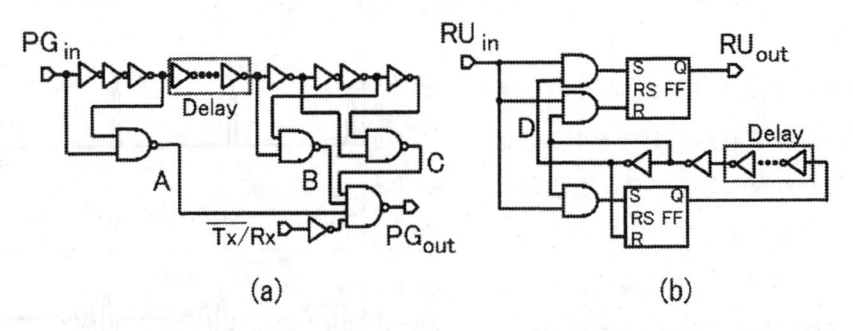

図10 (a)パルス生成器(PG) (b)NRZ再生回路(RU)

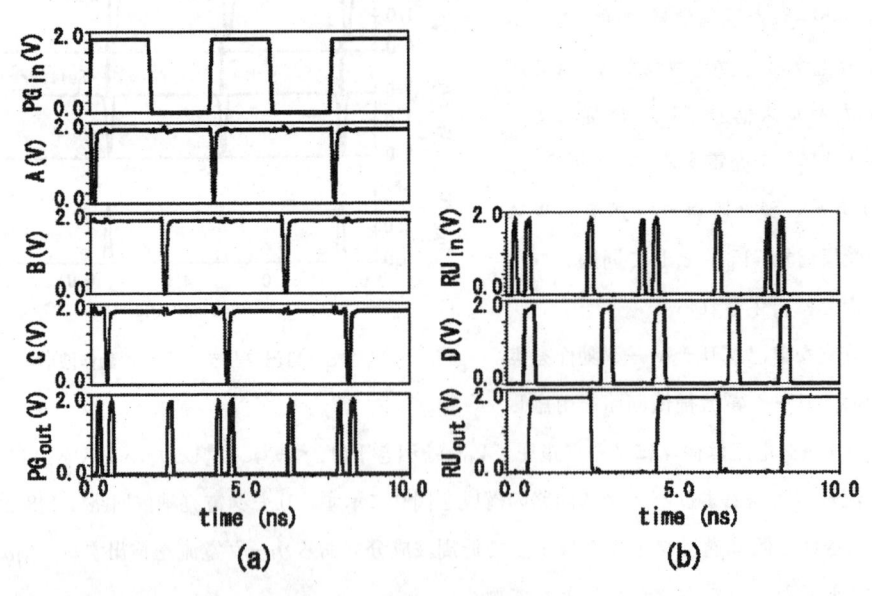

図11 シミュレーション波形
(a)パルス生成器(PG) (b)NRZ再生回路(RU)

第 17 章　RF-3 次元 SiP

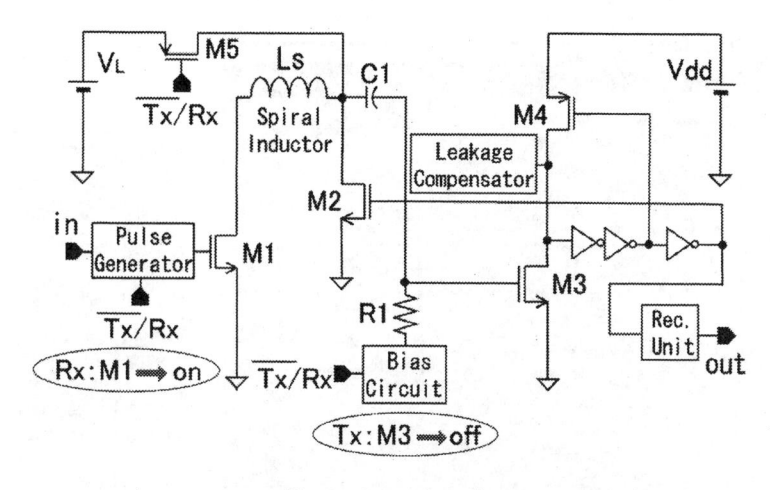

図 12　トランシーバー

器（RU）を構成する。これらの回路のシミュレーション結果を図 11 に示す。図 11(a)の波形 A, B, C は図 10(a)に示すノード A, B, C の電圧波形である。このように PG は入力 NRZ 信号の立上りおよび立下りでそれぞれ，シングルパルスおよびダブルパルスを生成する。一方，RU は受信したシングルパルスおよびダブルパルスから入力 NRZ 信号を再生する。図 11(b)の波形 D は図 10(b)に示すノードの電圧波形である。RU は非同期順序回路であり，2 つのフリップフロップ（FF）で内部状態を保持している。2 つの FF の内，下のフリップフロップが保持している状態を Q_{lower} とする。信号 "D" は，遅延された Q_{lower} であり，また，Q_{lower} は自身の遅延された信号 "D" でリセットされるため，ON 状態は遅延素子の遅延時間だけ継続される。2 つの FF の内，上のフリップフロップは再生された NRZ 信号を保持するが，これを Q_{upper} とする。Q_{upper} は，"D" が ON 状態で入力パルスが与えられた場合のみセットされる。反対に "D" が OFF 状態の場合の入力パルスは，Q_{upper} をリセットする。すなわち，ダブルパルスの場合，一つ目のパルスが Q_{lower} をセットして，二つ目のパルスで Q_{upper} がセットされる。一方，シングルパルスの場合，Q_{upper} はリセットされるのみである。このようにして，NRZ 信号が Q_{upper} として再生される。提案する通信方式を採用すると，マクロ的には本回路は単に遅延素子として扱うことができる。また，図 12 に示すように，スイッチとして動作する M5 を導入すると送受信回路でひとつのスパイラル・インダクタを切り替えながら使用できるため，トランシーバーが容易に構成できる。

7　テストチップ設計と測定結果

提案する電磁結合方式を実証するため，$0.18\mu m$ 6 層メタル CMOS 技術を用いてテストチップを試作した。図 13 にチップ写真を示す。12 個のトランシーバが集積されている。図 14 に示す

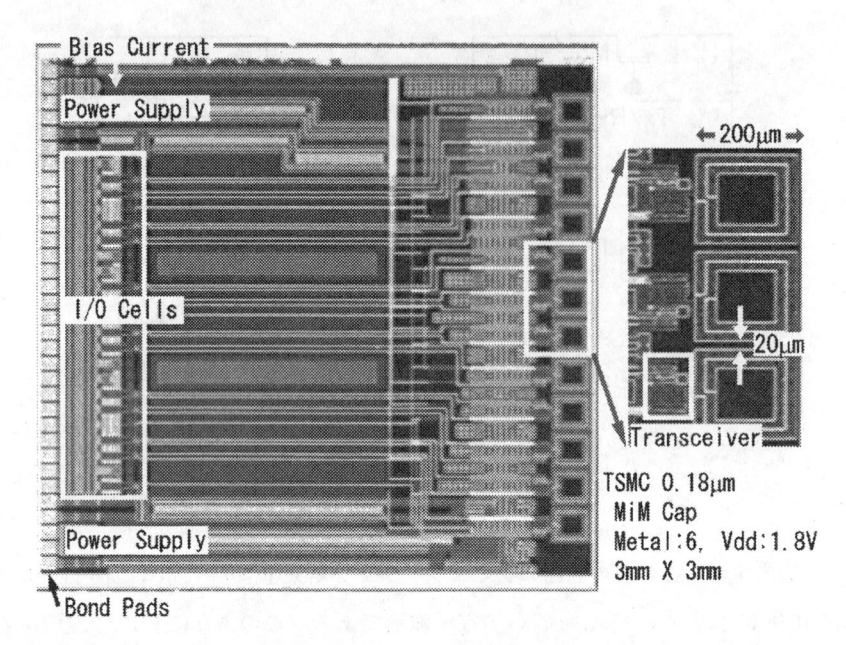

図13 チップ写真

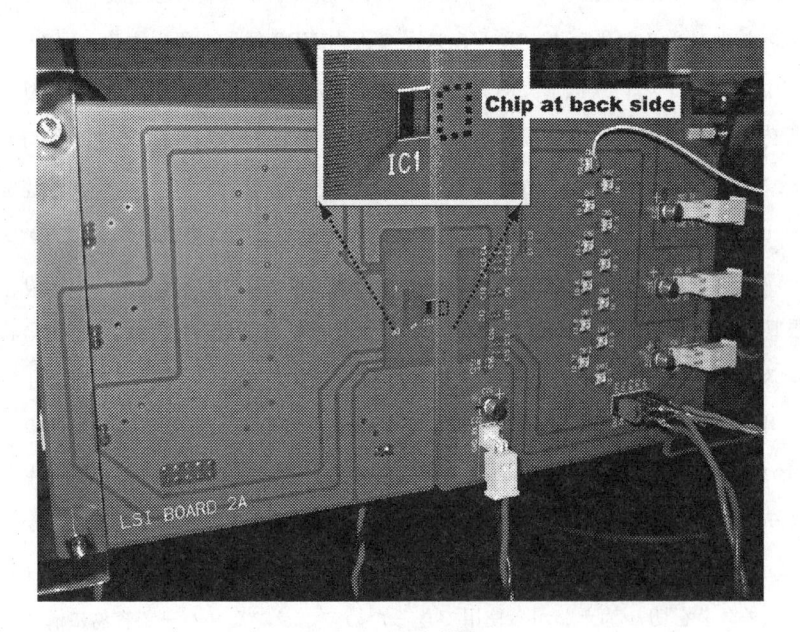

図14 測定装置

ように2つのICチップをPCB上にベアチップ実装し，マニピュレータを用いて対向させて伝送特性を測定した。

測定結果を図15, 16に示す。図15は隣接する3つのチャネルの送信データおよび受信信号波形を示す。ここでは，1.0Gbpsの疑似ランダムデータを伝送している。10^{-10}以下のビット誤差

第 17 章　RF-3 次元 SiP

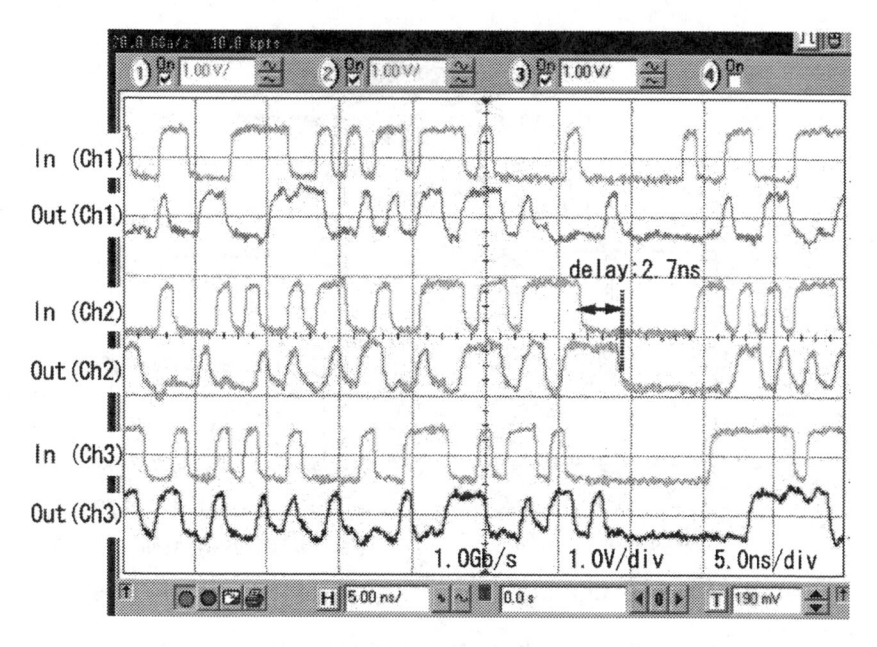

図 15　送受信波形

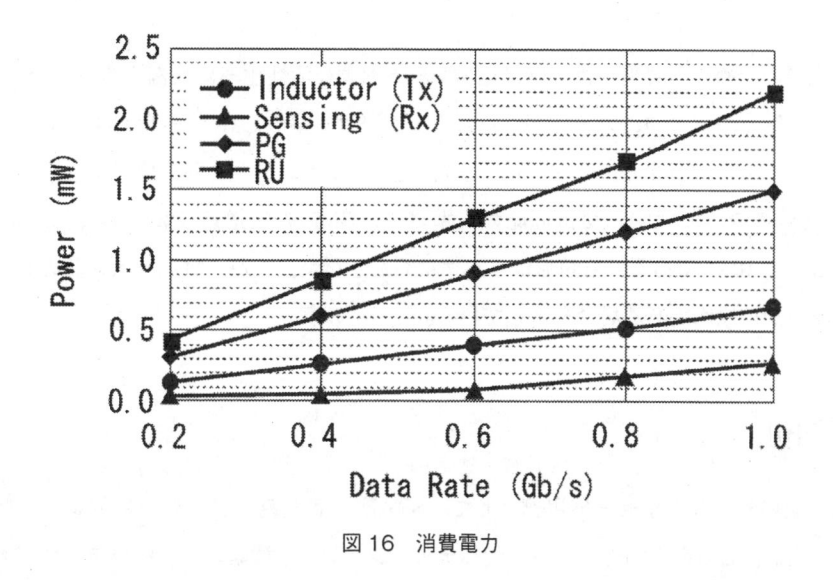

図 16　消費電力

率が隣接チャネル間のクロストークなしに実現できている。また，遅延時間は 2.7ns（内訳はトランシーバで 1.2ns, I/O で 1.0ns, PCB で 0.5ns）であった。消費電力の測定結果を図 16 に示す。"Inductor（Tx）" および "Sensing（Rx）" はそれぞれ，送信インダクタの駆動のための消費電力および受信部のダイナミック回路や自己プリチャージ回路など RU 以外の回路での消費電力を表す。送信データの活性化率（データ "1" または "0" の割合）は，最大値 0.5 に設定した。非

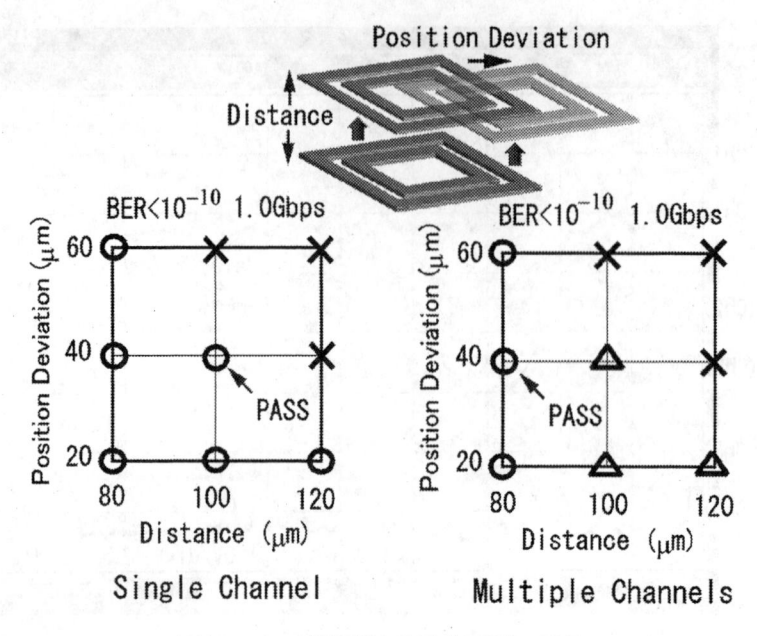

図17 チップ間距離と位置ずれ耐性の関係

同期通信機構のため,消費電力は正確に送信レートおよび活性化率に比例する。なお,PG およびRU の消費電力が相対的に大きいが,これらの回路は標準のCMOS 論理回路であり,製造技術の微細化とともに減少することが期待できる。図17にインダクタ間の位置ずれ耐性とチップ間距離の関係について示す。受信可能の規準は,1.0Gbps の伝送速度において,誤り率(Bit Error Ratio)<10^{-10} である。三角形は本規準は満たさなかったが,電源ライン間のクロストークが誤り率増加の原因である場合を示している。

8 応用例

非同期通信の有効性が示せる応用例として,SRAM の書込み,読出しをアドレス,制御信号を含めて,電磁結合された信号によって行うデモ・システムを構築した。積層チップの断面構造の模式図を図18 に示す。また,上面写真と斜め上からの写真をそれぞれ図19,20に示す。今回は,原理実験なので,通常のSRAM チップを利用した。すなわち,SRAM チップ上には電磁結合トランシーバは集積されていない。そこで,電磁結合トランシーバが集積された伝送チップ1,2 を用意する。伝送チップ2はプリント基板上の配線およびボンディング・ワイヤを通してSRAM チップのI/O と接続されている。一方,伝送チップ1もボンディング・ワイヤおよびプリント基板上の配線によって,測定装置(ロジック・アナライザ)と接続される。制御信号,ア

第 17 章　RF-3 次元 SiP

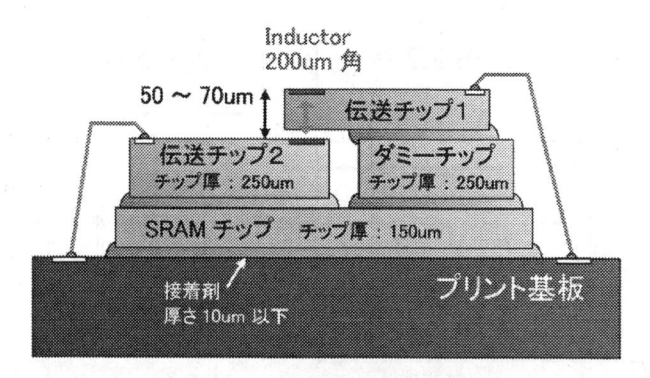

図 18　積層チップ断面の模式図

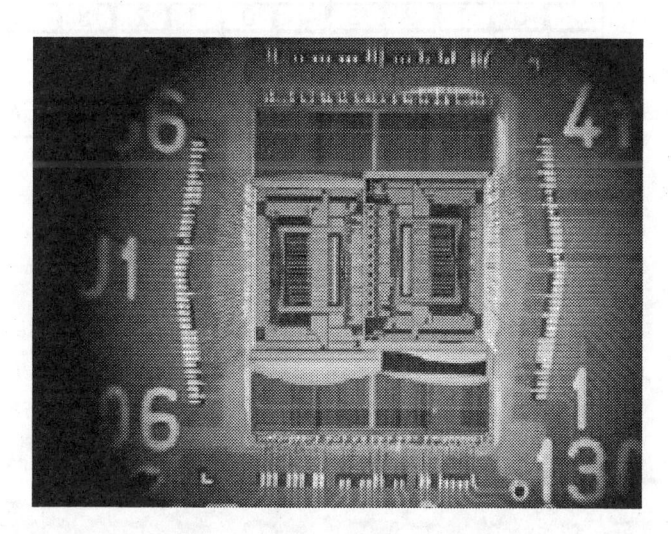

図 19　積層チップの写真（上面）

図 20　積層チップの写真（斜め上から）

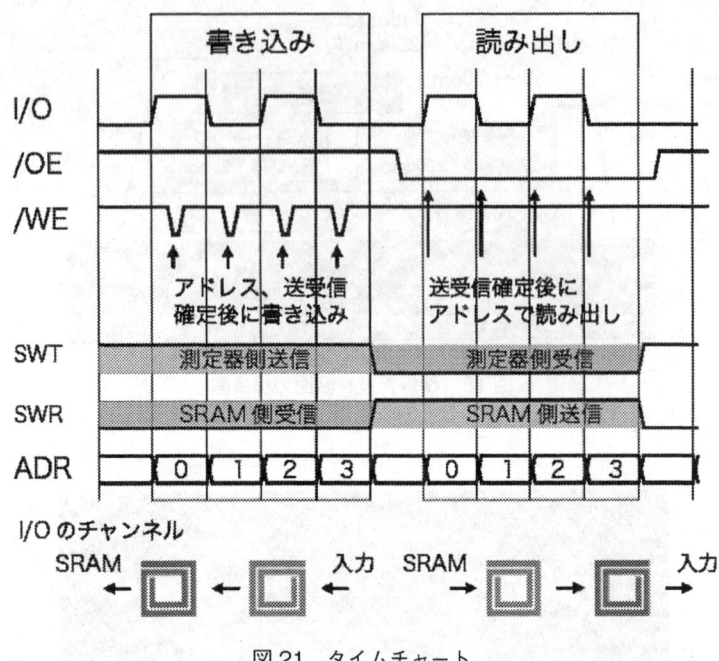

3次元システムインパッケージと材料技術

図21 タイムチャート

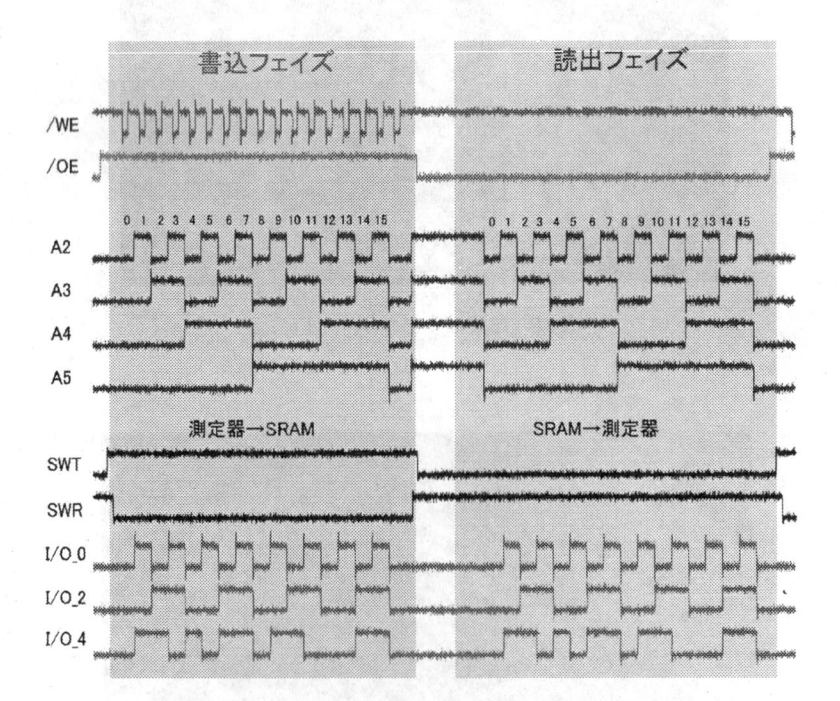

図22 測定波形

ドレスを含めた信号のタイムチャートを図21に示す。SWTおよびSWRは，それぞれ，伝送チップ1，2上に集積された電磁結合トランシーバの送受信の方向を制御する信号である。図22

第17章 RF-3次元SiP

に測定結果を示す。書込み、読出しの一連の動作が実現できていることがわかる。このように、システム設計者（ディジタル回路設計者）は、本トランシーバを通常の双方向バッファとして振舞うマクロブロックと取り扱うことができる。

9 まとめ

スパイラルインダクタによる無線チップ間相互結合のための低消費電力化技術および非同期通信方法について報告した。0.18μm 6層メタル CMOS 技術によるテストチップの試作および評価実験により、本技術の有効性（0.95mW/1.0Gbps/ch）を示した。

謝辞

SRAM 評価ボードの作製にあたり、技術的および経済的なご助言、ご援助を賜りましたシャープ株式会社 嘉田守宏様および井端雅一様に、深謝申し上げます。

文　献

1) M. Koyanagi et al., "Neuromorphic Vision Chip Fabricated Using Three-Dimensional Integration Technology," *ISSCC Digest of Technical Papers*, pp.270-271, Feb. 2001
2) K. Kanda et al., "1.27Gb/s/ch 3mW/pin Wireless Superconnect (WSC) Interface Scheme," *ISSCC Digest of Technical Papers*, pp.186-187, Feb. 2003
3) D. Mizoguchi et al., "A 1.2Gb/s/pin Wireless Superconnect Base on Inductive Inter-Chip Signaling (IIS)", *ISSCC Digest of Technical Papers*, pp.142-143, 2004
4) N. Miura, D. Mizoguchi, M. Inoue, K. Niitsu, Y. Nakagawa, M. Tago, M. Fukaishi, T. Sakurai and T. Kuroda, "A 1Tb/s 3W Inductive-Coupling Transceiver for Inter-Chip Clock and Data Link," *ISSCC Digest of Technical Papers*, pp.424-423, Feb. 2006
5) A. Iwata, M. Sasaki, T. Kikkawa, S. Kameda, H. Ando, K. Kimoto, D. Arizono and H. Sunami, "A 3 Dimensional Integration Scheme Utilizing Wireless Interconnections for implementing Hyper Brains," *ISSCC Digest of Technical Papers*, pp.208-209, Feb. 2005
6) M. Sasaki and A. Iwata, "A 0.95mW/1.0Gbps Spiral-Inductor Based Wireless Chip-Interconnect with Asynchronous Communication Scheme", *Dig. Symp. VLSI Circuits*, pp.348-351, June 2005

第18章 3次元実装用アンダーフィル剤

小高 潔[*]

1 はじめに

3次元実装はメモリーを多段にスタックしたものから，異なる機能を持つチップを組み合わせたSiPへと進展し，接続方法もワイヤーボンドだけでなく，フリップチップ接続を用いる場合が出てきた。特に日本の半導体メーカー各社がそれぞれ特色を持ったフリップチップ接続を用いたCOC（Chip on Chip）構造のパッケージを発表しており，既に複数のメーカーで量産され始めてきている。本章では，COC用のアンダーフィル剤に求められる要求特性とそれを実現するアンダーフィル剤の組成について概説する。

2 アンダーフィル剤への要求特性

アンダーフィル剤の役割は，熱サイクル中にハンダ接合部に加わる応力を緩和する目的で使用され，膨張係数はバンプ材質に合わせることが好ましい。一般にアンダーフィル剤のTgは高いほうがバンプの補強性に優れる。バンプの補強のためにはLSIチップ界面及び基板界面との接着性が非常に重要である[1]。剥離が生じては十分な補強効果が得られず，剥離部分の伸展により容易にバンプクラックが発生する。

シリコン－シリコンのCOCではチップ，基板が同じ材料で構成されるために，通常の樹脂基板を用いるフリップチップに比べ膨張係数のミスマッチによるバンプへの応力が小さい。一方，COCのチップ間のギャップは狭く，（概ね30μm以下 数μm程度のギャップしかない場合もある）狭ギャップへ

表1 代表的なCOC用アンダーフィル剤の特性値

項目	単位	特性値
フィラー量	wt%	50
フィラー平均粒径	μm	0.3
粘度	Pa・s	9
ガラス転移温度	℃	120
膨張係数 <Tg	ppm/℃	38
>Tg	ppm/℃	135
曲げ弾性率	GPa	6
曲げ強度	MPa	105
純度（PCT 20hrs）Cl$^-$	ppm	5
Na	ppm	<1
K	ppm	<1

---

[*] Kiyoshi Kotaka ナミックス㈱ 技術本部 能動部材技術ユニット シニアグループマネージャー

第18章 3次元実装用アンダーフィル剤

の高い流動性が要求される。従って，フィラー等，膨張係数や弾性率をコントロールする充填剤の添加量は樹脂基板用アンダーフィル剤に比べ少なく，狭ギャップへの流動性を重視した設計となっている。代表的なCOC用アンダーフィル剤の特性表を表1に示す。

2.1 流動特性

COCの狭ギャップへの十分な流動性を確保するためには，アンダーフィル剤は低粘度かつ，基材との接触角が小さくなることが求められる。図1の式で表される接触角は各基材（シリコン，

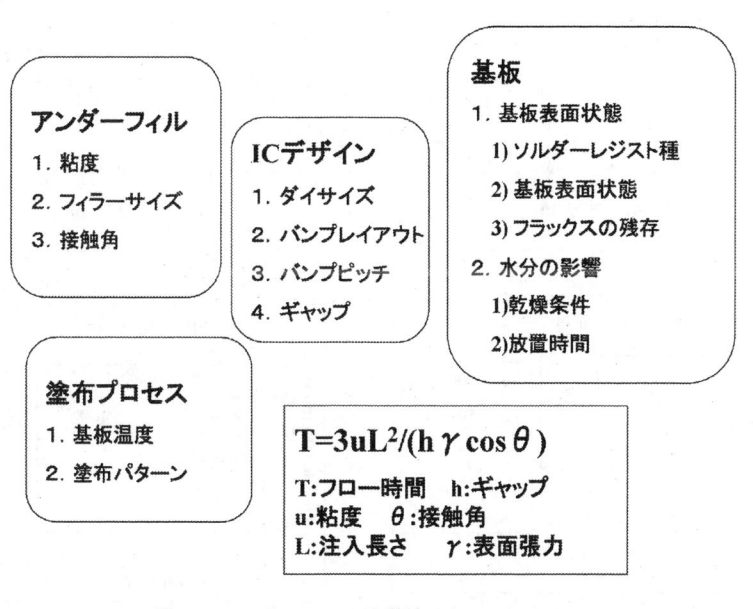

$$T = 3uL^2/(h\gamma\cos\theta)$$

T:フロー時間　h:ギャップ
u:粘度　θ:接触角
L:注入長さ　γ:表面張力

図1　アンダーフィル流動性のキーファクター

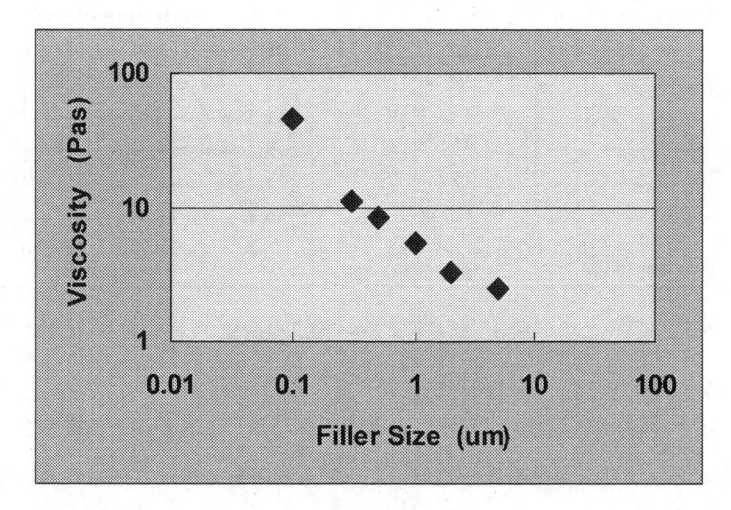

図2　フィラーサイズとアンダーフィル剤の粘度　（フィラー量　50wt%）

3次元システムインパッケージと材料技術

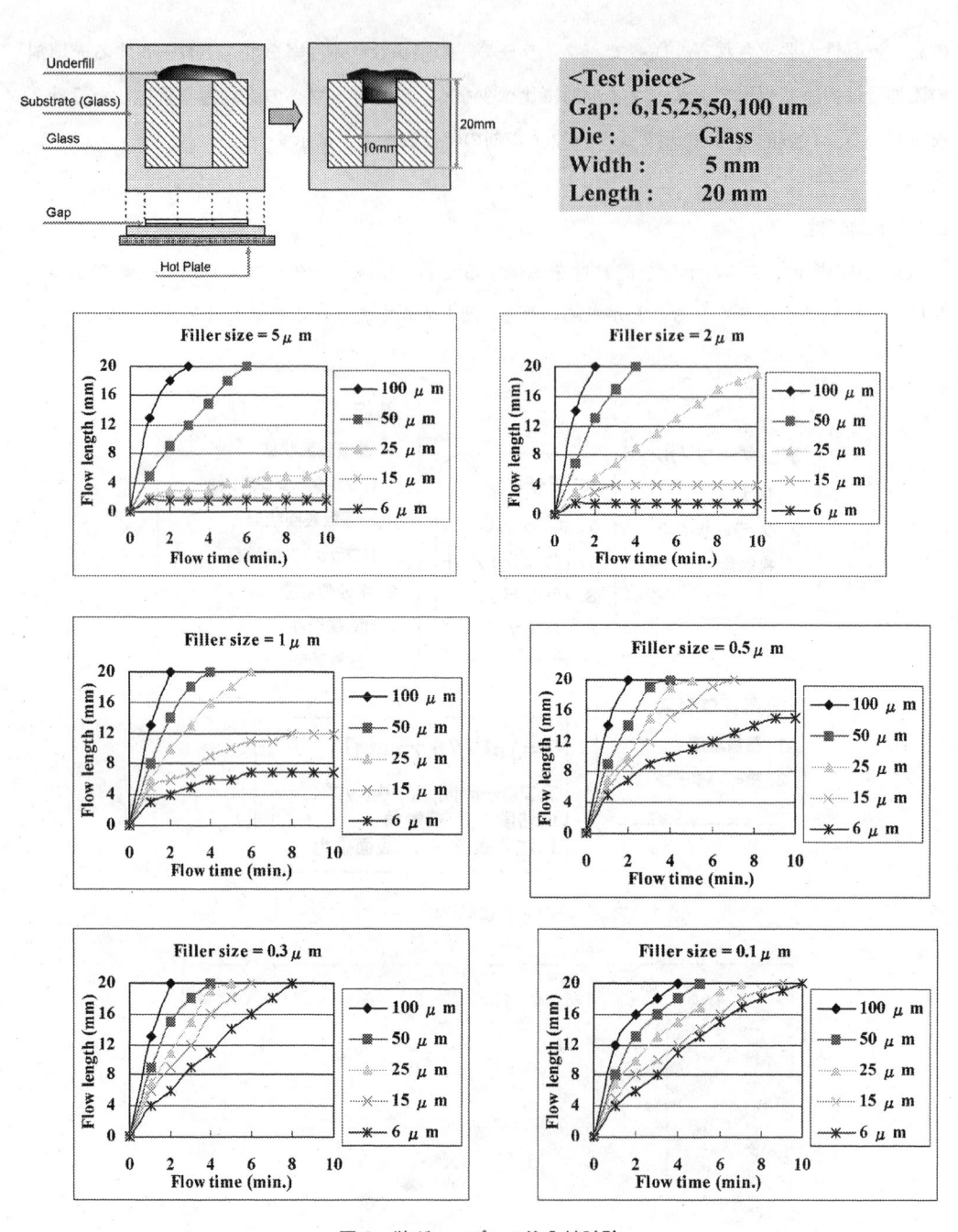

図3 狭ギャップへの注入性試験

ポリイミドパッシベーション，バンプ等々）によって異なり，これが注入速度差をもたらしボイド発生の原因となる。また，汚染や表面処理によっても各基材の表面状態は容易に変化し，同一基材上でも接触角が不均一になり流動性に影響を与える。

第18章　3次元実装用アンダーフィル剤

フィラーの粒径はギャップに対して十分小さいことが求められる。フィラー粒径がギャップに対して十分小さくない場合は，注入不良が発生する。一般的なアンダーフィル剤に用いられるフィラーの平均粒径は，0.5μmから5μm程度であるが，COC用アンダーフィル剤は0.1から2μm程度のフィラーが用いられる。フィラー粒径と狭ギャップへの注入性に関して図2，3に示す。

狭ギャップへの良好な流動性のためには低粘度かつ，各基材への接触角が小さいことが求められる一方，塗布領域を狭く保つことも要求される。COCは塗布領域が狭く，ワイヤーボンディング部へのアンダーフィルの染み出しは許されない。また，COCに用いられるチップは薄く削られていることが多く，アンダーフィル剤の這い上がり防止も考慮する必要がある。アンダーフィル剤の配合上の工夫ももちろん必要だが，チップの汚染，側面の傷もこれらの不良発生に大きく影響するので考慮する必要がある。また，ディスペンス方式も塗布領域が狭くできるジェット方式のディスペンサーの採用が増えて来ている。

2.2　信頼性

COCは基板とチップの膨張係数のミスマッチの問題がないため，樹脂基板を用いたフリップチップパッケージに比べ，耐ハンダリフロー試験，耐湿試験，ヒートサイクル試験において，チップ－アンダーフィル界面での剥離やバンプクラック等の不良の問題が発生しにくい。しかし，COCは最終的にモールディングコンパウンドで封止されるため，このモールディングコンパウンドと，アンダーフィル剤の界面剥離の問題が発生することがある。この場合は，アンダーフィルとモールディングコンパウンドとの組み合わせや，アンダーフィルのフィレット部分の表面改質（プラズマ処理等）の検討が必要となる。

3　アンダーフィル剤の組成と物性

3.1　樹脂

COC用アンダーフィル剤も通常のアンダーフィル剤と同様に，エポキシ樹脂を主剤とした樹脂系が用いられる。硬化剤も通常のアンダーフィル剤と同様に，酸無水物，アミン，フェノール等が用いられる。COCは狭ギャップであることから，用いられる樹脂は出来るだけ低粘度であることが望ましい。したがってCOC用アンダーフィル剤に用いられるエポキシ樹脂及び硬化剤は常温で液状，または固形であっても常温で液状の樹脂に溶融した場合に低い粘度を示す物を選択する必要がある。

アンダーフィル剤に使用される代表的なエポキシ樹脂を図4に示す。これらのエポキシ樹脂は

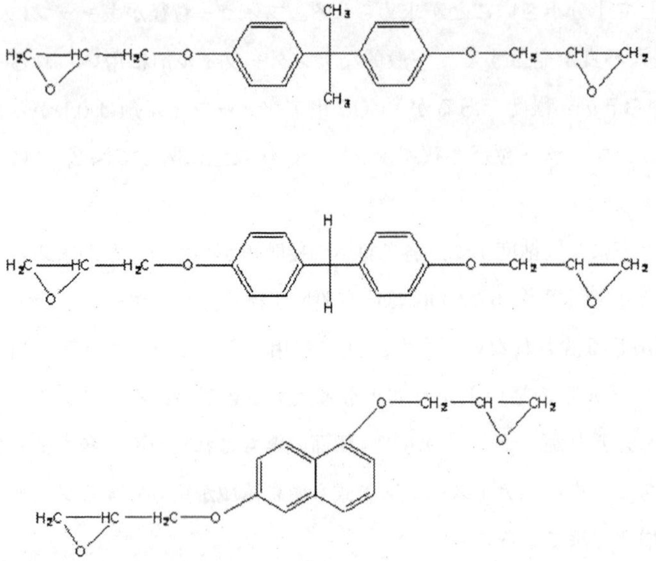

ビスフェノールA型エポキシ樹脂

ビスフェノールF型エポキシ樹脂

ナフタレン型エポキシ樹脂

図4　代表的な液状エポキシ樹脂

アンダーフィル剤以外にも半導体・電子部品の封止・接着をはじめ，様々な分野で使われているが，アンダーフィル剤には脱Cl化，分子蒸留により精製した，低粘度且つ高純度なグレードを選択する必要がある。

COC用アンダーフィル剤に使用される硬化剤で好適に用いられるのは酸無水物である。低粘度であり，フィラーを高充填しても狭ギャップへの高い浸入性を示す。一般に酸無水物は他の硬化剤に比べ耐湿性に劣ると言われているが，耐湿性の高い酸無水物の選択及び配合上の工夫により実用上問題なく使用されている。アミン系硬化剤も低粘度で接着性，耐湿性に優れ，特に耐湿信頼性が要求されるCOC用途で使われている。ノボラックフェノールはフェノールの繰り返し単位数により架橋密度が調整可能であり，ガラス転移温度・高温弾性率の調整が容易であるが，繰り返し単位が大きくなるにつれ，高溶融粘度を示し，COC用アンダーフィル剤としては使用が制限される。代表的な硬化剤の構造式を図5に示す。

3.2　硬化促進剤

硬化促進剤はエポキシ樹脂と硬化剤との反応を促進する触媒であり，硬化性の調整はもちろん，保存安定性，流動性，硬化物性に大きく影響する。アミンやイミダゾール，有機フォスフィンや有機ホスフォニュウム化合物，DBU塩等，要求特性に応じてその種類と量，組み合わせが調整される。COC用アンダーフィル剤では狭ギャップへの注入性を考慮して，液状またはエポキシ樹脂等に溶解する硬化促進剤を選択することが多い。固形の硬化促進剤を選択する際は，注

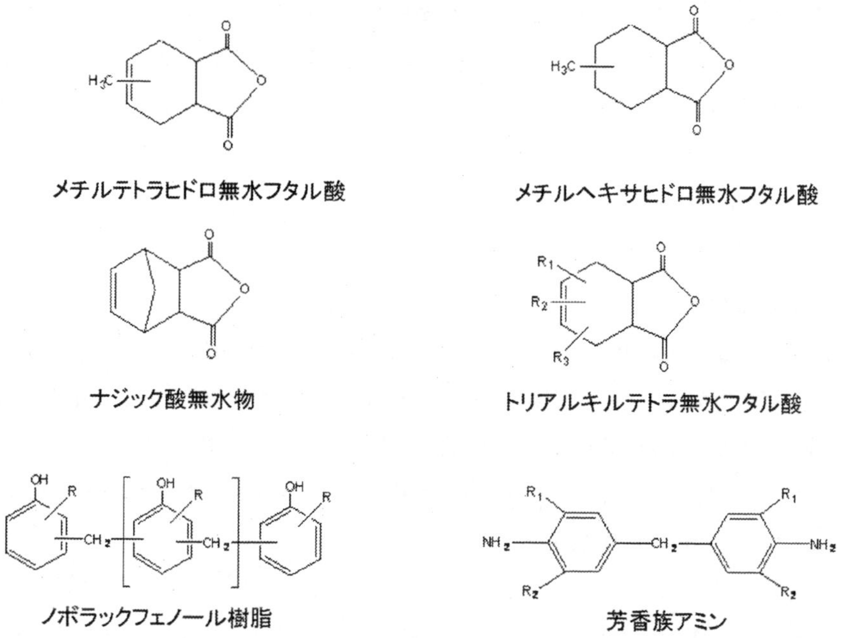

第18章 3次元実装用アンダーフィル剤

メチルテトラヒドロ無水フタル酸　　　　メチルヘキサヒドロ無水フタル酸

ナジック酸無水物　　　　トリアルキルテトラ無水フタル酸

ノボラックフェノール樹脂　　　　芳香族アミン

図5　代表的な硬化剤

入性への影響及び，硬化不良等のトラブルを起こさないように，その粒度と分散状態の管理が重要となる。

3.3 フィラー

半導体用封止剤にはシリカフィラーが用いられ，添加の主目的は線膨張係数の低減である。添加量はモールディングコンパウンドが90wt%も添加するのに対し，アンダーフィル剤には非晶質の球状シリカが40～70wt%程度である。一般にアンダーフィル剤には非晶質の球状シリカが用いられる。COC用に用いられるフィラーは粒形が小さいことはもちろん，最大粒径も厳しく制御する必要がある。特にCOC用プレアプライドタイプアンダーフィル剤はギャップより大きなフィラーが存在するとチップに致命的なダメージを与えるため，厳しく管理する必要がある。

フィラー粒径が小さくなると比表面積が増大する為，アンダーフィル剤の粘度が上昇する。粒径の小さなフィラーを用いても出来るだけ粘度上昇を防ぐために，最適化された粒度分布，高い球形度が求められ，適切な表面処理が施される。

上記の特性を満たすものとして好適に用いられるのがゾルゲル法により作成されたフィラーである。粒度分布，最大粒径，球形度のどれをとっても他のフィラー製法に比べてCOC用フィラーに適していると言える。煙霧状シリカは比表面積が大きいため，吸油量が大きくアンダーフィル粘

度が非常に高くなってしまい適当でない。溶融球状シリカではサブミクロンレベルで,粗粒子の少ないフィラーが開発されてきており,ゾルゲル法に比べ安価なため今後の開発が期待される。

COC用アンダーフィルに用いられるフィラーはシリカが主であるが,高熱伝導性を要求される用途にはアルミナや窒化アルミなどの高熱伝導性のフィラーを検討する必要がある。狭ギャップへの流動性と高熱伝導性の両立を考えると,窒化アルミが優れているといえる[2]。

3.4 その他の添加剤

アンダーフィル剤への添加剤としては,シランカップリング剤,表面調整剤,応力緩和剤等が挙げられる。シランカップリング剤は,無機物と樹脂との界面の接着性の向上を目的に添加される。表面調整剤は塗料添加剤であり,表面張力の調整,アンダーフィル硬化物表面の平滑化等を目的に添加される。応力緩和剤としては,固形微粒子のエラストマーやプラスチック,硬化析出型のエラストマー等が用いられる。

4 おわりに

SiPの進展に伴い,今後益々COCの採用が増えていき,COC用アンダーフィル剤には高密度実装(塗布領域の極小化),高生産対応が求められてくるものと思われる。そのため今後はキャピラリーフィラータイプのアンダーフィル剤から,ノーフロータイプアンダーフィル剤やフィルムタイプのアンダーフィル剤の検討が進むものと思われる。

文　献

1) K. Kotaka, Y. Abe, Y. Homma, "The new underfill materials with high adhesion strength on Flip-Chip application", IEMT/IMC Proceedings, p.389 (1998)
2) Yukinari ABE, Kazuyoshi YAMADA, Nobuyuki ABE and Osamu SUZUKI, "High thermally conductive and high reliability underfill", IMAPS/2nd International Conference and Exhibition on Device Packaging, Scottsdale, AZ USA (Mar. 2006)

第VI編 3次元SiPの応用技術

第19章　携帯端末への SiP の応用

上田弘孝*

1　日本の強みである SiP 技術と電子機器

　日本の電子機器メーカーが大きな世界市場を維持している分野としては，デジタル・ビデオ・カムコーダ（以下 DVC と記す），一眼レフを含めたデジタル・スチル・カメラ（以下 DSC と記す），据え置き型および携帯型ゲーム機器，カーナビゲーション，フラット・パネル・ディスプレイ・テレビジョン（以下 FPD-TV と記す），そして性能では世界一を誇る携帯電話端末機が挙げられる。いずれの機器も高品質の画像処理に関わる電子機器である。

　DVC，DSC，携帯型ゲーム機器，そして携帯電話端末機への要求は，①筐体が小型・薄型・軽量であること，②バッテリ操作時間が十分に長いこと，③表示画面サイズが大型で高精細なこと，④操作性に優れること，などの機能面に加え，⑤ファッショナブルであることも，重要な要求項目となっている。

　携帯電子機器における半導体・電子部品の実装においては，実装回路基板の枚数を減らし，またコネクタや電子部品の電気的な接続点数を減らすことが，実装の容易性と機器の信頼性向上，強いては機器のコスト低減にとっても非常に効果的である。また基板面積を削減し実装高さを低く保つことは，機器筐体の薄型化と設計自由度の向上にも貢献する。

　電子機器に実装される半導体パッケージ数の低減には，複数の機能を有する半導体デバイスを1つのチップ内に作り込むシステム・オン・チップ（以下 SoC と記す）技術が有効であり，大量生産が見込める携帯型ゲーム機器，MP3 音楽プレーヤや DSC の画像エンジンなどを SoC 化することが一般的である。一方で，SoC 化を進めると半導体デバイスの開発期間の長期化や開発コストが嵩むなどの開発・コスト面でのデメリットに加え，異種デバイス技術の同一チップへの作り込みによる歩留まりの低下やテストの複雑化が懸念されている。またチップシュリンクによるウエハ1枚あたりからのチップ取り数増加による半導体コスト低減の効果も薄れやすい。

　そこでこれらの SoC のデメリットを補完し，電子機器の機能アップに効果を上げている半導体パッケージ技術がシステム・イン・パッケージ（以下 SiP と記す）である。SiP の効果としては，電子機器のシステムニーズや市場ニーズに対し，①市場投入までの期間短縮，②処理能力の

---

　*　Hirotaka Ueda　セミコンサルト　代表

向上・高速化，③実装密度向上と機器の小型化，④アナログ・デジタル回路の混載・融合，⑤製品生産数量による差別化，⑥製品コスト低減，⑦半導体製造委託先の自由度向上，などが上げられる。

近年 SoC と SiP が競合しあう技術から競合→融合→競合のサイクルの繰り返しにより，システムニーズに合うような半導体機能をタイムリーに提供する技術としてお互いに補完し合いながら成長し，特に多くの携帯電子機器端末機の心臓部・頭脳部に使われている。

この章では，携帯電子機器への SiP の応用事例として，DSC と携帯型ゲーム機そして携帯電話端末機の実装技術を紹介する。

2 デジタル・スチル・カメラの実装と SiP の応用事例

2.1 DSC の技術動向

DSC の技術トレンドとしては，①数百万画素から 1,000 万画素を超える撮像素子の高画素化とそのデータの取り込み処理速度の高速化，②1 秒を切る起動時間の短縮，③ミリセカンドオーダーでの手振れ補正処理，④高感度への対応と画像の最適化のためのデータプロセッシング，⑤大型・高精細表示装置の搭載，⑥操作の簡易化のためのタッチパネルや WLAN による周辺機器との接続機能の搭載，などといった機能の充実がメーカー間の競争項目となっており，メーカー各社は，レンズシステムといった光学技術と，撮像素子，アナログフロントエンド，画像エンジン，そして高速メモリなどの半導体技術領域での高機能化，高速化や画質向上に力を注いでいる。

2.2 DSC における基板実装技術の変遷と SiP 化

表1に 1996 年カシオ計算機が民生機器として DSC を低価格で実現した「QV-10」から，世界最薄 500 万画素の Sony「CyberShot T7」まで，歴史的に意義を持つ DSC の外観・メイン基板の写真と基板構成・厚みを示す。「QV-10」では貫通基板が4枚使われ，20個近い半導体パッケージが搭載されていたが，「T7」においては，40mm 角の基板1枚に数個の半導体パッケージが低背実装されるまでに，半導体のパッケージの統合と実装が高密度化している。

表2に DSC に用いられる主要半導体デバイスとそれらを収納する半導体パッケージの変遷を示す。撮像素子は当初セラミックパッケージに搭載されるケースが多かったが，パッケージコスト低減のためにプラスチックパッケージの使用も増えていた。ところが最近では撮像素子の高画素化に伴いピクセルサイズが微細化し，センサー組立時やその後のパッケージ材料の劣化に伴い発生するゴミの影響が大きくなり，劣化ゴミが出にくく高耐熱性のセラミックパッケージが再度見直され，現在の主流となっている。また，撮像素子からのアナログ信号をデジタル化する

第19章 携帯端末へのSiPの応用

表1 日本のDSCの実装技術と基板技術の変遷

Year released	1995.03	2000.05	2003.02	2004.08	2005.04
Model #	Casio QV-10	Canon IXY Digital	Sony DSC-P-8	Panasonic FX7	Sony T7
Appearance					
Features	World 1st compact consumer DSC	Stylish design	World 1st model with PoP	World 1st model with anti-hand shaking	World 1st model with thinnest body
Main board					
# of layers / Total thickness	Laminate 6 layers 0.79mmT	Build-up 2-4-2 0.84mmT	Build-up 2-4-2 0.60mmT	6 & 4 layers 0.75/0.64mmT	8 L (Any layers) 0.60mmT

表2 DSCに使用される半導体デバイスとパッケージ技術の変遷

Key devices	Year	～2000	2002	2004	2006
Imager	Compact	→～3MP	→～5MP	→～9MP	→Over 10MP
	D-SLR	→～4MP	→～6MP	→～10MP	→～16MP ----→
	Package	Ceramic pre-Pkg Plastic pre-Pkg		→Ceramic pre-Pkg	
AFE	Compact	→QFP	→QFN	MCP/SCP	
	D-SLR	→QFP	→QFN	→FBGA	
Graphic engine	Compact	→QFP→FBGA/FCBGA	→SCP/PoP		
	D-SLR	→FBGA	→FBGA	→FBGA/FCBGA	Integration vs Flexibility vs Cost
Main memory	Compact	→TSOP→FBGA		→WLP/uBGA	SCP
	D-SLR	→TSOP			
NOR memory	Compact	→TSOP→FBGA		→WLP	
	D-SLR	→TSOP	→FBGA		
External memory	Compact	On board→Flash card→xD→Memory Stick/SD card		→miniSD/MS Duo/MicroSD/MS	
	D-SLR	Compact Flash Micro drive		→SD card/Compact Flash →0.85"HDD	

　A-Dコンバータと撮像素子を動作するV-ドライブIC, 電源ICをSiP化する事も一般化している。

　前述のDSC画像処理高速化のために, 画像処理エンジンと関連するプログラム収納用のNOR

217

3次元システムインパッケージと材料技術

表3 DSC トップ5メーカーにおける画像エンジン・メモリパッケージの事例

DSC Maker	Structure	Components	Remarks
A (2003 March)		Top: 16×16×0.7mm(SDRAM) Bottom: 16×16×0.7mm	128Mb SDRAM×2 FBGA FLGA
A (2003 November)		Top: 12×12×1.0mm(SDRAM) Bottom: 12×12×0.65mm	SCP of 128Mb SRAM×2 65umP Au-stud-solder FCLGA
B (2004 October)		Top: 11×7×0.5mm(SDRAM) 5.6×4.5×0.65mm(Flash) Interposer:13×12.8×0.25mm Bottom: 13×13×0.7mm	256Mb SDRAM uBGA Flash WLP 50umP of Au-stud-solder FCBGA
C (2004 December)		Top: 13×8×1.4mm(SDRAM) 9×6×1.2mm(Flash) Bottom: 15×15×0.65mm	SDRAM FBGA Flash FBGA 50umP of Au-stud-solder FCBGA
D (2004 March)		Top: 15×15×0.85mm(Memory) Interposer: 15×15×0.15mm Bottom: 15×15×0.75mm	SDRAM＋Flash COB-FBGA
E (2004 April)		Pkg: 13×13×1.4mm	128Mb SDRAM×2 Si Interposer ASIC AND flash Si interposer

　フラッシュメモリ，画像データ収納用の SDRAM や DDR といった高速メモリを SiP 化によりワンパッケージやパッケージ・オン・パッケージ（以下 PoP と記す）にしてメイン基板に搭載することが DSC 機器では一般化している。表3に DSC で採用されている DSC メーカー各社の画像エンジンを収納する半導体パッケージの事例をまとめた。PoP は携帯電話端末機でも採用が進んでいる。PoP の実装信頼性への懸念から実装後にアンダーフィルを挿入する事が携帯電話端末機では一般的であるが，DSC 落下事故時にはレンズ破壊が先行する為基板実装ではアンダーフィルの使用はされず，携帯電話端末機と DSC との信頼性要求の違いもこのような差として現れている。DSC への PoP 実装は，携帯電話端末機への最初の採用よりも1年以上早い2003年3月から行われている。

3　据え置き型・携帯型ゲーム機の実装と SiP の応用事例

3.1　ゲーム機器の技術動向

　「世界初の家庭用ゲーム機」は，1979年に米国の「オデッセイ」という機器から始まり，価格は当時の100ドルだった。この機種は初のコンシューマーハードにして，既にソフト（カード）の交換が可能だったことも注目に値する。その後「アタリ社」など米国企業がゲーム機の中心的

第 19 章　携帯端末への SiP の応用

な開発を行い，日本でも輸入販売がされた。1978 年「バンダイ」が「カートリッジ交換式家庭用ゲーム機・アドオン 5000」を市場投入し，ゲームソフト 2 本を同梱し 19,800 円で販売されたのが国産第一号機となった。以降多数のハードが発売されては姿を消していく中，1983 年に発売された任天堂の「ファミコン」は，すべてのゲームソフトを呑み込んでいきゲーム市場での一人勝ち状態となった。8 ビットで 14,800 円とダントツのお手頃価格もヒットにつながった。多数の人気ソフトを抱え，ゲームウォッチで技術を蓄積した任天堂が発売した携帯用ゲーム機「ゲームボーイ」が 1989 年 4 月に発売され，ゲーム機を手軽に持ち運べる時代を切り開き，その後，ポケット・カラー・アドバンス，そしてニンテンドーDS/DS Lite と進化を続ける。

3.2　携帯型ゲーム機の実装と SoC・SiP

図 1 に示すように，ニンテンドーDS/DS Lite シリーズの携帯端末機は，2 つの CPU コアを持つ心臓部の CPU パッケージとプログラム収納用の（擬似）SRAM，駆動系の電源用 IC，無線対戦用 WLAN モジュールなど数個の半導体パッケージとモジュールで機器が構成されている。

また，現在 DS Lite の一番の競合機であるソニー・コンピュータ・エンターティメント（SCE）社の「プレイ・ステーション・ポータブル（PSP）」では，図 2 に示すように，当初画像処理用 MPU は高容量の DRAM をエンベッドした SoC のシングルチップパッケージと，画像 LSI と

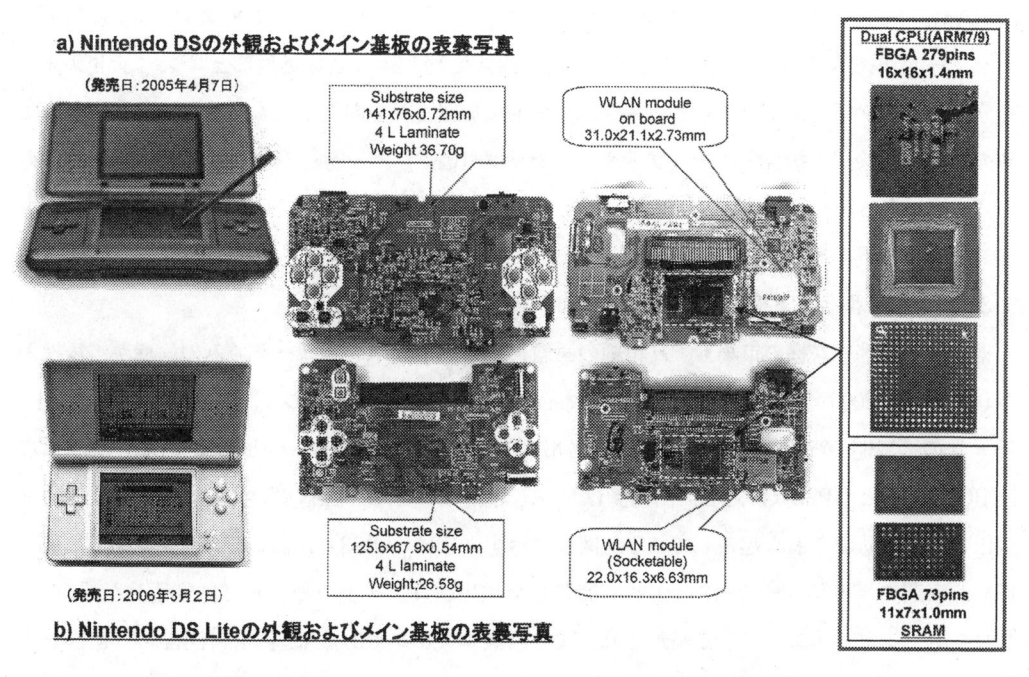

図 1　Nintendo DS と DS Lite のメイン基板の比較と搭載半導体

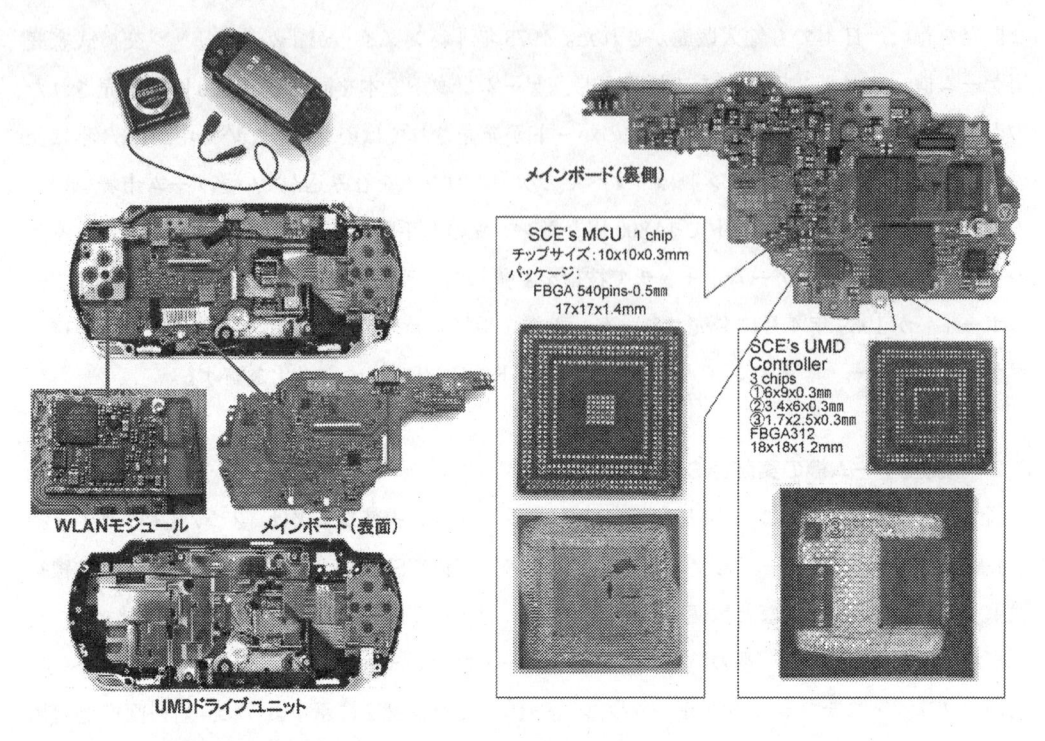

図2 SCEのPSP-1000のメイン基板実装とSoC・SiPパッケージの事例

SDRAM, フラッシュメモリの3つのLSIチップをパッケージ基板上で平面的に並べたMCPパッケージが採用されていた。最近では前述の画像処理LSIの演算処理部とエンベッドメモリを分離してチップシュリンクを進め, ウェハー生産歩留まりを向上すべく, 演算処理チップ上にメモリを金バンプで接合するチップ・オン・チップ (CoC) パッケージが採用され, 価格競争力を高めつつある。

3.3 据え置き型ゲーム機の実装とSoC・SiP

据え置き型ゲーム機の市場も, 高精細の画像再現力を争うコンピュータ並みの危機が市場投入されている。2006年冬商戦には, 米国・マイクロソフト社の「XBOX360」とSCEの「PS3」, 任天堂の「Wii」が市場投入された。家庭用ブロードバンド・サーバとして位置づけられる「XBOX360」と「PS3」に対し, 「Wii」はゲーム専用機としての位置づけで投入され, 3機種三つ巴の市場攻防戦を引き起こしている。図3に示すように,「PS3」においては, ソニー, 米国・IBM, 東芝の半導体メーカー3社が共同開発した9CPUコアを1つのチップに集積した「CELLブロードバンド・エンジン」が搭載され, また画像エンジンである米国・nVIDIAの「RSX」では, 1つのBGAパッケージ基板上に画像エンジンチップがフリップチップ実装され, その周辺

第 19 章　携帯端末への SiP の応用

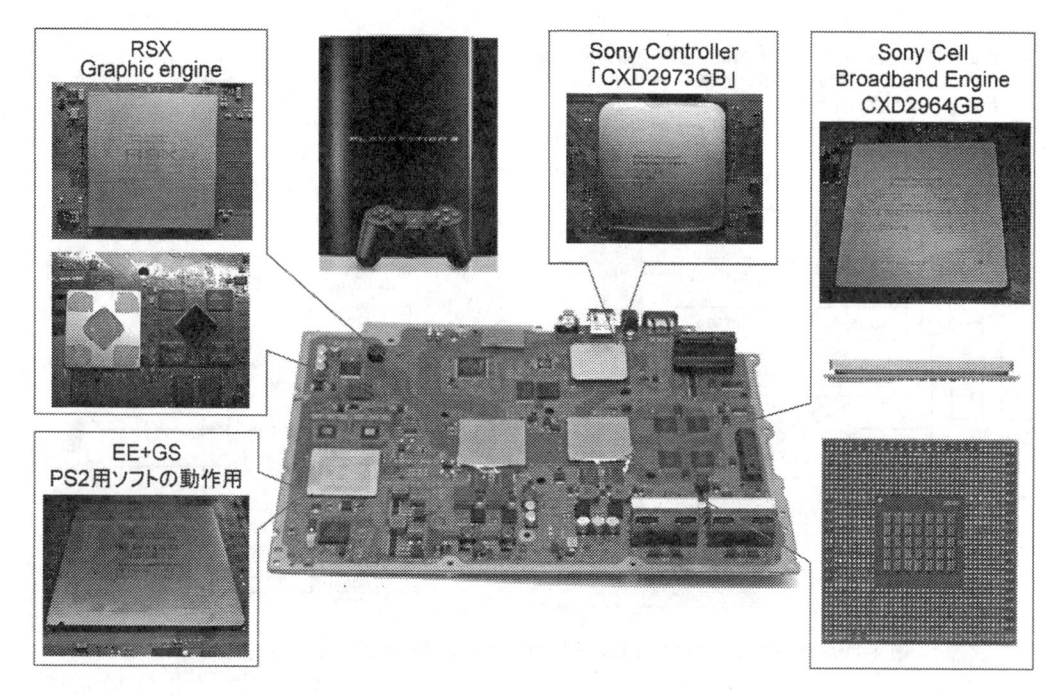

図3　SCE 社 PS3 のメイン基板と主要 SoC・SiP パッケージ

に4つのボード・オン・チップ（BoC）パッケージに収納された DDR3 メモリが搭載された1種の PoP としてボード実装されている。また従来の PS2 の機能も継承させるために，PS2 同様のエモーショナル・エンジン（EE）とグラフィック・シンセサイザ（GS）に Rambus メモリ2個も搭載されている。まさに，最新の SoC と SiP が混載される電子機器として仕上げてある。

4　携帯電話端末機の実装と SiP の応用事例

4.1　携帯電話端末機における SiP

携帯電話端末機は，コンピュータ並みの機能を持つ Smart phone から，BRICs 市場でのエントリ機種として位置づけられる 20 ドル端末機まで，年間数百機種が市場投入されている。そこに使われる半導体デバイスも，数個のシンプルなシングルチップを搭載する半導体パッケージで構成される GSM 方式のエントリ端末機から，日本の W-CDMA 端末機のように最先端の SoC と SiP 技術によって構成しても十数個の半導体パッケージを必要とする機種までさまざまである。

図4に W-CDMA と GSM 通信方式の携帯電話を想定した日本のハイエンド端末機のブロックダイアグラムを示す。日本の携帯電話用半導体は，2007年にかけて最新のベースバンド LSI に

221

3次元システムインパッケージと材料技術

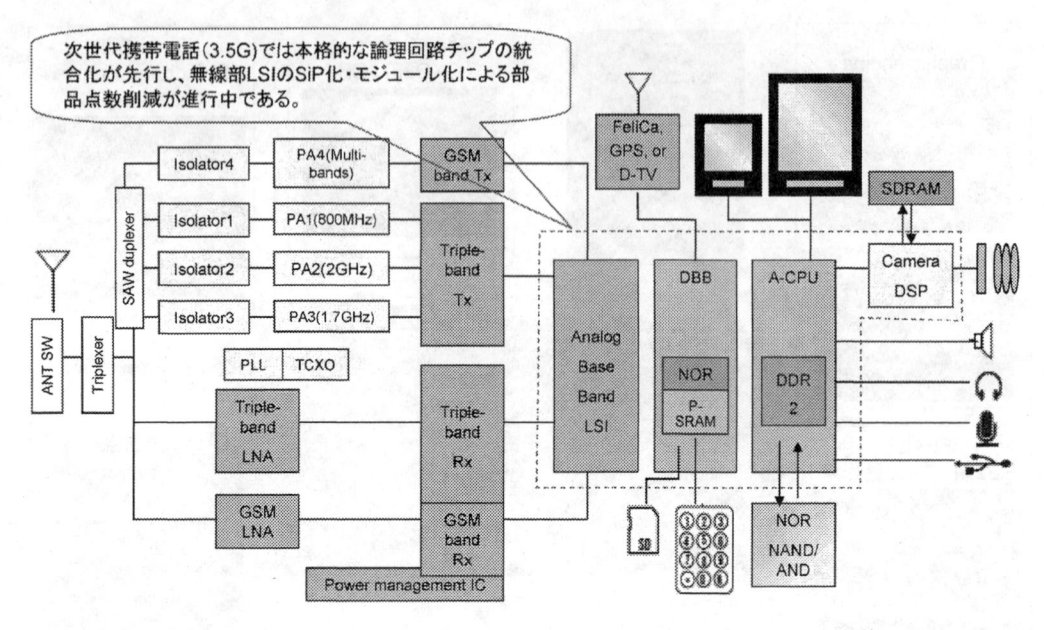

次世代携帯電話(3.5G)では本格的な論理回路チップの統合化が先行し、無線部LSIのSiP化・モジュール化による部品点数削減が進行中である。

図4 W-CDMA/GSM 携帯電話端末機のブロックダイヤグラムとキーデバイス

アナログベースバンドと SDRAM, NAND フラッシュメモリなどを SiP あるいは PoP 技術によりワンパッケージに収納する方向での開発が進行中で、開発の中心は RF 部の受信・送信 LSI の SiP 化やモジュール化に移ろうとしている。2008 年以降の携帯電話では数個の半導体パッケージの実装により高機能の端末機が設計できる可能性も出ている。これらの技術により、欧州・アジアなどで主流通信方式となっている現在の GSM 方式端末機のように、40mm 角のメイン基板の両面にすべての半導体パッケージを高密度実装することで、10mm 厚を切るような折り畳み型 Smart phone 端末機やブレスレッド・ペンダント型端末機の登場も期待される。

4.2 端末機の薄型・軽量化と部品点数削減のための SiP・MCM 技術

海外の携帯電話端末機メーカーは、2004 年9月の米国・Motorola 社の 14.9mm の GSM 方式折りたたみ型端末機「RAZR V3」の市場投入に触発され、韓国・Samsung 社も追随し、2007 年の携帯電話市場では、機能を絞り込み汎用半導体デバイスを活用した薄型・軽量端末機が多くのメーカーから投入されようとしている。表4に W-CDMA/GSM 通信方式の携帯電話端末機の外観写真と実装基板の写真を示す。事例は、薄型化の火蓋を切った米国・Motorola 社が「RAZR・V3」の後継機として投入した3G端末機「RAZR・V3x」、韓国・Samsung 社の「706SC」そしてパナソニック・モバイル・コミュニケーションズ(以下 PMC と記す)社の「705P」の3社の薄型折りたたみ式端末機である。Motorola 社は Freescale 社の半導体チップセットを採用する

第 19 章　携帯端末への SiP の応用

表 4　W-CDMA/GSM 携帯電話端末機の小型・薄型化実装の事例

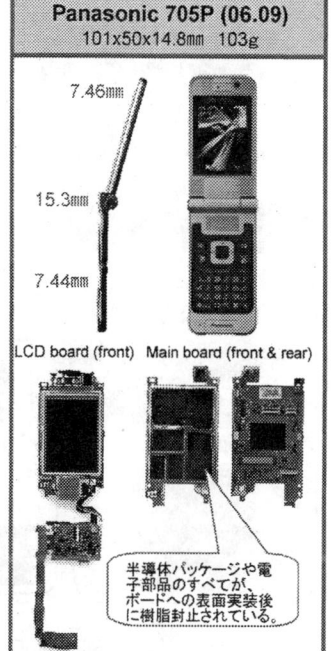

が，Samsung と PMC は米国・Qualcomm 社やドイツ・インフィニオン社の汎用 W-CDMA/GSM チップセットを採用して小型・薄型基板実装を実現している。3 機種とも世界最高機能ではないが，部品点数の少なさを生かして筐体のデザイン性を発揮した端末として人気を博している。特に「705P」は，キーパッド側と Display 側の厚みがほぼ同一で，すっきりしたデザインに仕上っているのが特徴である。

　日本の携帯電話端末機は，機能向上と国内市場の買い替え市場での優位を得るため，独自の半導体デバイスの開発やカメラ・表示装置における高機能化，新規機能の開発・搭載に鎬を削るものの，GSM 方式での対応に大幅に遅れ海外市場で優位に立てていない。NTT ドコモの FOMA ベースの端末機の開発コストからみると海外での販売価格は 800～1,000 ドル程度にならざるを得ず，海外向けの端末機で独自半導体を使うことは難しく，海外メーカー同様に米国・Qualcomm 社の W-CDMA・GSM 併用型チップセットに頼らざるを得ない状況が発生している。

4.3　日本の高密度実装と世界市場への参入のための SiP・MCM 技術

　遅ればせながら日系半導体メーカーも，ベースバンド LSI・アプリケーション CPU・メモリデバイスの SiP 化による統合パッケージの外販を進めている。また電子部品メーカーは，図 5 の事例のような半導体メーカーよりベアチップや小型・薄型パッケージを購入し，得意とする電子

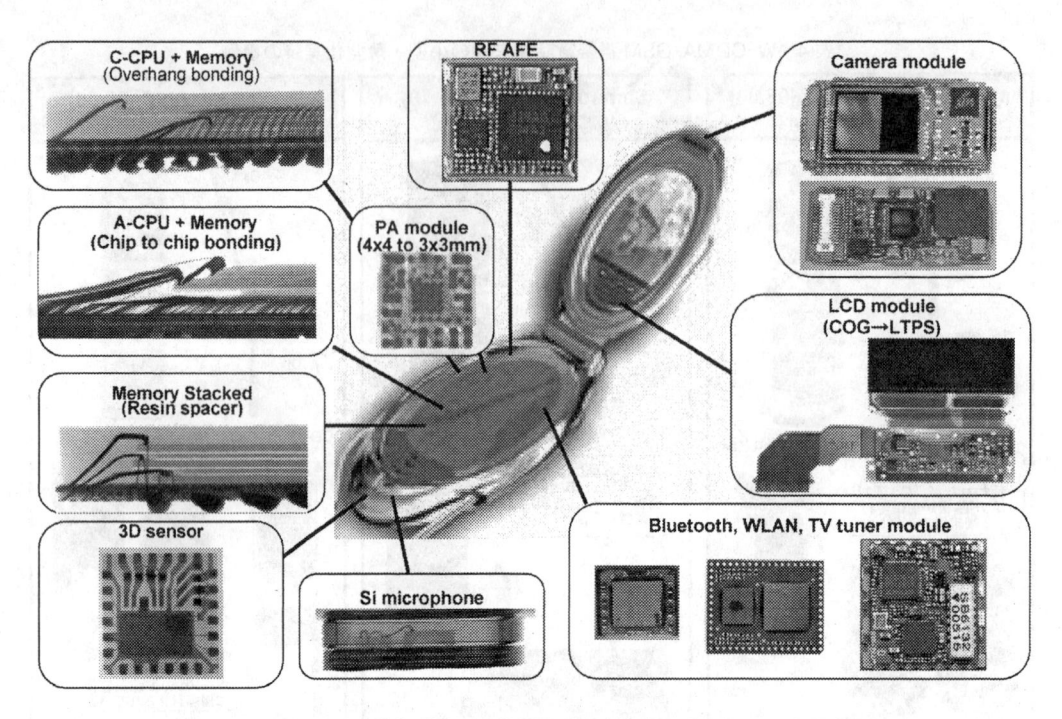

図5　SiP や MCM 技術を用いた携帯電話用半導体・電子部品の応用事例

部品との混載 MCM 技術により RF モジュール，Bluetooth モジュール，WLAN モジュール，地上波デジタル TV ワンセグチューナなどの付加価値部品による海外市場獲得に奔走している。

　日本では，LTCC 基板技術とその基板内に電子部品を埋め込む基板内蔵技術で先行し，LTCC 基板上への SiP や MCM 実装を行い，実装面積を低減してきた。しかしながら海外メーカーは，有機基板の中に電子部品を埋め込んだり，印刷技術により抵抗やコンデンサを作り込んだりする方向での開発が進んでいる。有機回路基板へのパッシブ部品内蔵化に対する技術開発では日本は遅れているように海外メーカーからは見られてきた。しかしながら同様の技術の延長線上のものとして，日本では半導体チップを有機基板に内蔵化する技術が実用化されている。ベア LSI を金スタッドバンプで基板に接続した後上層の基板と積層する工法や，ウエハーレベルパッケージ（WLP）を基板のざぐり部に固定し，ビルドアップ工法により WLP の端子に基板上層を形成する。これらの LSI 内蔵技術は，2006 年前半から一部携帯電話用ワンセグ TV チューナモジュールで採用されている。2006 年秋モデルにももう一社同様のチューナモジュールを実用化しており，また腕時計用 GPS モジュールとその電源モジュールでも WLP の埋め込み基板モジュールが使われている。今後も同様の LSI 内蔵基板モジュールの実施例が増えるものと期待される。

第 19 章　携帯端末への SiP の応用

5　SiP 化の課題

現在までの SiP 化の実用化の経緯を振り返ると，半導体メーカーの系列の電子機器セットメーカーでの SiP や新規電子部品・パッケージの採用は，比較的短期間で実用化に向かった．しかしながら携帯電話端末機における SiP や PoP の採用には，短くても 2 年から 3 年の開発・評価期間を要している．汎用半導体パッケージとして SiP あるいは PoP が一般化するためには，パッケージ単体としての信頼性，実装信頼性が確保されていることに加え，図 6 に示すようなサイクルを短期間で回し，少量生産でもコスト要求に見合うパッケージ工法の提案と市場への商品投入期間短縮に効力を発揮できることが不可欠である．また半導体メーカーからのベアチップの供給協力の道が広がることと，セットメーカー，SiP・MCM 加工メーカー，半導体デバイスメーカーの相互協力が必要であり，このような協力関係が今後の SiP・MCM の普及と市場性を大きく左右する．

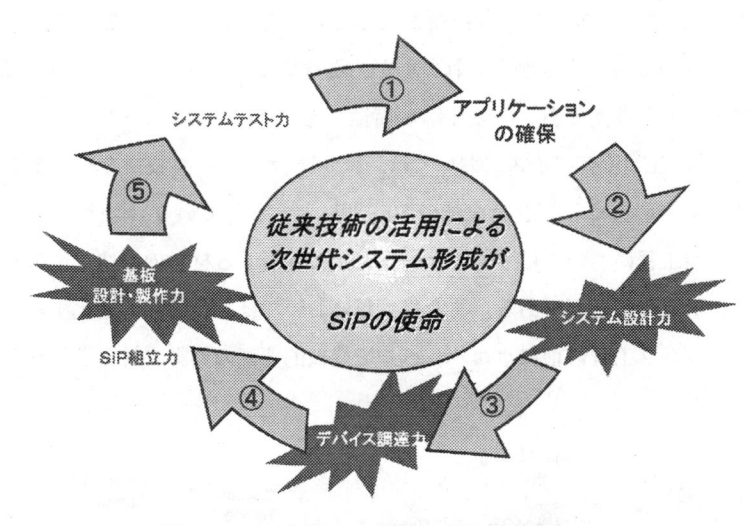

図 6　SiP の使命と SiP 勝者となるためには？

第20章　MEMSデバイスへの応用

澤田廉士[*1]，日暮栄治[*2]

1　はじめに

　MEMS（microelectromechanical systems）デバイスのパッケージングはMEMS製品化における最も重要な課題の一つである。MEMSデバイスがキャビティ（凹部）や直立構造の平面的でない微小構造があるのに対し電子集積回路（IC）はそうでなく平面的である。

　しかし，MEMS本来のメリットを生かすにはMEMSデバイスとICの融合が望まれる。同時に携帯電話や携帯型計算機やゲーム機などの大規模市場に対して，マイクロホン，加速度センサやRFなどのMEMSデバイスの量産化技術が要求される。MEMSの特性を左右するのはパッケージであるというのは言い過ぎかもしれないが，現状では，パッケージが本来のMEMSの価値を半減させているのも事実である。MEMSの特徴である小型，低コストをパッケージが損なっているからである。MEMSデバイスにおいては，ICパッケージング技術をそのまま転用できずパッケージングコストの占める割合は全体の50～80％と言われている（図1）。この問題点を解決するためには，前工程においては，パッケージングに使用する材料の適切な選択と接合技術，およびプロセスの低温化が必要である。また後工程においては，設備を共通化することが大切であり，チップダイシング工程の前にウエハレベルで機械的要素の保護，封止を行うウエハレベル

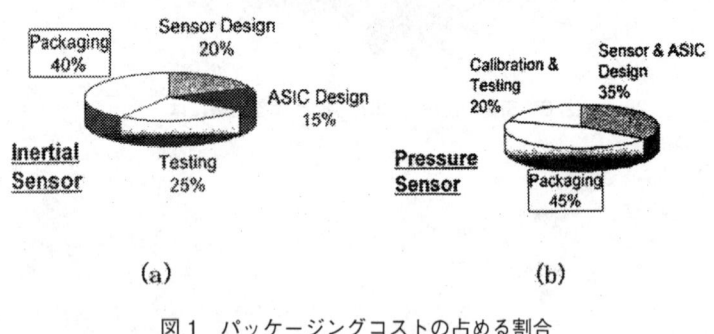

図1　パッケージングコストの占める割合
(a)加速度センサ　(b)圧力センサ

＊1　Renshi Sawada　九州大学　大学院工学研究院　システム生命科学府専攻　教授
＊2　Eiji Higurashi　東京大学　大学院工学系研究科　精密機械工学専攻　助教授

第 20 章　MEMS デバイスへの応用

パッケージング技術（ウエハボンディング，封止技術）が重要である。LD，PD を有する光 MEMS の場合，高融点（300℃弱）はんだの AuSn を使用しているが，そのはんだ融点より低い温度で接合できるパッケージング技術が要求される。この領域ではまだ解が得られていないのが実情であり，現状では低コストでの製品化の達成は困難といえる。

2　光学素子チップの高精度ボンディング

　半導体レーザ，フォトダイオードを内蔵する光マイクロマシンでは，3次元空間で高精度ボンディングする代わりに，Si 基板などに予め形成しておいたアライメントマークに基づいて実装する方法により，高精度のボンディングが比較的簡単に行える。アライメントマークに基づいてボンディングする方法には，ボンディングしたい光学素子と基板との間に薄型の顕微鏡を挿入する方法，赤外線を用いて素子を透過して基板のアライメントマークを観察しながらボンディングする方法がある（図2）。

　図3に赤外線によるオートフォーカシング機構を用いたボンディング装置を紹介する。厚さ方向の z 方向については，光学素子の作製で厚さを制御しておく。特に高さ方向の精度良いアライメントが要求される半導体レーザの場合，素子全体の厚さよりも結晶成長の厚さ精度が良好であるので，活性層を下側に，すなわちジャンクションダウンでボンディングする。厚さ，ならびに PLC 側のハンダ膜厚さと電極厚さの合計厚さが PLC の下部クラッドにコアの半分を加えた合計が一致するように予め作製しておけば，ボンディング時に高さ方向（z の方向）の位置決めする必要はなく，PLC 基板の x-y 面での2次元的な位置合わせのみでよい。アライメントは PLC と光学素子の間にギャップを保ちながら，半導体である光学素子を透過する赤外光に基づいてオートフォーカシングと観察を行う。半導体レーザの活性層中心位置の深さ，電極膜を用いて光学素

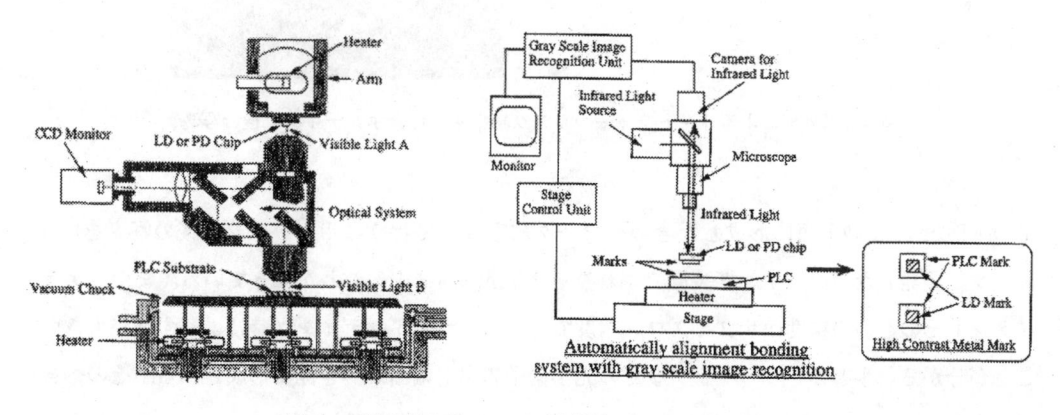

図2　各種光学素子チップの高精度ボンディング方法

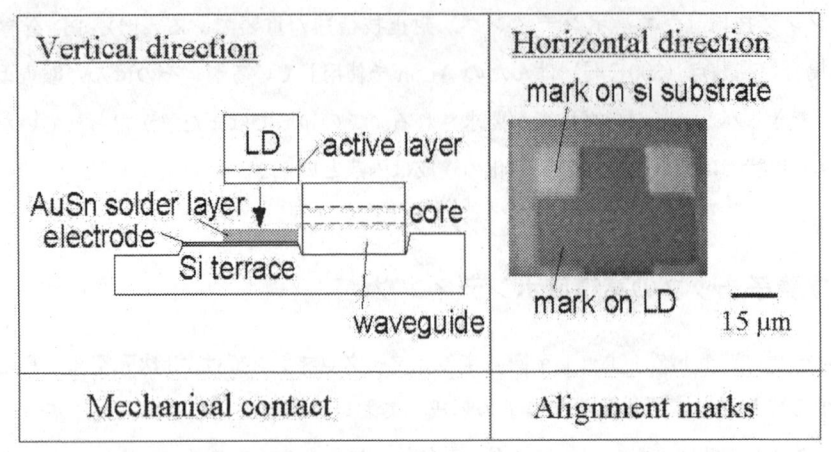

Vertical direction	Horizontal direction
LD / active layer, AuSn solder layer, electrode, Si terrace, core, waveguide	mark on si substrate / mark on LD 15 μm
Mechanical contact	Alignment marks

Bonding accuracy: ±1 μm

図3 赤外線によるオートフォーカシング機構を用いたボンディング装置

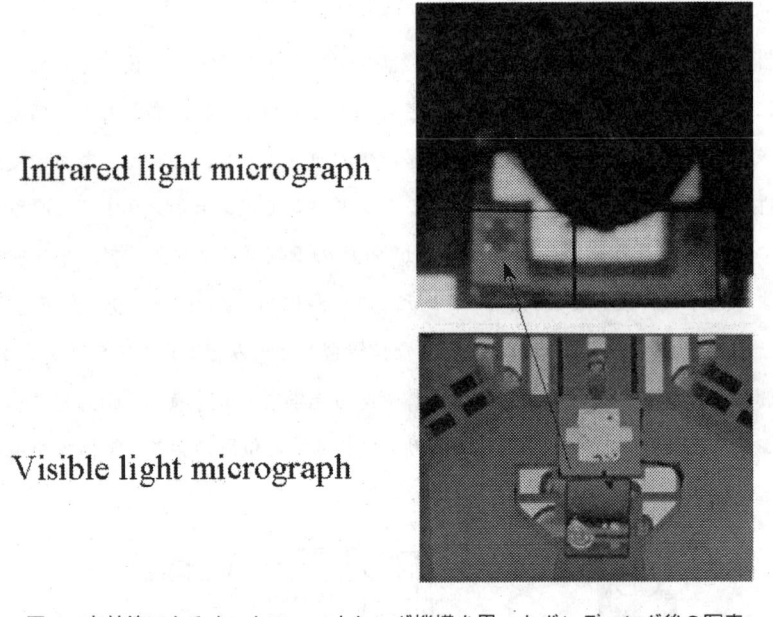

Infrared light micrograph

Visible light micrograph

図4 赤外線によるオートフォーカシング機構を用いたボンディング後の写真

子の下面とPLCの上面に形成した合わせマークに基づいて行う。ボンディング後の写真を図4に示す。開発したボンディング装置でずれ量を1μm以内にすることができている。また，アライメントそのものの精度はサブミクロン精度であることからボンディング時によるずれが大きいことが分かる。半導体レーザチップなどの光学素子の出射端面がへき開で形成される。そのへき開精度が10μmと良くないことから，半導体レーザと導波路端面とのギャップがチップによっ

第 20 章　MEMS デバイスへの応用

て変化する。光学素子側面の位置を測定できることにより，そのギャップを一定にすることも可能である。

3　ウエハレベルパッケージング

　多数個，一遍に作れるのが特徴で，パッケージの中に入るデバイスはフォトリソ技術を使用して作製するのは当然として，パッケージ自身もフォトリソ技術で作製することが重要になる。また，図5に示すように，封止蓋をした後からダイシングで個々のデバイスを分離するいわゆるウエハレベルのパッケージング（MEMSパッケージング）が重要である。特に可動部があるために，例えばミラーの可動をストップさせるような箇所における付着（スティッキング）現象をなくすためには，湿度制御に十分配慮したパッケージングが必要になる。

　図6は我々が進めているマイクロエンコーダについてのパッケージの構造変化を示している。いまだ，半導体レーザ，フォトダイオードなどを内蔵するMEMSパッケージングのプロセス設計を如何にすべきか解を得られない状況であるが，MEMSの特徴を損なわないパッケージングを推し進めていったときのパッケージングは図6の右に示すように，封止用のガラスを単に封止用のみに使用するのでなく，レンズとしても機能をもたせ，最後にダイシングで個々のデバイスに分離する構造へ変えることになった。

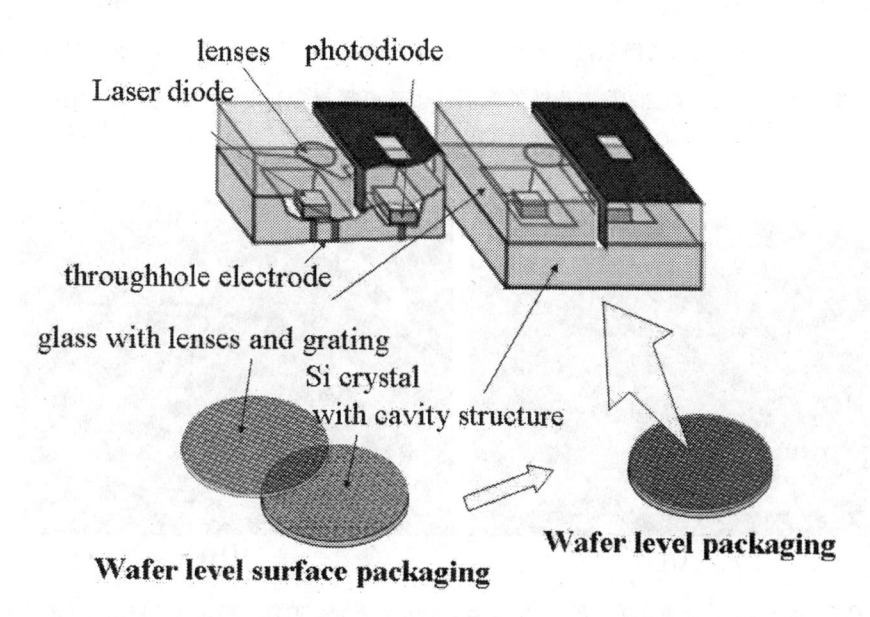

図5　ウエハレベルのパッケージング

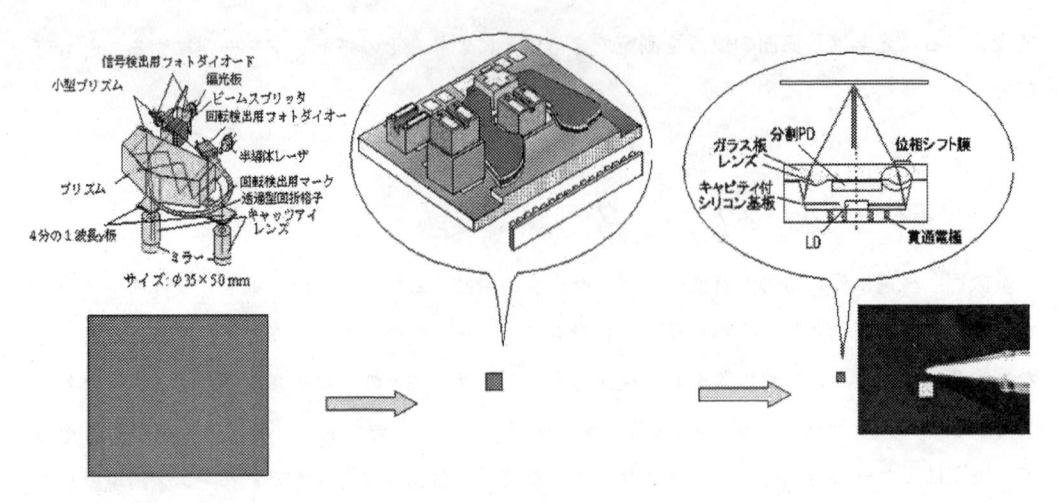

図6　マイクロエンコーダについてのパッケージの構造変化

4 低温直接接合

　半導体レーザやフォトダイオードチップのボンディングが欠かせない光MEMSのウエハーレベルのパッケージングを実現するには，幾つかの素子を何度かに分けてボンディングする必要が多々ある。はんだを用いたボンディングではそのはんだの溶融を避ける必要があることから，ボンディング実装温度を高温から低温へ下げて行わなければならない。この観点からして，はんだを必要としない常温接合も考慮したパッケージング技術の確立が必要である。図7は面発光レーザチップをはんだなしで約200℃の比較的低温による直接接合した例である。Au電極の接合面

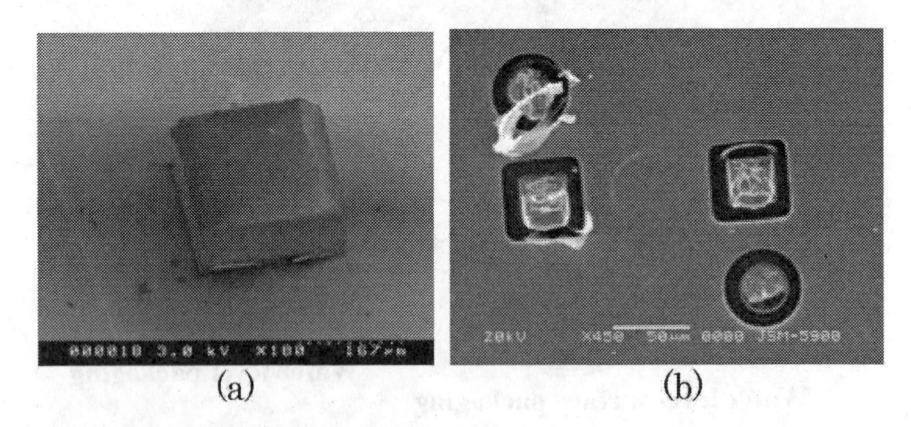

図7　面発光レーザチップ（VCSEL）をはんだなしで約150℃，30秒で比較的低温でSi基板に直接接合した例
(a)ボンディングした状態，(b)ダイシェア後の破断面のSEM写真

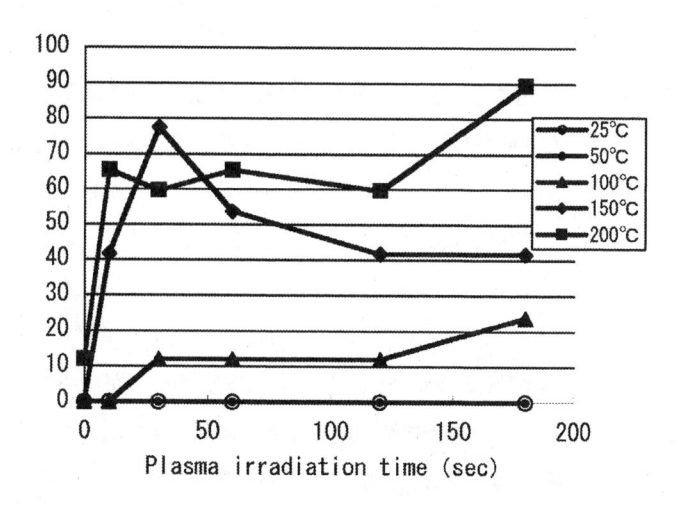

第 20 章　MEMS デバイスへの応用

図 8　良好なはんだなし Au 電極接合を得るための加熱温度と接合面のプラズマ照射時間

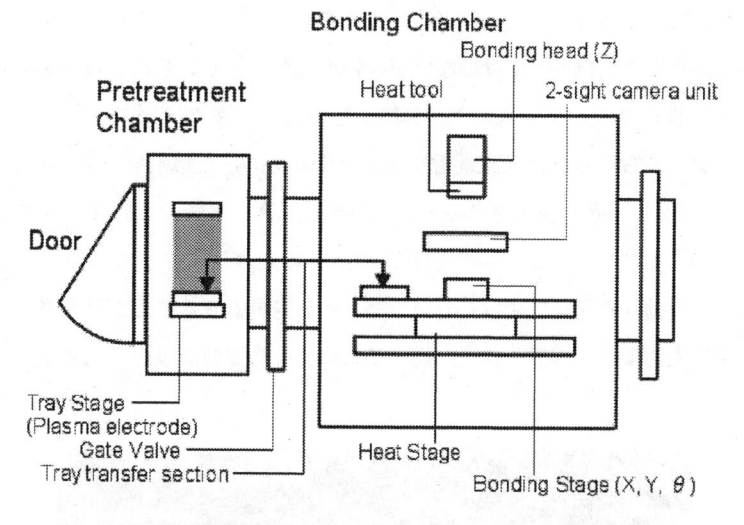

図 9　表面活性化フリップチップボンダーの構造図

を 10 秒間程度プラズマ照射すれば，はんだなしの良好な接合を得ることが明らかにされている（図 8）。図 9 はプラズマ照射と同時に高精度のボンディングを実現可能な表面活性化フリップチップボンダーの構造図である。

5　MEMS と SiP の融合

現在進めている MEMS 血流センサチップと SiP 技術を融合させた血流量センサの試みについ

3次元システムインパッケージと材料技術

て紹介する。

　血流量センサを装着して使用するには小型軽量，無線伝送が必須である。SiP 技術と MEMS 技術の融合により理想的な装着可能な血流量センサを実現できる。試みた SiP 血流量センサの設計では，2つの信号増幅回路チップ，保護回路 IC，負圧回路 IC などが積層され，個々のチップがワイヤで結合され，ギャップや空間がポリマーで充填される（図10）。MEMS 血流量センサはシリコンキャビティの中に，650 ミクロン波長の面発光レーザ（VCSEL：Vertical Cavity Surface Emitting Laser）あるいは 1.3 ミクロン波長の DFB レーザの半導体レーザチップと面受光フォトダイオード（PD）が配置されている。センサから光ビームが皮膚に出射され皮膚の深部に入射後ドップラーシフトを受けた反射散乱光を再び血流センサで受光する必要があるため，この複合構造の上部は，人間や鶏の皮膚に接触する透明の窓を形成する必要がある。MEMS 技術を使用することにより皮膚に装着したセンサのサイズを，従来の装置と比べて5分の1に，SiP 技術の使用により半分になり，最終的には従来の装置と比べて，MEMS と SiP 技術の融合により1桁小さい数 mm サイズにまですることができる。

　現在開発中でありまだ実現されてはいないが，装着した SiP センサによって集められたデータは携帯可能な計算機にブルーツースによる無線伝送される（図11）。図12は SiP 技術を適用する前の血流量センサから得られた血流量信号をフーリエ変換した結果を示す。4，5 Hz の心拍数が検出され，約 2 Hz の呼吸が検出される。鶏の動きの影響を大きく受けてノイズが多いために正確なデータが得られていないが，SiP 技術と MEMS の融合により更なる小型の血流センサを実現できれば，鶏の動きの影響を受けにくい，センサが実現できることが期待される。鶏の血流量モニタリングは人間よりも困難を伴う。従って鶏に装着して血流量を測定可能なセンサの開発

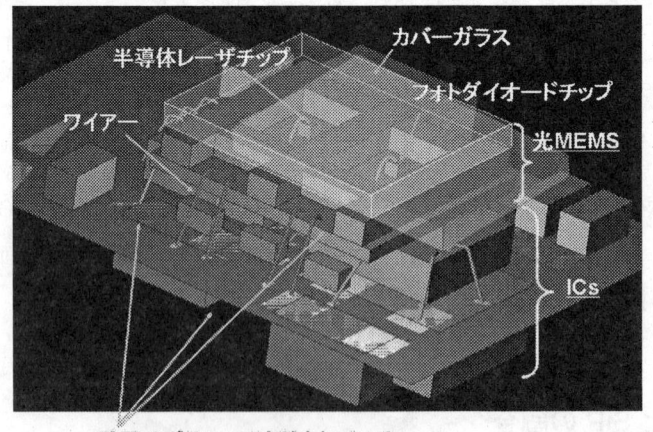

図10　SiP 技術による血流センサ（光 MEMS）と IC の融合

第20章　MEMSデバイスへの応用

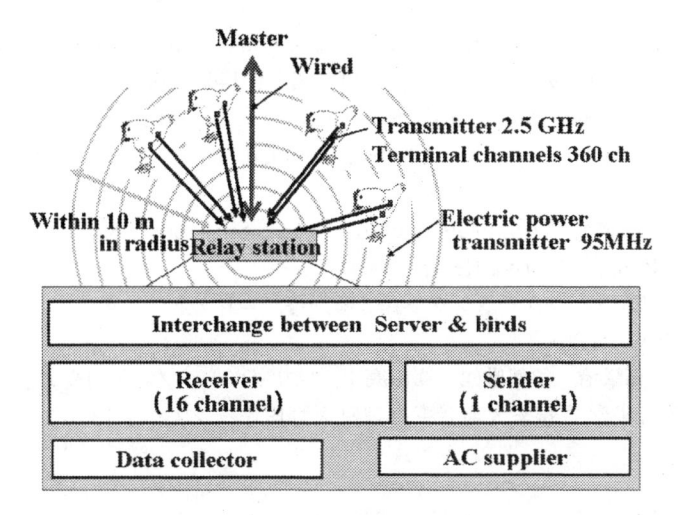

図11　装着したSiPセンサによって集められたデータは携帯可能な計算機にブルーツースによる無線伝送される

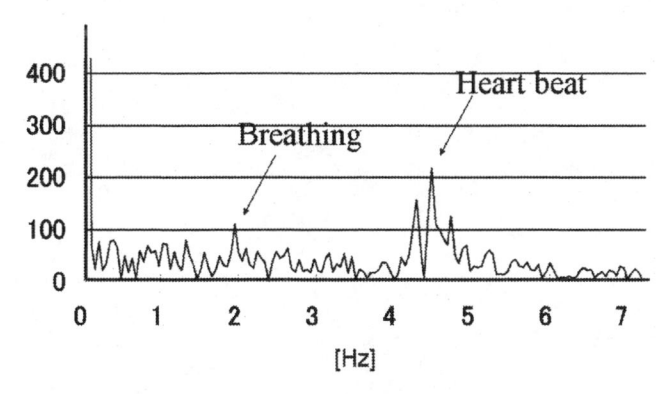

図12　SiP技術を適用する前の血流量センサから得られた血流量信号をフーリエ変換

は人間の血流量モニタリングを容易に実現することができる。

文　　献

1) R. SAWADA, H. NAKADA, E. HIGURASHI, T. ITO, Highly accurate and quick bonding of a laser-diode chip onto a planar lightwave circuit, *Precision Engineering Technology*, Vol.**25**, pp.293-300 (2001)

2) E. HIGURASHI, R. SAWADA, Micro-encoder based on higher-order diffracted light interference, *J. Micromech. Microeng.*, Vol.**15**, 1459-1465 (2005)
3) Eiji Higurashi, T. Suga, and Renshi Sawada, Low-temperature Direct Flip-Chip Bonding for Integrated Micro-systems, LEOS 2005, October 23-27, Sydney, Australia, ML1, 121-122 (invited) (2005)
4) H. Kawaguchi, "Key Technologies of All-in-one SiP", *IMAPS*, TP5, (November 14-18, 2004, Long Beach, California USA), (2004)
5) 澤田廉士, MEMS パッケージングへ高まる期待, エレクトロニクス実装学会, 特集に寄せて, Vol.**9**, No.7 (2006)
6) 今村鉄平, 日暮栄治, 須賀唯知, 澤田廉士, フリップチップ実装用光素子の低温直接接合, 2006 年度精密工学会春季大会（東京理科大野田キャンパス, 18 年 3 月 15-17 日), J03, pp.729-730

第 21 章　センサデバイスへの応用

上林和利*

1　センサの種類

センサを一般的に分類すると物理センサ，化学センサとバイオセンサに大別できる。今後はセンサの高性能化と多機能化が急速に進むと考えられ，この表の分類から逸脱する複合センサが多数出てくる見込がある。

例えば複数の MEMS センサと CMOSLSI を三次元的に積層し，一個の LSI なみのパッケージでアセンブリをするもの，また LSI を内蔵する MEMS センサや MEMS センサを内蔵する LSI のアイデアも出てきている。

センサの種類について大別すると表1のようになる。表1に分類されたセンサを主な用途別に下記に記載する。

(1) 車

車には年々搭載されるセンサが増加してきており，高級車ほど多数のセンサが搭載されている。車載の主なセンサは

①加速度センサ　②温度センサ　③湿度センサ　④テンションセンサ
⑤タッチセンサ　⑥超音波センサ　⑦回転センサ　⑧追突防止センサ
⑨磁気センサ　⑩傾斜センサ　⑪荷重センサ　⑫光センサ
⑬赤外線センサ　⑭圧力センサ　⑮振動センサ　⑯スピードセンサ
⑰比重センサ　⑱瓦斯センサ他

(2) パソコン

①磁気センサ　②光センサ（赤外線）　③回転センサ　④磁気ヘッド
⑤フォトインタラプタ　⑥温度センサ　⑦湿度センサ他

(3) カメラ

①距離センサ　②光センサ　③赤外線センサ他

(4) エアコン

①温度センサ　②湿度センサ　③回転センサ　④赤外線センサ

---

*　Kazutoshi Kamibayashi　㈱ザイキューブ　常務取締役

表1 センサの分類

大分類	物理的センサ項目	代表的センサ名
物理センサ	光	フォトダイオード，フォトトランジスタ，CCDセンサ，CMOSセンサ
	磁気	ホール素子，GMR等，ファラデー素子，光ファイバー磁界センサ
	力，重力	磁歪型ロードセル，圧電式ロードセル，歪ゲージ式ロードセル
	音	コンデンサマイクロフォン，圧電超音波振動子，磁歪振動子
	放射線	電離箱，GM計数管，半導体放射線センサ
	温度	熱電対，サーミスタ，焦電型温度センサ，赤外線温度センサ，測温抵抗体
	圧力	半導体式圧力センサ，静電容量式圧力センサ
	位置，変位，角度	マイクロスイッチ，光電センサ，レゾルバ，フォトインターラプタ，ロータリーエンコーダ
	レベル	静電容量式レベルセンサ，超音波式レベルセンサ
	流量，流速	電磁流量計，超音波式流量センサ，熱線式流量センサ，パドル式流量センサ
	振動，衝撃，加速度	圧電加速度センサ，静電容量加速度センサ，歪ゲージ式加速度センサ，Gセンサ，地震計
	速度，回転数	タコジェネレータ，シンクロ，光電式回転速度センサ
	電圧，電流，電位	光ファイバー電流センサ，電位センサ
化学センサ	湿度	静電容量式湿度センサ，セラミック湿度センサ，サーミスタ式湿度センサ
	ガス	電気抵抗式ガスセンサ，熱線半導体ガスセンサ，水晶振動子式ガスセンサ，接触燃焼式ガスセンサ，固体電解質センサ，電気化学ガスセンサ
	溶液成分	イオン感応型酵素センサ，微生物センサ，免疫センサ
	放射線	鉄線量計，ガラス線量計
バイオセンサ	溶液成分	イオン感応型酵素センサ，微生物センサ，免疫センサ
	遺伝子情報	DNAチップ

⑤過電流センサ　　　⑥風速センサ他

(5) VTR

①磁気センサ　　②光センサ（赤外線）　　③回転センサ　　④磁気ヘッド
⑤フォトインタラプタ　　⑥温度センサ　　　　⑦湿度センサ他

このほかディジタル家電にも多数のセンサが使われている。

(6) 医療関係（医療機器含む）

①磁気センサ　　②光センサ（赤外線）　　③回転センサ　　④磁気センサ
⑤X線センサ（放射線含む）　⑥温度センサ　　⑦湿度センサ　　⑧超音波センサ

　この分野は現在人工網膜など（東北大学，小柳教授）斬新的な研究が進んでおり新たな分野の創造も期待できる。

第21章 センサデバイスへの応用

2 三次元化に適する主なセンサデバイスとその特徴

多数のセンサの中で三次元化に適する主なセンサデバイスとしては Si-LSI を使用したセンサがあげられる。

生産数と各種適用例の多さから CCD イメージセンサと CMOS イメージセンサが三次元化に最適であるため、各種形状の提案がでている。また、将来を見たロードマップについても後ほどのべる。

3 センサデバイスの事例

CMOS イメージセンサとして、下記3種類の構造を紹介する。

(1) 1層品

代表例として、ウェハに貫通電極を形成し裏面は BGA 配線用配線を行う（図1）。

最も簡単な構造として、デバイス A のように貫通電極を設けた CMOS イメージセンサに保護ガラスをつけて下部電極からボード等に搭載するものである。

（参考）CIS：CMOS イメージセンサ
　　　　DSP：ディジタルシグナルプロセッサー

(2) 2層品

代表例としての構造図を参照（図2）。

LSI を2層重ねるものがデバイス B であるが、シリコンインターポーザーを導入することにより、異種の LSI を搭載できる。ここでは CMOS イメージセンサと DSP をシリコンインターポーザーを介して搭載した例である。

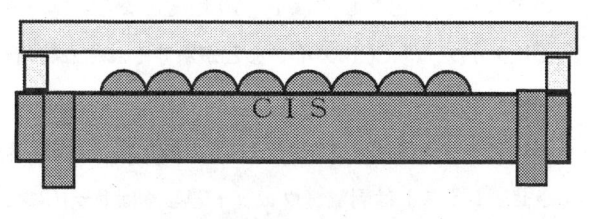

図1　デバイス A

(3) 3層品以上（3個以上の LSI 搭載）

代表例としての構造図を参照（図3）。

CMOS イメージセンサに貫通電極を設け、Si インターポーザーへ搭載後、表面にバンプを設けた DSP とメモリ（複数段搭載）を Si インターポーザーの

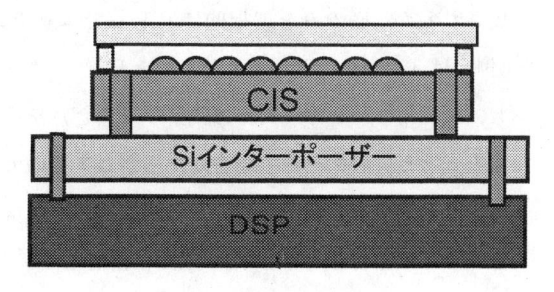

図2　デバイス B

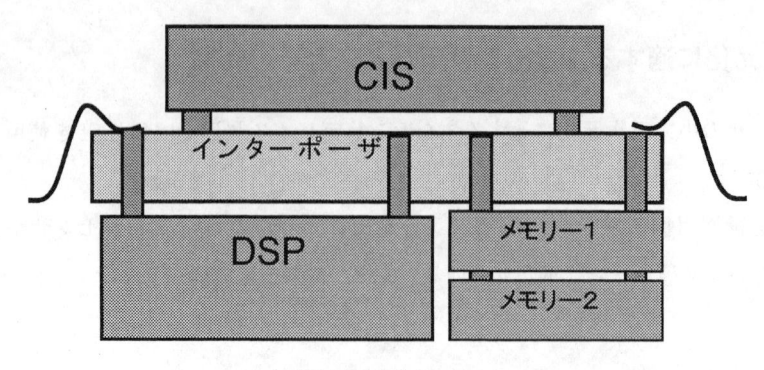

図3 デバイスC

裏面に貼り付ける。

(4) プロセス紹介

ここでは前述のDeviceA（ZyCSPタイプ）についてのプロセスについて紹介する。完成したSi-LSI（CMOS Sensor）に支持体（BGテープ，ガラスウェハ，Siウェハなど）を貼り合わせ，裏面を研削・研磨する。その時Si-LSIの厚さは完成品の用途により50〜300μ程度に仕上げる。鏡面研磨した裏面にレジスト塗布・露光・現像する。レジストの厚さはSiへのビアホール深さとエッチングレート，エッチング方式とレジスト選択比により決まる。Si-LSIへの裏面露光は赤外線（IR）による配線パターンのSi透過像より目合わせする方式と表の配線パターンを認識して目合わせする方式がある。裏面にビアホールのパターンを形成後，Si基板をエッチングしてビアホールを形成（ビア径は10〜100μ●もしくは■）する。このときのアスペクト比としては1〜10程度となる。エッチング方式としては①ボッシュ方式，②ICPタイプ，③CCPタイプなどがありそれぞれ特有のメリットディメリットがある。（詳細は別の文献を参照されたい。）

ビアエッチ後はメタルパッド下の酸化膜とCVD等をエッチングしてメタルパッド部を露出させ，レジストは剥離（ウェット若しくはドライにて）する。

その後，PECVD等で裏面と側面に誘電体膜を成膜する。このときビア底にもCVD膜が形成されるが，底のみを選択的にRIE等でエッチングしてメタル面を露出してメタルシード層（例えばTiW-Cu，TiN-Cuなど）をPVDにより形成する。その後裏面配線用パターンを形成して配線用のメッキ（例えば銅メッキなど）を行う。このときビアホールをメッキで埋め尽くす方式とビア形状を残す場合があるがビア径の大きさにより，またその後のパッケージタイプにより選定する必要がある。その後支持体を剥離して，ガラス基板を張り合わせるが，このときキャビティ付のときはガラス面に接着エリアとキャビティエリアをパターン化してSi-LSIのパターンに合わせて貼り合わせる。

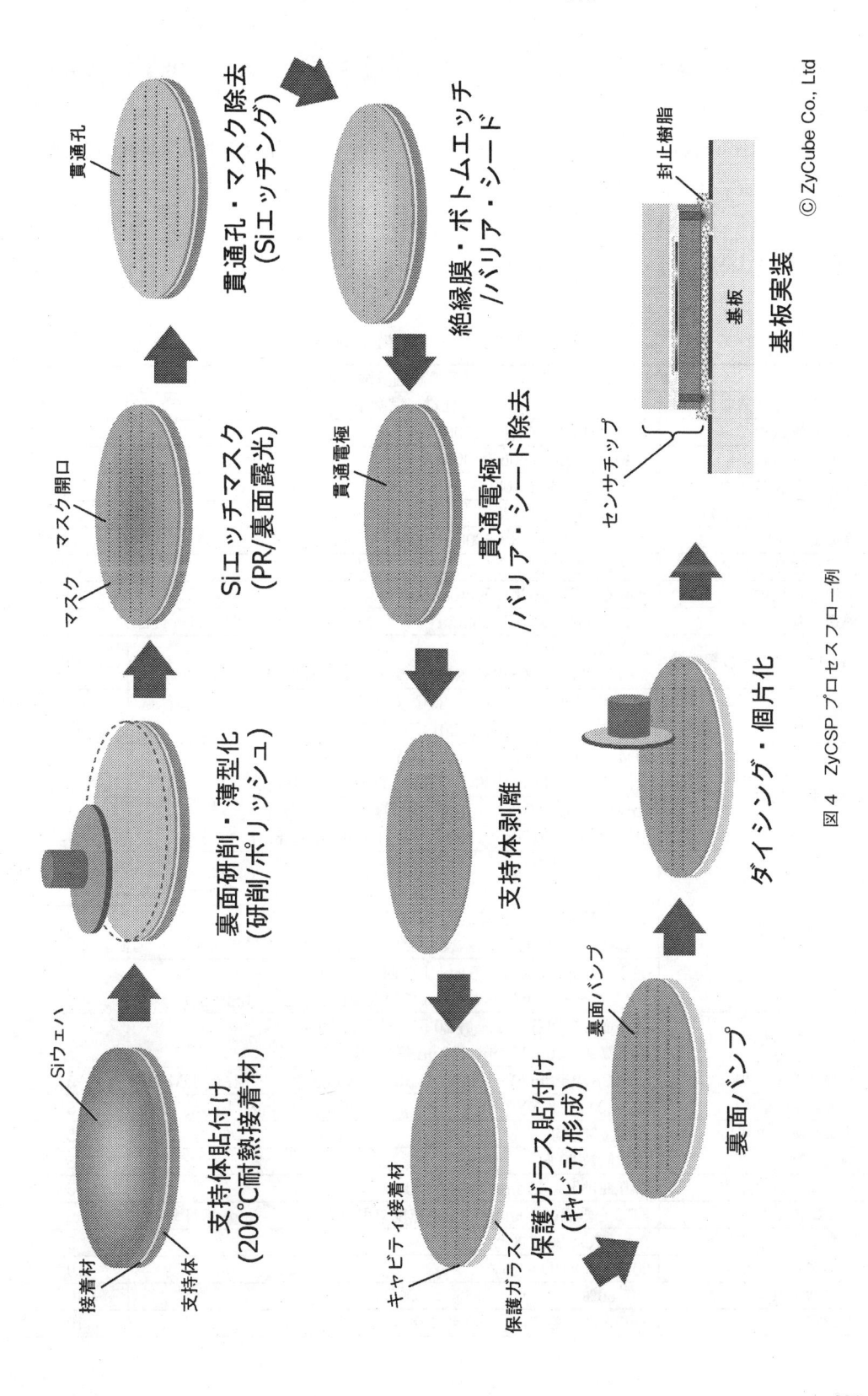

第21章 センサデバイスへの応用

図4 ZyCSPプロセスフロー例
©ZyCube Co., Ltd

またキャビティ無しのときは最初の支持体を保護ガラスとして永久的に使用することも可能である。

もちろん張り合わせるガラスには赤外線フィルター付，若しくは紫外線フィルター付またバンドパスフィルター付も可能である。

ガラス貼り合わせ後はドライフィルムレジストやソルダーレジストを使い，Cuポールなどをメッキなどで形成後レジストを除去して，シード層をエッチング（ドライエッチング若しく

表2 カメラモジュール信頼性試験項目例

信頼性評価項目	カメラモジュール汎用品信頼性評価試験項目 仕様（試験条件）	汎用品サンプル数
高温放置試験	＋85℃/168h・500h・1000h	10
低温放置試験	－40℃/168h・500h・1000h	10
高温高湿放置試験(1)	＋60℃/90%RH/168h・500h・1000h	10
高温高湿放置試験(2)	＋80℃/80%RH/72h	10
高温動作試験	＋85℃/2.8V/168h・500h・1000h	10
高温高湿動作試験	＋60℃/90%/2.8V/168h・500h・1000h	10
低温動作試験	－40℃/2.8V/168h・500h・1000h	10
熱衝撃動作試験	－40〜＋85℃/2.8V/0.5hour　　　each250・500cycle	10
温湿度サイクル放置試験	EIAJ ED-4701B-132 （－10〜65℃，90〜95%RH，1サイクル＝24H，10サイクル）	10
結露試験	20℃⇒－20℃（1H），－20℃（2H） －20℃⇒20℃（0.5H），20℃95%（0.5H）　　2.8V，5C	10
静電耐圧試験	MM mode±200V，1 time（限界耐圧） Step 100v，150v，200v，250v，300v，…（200pF）	5
	HBM mode±200V，1 time（限界耐圧） Step 1000v，1500v，2000v，…（100pF/1500ohm）	5
ダミー筐体落下	ダミー6面1サイクル（コンクリート上） 　　　　　　　　　　　　　　　　100g，1.5m，10サイクル	5
	ダミー100g，10cm，底面，5000回，側面2500回 （コンクリート上に厚さ2cmで中質の塩ビ若しくは相当品）	5
	ダミー100g，30cm，各面，100回 （コンクリート上に厚さ2cmで中質の塩ビ若しくは相当品）	5
落下試験（単体）	各端面4方向各5回，計20回（結果報告） 落下高さ：10〜100cm（10cm毎），鉄板上	5
耐振動1（単体）	5〜22Hz0.5mm20〜500Hz・1.5G　　XYZ，各2h（往復30MIN）	5
耐振動2（単体）	20〜2000Hz，XYZ　　　　　　　6mm Swing，15mm/方向	5
衝撃試験（単体）	100G×3方向	5
挿抜試験	挿抜回数30回	5
折り曲げ試験	折り曲げR＝0.1mm/角度＝180°　40回	5
垂直抵抗試験	FPCを垂直に10mm/minの速度で引っ張る　Peeling　8N以上	5
台座接着剤強度試験	Push Test 20N以上	5
マイグレーション	60℃90%VDD＝6.0V	10
高温高湿保存	60℃90%	10
熱衝撃	－40〜85℃各30分，50サイクル	10

第21章 センサデバイスへの応用

表3 各社センサCSP比較

名称	ZyCSP™ (ZyCube)	A-社	B-社	C-社
構造	電極パッド／ガラス／チップ／キャビティ／外部端子(半田ボール)／貫通電極	電極パッド／チップ／キャビティ／ガラス／外部端子(半田ボール)／コネクト	電極パッド／ガラス／チップ／外部端子(半田ボール)／貫通電極	電極パッド／FlipChip接続／ガラス／チップ／外部端子(半田ボール)／ガラス上配線
Size	X,Y: Real Chip size Z: <1.1mm(0.75mm)	X,Y: Real Chip size Z: <1.1mm	X,Y: Real Chip size Z: <1.1mm	X,Y: >Chip size +2mm Z: <0.9mm
量産性	△→○	△	×	△
コスト	△→○	○	△	△
品質	○	×	△	×
その他特記事項	○:実装信頼性(Cuポストによる応力緩和)	×:配線信頼性(Tコネクト接続部)	×:キャビティタイプ無し	×:Chip Dicing時のゴミ付着 ×:FlipChip接合時のFlux洗浄 ×:実装信頼性(応力緩和なし) ×:外部端子配置の自由度(ペリフェラル配置のみ)

©ZyCube Co., Ltd

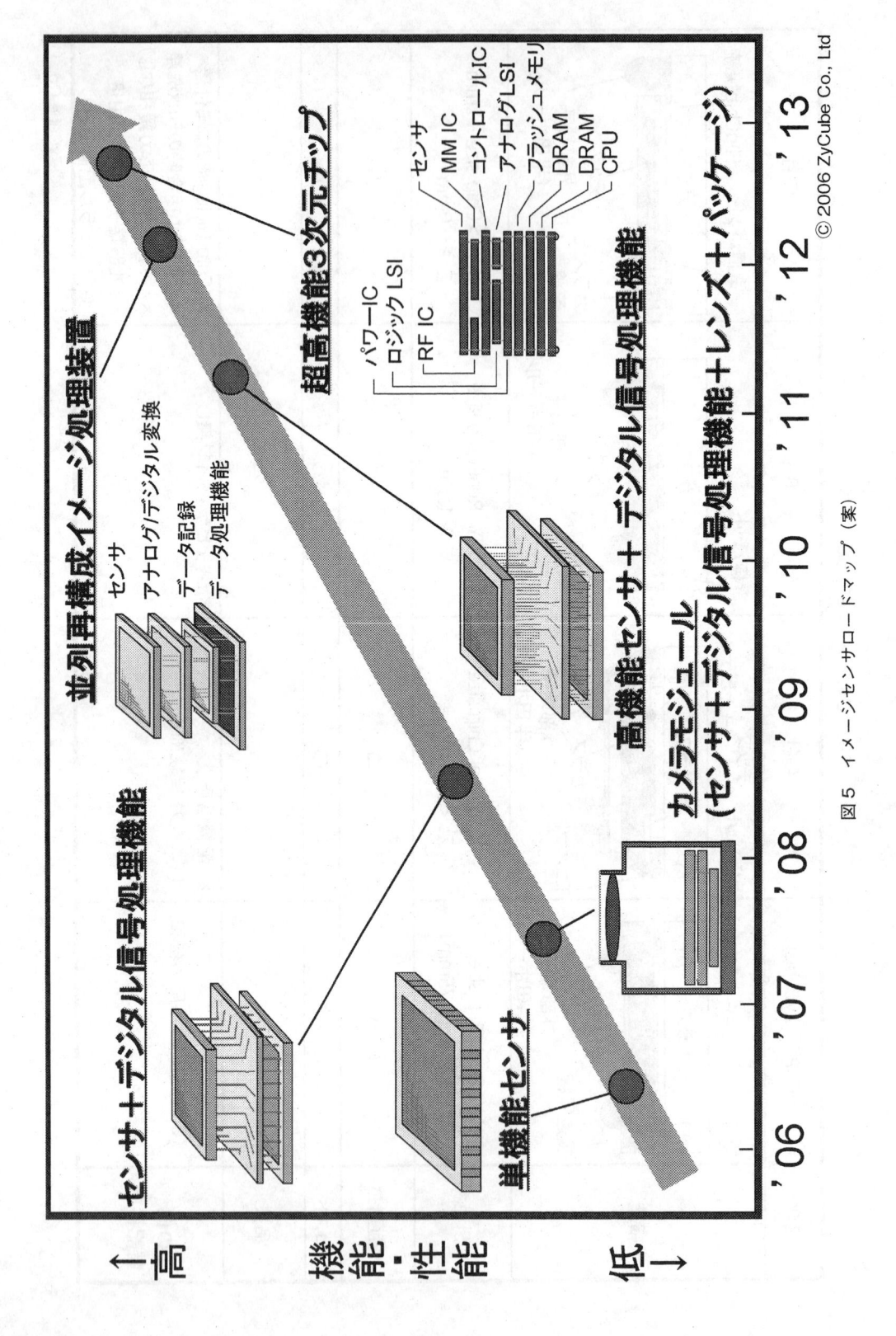

図5 イメージセンサロードマップ（案）

第21章　センサデバイスへの応用

はウェットエッチングで）する．裏面を研磨等でCuポール露出して裏面バンプを形成してガラスとSiをダイシングしてモジュール用の基板に搭載し，カメラモジュールとして完成させる．

(5) **品質基準要求**

　ウェハーレベルCSP（WLCSP）の場合はウェハー状態の段階でLSI並みの信頼性試験を行っているが，CSPを使用してカメラモジュールなどをアセンブリしたとき一般的に行われる試験項目はLSIに比べ緩く，その一例を表2に示す．

(6) **各種特徴とまとめ**

　WLCSPについて一部量産と提案されている代表例を表3に示す．

4　今後の課題とまとめ（必要プロセス設備と材料）

CMOSイメージセンサについてのロードマップ案を図5に紹介する．
このロードマップを考察することにより今後必要となる主要設備と材料についてまとめる．

(1) **主要設備**

　コーターデベロッパー，露光機，シリコンエッチャー，レジストアッシャー，Si研削・研磨装置，各種貼り合わせ装置（テープ-Si，Si-Si，Si-ガラス，等），テープ＆支持基板（Siやガラスなど）はがし装置，PECVD装置，PVD装置，酸化膜RIE，メタルRIE，メッキ装置，各種ウェット装置（洗浄，エッチング，レジスト剥離），樹脂封止装置（樹脂注入装置），レジン注入装置，ハンダボールボンダー，ダイシング装置（ガラス，Si，接着剤等）などがある．

(2) **主要材料**

　ガラスウェハ，BGテープ，各種接着剤，DCテープ，各種レジンなど．

　三次元構造とセンサの特性を生かし，生産性，品質，コストの最適化を図るために上記設備と材料の選定と適合が必須であり，ベンダーとの協力関係が重要となる．

文　　　献

1) 21世紀のセンサ計測技術，東レリサーチセンター
2) 「CCD & CMOSセンサ」に新時代到来，半導体産業新聞
3) 図解センサーのはなし，谷腰欣司著，日本実業出版社

4) IMAGE SENSOR and SIGNAL PROCESSING for DIGITAL STILL CAMERAS, Edited by J. Nakamura, Taylor & Francis
5) センサに関する代表的な特許を下記に記載する。
    1. 特開 2006-186573 2 板式カラー固体撮像装置及びデジタルカメラ
    2. 特開 2006-157627 固体撮像モジュール
    3. 特開 2006-157626 固体撮像モジュール
    4. 特開 2006-157625 固体撮像モジュール
    5. 特開 2006-157602 CCD 型イメージセンサ及びデジタルカメラ
    6. 特開 2006-100330 薬液処理ユニット
    7. 特開 2005-260318 2 板式カラー固体撮像装置及びデジタルカメラ
    8. 特開 2005-242334 物質構造解析用画像情報収集装置
    9. 特開 2005-210359 2 板式カラー固体撮像装置及びデジタルカメラ
    10. 特開 2005-175893 2 板式カラー固体撮像装置及びデジタルカメラ
    11. 特開 2005-173532 イメージセンサ用カラーフィルタの製造方法
    12. 特開 2005-151078 MOS 型イメージセンサ
    13. 特開 2005-151077 2 板式カラー固体撮像装置及びデジタルカメラ
    14. 特開 2005-134455 光硬化性組成物，並びに，カラーフィルタ及びその製造方法
    15. 特開 2005-130344 MOS 型イメージセンサ
    16. 特開 2004-341121 イメージセンサーカラーフィルタ用光硬化性組成物，並びに，イメージセンサーカラーフィルタおよびその製造方法
    17. 特開 2004-328140 固体撮像装置及びデジタルカメラ
    18. 特開 2004-186311 MOS 型イメージセンサ及びデジタルカメラ
    19. 特開 2004-120341 映像監視システム
    20. 特開 2004-104231 デジタルカメラ
    21. 特開 2004-055669 固体撮像素子およびその製造方法
    22. 特開 2004-047630 固体撮像装置
    23. 特開 2004-031496 リニアイメージセンサ
    24. 特開 2003-318386 リニアイメージセンサ
    25. 特開 2003-274233 デジタルカメラ
    26. 特開 2003-197895 固体撮像装置とそのスミア電荷除去方法並びにデジタルスチルカメラ
    27. 特開 2003-179813 固体撮像装置とそのスミア補正方法並びにデジタルスチルカメラ
    28. 特開 2003-031782 固体撮像装置およびその製造方法
    29. 特開 2003-008969 撮像装置
    30. 特開 2003-008958 撮像装置
    31. 特開 2002-333569 撮像装置
    32. 特開 2002-289828 カラー撮像装置
    33. 特開 2002-232640 ラインセンサおよびそれを用いた放射線画像情報読取装置
    34. 特開 2002-231926 ラインセンサおよびそれを用いた放射線画像情報読取装置
    35. 特開 2002-152597 固体撮像デバイスおよび固体撮像装置

第 21 章　センサデバイスへの応用

36. 特開 2002-112122　電荷転送装置，CCD イメージセンサおよび CCD 撮像システム
37. 特開 2002-112119　電荷転送装置，CCD イメージセンサおよび CCD 撮像システム
38. 特開 2002-016759　リニアイメージセンサチップおよびリニアイメージセンサ
39. 特開 2001-111033　固体撮像装置
40. 特開 2000-341577　手振れ補正装置およびその補正方法
41. 特開 2000-287134　画像処理装置及び処理方法
42. 特開 2000-187469　画像表示システム
43. 特開 2000-138868　撮像装置及びその制御方法
44. 特開平 11-341503　ビデオカメラ
45. 特開平 11-331491　固体撮像装置
46. 特開平 11-326864　ビデオカメラ
47. 特開平 11-122422　電荷転送素子の駆動回路，駆動方法及び原稿読取装置
48. 特開平 11-055681　画像信号補間装置
49. 特開平 11-024832　位置検出装置
50. 特開平 09-218035　測距センサ
51. 特開平 09-138125　測距装置
52. 特開平 09-138124　測距装置
53. 特開平 09-119829　測距装置と方法
54. 特開平 09-119828　測距装置と方法
55. 特開平 08-247758　測距装置
56. 特開平 07-280563　車間距離検出装置
57. 特開平 07-110437　距離測定装置及び距離測定方法
58. 特開平 07-110436　測距装置
59. 特開平 07-110435　測距装置および測距方法
60. 特開平 07-110434　測距装置及び測距方法
61. 特開平 07-110433　測距システム搭載カメラ
62. 特開平 07-098429　距離計測装置
63. 特開平 07-098205　距離計測装置
64. 特開平 07-071956　距離計測装置
65. 特開平 07-071916　車載用距離計測装置
66. 特開平 06-331869　光学装置とその製造方法
67. 特開平 06-317468　電荷蓄積型イメージセンサ回路
68. 特開平 06-313840　測光装置と測光方法
69. 特開平 06-308377　両移相型センサを用いた位相差型距離検出装置
70. 特開平 06-308376　位相差距離検出装置および方法
71. 特開平 06-273168　車載用位相差距離計
72. 特開平 06-203988　ストロボ電源回路及びこれを用いたカメラ
73. 特開平 05-158107　撮像装置用自動測光装置

第22章 バイオエレクトロニクスへの応用

小柳光正[*1]，田中　徹[*2]，富田浩史[*3]

1 はじめに

　半導体素子の微細化によりLSIの性能は飛躍的に向上した。しかし，素子の微細化，高集積化に伴ってLSIの消費電力が急激に増加しており，大規模化，高性能化が次第に難しくなっている。大規模化，高集積化に伴って，配線長や配線層数が飛躍的に増加することも，高性能化，低電力化を阻む大きな原因となっている。このような問題を解決して，高性能化，低電力化，大規模化を実現する技術として3次元集積化技術や3次元SiP技術が注目されている。3次元集積化技術を用いて作製される3次元LSIでは，小さなチップを多層に積層化することによって長い配線の数を削減するとともに，積層方向に多数の短い配線を配置することによって超並列動作に適した接続を構成できるので，高性能化，低電力化，高集積化を同時に実現できる。このような3次元積層型LSIを実現するために，筆者は世界に先駆けてウェーハ張り合わせ方式の新しい3次元LSI作製方法を開発してきた[1~12]。また，この技術を更に発展させて，デジタル回路とアナログ回路や高周波回路，さらにはセンサーデバイスやMEMsデバイス，化合物半導体回路など，種類の異なる回路やデバイスを同時に一つのチップに集積することのできるスーパーチップ技術を開発している[13~17]。これらの技術を用いて筆者らは，3次元積層型マイクロプロセッサ，3次元積層型メモリ，3次元積層型イメージセンサ，3次元積層型人工網膜チップを試作し，その動作確認に成功している[18~28]。この中から，3次元LSIのバイオエレクトロニクスへの応用として，眼球埋込み用積層型人工網膜チップについて紹介する。

2 3次元集積化技術

　筆者らが開発しているウェーハ張り合わせによる3次元集積化技術を用いて作製される3次元積層集積回路の断面構造を図1に示す。ウェーハ張り合わせは，図2に示すように，集積回路が

[*1] Mitsumasa Koyanagi　東北大学　大学院工学研究科　バイオロボティクス専攻　教授
[*2] Tetsu Tanaka　東北大学　大学院工学研究科　バイオロボティクス専攻　助教授
[*3] Hiroshi Tomita　東北大学　先進医工学研究機構　助教授

第22章 バイオエレクトロニクスへの応用

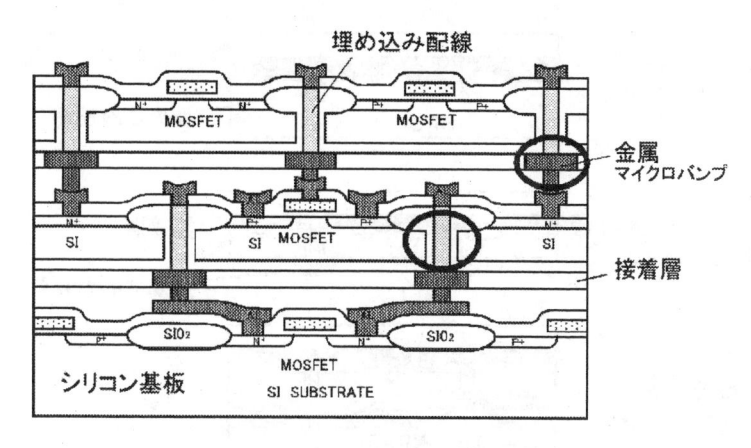

図1 3次元集積回路の断面構造

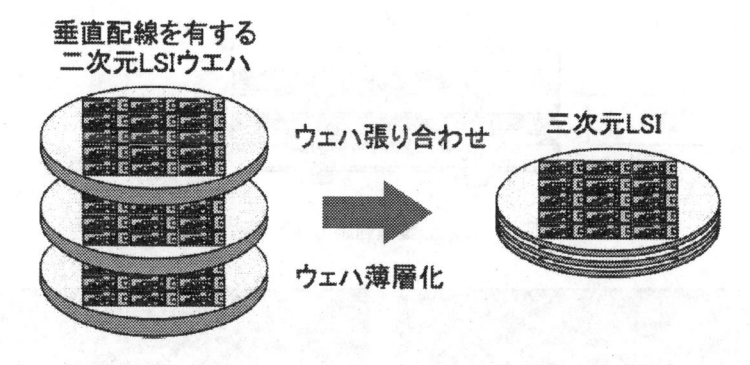

図2 ウェーハ張り合わせによる3次元集積回路の作製

既に作り付けられている完成したウェーハを用いて行う。具体的な製作方法の一例を図3に示す。図3に示した製作方法では，ウェーハの張り合わせを行う前に，張り合わされる方のLSIウェーハに予め埋込み配線が形成されている。この埋込み配線は，シリコン基板に深溝（トレンチ）を形成し，溝内を酸化した後不純物をドープした多結晶シリコンを埋込むことによって形成する。低抵抗の埋込み配線を形成する場合には，多結晶シリコンの代わりにタングステン（W）を埋込む。埋込み配線が形成されたLSIウェーハは，その後研磨によって埋込み配線の底部が露出するまで薄くされ，露出した埋込み配線の部分にIn/AuやInのマイクロバンプが形成される。マイクロバンプはリフトオフ法を用いて形成する。マイクロバンプを形成した後，位置合わせを行って下地となるLSIウェーハに張り合わせる。この工程を繰り返すことによって集積回路を多層に積層して3次元化する。層間の電気的導通は埋込み配線とマイクロバンプを介して行う。以上の工程からわかるように，図1に示すような3次元積層集積回路を実現するためには，埋込み配線のための深溝（トレンチ）形成技術，ウェーハの薄層化技術，マイクロバンプ形成技術，ウェーハ位置合わせ技術，ウェーハ張り合わせ技術などの基本プロセス技術を確立する必要

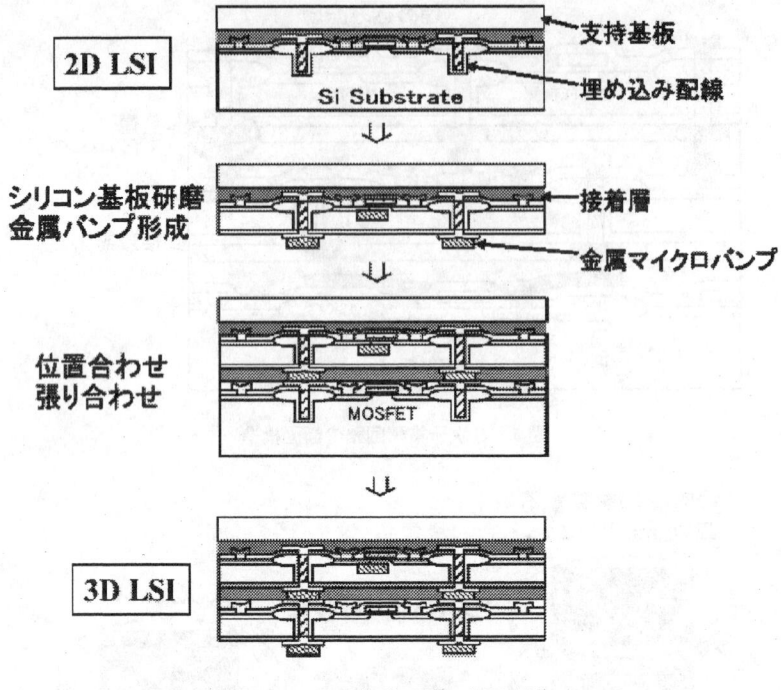

図3　3次元集積回路の作製方法

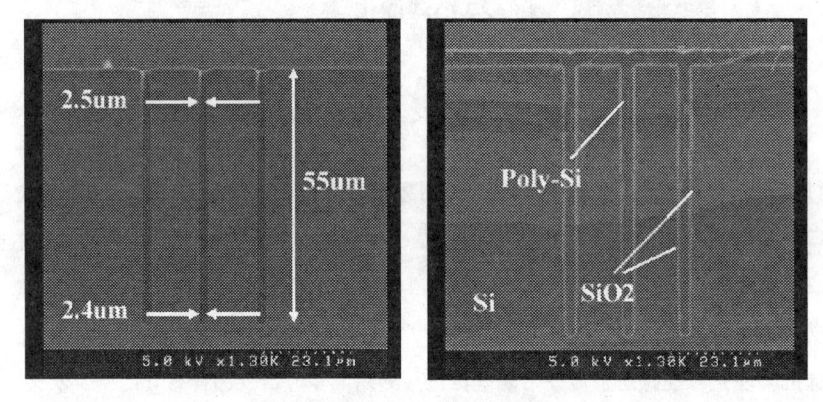

(a) シリコン基板への深溝形成　(b) 深溝への多結晶 Si 埋込み

図4　シリコン基板へ形成した埋込み配線（TSV）の SEM 断面観察写真

がある。図4は，誘導結合型プラズマエッチング（Inductive Coupling Plasma-ICP）を用いて深さ $55\mu m$ の深溝を形成した後，溝内を酸化し，そこに低抵抗の多結晶シリコン（$0.4m\Omega\cdot cm$）を埋込んで平坦化することによって形成した埋込み配線の SEM 断面観察写真である。この方法を用いることによって良好な埋込み配線が形成できることがわかる。この例では埋込み配線材料として低抵抗の多結晶シリコンを用いているが，配線抵抗を更に下げる必要がある場合にはタン

第22章 バイオエレクトロニクスへの応用

グステンや銅などの金属を用いる。埋込み配線形成後は，裏面から機械研磨および化学的機械研磨（Chemical Mechanical Polishing-CMP）を行ってウェーハを薄層化し，埋込み配線の底を露出させる。この場合，薄層化するウェーハは支持基板となる厚いLSIウェーハに常に貼り付けられているので，$1\mu m$以下にまで薄くしても割れることなく，通常のウェーハプロセスを通すことができる。ウェーハを薄層化した後は，埋込み配線の両端にIn/Auマイクロバンプを形成して別のLSIウェーハに張り合わせる。ウェーハ張り合わせには，赤外光を用いたウェーハ位置合わせ装置を用いる。位置合わせ精度は$\pm 1\mu m$である。以上の工程を繰り返すことによって，容易に3次元積LSIを作製できる。このようなウェーハ張り合わせによる3次元集積化技術を用いて試作した3次元積層型マイクロプロセッサの構成とSEM断面観察写真を図5，図6に示す。図5に示したマイクロプロセッサの構成は5層となっているが，実際に試作したチップは，図6に示すように，SRAMキャッシュメモリ層，制御回路層，プロセッサ層の3層からなっている。各層の厚さは$30\mu m$，埋込み配線径は$2\mu m$である。このチップで，最上層のSRAMキャッシュメモリ層からデータを読み出し，最下層のプロセッサで演算を実行させ，このチップが正しく動作することを確認している。

以上に述べたウェーハ張り合わせによる3次元LSIの作製方法は，LSIの製造歩留りが高い場合は大変有効な方法である

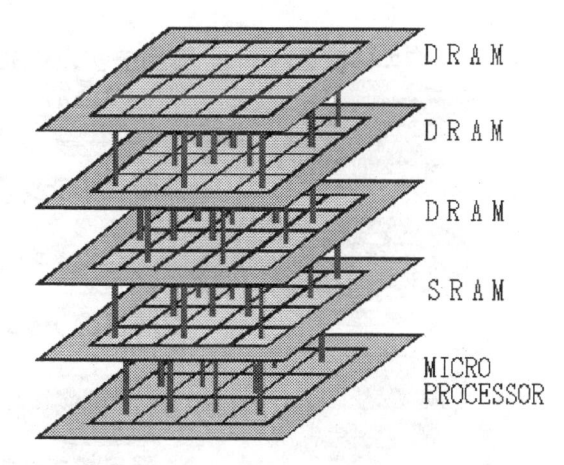

図5 3次元積層型マイクロプロセッサの構成

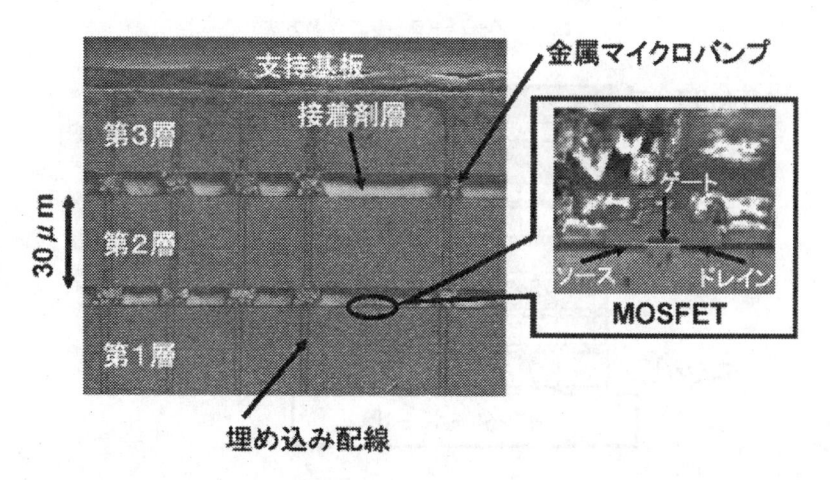

図6 試作した3次元積層型マイクロプロセッサのSEM断面観察写真

が，歩留りが低い場合には，積層する総数を増やすごとに積層後の歩留りが急激に低下する。そのため，良品チップ（KGD：Known Good Die）のみを積層できるような3次元LSIの作製方法が望まれる。しかし，良品チップ同士を張り合わせる手法や良品チップとウェーハを張り合わせる手法では，3次元LSI製造のスループットが低くて，コスト低減が見込めない。そこで，筆者は，ウェーハ張り合わせによる3次元LSIの作製方法と同等の高いスループットで良品チップのみをウェーハに張り合わせることのできる新しい3次元LSIの作製方法を開発している。この方法はスーパーチップ技術と呼ばれ，図7に示すように，多数の良品チップを同時にウェーハに張り合わせる方法である。張り合わせる前に，多数の良品チップを自己組織化技術を用いて，予め高い精度で保持基板上に配置しておき，これを一括してウェーハに張り合わせる。この方法を用いると，図8に示すように，違った技術を用いて作製したチップや寸法の異なるチップ，各種センサチップなどを自由に積層することが可能となる。図9に異なった寸法を有するチップを

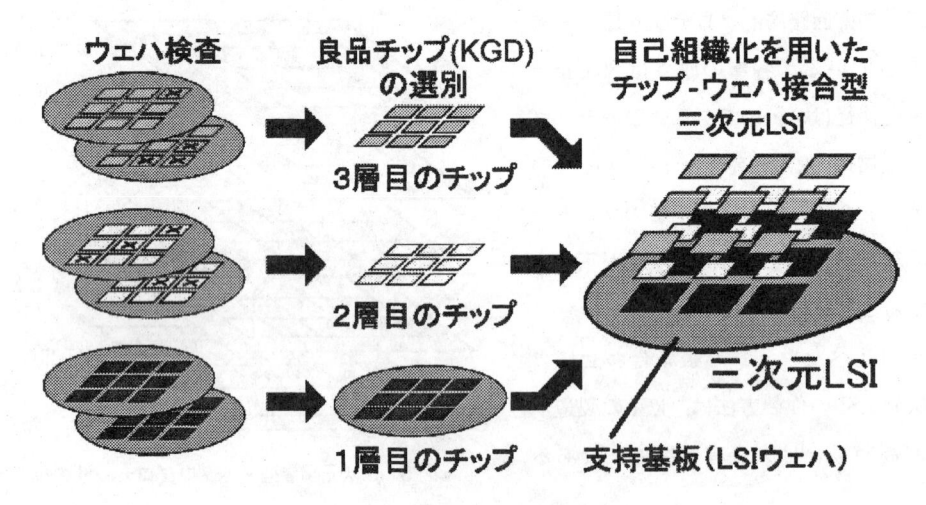

図7　スーパーチップの作製方法

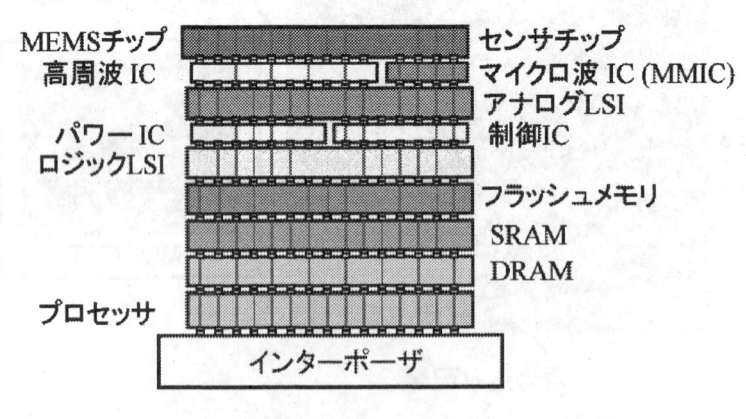

図8　3次元積層構造を有するスーパーチップの例

第22章 バイオエレクトロニクスへの応用

ウェーハ上に3層積層した時の顕微鏡写真を示す。各チップの厚さは30μmで，写真の左上の部分では大きなチップの上に小さなチップが積層され，右下の部分では小さなチップの上に大きなチップが積層されている。このように，スーパーチップ技術を用いるといろいろな組み合わせのチップの積層が可能となる。

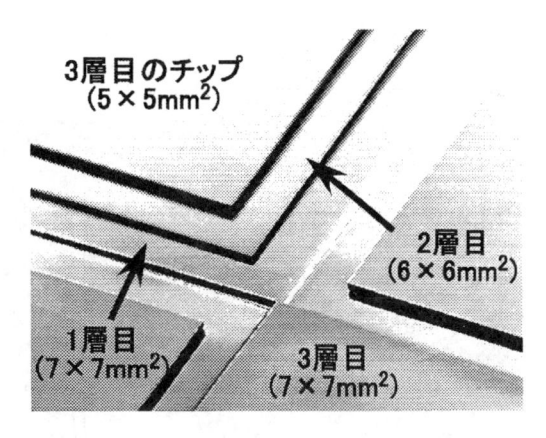

図9 試作した3層積層スーパーチップの顕微鏡写真

3 3次元積層型人工網膜チップと脳型視覚情報処理システム

いろいろな分野への応用を目指して，人工網膜チップに関する研究が世界中で精力的に進められている。人工網膜チップの研究は工学的な応用を目指した研究と，生体埋込みを目指した研究の2つに大きく分けられる。工学的な応用を目指した研究では，網膜の持つ低電力で高速の視覚情報処理機能をシリコンにより実現し，これを高機能の監視用カメラや自動車の衝突防止用イメージセンサ，ロボットの眼などへ応用しようとしている。この分野の研究はカリフォルニア工科大学のカーバー・ミード教授によってその先鞭がつけられたが[29]，その後の集積回路技術の急速な進歩もあって実用化を目指した研究も多くなってきた。その代表的なものはCMOSイメージセンサの各ピクセルに視覚情報処理を行うための簡単な回路を搭載し，これを並列動作させて低電力でかつ高速に視覚情報処理を行うというものである。しかし，通常のCMOSイメージセンサを基本とした網膜チップでは，光受容器であるフォトダイオードと網膜回路を2次元のチップ表面に形成するため，工学的に実現できる機能はまだ限定されている。

3次元集積化技術を用いると人間の網膜に類似の機能と構造をもった人工網膜チップや視覚システムが実現可能となる。人間の網膜は図10(a)に示すように，イメージセンサとして働く視細胞層と各種の網膜細胞層が多層に積層された構造をもっている。上下の細胞層間には膨大な数の結合が形成されており，視細胞層に入力された画像パターンはパターンのまま処理され視神経へと出力される。これらの処理はすべて超並列処理であり，CCDのような通常のイメージセンサを用いた逐次的な画像処理に比べて処理速度が格段に速い。図10(b)に示すように，3次元集積化技術を用いるとこのような構造と機能をもった人工網膜チップが実現可能となる。我々は視細胞回路と各種網膜細胞回路を低電力のアナログ回路で構成し，これらを多層に積層して人間の網膜に似た機能と構造をもった3次元積層型の人工網膜チップを試作した。試作したチップは3層

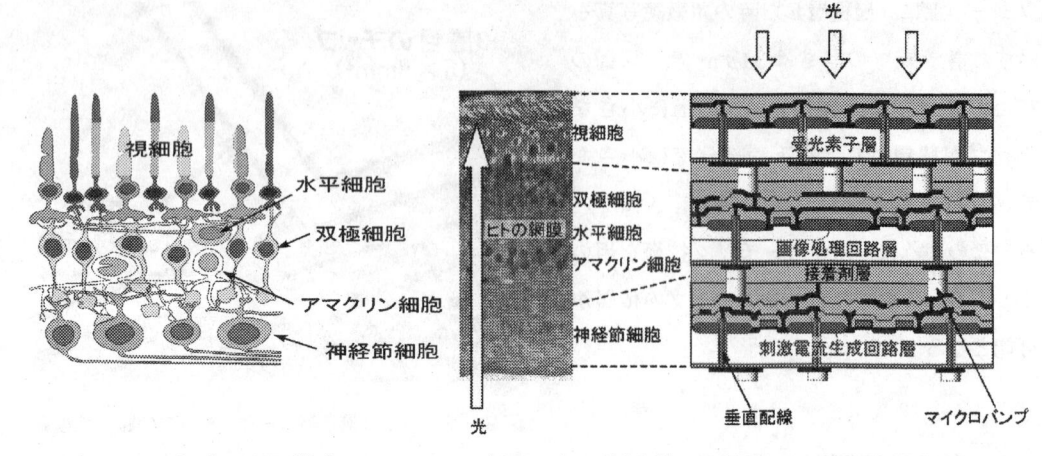

(a) ヒトの網膜の断面構造　　(b) 3次元積層型人工網膜チップの断面構造

図10　網膜の断面構造と3次元積層型人工網膜チップの断面構造

積層構造となっており，最上層に視細胞回路，中間層と最下層に出力細胞回路も含めて4種類の網膜細胞回路がアレイ上に配置されている。試作した3層積層型人工網膜チップの写真を図11に示す。3層積層型の人工網膜チップはワイヤボンディングなしでシリコンインターポーザに張り付けられている。チップとインターポーザ間の電気的な接続は最下層のチップ裏面に形成されたマイクロバンプアレイを介して行われる。積層チップの表面には石英ガラスが貼り付けられているが，この石英ガラスはパッケージの役割も兼ねている。

3次元集積化技術を用いると，脳が行っている更に高次の視覚情報処理機能を模擬した視覚野チップの実現も不可能ではない。脳における情報処理は，そのかなりの部分が視覚情報処理に費やされている。情報処理の重要部分を扱っているのは脳の大脳皮質の部分であるが，大脳皮質は6層の積層構造からなっている。大脳皮質が積層構造となっているのは，並列処理と階層的処理を行うためである。視覚情報処理を行う大脳皮質の部分は視覚皮質または視覚野と呼ばれ，第一次視覚野（V1），第二次視覚野（V2），MT野，MST野などのように階層的な構成を有している。第一次視覚野には形の情報処理を行うための輪郭の角度成分を認識する方位細胞が

図11　試作した3次元積層型人工網膜チップの写真

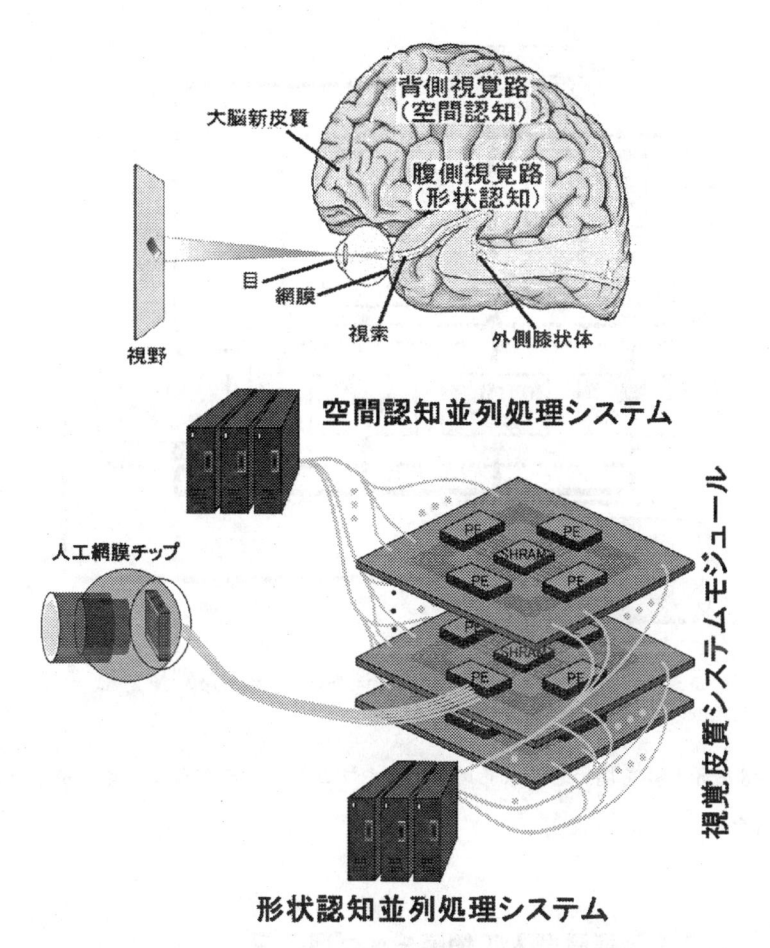

図12 3次元LSIを用いた脳型視覚情報処理システム

存在し，MT野，MST野には，物体の動きに反応する細胞が存在する．網膜に入力された視覚情報は，図12に示すように，形や色と動きの情報に分離され，外側膝状体を経由して脳の後頭部にある視覚野へと転送される．視覚野に入力された形や色の情報は，形状認知に関係した腹側視覚路を経由して側頭連合野へと送られ，動きや位置の情報は空間認知に関係した背側視覚路を経由して頭頂連合野へと送られる．最後は，他の感覚器官からの情報とも合わせて再び統合されて，認識や判断といった高度の処理を行う．図12に示すように，筆者らはこのような脳の視覚情報処理の部分的な機能を，3次元LSIで構成した超並列処理システムで具現化することを目指して研究を行っている．このような脳型視覚情報処理システムの全体構成を図13に示す．このシステムは，形と色および動きの一部を扱うV1野チップ，色を扱うV4野チップ，動きを扱うMT/MST野チップ，高速眼球運動を司るサッカード機能を実行するための上丘チップ，さらにはそれらを含んで高次の視覚情報処理を行う形状認識プロセッサ，空間認知プロセッサなどから

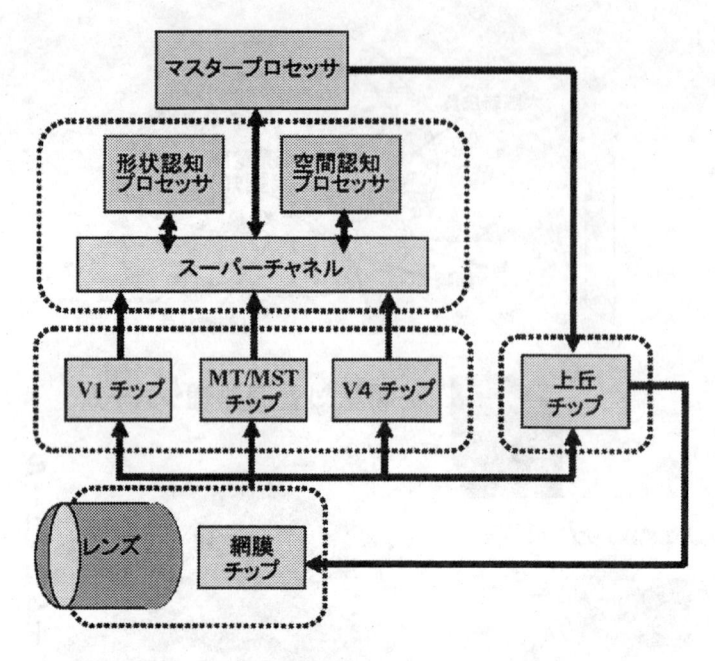

3次元システムインパッケージと材料技術

図13 脳型視覚情報処理システムの階層構成

なる。現在，3次元 LSI を用いてこれらのチップやプロセッサを実現すべく，チップ設計およびシステム設計を行っている。

4 眼球への3次元積層型人工網膜チップ埋込み

眼球埋込み用の網膜チップの研究に関しても，米国が世界を一歩リードした状態にある。これまで，視覚障害者の眼にチップを埋込んで視覚を再現させた例がいくつか報告されている。一般的に，眼への網膜チップ埋込みにおいては，生体との適合性など，様々な制約があり，高機能で高解像度の網膜チップを埋込むことは難しい。生体との適合性に関しては，刺激電極材料と網膜細胞の電気化学的反応による細胞損傷や電極腐食等が問題となる。また，生体細胞は熱に弱いことからチップの発熱を極力抑える必要があるため，チップの消費電力が 50mW 程度以下でなければならない。チップ面積も，チップが埋込まれる部分が中心窩と呼ばれる直径2mm程度の網膜中心部分であることから，2平方mm程度以下でなければならないなどの制約がある。そのため，これまで報告されている眼球埋込み型人工網膜においては，十数個の刺激電極のアレイと処理回路が眼球内に埋込まれ，受光素子であるビデオカメラは眼球外のバイザ（めがね）に搭載されている。ビデオカメラからの出力信号は RF（Radio Frequency）により眼球内の LSI チップへと送信される。そのため，患者は常にカメラの付いた大型のバイザを身に付ける必要がある。

第22章 バイオエレクトロニクスへの応用

また，視点を移動するためには顔全体を動かす必要があり，患者のQOL（Quality of Life）を損ねることになる。そこで筆者らは，網膜と似た機能と構造を有する3次元積層型人工網膜チップを失明患者の眼に埋込んで，晴眼者により近い視覚の再生を目指している。埋込む網膜チップには受光素子も搭載されていることから，患者は知的な視覚情報処理に欠かせない高速眼球運動機能（サッカード機能）を使うことができ，視点の移動も容易となる。また，患者の角膜，水晶体，硝子体を用いて網膜上面に画像を結像することが出来るため，より晴眼者に近い状態での視覚の再現が可能になると考えられる。図14に，筆者らが提案する眼球埋込み用人工網膜モジュールの構成を示す[30～34]。眼球埋込み用人工網膜モジュールは，眼球外装置と眼球内装置により構成

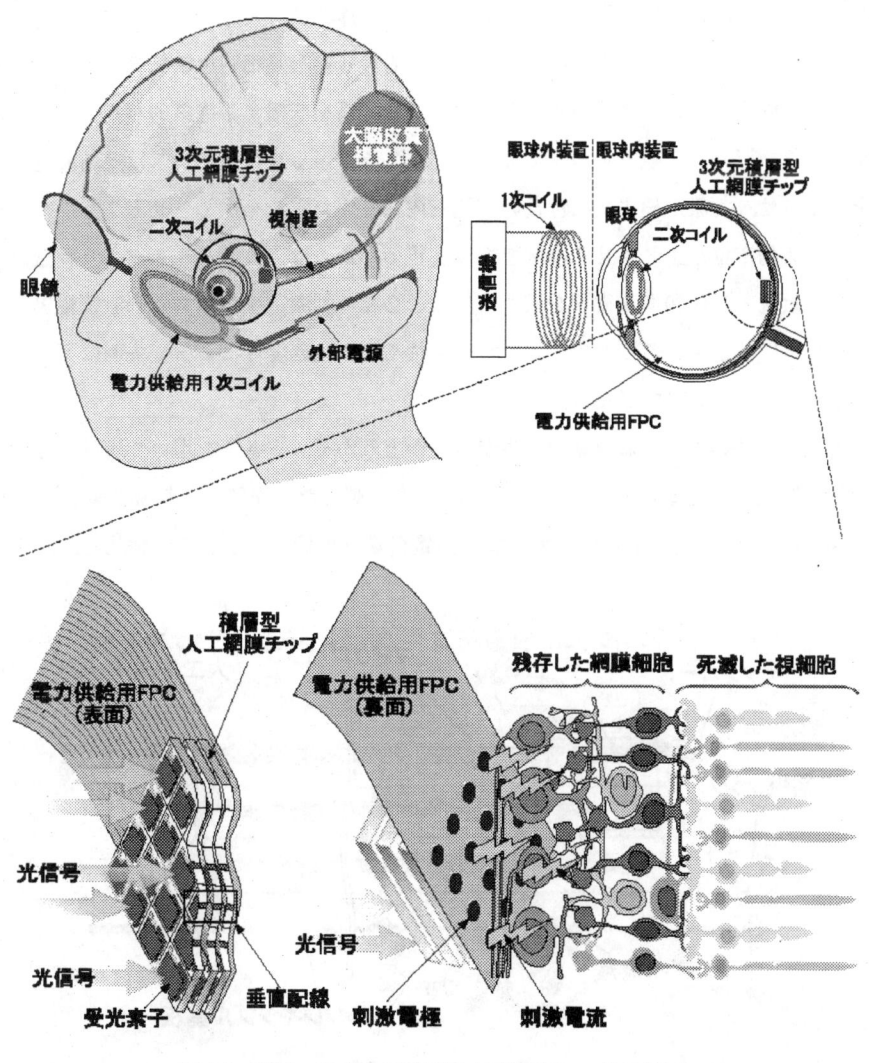

図14 眼球への3次元積層型人工網膜チップの埋込み

3次元システムインパッケージと材料技術

される。眼球外装置は電磁誘導によるデータ通信と内部装置への電力の供給を行うための1次コイルと送信機から構成される。一方，眼内装置はデータと電力を受けるための2次コイルと眼球埋込み用人工網膜チップである3次元積層型人工網膜チップと，データと電力の伝達に用いるフレキシブル基板（FPC：Flexible Printed Circuit Board）により構成される。図15に示すように，3次元積層型人工網膜チップの最上層には受光素子が搭載され，下層には種々の処理回路が搭載されている。各層はチップを貫通する垂直配線（埋込み配線：TSV）により電気的に接続される。FPCの裏面には網膜細胞に電気刺激を与えるための刺激電極アレイが形成されており，3次元積層型人工網膜チップと刺激電極アレイはFPCを貫通する配線を介して電気的に接続されている。この刺激電極アレイ部分は，網膜の神経節細胞上に配置される。この人工網膜モジュールでは，3次元積層型人工網膜チップの最上層の受光素子により外部から入力される光信号が電気信号に変換され，それによって下層の処理回路が，失明患者の残存網膜細胞を電気刺激するための刺激電流パルスを生成する。刺激電流パルスとしては，神経系を伝播する電気的パルスを模擬して，正極パルスと負極パルスを組み合わせた2相性パルスを用いる。負極パルスは，刺激電極アレイに電子を蓄積させ，刺激電極アレイ付近の細胞液内にイオン電流を生じさせることで網膜細胞を脱分極させ，活動電位を生じさせる役割を担う。正極パルスは，負極パルスにより刺激電極アレイに蓄積された電子を中和する役割を果たす。この2相性刺激電流パルスが刺激電極アレイを介して神経節細胞に伝達されることで，加齢黄斑変性や網膜色素変性によって失明に至った患者の視覚の再生を図ることが可能となる。

まず，電流パルス刺激による視覚の再生が可能かどうかを，うさぎを用いて実験するために，うさぎの眼に埋込み可能な刺激電極アレイとFPCを作製した。作製した刺激電極アレイとFPCの写真を図16に示す。刺激電極は，大きな刺激電荷量を供給できるように錘状とし，電極材料

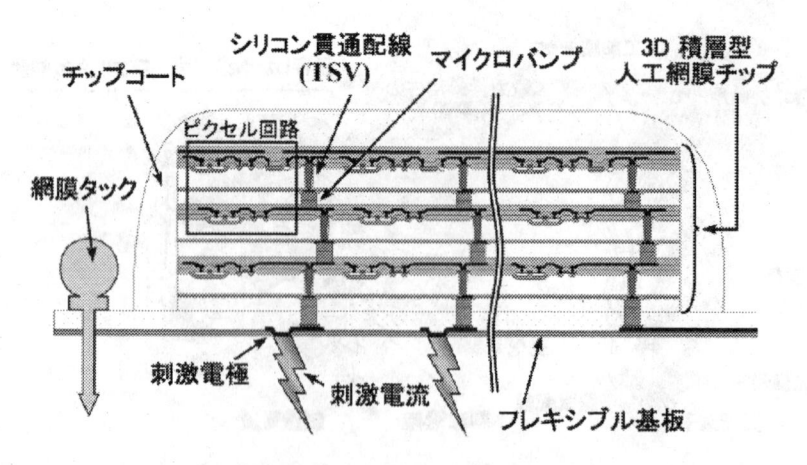

図15　眼球埋込み用3次元積層型人工網膜チップの断面構造

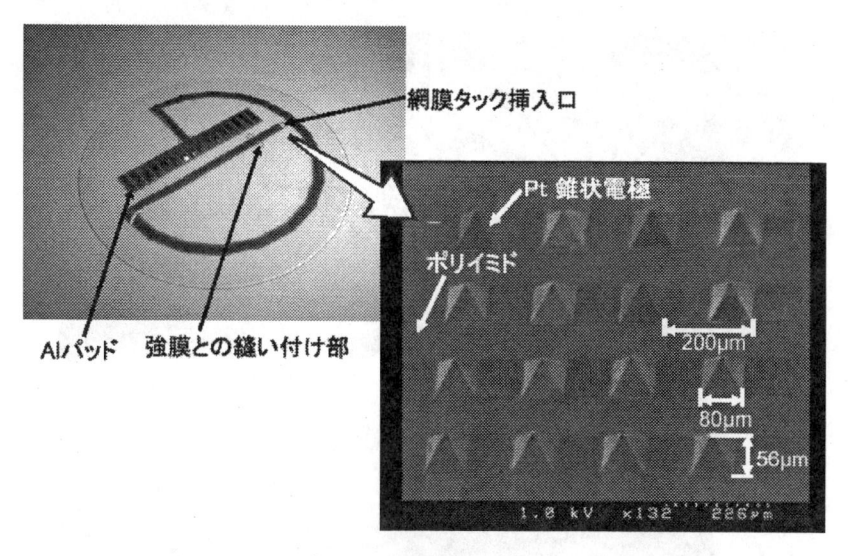

第22章　バイオエレクトロニクスへの応用

図16　人工網膜チップ裏面に形成した網膜細胞刺激電極アレイとチップを搭載するフレキシブルケーブル

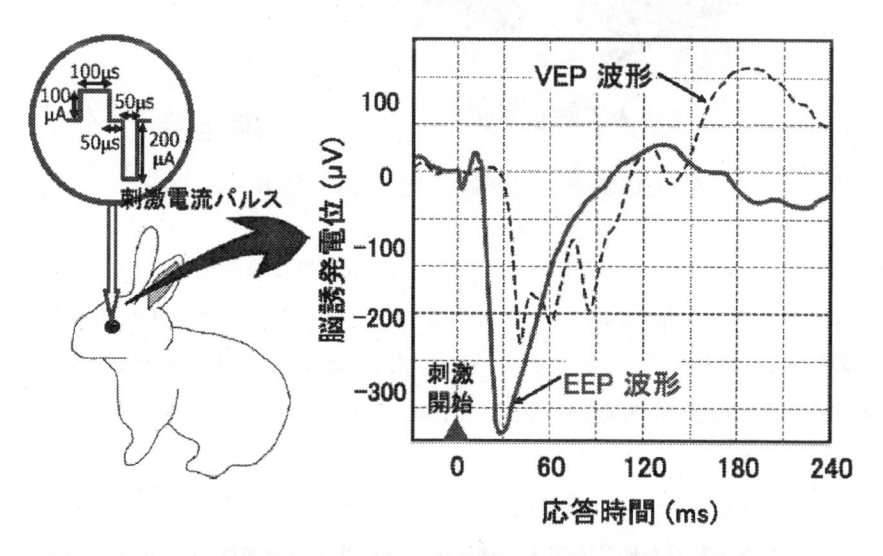

図17　電流パルスによる網膜出力細胞刺激後の脳内誘発電位の観測

として生体適合性の良い白金を用いている。FPCの先端に刺激電極アレイが搭載されている。このような刺激電極アレイとFPCをうさぎの眼に埋込んで，網膜の出力細胞を電流パルス刺激した時に観測された脳内誘発電位の応答波形を図17に示す。図からわかるように，網膜細胞を電流パルス刺激してから15msec後に脳で大きな誘発電位（EEP：Electrical Evoked Potential）が観測された。この電位波形は，光刺激した場合の応答波形（VEP：Visual Evoked Potential）と似ていることから，網膜出力細胞の電流パルス刺激によって脳で視覚を再生できることが確認できた。そこで，このFPCに人工網膜チップと刺激電極アレイを搭載した人工網膜モジュール

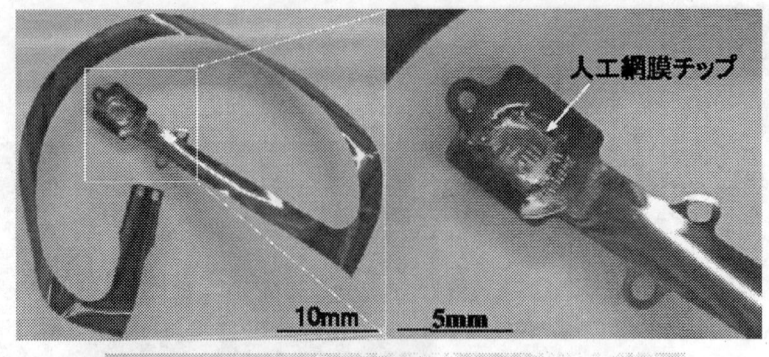

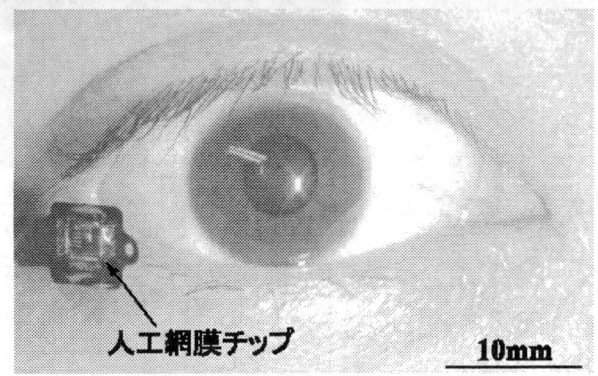

図18 人工網膜チップを搭載した埋込み用人工網膜モジュール

を作製して，人工網膜チップに入力された光信号から生成された刺激電流パルスを用いてうさぎの脳で視覚を再生することを試みた。但し，人工網膜チップを搭載した本格的な人工網膜モジュールの初めての埋込みということで，今回は，人工網膜チップは積層構造ではなく，受光素子や処理回路，刺激電流パルス発生回路などを1層のシリコンチップに搭載した構成となっている。そのため，ピクセル数も10×10と少ない。試作した人工網膜チップで，入力の光信号に応じた2相性の出力刺激電流パルスが得られており，このチップが良好に動作していることを確認した。このチップを搭載した埋込み用人工網膜モジュールの写真を図18に示す。現在，このモジュールをうさぎの眼へ埋込み実験中である。この人工網膜モジュールを用いて光入力による脳での視覚の再生が確認できれば，次のステップとして32×32ピクセルの受光素子をもつ3次元積層型人工網膜チップを搭載したモジュールを作製し，うさぎに埋込む予定である。ピクセル数が32×32以上であれば，ヒトの顔の認識も可能となる。チップサイズが2〜3平方mmでなければならないことから，通常の2次元LSI技術ではこれだけのピクセル数を有する人工網膜チップを作製することはできない。筆者らは，最終的には，64×64ピクセルからなる3次元積層型人工網膜チップを失明患者の眼に埋込むことを目指している。しかし，それまでに，生体適合性や信頼性の確認など，解決すべき課題が山積している。今後，専門領域を越えた異分野の研究者

と連携を取りながら，半導体技術，SiP技術を基軸とした新しい修復医療の確立を目指して邁進して行きたい。

5 おわりに

ウェーハ張り合わせによる3次元集積化技術および多数の良品チップの一括張り合わせによる3次元集積化技術（スーパーチップ技術）を開発し，3次元積層型マイクロプロセッサや3次元積層型メモリ，3次元積層型イメージセンサの試作に成功した。また，3次元積層型人工網膜チップを試作し，基本動作の確認にも成功した。更に，3次元集積化技術を用いた眼球埋込み用人工網膜チップの開発を目指して，単層人工網膜チップモジュールを試作し，うさぎを用いた実験で脳内誘発電位の観測に成功した。

文　献

1) M. Koyanagi, Proc. 8th Symposium on Future Electron Devices, pp.50-60, 1989.
2) H. Takata, M. Koyanagi *et al.*, *Jpn. J. Appl. Phys.*, **28**, pp.L2305-L2308, 1989.
3) M. Koyanagi *et al.*, *IEEE J. of Solid State Circuits*, **25**, pp.109-116, 1990.
4) H. Takata, M. Koyanagi *et al.*, Proc. Int. Semiconductor Device Research Symposium, pp.327-330, 1991.
5) T. Matsumoto, M. Koyanagi *et al.*, Extended Abstr. Int. Conf. on Solid State Devices and Materials, pp.1073-1074, 1995.
6) M. Koyanagi *et al.*, *IEEE MICRO*, **18** (4), pp.17-22, 1998.
7) T. Matsumoto, M. Koyanagi *et al.*, *Jpn. J. Appl. Phys.*, **1** (3B), pp.1217-1221, 1998.
8) M. Koyanagi, Extended Abstr. Int. Conf. on Solid State Devices and Materials, pp.422-423, 2000.
9) Y. Igarashi, M. Koyanagi *et al.*, Extended Abstr. Int. Conf. on Solid State Devices and Materials, pp.34-35, 2001.
10) T. Nakamura, M. Koyanagi *et al.*, Abstr. Int. Semiconductor Technology Conf. (ISTC), pp.784-796, 2002.
11) H. Kurino and M. Koyanagi, Proc. Int. VLSI Multilevel Interconnection Conf. (VMIC), pp.98-104, 2004.
12) M. Koyanagi *et al.*, *IEEE TRANSACTIONS ON ELECTRON DEVICES*, VOL.53, NO.11, pp.2799-2808, 2006.
13) T. Fukushima, M. Koyanagi *et al.*, Tech. Dig. Int. Electron Devices Meeting (IEDM),

pp.359-362, 2005.
14) T. Fukushima, M. Koyanagi et al., *Japanese Journal of Applied Physics* Vol. 45, No.4B, pp.3030-3035, 2006.
15) T. Fukushima, M. Koyanagi et al., Proc. International Conference on Electronics Packaging (ICEP), p.220-224, 2006.
16) H. Kikuchi, M. Koyanagi et al., *Japanese Journal of Applied Physics* Vol. 45, No.4B, pp.3024-3029, 2006.
17) H. Kikuchi, M. Koyanagi et al., Extended Abstr. International Conference on Solid State Devices and Materials, pp.490-491, 2006.
18) T. Ono, M. Koyanagi, Proc. Int. Symp. on Low-Power and High-Speed Chips (COOL Chips V), pp.186-193, 2002.
19) K. Hirano, M. Koyanagi et al., Extended. Abstr. Intern. Conf. on Solid State Devices and Materials, pp.824-826, 1996.
20) H. Kurino, M. Koyanagi et al., *IEICE Trans. on Fundamentals of Electronics, Communications and Computer Sciences*, **E81-A** (12), pp.2655-2660, 1998.
21) K W. Lee, M. Koyanagi et al., Tech. Dig. Int. Electron Devices Meeting (IEDM), pp.165-168, 2000.
22) K.-H. Yu, M. Koyanagi et al., Proc. IEEE Int. Conf. on Multisensor Fusion and Integration for Intelligent Systems, ,pp.831-835, 1996.
23) H. Kurino, M. Koyanagi et al., Tech. Dig. Int. Electron Devices Meeting (IEDM), pp.879-882, 1999.
24) K. W. Lee, M. Koyanagi et al., *Jpn. J. Appl. Phys.*, **39**, pp.2473-2477, 2000.
25) T. Sugimura, M. Koyanagi et al., Proc. IEEE Int. Conf. on Field-Programmable Technology (ICFPT), pp.372-374, 2003.
26) Y. Nakagawa, M. Koyanagi et al., Proc. Int. Conf. on Neural Information Processing, pp.636-641, 2000.
27) H. Kurino, M. Koyanagi et al., *IEICE Transactions on Electronics*, **E84-C** (12), pp.1717-1722, 2001.
28) M. Koyanagi et al., Proc. IEEE Int, Solid State Circuits Conf., pp.270-271, 2001.
29) C. Mead, Analog VLSI and Neural System, Addison-Wesley Publishing Co. (1989)
30) J. Deguchi, M. Koyanagi et al., *Jpn. J. Appl. Phys.*, **43**, pp.1685-1689, 2004.
31) T. Watanabe, M. Koyanagi et al., Proc. European Solid-State Devices Reserch Conference (ESSDERC), pp.327-330, 2006.
32) T. Watanabe, M. Koyanagi et al., Extended Abstr. International Conference on Solid State Devices and Materials, pp.890-891, 2006.
33) K. Motonami, M. Koyanagi et al., *Japanese Journal of Applied Physics* Vol. 45, No.4B, pp.3784-3788, 2006.
34) T. Watanabe, M. Koyanagi et al., *Japanese Journal of Applied Physics* Vol. 46, No. 4B, 2007.

第 23 章 次世代ロボットと応用

橋本周司*

1 はじめに

人間あるいは動物とそっくりな機械を作る試みは古くから行なわれてきた。18世紀にはオルゴール製造技術に基づくオートマタ（自動人形）がヨーロッパで大流行した。特に，スイスのヌシャテル湖畔の博物館で現在も動いているジャケドロス父子の「オルガンを弾く少女」や「自動書記」は有名である。わが国でも17世紀から多くのカラクリ人形が作られ，18世紀末にはロボット製作指南書である細川頼直の機巧図彙（からくりずい）が出版されている。カラクリ人形の傑作の一つである茶運び人形は，最近，プラモデルとして販売されており，その機構を簡単に組み立てることができる。このような，ぜんまいと歯車などによって作られる純機械式の自動人形には，構造と機能が不可分であるというエレクトロニクス以前のシステムに共通する特徴がある。

これに対して，いわゆるメカトロが産み出す現代の機械システムでは実装という新しい技術がシステム造りの重要な要素となっている。ここでは，知能メカトロの一つの成果である次世代ロボットの最近の動向を紹介し，ロボットにおける実装技術を考え，システムインパッケージへの期待を述べる。

2 次世代ロボットの役割

ここ10年ほどの間に，国内外でヒューマノイドという名のロボット研究プロジェクトが，相次いでスタートした。それぞれのプロジェクトの内容は必ずしも同じでなく，アプローチも異なっているが，最新の情報処理技術と機械技術を総合して，人間型ロボットを作ろうというところは共通している。後述のように筆者の所属する学部では，35年以上前から産業用ロボットとは異なったロボットを開発する研究グループが活動してきたが，1990年から，人間と共存するヒューマノイドロボットの研究プロジェクトを推進している。本プロジェクトでは，作業機械としてばかりでなく情報機械としてのロボットの新しい側面に注目している。我々が想定している次世代ロボットの応用分野は，共同作業ロボット，家庭内作業ロボット，高齢者・障害者のため

---

* Shuji Hashimoto　早稲田大学　理工学部　応用物理学科　教授

の介護ロボット，話相手ロボット，マルチメディア端末ロボット，機器管理サポートロボット，ロボットアクター，など産業生産からアミューズメントまで多岐にわたるが，主たる研究課題は，いずれも人間と機械のインタフェースに係わるものである[1~3]。

従来のロボットは，作業機械としての人間を模倣あるいは人間の作業能力を強化するものであった。我々のヒューマノイドプロジェクトの第1の目標である人間との共同作業はこの延長上にあるが，工場での作業ロボットに比べて，人間との相互作用がはるかに密に行われる。それは，定型的なコマンドに従って作業を行うのではなく，相手の人間に応じた柔軟な行動の変更が必要なためである。ロボットにとって人間は，極めて情緒的で再現性のない非定常な環境である。したがって，ロボットは，環境を探る情報機械としての人間を模倣したものにならざるを得ないのである。

ヒューマノイドプロジェクトでは第2の目標として，情報端末としてのロボットの利用を検討している。現在のコンピュータ端末は，グラフィックスとポインティングデバイスによるGUIが主流となっているが，我々はロボットそのものを端末とすることを考えている。ネットワークにロボットを接続して，画像，音声，表情，身振り，触覚など人間のあらゆる知覚チャンネルを使って，情報を引き出したり計算機を使ったりするのである。そこでは，ロボットの手を握ること，嬉しそうに話すこと，画像を見せること，などが計算機システムへの入力であり，ロボットの仕草，ロボットの表情，ロボットが我々の肩をたたくこと，などが計算機の出力である。最近の自動車には多くのコンピュータが組み込まれており，運転者は意識せずにそれらを使っている。マルチメディア情報端末としてのロボットは，GUIとは異なった計算機の利用形態を提供し，計算機をリアルワールドで体感し"ドライブ"することを可能にする。

また，ロボットによるセンサ集合体としての人間の模倣も大きな用途である。ロボットは多くのセンサを装備した動く情報収集システムであるから，人間型でなくとも環境を自律的に動き回ることにより情報収集を能動的に行なうことができる。また，人間型であれば人間のシミュレーションが可能である。例えば，ロボットに衣服を着せて着心地を確かめる。ロボットは腕や首を動かしたり，歩き回ってデザインに不都合は無いかを確認するのである。このようにマルチモーダルかつ能動的センサ系としてロボットを使って，人間が使用する製品や生活環境の評価を行うことは現在でもある程度可能である。ちょっとした床の段差にも難渋する2足歩行系，細かなパターンは識別できない視覚系，あるいは少しの雑音があっても誤りを犯す音声認識系を持つ現在のロボットが活動するのに不自由のない環境は，年老いて身体機能の衰えた人間にとっても快適なはずである。

さらに，人間の生活空間に存在するロボットの用途の一つに，実体のあるメディアあるいは「癒し機械」が考えられる。現在，開発されているペット型ロボットの多くは実際の作業を行な

第 23 章 次世代ロボットと応用

うには不充分であるが，ユーザとのインタラクションによって感性的な満足感を与えるにはある程度の有効性がある。現在のコンピュータゲームに比べて身体を持ったゲーム機としての可能性は非常に大きく，新しいメディアとしてのロボットの可能性を開くものである。このようなロボットが情報家電や家庭内 LAN と結びついて，エンターテイメント性を持ちながら機器操作のアシスト機能を果したり，人間同士のコミュニケーションの手段として利用される日が来るのはそう遠くないと思われる。

ロボット技術がこれからどのように発展してゆくかということを考えると，上に述べたような人間共存型ロボットに加えて，他にも 2 つ方向があるように思われる。第 1 は操縦型ロボットである。現在，実用的な意味で役に立つロボットは，ほとんどが操縦型である。災害時のレスキューや深海，宇宙空間あるいは原子炉内など極限状況での作業を人間の判断のもとに，遂行する遠隔アクチュエータとしてのロボットである。操作端からロボット本体への距離による時間遅れや作業現場の状況のすべてを操作者が把握できないということから，ある程度の自律的な行動が要求されるが，ロボットの知能が限定されたものでよいばかりでなく，基本的には操作者の責任において操縦されるため，比較的実用化が早いと考えられる。また，社会の高齢化に伴って要求される介護・介助のためのロボットも特別なタスクを行う操縦型ロボットであると言ってよい。

第 2 に，環境をロボット化するということも，比較的早く行われるだろうと思われる。家電製品が家庭内ネットワークで接続するホームネットワークの進展は，既存の家電機器の設計概念を変革するばかりでなく，新しい家電としての家庭用ロボットの登場は多くの人が予想するところであるが，ホームネットワーク環境は，ビデオカメラをはじめとするあらゆるセンサ類の接続を可能にする。これらのセンサ情報は，コンピュータにより分析されて，家電機器の適応的な制御や病院や警察など外部への通報が行われる。どの部屋でも人間が音声で要求を出せば，機器操作が可能であり，住宅内の状況を音声や映像でレポートしたり，病人や要介護者の挙動を見守り適切な措置をとる住環境の創出が考えられる。さらに，住宅用の各種アクチュエータが開発されれば，窓の自動開閉や用途に応じた間取りの変更なども可能になるばかりでなく，廊下で躓いたら壁から柔らかいロボットハンドが出てきて助けてくれるような，まさにロボット化された住宅あるいは都市の中での快適で安全な生活が可能になると思われる。このようなロボットは，住人に合わせて能動的に適応するアクティブなバリアフリー環境というべきものである[4]。

3 ロボット開発の歴史と実装

カラクリに代表される自動人形は，楽しみや癒しのための機械であり，最近の新しいロボットも同じ方向性を持っていることが興味深いが，この間のロボットの技術史を見ると，大きな転換

があったことが判る。18世紀に始まった産業革命は，小規模な手工業に代わって機械設備による大規模工場を成立させ，技術のあり方を一変させた。個人が使用する便利な道具を作ることから，生産の効率向上という新しい目標を生み出し，20世紀後半に登場する産業用ロボットにつながる自動化技術の発展を促した。特にモータ，電磁弁など電気的な制御を前提とした生産システムは，センサ系と効果器（アクチュエータ）の機能上な分割と空間的な分離を可能にし，広い意味での実装技術や計装技術の重要性が認識されるようになった。

産業用ロボットは，単なる省力化ばかりでなく少品種大量生産から多品種少量生産への転換に大きな役割を果したが，その概念は1954年のデボル（米国）の特許によって確立され，その8年後には米国でユニメートとバーサトランという実用機が製造された。その後，特にわが国の自動車産業がロボットを採用して，ロボット産業が成立するようになった。この時期のロボットは，教えた通りの動作をするプレイバック型であったが，1970年代に入ると，センサを備えて状況に応じて作業内容を変えることができるようになる。さらに，1980年以降は認識や学習の機能を備えた汎用産業用ロボットも登場した。これらのロボットは，ペンチのような腕だけのものや，台車にカメラとドリルが付いているものなど，我々が想像するいわゆる人間型ロボットとは似ても似つかないものが多いが，自動化生産ラインとは一味異なって可動部分が多いシステムの実装という新しい技術分野を開くものであった。

第2次産業に導入された産業用ロボットとは別に，オートマタやカラクリなど元々の人類の夢であった人間型あるいは動物型ロボットの本格的な研究は，1960年代に入って始まった。1966年にはゼネラル・エレクトリック社で外骨格型人間パワーアシスト機械ハーディマンが開発された。研究レベルで人間の全身のメカニズムを再現しようとした最初の例である。これは操縦型ロボットであったが，1970年代後半に入るとディズニーランドのオーディオ・アニマトロニクスとよばれる一種のプレイバック型ともいえる人間型ロボットも登場した。

人間型知能ロボットの最初の例は，1972年に早稲田大学の加藤らが開発したWABOT-1である[5]。WABOT-1（図1）は，主として手足システム，視覚システム，音声システムから構成されていた。これらを統合し，日本語での簡単な対話，2眼視による対象物の認識と方向・距離の測定，2足歩行による移動，および触覚を有する両手で物体の把握や移動を行うことができた。次の例も1984年にやはり同じグループが開発したWABOT-2である[6]。WABOT-2（図2）には歩行移動機能はなかったが，日本語で自然な会話を行

図1　WABOT-1

第23章 次世代ロボットと応用

い，楽譜を目で認識し，両手・両足で電子オルガンを演奏した。また，人間の歌声の音程認識を行うことで，歌声の音程に合わせて伴奏することもできた。

このころまでは，人間型ロボットの研究は大学や国の研究所が中心で，作ることによって人間の仕組みを理解するという学問的な意味が大きかったが，1990年代に入ると，介護，サービス，家事，娯楽など第3次産業へのロボットの利用を目的として企業も本格的に開発に乗り出した。産業革命以来工場を対象にしていたロボット技術が，ふたたび個人を対象にし始めたのである。このようなロボットは，人間のために最適に設計された空間で活動するのであるから，人間あるいは家庭にいるペットと同じような形と機能が必要である。また，特別な訓練を受けていない素人が使うのであるから，コミュニケーションも人間と同じようにできる必要がある。そのためには，単に命令に従うばかりでなく，五感を持ち人間の気持ちを察する感性と知性が要求される。図3は，視覚，聴覚，力覚を持ち，人間とマルチモーダルな対話を行うロボット iSHA である[7]。

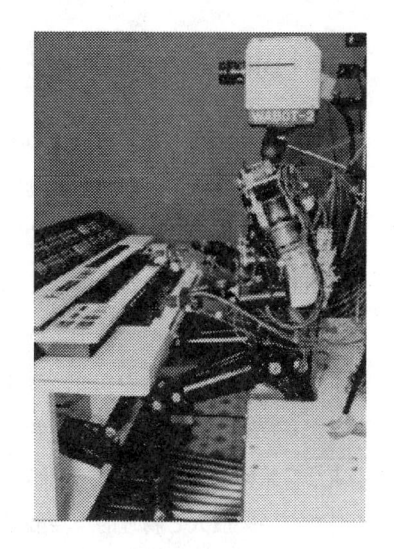

図2 WABOT-2

企業の取り組みとしては，本田技術研究所が，人間並みの歩行速度を持ち，階段昇降や不整地歩行が可能な2足のヒューマノイドを発表し他の企業に衝撃を与えた[8]。本田技研のロボットは，主として2足歩行技術に重点が置かれており，上肢は簡易版であるが，カートを押したり，テレオペレーションでナット回しなどを行うことができる。このロボットをひとつのベースに経済産業省の応用産業技術プロジェクトが1998年に開始され，実ロボット，遠隔操縦，シミュレータなどのプラットホームの基盤技術研究が急速に推進された[9]。また，ソニーではペットロボットAIBO[10]の販売を1999年に開始したが，2000年には小型ヒューマノイドSDRを公開し，本田技研とともに企業における次世代ロボット開発の先駆けとなった。

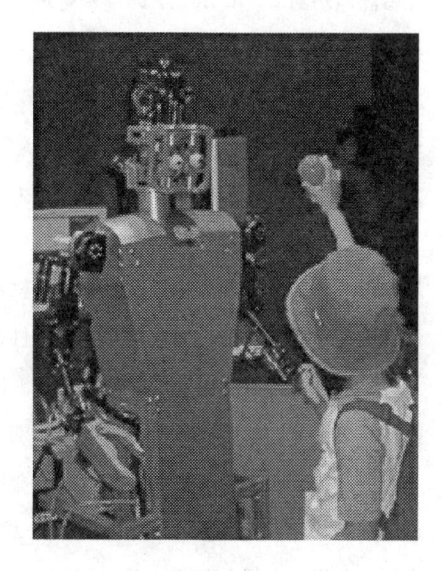

図3 iSHA

4 ロボットの実装技術と SiP

　実装技術の面から見ると，これら次世代ロボットは，「コンピュータが身体を持った」ものということができ，電子回路と可動機械の複合体として多くの課題がある．

　情報系の課題としては，自律的な行動計画をたてる上で必須な環境認識，パートナーである人間を理解するための人物認識，さらには自分の状況を客観的に捉える自己認識が大きな課題である．また，これらの認識結果をもとに行動を計画し身体各部を制御する必要がある．機械系の課題としては，身体構造の支持，身体形状の変形，把持，物体移動，身体移動などを安全性を確保しながら行なう柔軟性が要求される．しかも，人間共存型ロボットにおいては，産業用ロボットのように整備された環境で，訓練を受けた作業員と共に働くのではなく，ロボットに関する知識を持たない一般人と物理的な接触・衝突を避けられない非整備な環境で，対環境および対人安全性を最大限に考慮しなければならず，かつ，自己非破壊的なロバスト性も必須である．このような要素技術課題とともに，これらをすべて限られた大きさの体内に納めるためには，実装上の課題も多いのであるが，人間共存ロボットの実装技術を正面から取り上げた研究はほとんどない．

　ロボット製作を行なってきた立場から実装上の課題を挙げるならば，ロボットが移動し変形するためのパワーを必要とする物理的な身体を持つ，ということに由来する通常の電子回路とは異なる課題がある．ロボットの情報処理系は，実時間処理の必要性から専用のハードウエアを持つ場合も多い．最近はマイクロコンピュータの高速化のためにディスクリート回路は少なくなっており，せいぜい FPGA とソフトウエアおよび多種類のセンサによって構成されるのであるが，モータに代表されるアクチュエータを駆動するパワーエレクトロニクス回路は必須である．したがって，情報系の配線とは別系統の電力系の配線が不可欠になる．人間型に限らず最近のロボットは柔軟な身体を持つために動きの自由度が大きくなる傾向があり，身体各部のセンサからの信号線と併せて，体内配線はかなり複雑になることが避けられない．したがって，線間の干渉や耐雑音性を考慮した配線引き回しと保守性の確保が第1の問題となる．また，処理モジュールに関しても，分散配置を可能にするために，同一機能でも色々な形態が必要であり，かつ常に変形し動き回る筐体に実装するためには，個別モジュールと接続部分が丈夫であることが必須条件となる．さらにその上で廃熱問題も考慮しなければならない．したがって，電子回路について考えても，回路としての機能，廃熱機構に併せて3次元的な配置を許容する機械的なインタフェースが必要となる．大学などでロボットを製作する場合，既存のモータや回路モジュールを用いざるを得ないために，最良な形に組み上げることはほとんど不可能なのが現状である．その点，現在のロボットブームのきっかけとなった本田技研およびソニーのロボットは，それぞれ，自動車，コンシューマエレクトロニクスの専門メーカであるだけに，部品から新たな設計を行なって洗練さ

第 23 章　次世代ロボットと応用

れた仕上がりになっているが，まだまだ課題も多く，フェイルセーフ，メインテナンスフリー，環境低負荷など，従来とは異なる観点からのロボット用実装技術の体系的な検討を行う時期が来ていると思われる。

　ロボットに実装する電子回路のパッケージ化は，ロボットのシステムとしての信頼性やロバスト性を向上するためばかりでなく，ロボット製造における生産性の向上にも大いに有効である。特に 3 次元 SiP の登場は，処理モジュールの小型化を実現すると同時に，ロボットという変形筐体に最適に処理モジュールを配置するための新しい設計論を生み出す可能性がある。人間に近い機能のヒューマノイドロボットの場合，機体に配置されるモータの数は指から脚までを含めると 50 を超えて 100 近くなる。これらのコントロールとセンサ系の処理を分散配置した SiP で行うことを考えると，自動車分野を凌駕する大きな応用があることが判る。また，ロボットは外界の情報と記憶データとを併せて処理しながら，リアルタイムで動作するため，中央処理系のソフトウエアモジュールと SiP などのハードウエアモジュールが適切に協調する必要がある。また，ロボットは情報技術，機械技術，制御技術，パワーエレクトロニクス，材料技術などの総合により出来上がるものであるから，本書に紹介された SiP のほとんどが，ロボットに関連する応用を持つと言うことができる。

5　おわりに

　人間と共生する次世代ロボットの研究を紹介し，ロボットにかかわる実装技術と SiP への期待について述べた。ロボットは，計算機，情報処理，制御，機械，材料など多くの工学の総合技術である。実装技術はシステムの形態とその機能の関係を総合的にデザインするものである。一般人が利用する機械としてロボットに近いものは自動車である。最近の電子化された自動車の実装技術に学ぶことは多いが，ロボットは自動車よりも人間の生活空間に深く入り込む可能性が強いばかりでなく，必要に応じて自律的に変形するという自動車にはない機構上の特徴がある。しかしながら，図 1 から図 3 のロボットを見ると 30 年間で能力の向上は目覚しいものがあるが，実装技術的には大きな変化はない。次世代ロボットの本格産業化が急がれる中で，3 次元 SiP の登場はロボット設計に大きなインパクトを与えるばかりでなく，ロボット技術の重要な部分として実装の問題を新しく考える時代が来たことを表している。

文　献

1) 橋本他,"ヒューマノイド―人間形高度情報処理ロボット―",情報処理,38巻,11号,pp.959-969(1997)
2) 早稲田大学ヒューマノイドプロジェクト編,"人間型ロボットの話",日刊工業新聞社(1999)
3) Hashimoto, S. et al., "Humanoid Robots in Waseda University-Hadaly-2 and WABIAN", Autonomous Robots, Vol.12, No.1, pp.25-38 (2002)
4) 橋本,"スマートハウス―情報技術とメカトロ技術がつくる新しい住環境",システム／制御／情報,47巻,3号 (2003)
5) 加藤他,"WABOT-1の開発",バイオメカニズム2,東大出版会 (1973)
6) 加藤他,"鍵盤楽器演奏ロボット"WABOT-2"(WAseda roBOT)",日本ロボット学会誌,Vol.3, No.4 (1985)
7) Suzuki, K., Hikiji, R. and Hashimoto, S., Development of an Autonomous Humanoid Robot, iSHA, for Harmonized Human-Machine Environment, *Journal of Robotics and Mechatronics*, Vol.14, No.5, pp.324-332 (2002)
8) Hirai, K., "Current and Future Perspective of Honda Humanoid Robot", IROS' 97, IEEE/RSJ, pp.500-509 (1977)
9) H. Inoue et al., "HRP; Humanoid Robotics Project of MITI", Proc. Humanoids 2000, 2000
10) M. Fujita and H. Kitano, "Development of an Autonomous Quadruped Robot for Robot Entertainment", *Autonomous Robots*, Vol.5, pp.7-8, Kluwer Academic Publishers (1998)

第Ⅶ編　将来展望

第24章　半導体の微細化から3次元化への展開
―電子統合設計としての位置付け―

岡本和也*

1　はじめに

　日本国憲法が施行された1947年にトランジスタは誕生した。これを根幹とする半導体産業は今，転機を迎えようとしている。1970年から2004年までの四半世紀における世界総生産のCAGR（Compound Annual Growth Rate）の〜5％に対し，半導体産業は14％以上という未曾有の成長率を遂げてきた。しかし，近年，半導体およびその装置産業に飽和の傾向が見られる（3〜5％程度の成長率）。これは半導体の有用性から次々とアプリケーションが生まれてきた70年代から80年代と，現在は異なる環境にあることを物語っている。今後もBRICs市場を中心に伸びが期待されるものの，半導体それ自身は変革の時期にあるといえ，今まさに国内の様々な半導体技術を結集して新たな技術の構築を進めるべき時期と考えられる。ここでは，微細化を中心に推移してきた2次元半導体技術の限界を踏まえ，3次元半導体およびSiP（System-in-Package）技術の高度化を中心とした超高密度実装技術の重要性に焦点をあてる。かつ今後の半導体の姿とそれを実践し日本の国際競争力を高める施策について，電子統合設計の立場へも言及し考察する。

2　半導体の流れと時代の変化

　図1に示すように，トランジスタの発明から2000年にノーベル賞を受賞したKilby特許[1]，米IntelのG. E. Mooreらによる真の半導体集積回路の創製を経て，これまでDennardの$1/k$スケーリング則[2]に基づく「微細化」という指導原理に基づき半導体技術は進化した。2002年の半導体不況を経て半導体はデバイス，装置とも2004年に回復を果たした。その指標の一つが北米製造装置市場のBB比（受注と出荷の均衡の指標）であり，2003年10月に1に達し，これを皮切りに受注額，出荷額いずれも伸びており現在に至っている。半導体は高度情報化社会の根幹を成すものであり，その需要は確かなものではあるが，従来のMoore則による微細化の考察だけ

---

*　Kazuya Okamoto　大阪大学　先端科学イノベーションセンター　客員教授

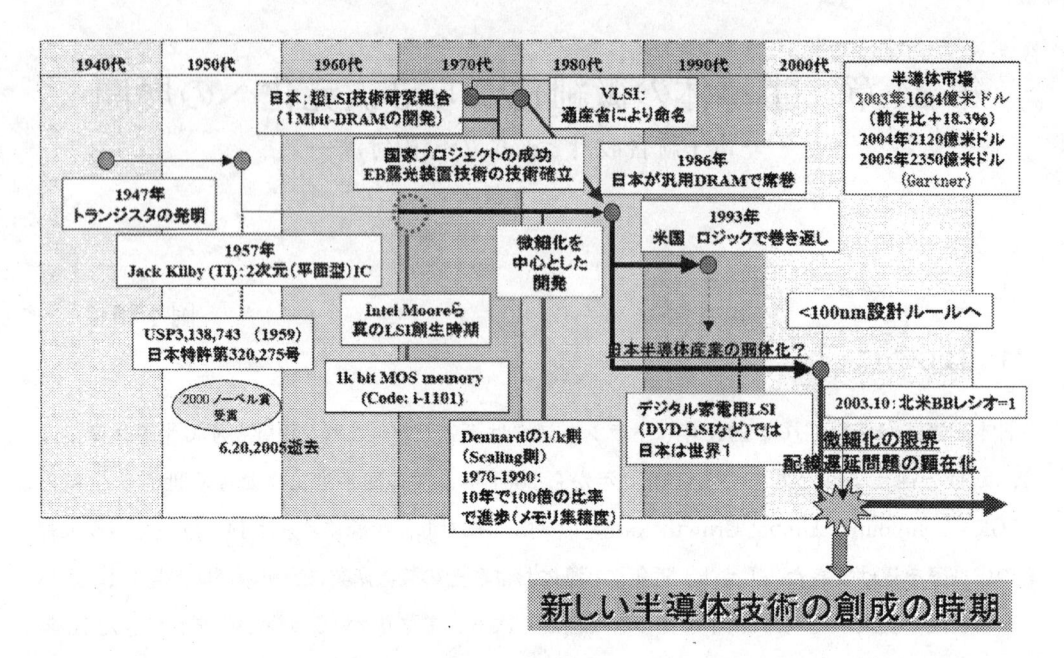

図1 半導体の推移（微細化の進展）（in Japanese）

では不十分となっている。つまり，高度情報化社会の推進に伴う半導体の変化・変容を示すいくつかの法則をも考慮しなければならない。例えば，並列化によるコンピュータ性能の向上を示すアムダール則。事実，IntelはPentium4（Prescott）の後継機種であり90nm微細化の延長線上にあった"Tajas"の開発を中止し，さらに消費電力に影響する動作周波数を4GHzと上限を示し，このアムダール則に基づきマルチコア化へ移行している。2006年秋のIDF（Intel Developer Forum）[3]ではクアッドコア（CPUx4）搭載の86系MPUの市場投入を発表し，かつ80Core-CPUとSRAMとの積層Chipにより1TFLPOS@3.1GHzの基本性能を公開した。また，通信網の価値は利用者数の2乗に比例を示すメトカーフ則や通信網の帯域幅は6カ月で2倍というギルダー則も重要となりえる。

　図2に示すように，"もの"の価値を考えた場合，微細化の促進と高度情報通信のそれとは同一の傾向が観察される。つまり，1世代で価格が約1/10低減の傾向にあり，3世代では1/1000ということになる。これは"もの"の価値が"ただ"同然となったことを意味し，つまり世界はその仕組みが大きく変容していることが分かる。

　このような背景の中，競争優位を維持してきた半導体関連企業においても大きな事業変革が急ピッチで進められている。セットメーカもしかりである。例えば，高収益の代表例"Dell Model"で有名な米Dellは，これまで研究開発費を総売上高の1.5％以下に抑え圧倒的な在庫回転率でコストを優位にし，PC市場で高シェア（19％程度）を実現してきた。しかし，2006年5

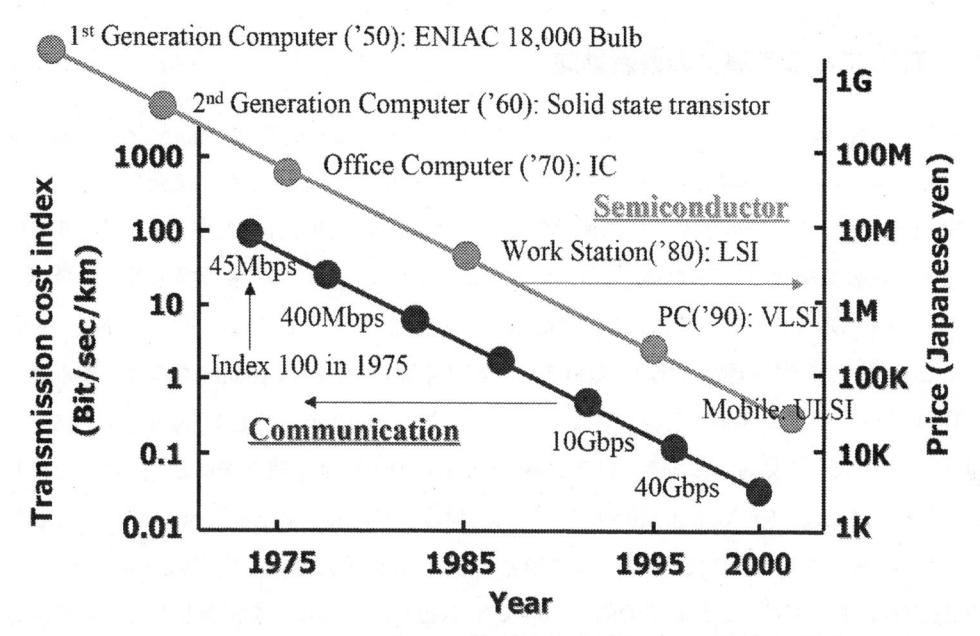

第24章　半導体の微細化から3次元化への展開

図2　半導体，通信の価値の推移

〜7月期の純利益は過去最高であった2005年の約1/2，売上高営業率も4％程度まで低下している。そこで上記の研究開発費を大幅に増加させ，商品のコスト力以外の新たな事業戦略に移行している。また，半導体製造の分野では台湾のTSMCとUMCは半導体産業の水平分業化の変化に巧みに符合させ，ファンドリメーカの雄として君臨するも微細化に伴う成長限界に至り，やはりここにきて研究開発投資を増強している。先の米Intelは事務系のPaul S. Otellini氏がCEOに就任し，商品別組織からモバイル事業，デジタルホーム事業といった用途別組織の改変に着手した。

　このように時代は大きく変化しており，個々のユニットから構成される設計・製造解ではなく，最上位概念である"応用（何に使うのか）"をベースにし，企画・設計・製造・評価・販売・保守の"一貫した最適化"によるコスト低減を目的とした事業戦略が求められる時代に移りつつある。以上を背景に考えると，現在の半導体デバイスの開発・製造において欠落している議論の一つが"本質的な統合開発設計・製造"，つまりシステムデザイン・インテグレーションの概念と考えられる。デバイスの視点からは従来の微細化による高性能Chipの形成だけではなく，SiPの高度化が求められその究極の一形態が3D化と考えられる。

3 ITRSにみる半導体の最新動向

国際半導体技術ロードマップ（ITRS：International Technology Roadmap for Semiconductors）は半導体動向・予測指標の一つであり，SIA（米国半導体工業会）の米国内での活動が起源となり，1998年から国際活動化し日米欧韓台が共同で作成している[4]。2005版においても今後の微細化の傾向は3年周期と変わっていない。図3にITRSで提示された最小パターン線幅（DRAMのHalf Pitch：DRAM-hp）の変遷，およびEOT（Equivalent Oxide Thickness：酸化膜換算の物理膜厚），設計データ容量を纏めた。線幅100nmをみてわかるように，1994年から10年で4年も前倒しになっていると共に，2010年にはEOTは0.7nm，データ容量は1TBを超える見通しにある。ITRS2004Updateにおいては，製造プロセス支援のための設計（DFM：Design for Manufacturability）と設計検証（Design Verification）が新たに取り上げられたこと，そして次世代SiPの一つの形態である「3次元実装」の重要性が開示された。

ITRS2005においては，これまでDRAM-hpでのTechnology Nodeを定義したことの技術的な進歩混乱性からこれを中止し，表のヘッダから排除され，各デバイスの集積度の向上は異なるものの2.5年〜3年で倍増のペースであることが明示された。高性能ロジックテクノロジとして，従来のPlanar Bulked CMOSから2008年以降に新たに付加されるものとして，Ultra Thin

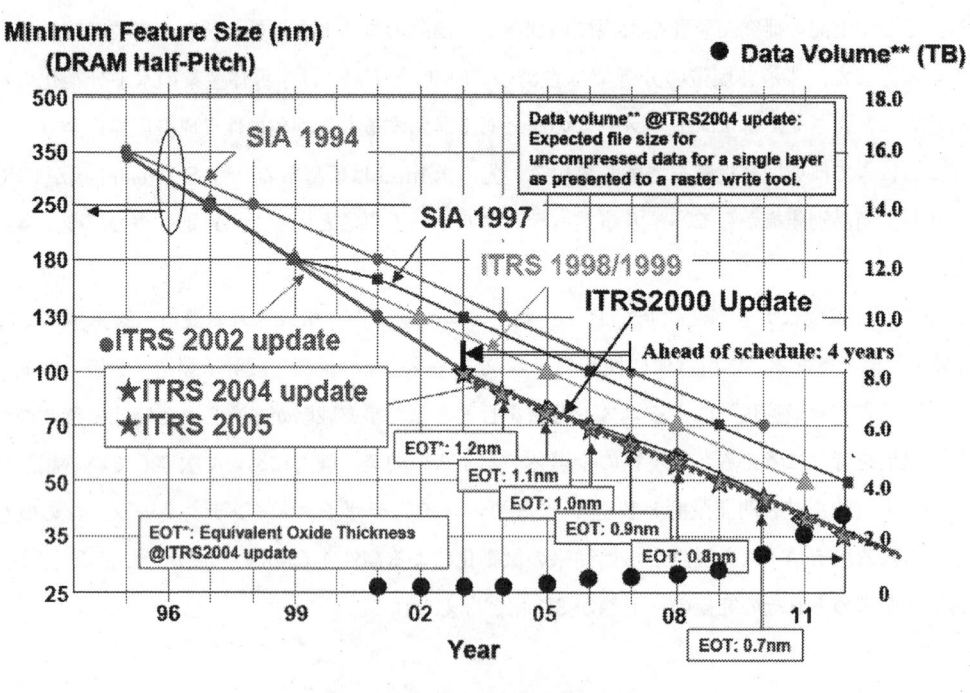

図3 ITRSにおける微細化の傾向

第24章 半導体の微細化から3次元化への展開

Body Fully Depleted SOI（UTB-FDSOI）デバイス，Multiple Gate デバイス（MG-CMOS）があり，そして High-k ゲート酸化膜やメタルゲートも2008年に投入とされた。

Emerging Research Device（ERD）については，2010年後半に ERD＋CMOS との組み合わせの傾向，2020年には UTB-FDSOI や MG-CMOS が主体化されるが，ERD 一覧を見る限り，シリコン CMOS を簡単に凌駕する候補は見受けられないように感ずる。リソグラフィの視点からは後述する ArF 液浸露光方式から2重露光方式，EUV（Extreme Ultra-Violet）露光技術が本流とされ，懸案であった CD（Critical Dimension），つまり MPU-FET のゲート長の加工精度 ΔCD は，従来の10％から12％に緩和された。また，NRE マスクコストは2年で2倍の増加の傾向にあり，2013年（32nm MPU/ASIC M1 hp）で＄24M と明示され，Chip の経済性に大きな課題を提起した。

4 微細化の限界に関する一つの議論

以上を鑑み，微細化の限界を議論する。ここでは図4に示すように，FET の物理限界，システム性能限界，経済性限界の3つの視点を提起するが，まずその骨子を述べる。

1) FET の物理限界：従来 CMOS の延長の中で High-k ゲート膜を利用して所期の On/Off

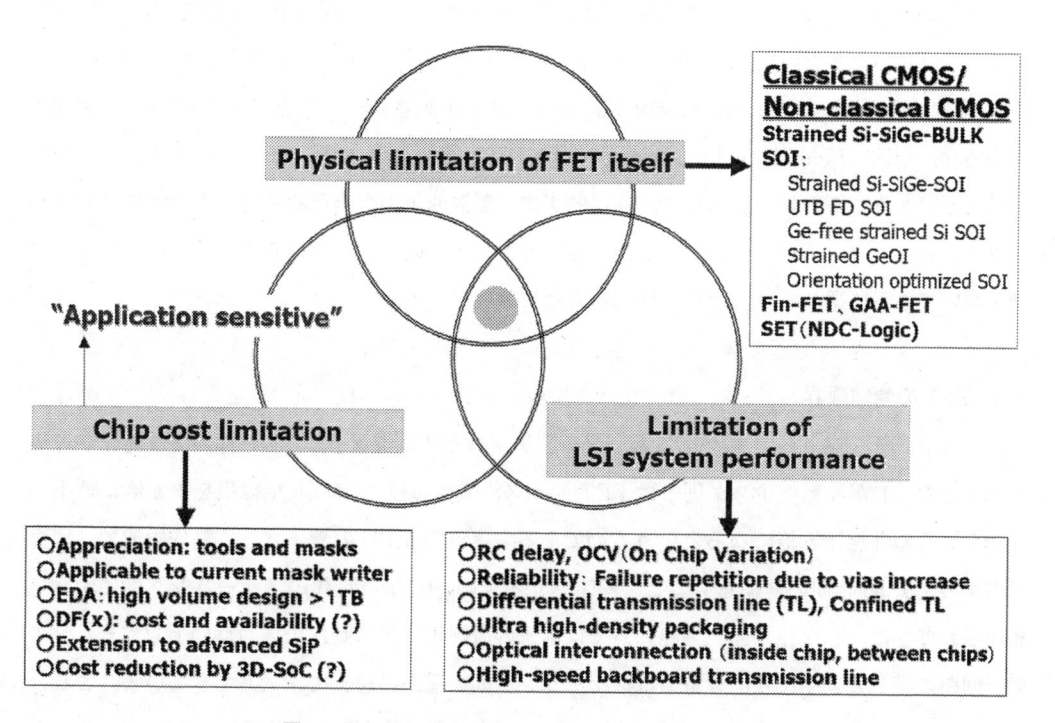

図4 微細化限界の方向性と Key となる技術・課題

電流特性を得ることができるかが一つの指標となる。ゲート長として 0.3 nm が極限とされるが[5]，これは Si 結晶格子をベースとし，Trigate, High-k 膜等により Moore 則が極限まで延長されたと仮定した場合である。ITRS2005 では MPU の物理ゲート長は 6 nm（2020 年）とされているが，FET 自体は 5 nm の基本動作までは確認されている[6]。

2) システム性能限界：FET 単体が動作したとしても 10 億超ゲートの LSI システムとして動作するための施策限界がある。特に最上層の Global 配線の RC 遅延が顕在化してくることは自明であり，逆スケーリング則に沿った Cu/Low-k 材の適用，3D 化による配線長縮小，高速差動伝送線路の投入などがその回避策としてあげられる。一方では，プロセス複雑性，付加デバイスの消費電力など多くの事項を整理する必要がある。

3) 経済性限界：2006 年 12 月に開催された半導体 MIRAI プロジェクト成果報告会では R&D Funding gap（＝想定される売上高－必要とされる R&D 費）が 2010 年には 1 兆円規模になると予測された。事実，露光マスクの NRE コスト等の肥大化が加速し，最新鋭の露光装置の価格は 35 億円を越えると予想され，様々な製造・検査装置価格の高騰も指摘される。

一般論として，「経済性限界」が支配的になると思われるが，デバイスを何に応用するかによりその尺度は変わってくる。一方では，この微細化問題以前にバラつき問題（空間成分，規則成分，時間成分）が顕在化しつつあり，DFM＋APC（Advanced Process Control）技術により多くは回避が可能となるものの，空間成分である Local Variation，規則成分の中での Random 性については対応できない[7]。この要因となるのが，リソグラフィ工程で発生する k_1 係数低下による MEEF（Mask Error Enhancement Factor：マスク上誤差のウエハ上での拡大比率）・結像性能の劣化，LER（Line Edge Roughness）問題，FET 表層のラフネス，チャネル域のドープ分散性などである。この対処法として，回路的工夫，製造的工夫（自己組織化）などの検討が進められているものの，デバイス設計・製造の複雑性，コストの増加は避けられない。次に個々の技術についてさらに掘り下げ，今後の展開の考察に繋げてみる。

4.1 FET の物理限界

Dennard の 1/k スケーリング則に基づき，製造プロセスは進展し FET 特性の高性能化が達成されてきた。1/k スケーリング則とは FET サイズ，電源電圧，ゲート絶縁膜を 1/k 倍に縮小した場合，その性能は k 倍になるというものである。実際の MPU の素子寸法，動作周波数，消費電力等の過去 30 年間の経緯を見ると[5]，FET サイズは～0.7 倍／世代のスケーリング則に沿って縮小されてきた。しかし，回路性能の点では素子の微細化に伴い動作周波数は向上してきたものの，回路規模が大きくなり消費電力はスケーリング則を遥かに超えて増大してきている。これは電源電圧が低下してこなかった（できなかった）ことに加え，低 V_{th}（FET の閾値電圧）化によ

るリーク電力の増大に起因する．FET の消費電力 P_d を式(1)に示す．ここで f は単位時間あたりの充放電回数（クロック周波数に比例），C_L は負荷容量，I_{Leak} はリーク電流，V_{dd} は電源電圧である．

$$P_d = fC_LV_{dd}^2 + I_{Leak}V_{dd} \tag{1}$$

第1項がクロック動作に伴うダイナミック成分でクロック周波数増加により増大，第2項が極薄膜ゲート絶縁膜に起因するリーク電流成分などであり，前述のとおりスケーリング則による薄膜化と微細化による FET 数の増加により増大の傾向にある．従来の窒化酸化ゲート絶縁膜では薄膜化の限界が明らかとなり，Hf 系を主流にした High-k（高誘電率）材が検討されているものの，この系ではキャリア移動度の劣化，Fermi レベルピニングによる V_{th} 設定の困難性[8]等の問題があり実用化に至っていない．また，サブスレッショルドリーク電流は本質的に下げられず，結果的に V_{dd} の低減は難しい．このように，素子の微細化による FET 性能の向上が難しくなり，微細化以外の高性能化技術が開発されてきているのが実情である．その代表的な対応策を 2006 年時点で列挙してみる．

まず PMOS-FET のソース／ドレイン領域への SiGe エピタキシャル技術[9]，窒化膜をゲート上に堆積させて FET にストレスを与えるストレスライナ技術，NMOSFET/PMOSFET に引っ張り／圧縮それぞれの応力を印加する DSL（Dual Stress Liner）技術[10]，等のプロセス誘起歪技術がある．また，ウエハ技術としては，SSOI（Strained Si on Insulator）ウエハ[11]や SiGe の積層構造を用いた SGOI（SiGe on Insulator）ウエハ[12]，NMOSFET/PMOSFET で面方位／チャネル方向を異ならせた HOT（Hybrid Orientation Technology）技術[13]があげられる．さらに，チャネル不純物の高濃度化による接合リーク電流増大の問題に対しては，前述の UTB-FDSOI デバイスなど新構造の開発が進められており，いずれも Si 層が薄膜であるためゲートによるチャネル部のポテンシャル制御性を高くできる点が特徴である．ITRS2005 において，hp65 以降には FDSOI-FET，hp45 以降には DG（Double Gate）FET の適用が明記されているが，これらが Red Brick Wall（微細化に伴う技術障壁）を本質的に凌駕できる技術となるかが鍵となる．

4.2 システム性能限界

FET 単体の高性能化を図ったとしても，LSI システムとしての機能動作するかは別問題である．要となるのが，LSI の IP ブロック間をまたがる Global 上層配線であり，いわゆる多層配線技術の高度化が重要な因子となる．ここでは，配線系の容量と抵抗成分がその特性を支配する要となる．現在，LSI 配線は電力分配，クロック分配，信号伝達など数多くの役割を担っており，信号伝達については FET での遅延時間を極小化しても，負荷容量が大きければ LSI はそのシス

テムとしての機能は果たさない。1世代進んだ場合の配線長分布を検討した例（Chipサイズ一定もしくはChipサイズを拡大して多機能化することを考えた場合）では，Local及びIntermediateの各下層配線長は短くなるものの，Global配線は一定か長くなる傾向にある[14]。事実上RC遅延の回避が困難となり，ここに逆スケーリング則が台頭してくる。配線長は下層配線では$1/k$にスケーリングできるが，上層配線では等倍か逆にkc倍に増大する。これまでMPU等でもRepeaterによる分割を行うこと[15]を通例としていたが，数多くのRepeater投入によりそれ自身のdelayが加わり，かつ消費電力の点でも不利となる。

多層配線プロセスにおける現時点での要がCu/Low-k材の開発である。その理想像は低抵抗化＋低容量化の実現，機械強度・TDDB（経時的絶縁膜破壊）寿命の確保と製造容易性，である。Cu配線については低抵抗化のためにバリアメタルにもスケーリングが要求され，さらにCu中の電子の平均自由行程（30～40nm）から配線幅が<50nmの場合には界面・粒界の散乱（電子の非弾性散乱）による影響が顕著となり，ここにも本質的な限界が潜在する。現状のロードマップではρ_{eff}（比抵抗）を一定にするようにバリアメタルの膜厚をスケーリングすると，22nm世代ではバリアメタルレスが必要となり，また32nm世代の許容電流密度$1\times10^7 A/cm^2$を満足する一つの解として，MW-CNT（Multiple Wall-Carbon NanoTube）の開発が進められている[16]。一方Low-k材については，各機関とも鋭意努力するもののITRSの要求を満足せず，$k=2.5\sim2.8$程度で停滞気味の感を有する。その材料・製法プロセスは未だ多種多様であり，分子細孔SiOCH系（k=2.45），PAr/SiOC（k=2.65），非流動性SOG（k=2.4），AirGap配線などがある。さて，回路的な視点ではGlobal配線を従来のRC線路ではなく伝送線路化する検討がなされている。ここには2つの方向性があり，第1は信号を差動信号にしコモンモードのノイズを打ち消せるようにした差動伝送線路構造（DTL）[17]，第2がストリップライン，マイクロストリップライン，コプレーナ構造など従来のプリント配線板で用いられてきたように電磁界の閉じこめを強くし，信号減衰を減らす配線構造[18]である。また，DTL，光配線，CNT配線の3社の特性比較をFoM（有利指標＝l^3/ED，l：配線長，E：信号1Bitあたりの消費エネルギ，D：同遅延時間）を配線長一定下にて検討した例もある[19]。この場合，DTLがhp22の$300\mu m$以上の配線で有効（リピータ不要，FETのスケーリングに追従），光配線はOE/EO変換時の遅延が問題，CNT配線は容量成分が大きくRC遅延改善の寄与が少ない，と結論とされている。DTLは有望な手法ではあるものの，Tx＋Rx（送受信回路）が必要であり，この分の消費電力や伝送線路分岐でのインピーダンス変化を考慮した付加回路の投入などの考察も必要となろう。

4.3 経済性限界

支配的な因子は半導体リソグラフィ技術とされる。その中核をなす露光装置はNGL（Next-

第24章　半導体の微細化から3次元化への展開

Generation Lithography) という高微細化促進の位置付けのもと開発が進められてきた。表1には半導体露光装置の現状と課題について総括した。同表にはITRS2005で削除された技術もあえて付記してある。ArF液浸露光以降，未だ数多くの技術課題が残存するものの，いずれもEngineering レベルにあるものと判断できる。しかしながら，hp45以降の半導体製造に関し半導体メーカー，装置メーカーともその収益性に疑問を呈していることは事実である。その理由を以下に纏める。

(1) 製造装置価格の高騰

これまで光リソグラフィ技術の高解像度化は，2点間の回折による結像分離能力を表すRayleighの式(2)に基づき，解像度 Re は光源波長 λ の短波長化，プロセス係数 k_1 の低減，投影レンズの開口数 NA (Numerical Aperture) の拡大，という3つのパラメータの最適化を中心に推移してきた。

$$Re = k_1 \frac{\lambda}{NA} \tag{2}$$

しかしながら，1) λ については，g線 (436nm) → i線 (365nm) → KrF (248nm) → ArF (193nm) → EUV (13.5nm) という経緯で進化しつつあるが，光源が真空紫外域等の短波長に至る場合，空気中の酸素による吸収が高くこれまでとは異なる装置形態を強いられることになる。また，2) k_1 は，レジスト自身の特性改良や露光プロセスの改良，つまり，CMP (Chemical Mechanical Polishing：化学的機械研磨) 導入による焦点深度の緩和，位相シフト等の超解像技術の導入により，0.3以下まで低減されてきたものの，低コントラスト結像による MEEF の問題が浮上した。さらに，3) NA については，これまでラグランジュの不変量 (Lagrange Invariant) を基礎として入力像情報の拡大化を目指し投影レンズ設計がなされてきた。しかし，NA の増大により大投影レンズ化に至り，装置価格の高騰から CoO の点でその展開は疑問視される。ここにきて実用化されてきたのが液浸 (Immersion) 露光技術である[20]。液浸露光とは投影レンズとレジスト間に液体 (純水など) を入れることで屈折率を高め，ArF レーザにおいても134nm相当波長での露光が可能となり，解像度や焦点深度を改善できる技術である。ニコンは2006年2月に世界初の45nm量産対応のArF液浸露光装置「NSR-S610C」の出荷を発表した。同装置はNA1.30の投影光学系を搭載している。

さて，ITRS2005からhp45の量産は2010年，つまり2008年には試作品が出荷され，例えばMPUのゲート長 (in Resist) は25nmであり，ステッパのOverlay (重ね合わせ精度) は18nmが要求される。Overlayについて装置設計上のBudget (装置を構成する各要素仕様値) について，公表されている100nm世代 (Overlay 35nm) の電子ビーム投影露光装置 EPL (Electron beam Projection Lithography system)[21] の例を取ると，大半のBudgetが<10nmという厳しい

表 1 半導体リソグラフィの現状と課題

Method	Source	Wavelength	Mag.	ITRS2005 candidate	DRAM hp	Level	Current status	Technical challenge
KrF Lithography	Optical	248nm	4x	-	130(110)nm	Production	Volume production available	-
ArF Lithography	Optical	193nm	4x	Yes	90nm 65nm	Production	○65nm applied: k1=0.4, >NA0.90, Throughput>100WPH. ○Narrow-spectrum laser(HWHM:0.3pm) applied. ○Polarized illumination applied	-
ArF immersion Lithography	Optical	193nm (effective 134nm@ n=1.44)	4x	Yes	65nm 45nm (32nm) (22nm)	Ready for production	○Process condition to be fixed for device volume production. ○Catadioptic system applied for NA>1.2. ○Polarized illumination applied	○Immersion resist (resist defect suppressed). ○Suppress of vaporization heat (for improvement of alignment accuracy). ○High index (n>1.65) immersion required for 32nm or beyond ○Double Exposure required for 32nm or beyond
EUVL (Extreme Ultraviolet Lithography)	Optical	13.4nm	4x	Yes	<45nm	α to β machine	○32nm resolved without RET, OPC. ○Mo/S multi-layers reflection system (reflectivity 70%). ○Projection lens flare>15% (currently) ○Resist development underway using alpha machine.	○High power source (>115W@2nd plate). ○Debris of light source. ○No defect substrate for EUV mask (multi-layers). Exposure and repair technologies ○Reduction of projection optics flare to realize 0.5nm wavefront accuracy. ○Contamination. ○Schedule.
EPL (EB Projection Lithography)	EB	3.9pm (de Broglie wave)	4x	No	<65nm	β machine	○<45nm resolved easily@SLR, DOF>5μm. ○Introduced to SELETE. Stitching exposure performed (<15nm) at 200mm, 4WPH achieved. ○Suitable for via hole by SLR. ○Infrastructure available for X4 mask and resist.	○Throughput improvement by reduction of Coulomb effect. ○Customer support required.
ML2 (Mask Less Lithography)	EB or MEMS mirror	EB:5.5pm (de Broglie)	-	Yes	<45nm	EBDW: Small production, Others: Conceptual.	○EBDW:(EB direct writing) : Japan's strength. ○Multi-column: Proposal only.	○EB: improvement of beam deflection accuracy, exposure speed updated, precise control of exposure time, high power EB sources, high position accuracy ○MEMS mirror: high volume data treatment, reliability of MEMS devices.
Imprint	No	-	1x	Yes	<32nm	α machine	○Resolution at 6nm. ○Partially commercial available for data storage and MEMS devices. ○Fin-FET(gate length: 19nm) product trial. ○Prototype: UV-NIL, hot emboss and μCP (micro Contact Printing)	○1x template (EB patterning on the quartz/Cr substrate): cost, accuracy and inspection. ○Extreme high alignment accuracy required. ○Customer support required (different from conventional architech. ○Defect management. ○Improvement of throughput.

第 24 章　半導体の微細化から 3 次元化への展開

数字であることがわかる。今後の Overlay＜18nm ではさらに厳しくなる。EPL の場合，光リソグラフィで問題となる回折収差の問題は払拭され，＜10nm のボケ（NA～2mrad での 5 次までの幾何収差）が達成され理論的に 20nm 以下の解像も可能である。しかし露光装置として成り立つかどうかは別問題であり，ビーム，ステージの超高精度かつ高安定であることは当然として，干渉計等では検出不可能な位置誤差などを機構系の高精度化により処理する必要があり，これは達成可能であるものの装置価格の高騰は避けられない。

　一般に，半導体装置メーカの収益性（利益率）は市場シェアとほぼ平行に動くと考えられている。露光装置は全世界で 3 社が厳しい競争をするセグメントであり，技術的に人類史上最も高度な機器と賞されるにも関わらずその収益性は低いことを特徴とする。2000 年以降これまでは装置のスループット向上（図 5）と 300mm 化で経済性を維持できたものの，液浸露光装置以降のそれは不透明であり，上記理由により装置の低価格化は厳しい。最大の投資はやはりリソグラフィ工程であるが，それ以外の要となるプロセス・装置を含め，その現状を表 2 に纏める。

　特に，STI（Shallow Trench Isolation）工程でのトレンチへの埋設技術，STI 起因ストレスによる圧縮歪による NMOS 移動度の低減，極浅拡散接合形成のための低加速インプラから高精度注入（角度制御）への展開，分子注入（$B_{10}H_{14}$，$B_{18}H_{22}$），GCIB（Gas Cluster Ion Beam），プラズマドーピングなどの新規技術の導入など，製造プロセス，装置についても課題は山積している。

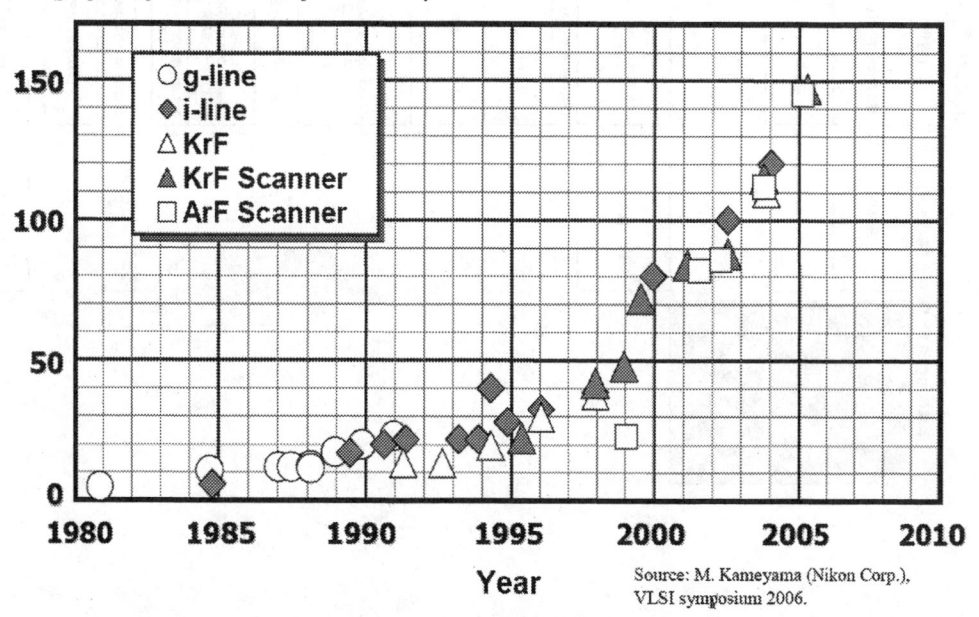

図 5　露光装置スループットの変遷

表 2　半導体の要求と技術・装置の開発課題 (in Japanese)

(半導体の要求)	(事項分類)	(技術)	(装置)	(装置開発のポイント)
高速化の要求 / 低消費電力化の要求 / 低コスト化の要求 / 大容量化の要求(メモリ)	微細化	超解像露光技術、新レジスト	露光装置(ステッパ・マスクブライカ)	○光ソースの短命化/速遠露光装置の高速度安定化+NGI対応強化 ○大容量対応の高速高精度スクライバの開発 ○ルーバーズOPCからモデルベースOPCへの展開 ○OEE (Overall Equipment Efficiency) の向上
			レジスト塗布・現像装置	○ウエハ間CD均一性+量産時のプロセスマージン確保 ○パターン倒れ抑制+毛細粒作用によるパターンへの応力が主因 ○測定検査機能の集積化
		緻密な膜検査合成	極性能エッチング装置	○プラズマ高密度化+低電子温度化 ○高精密技術(高精度モニタリング技術、高選択比、形状制御) ○チャージアップダメージの抑制 ○レジストパターンの抑制
	デバイス構造の改変	新電極材料(Zn,TaNなどのメタル系)	洗浄装置	○微細構造のダメージ制御(非メガソニック洗浄、ドライ物理洗浄装置(極低温エアロゾル洗浄など)) ○0.1μm以下の微小粒子除去技術 ○FEOL High-k・メタル系新材料対応装置 ○BEOL有機系+ポーラスLow-k膜対応装置 ○洗浄乾燥化洗浄装置(新洗浄+乾燥手法の導入、非RCA洗浄)
		低抵抗配線(Cu, MW-CNTなど)	精密酸化装置	自然酸化膜制御均一性向上
		バリア膜(WNなど)	RTP (Rapid Thermal Process)	○温度場・濃度場サーマルバジェットの低減 ○横方向拡散抑制+活性化率の確保:mseoアニールの運用 ○高速昇降温+温度均一性・再現性の制御 ○雰囲気+圧力制御可能化
		コンタクト膜(CoSi2など)	不純物導入	○イオン注入・大電流・高エネルギー装置のシリアル化+3D構造対応 ○低エネルギー・高精度注入、汚染抑制 ○新ドーピング装置(BH系分子法、GCIB、プラズマドーピング)
		SOI	薄膜形成装置	○ALD装置(バリアメタル、High-k材):優れた膜質+均一性のよい段差被覆性 ○Low-K膜形成装置(CVD、塗布) ○各AR-STI~のポイドレス埋設+STI膨起ストレスの低減可能化 ○CVDポリ膜形成+High-k膜形成装置・高品位改質+膜厚均一性 ○ヘテロエピタキシャル装置
		Low-k材(ポーラスMSQ、ポーラスSiOCなど)	平坦化装置(CMP)	○電解研磨、低圧CMP装置:性能向上(Low-k膜への対応)、均一性、選択性制御
		歪Si(窒化シリコン技術)		
		High-k材(JHfAlO,HfO2,HfSiO,HfSiONなど、ゲート絶縁膜など)		
		強誘電体膜(PZT,PLZTなど)、FeRAM		
	ウエハプロセス技術の改変	大口径ウエハ(300,450mm²)	露光後、エッチング装置等の融合データのGAD設計ツールの整備	○RTLから露光、プロセスまでを一体化までを統合化した設計ツール
		DFM技術の適用		
	性能向上	高密度実装	高精度アセンブリ・検査装置	○パッケージ要求への対応(狭間隙・長ループ・狭パッドピッチ・薄型チップ) ○裏面出し ○高精度高速度多機能接着機能装置と前工程装置との融合開発と設備オンエナジー効果

第24章 半導体の微細化から3次元化への展開

製造装置については，今後の方向性は統合設計環境の中での"形式知化"にあるといえる。この場合，コストを視点に入れた OEE（Overall Equipment Efficiency）の概念が要となろうが，この基盤概念はやはりシステムデザイン・インテグレーションにあり，その中でも高度実装技術（その代表例が 3D-SiP である）についての前工程の融合によるシナジー効果の創成が極めて重要に感ずる。

(2) マスクコストの膨大性

LSI 設計データ時点からデータ量は膨大なものとなってきている。一例を示すと，

　設計データ：40GB

　OPC 処理後データ：400GB

　マスクデータ：＞40GB／マスク

であり，かつこれは加速傾向にあり，数年後には OPC（Optical Proximity Correction）処理後のデータは 1TB に達するとの予測もある[22]。原因は式(2)の k_1 ファクタ低下に伴うアグレッシブ OPC の必要性にある。このアグレッシブ OPC 処理自体も非常に大きな CPU パワー，処理時間を要している。例えば，ArF 露光パターンの場合，hp90 相当の OPC 処理には 500〜1000CPU で 1 週間程度かかることも多く，マスクコストの増大に帰結する。これは高精度な微細パターンの形成に加え，上記 OPC のほか PSM（Phase Shift Mask）の導入，検査微細化による付加的なコストの肥大化が起因している。

一例として図6に示すように hp65 量産時の Chip のそれは＄1.2M/set 程度となり，その用途が限定されることは自明である。今後の hp65，hp45 世代では，低 k_1 化による露光限界のため 2 重露光なども検討されているが，装置システムバジェットの困難性に加えマスク枚数も 2 倍になり，さらなるコスト増大を招くことになりえる。このリソグラフィ技術を支援する技術が DFM である。この DFM に数多くの関心が集まり期待はされているものの，課題も山積している。データの標準形式が困難であるということに加え，設計プロセスに DFM を加えるには投資が必要としており，適用には未だ時間を要する。その理由の一つはデータの標準形式がないということ。LSI 製造の効率化を目的とする DFM であるが，設計と製造

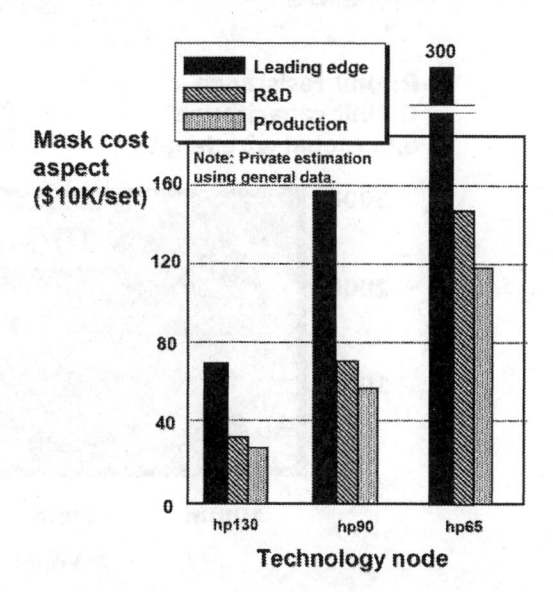

図6　マスクコストの動向

の橋渡しとなるデータはEDAベンダー，ファンドリ企業により異なり互換性がないことである。

米Gartner社はファンドリ企業をまたがる標準形式の構築は極めて困難とし，また設計プロセスにDFMを加えるには300万米ドル（Min）が必要としている。加えて，一見万能に見えるDFM（+APC）は実はLocal VariationとIntra-Dieに潜在する不確実性には対応できない。微細化限界の前にこのバラつき問題が顕在化することは確かである。

4.4 今後の方向性

以上，今後の半導体のKeyとなる3つの限界因子は(1)FETそれ自身の物理限界，(2)半導体システムとしての性能限界，(3)装置，マスク等の高騰に起因する経済性限界，に分類できるが，(3)の経済性因子が最も支配的と考えられる。そこで，コスト低減のためHigh-k材やLow-k材，また高度な露光マスクやプロセス装置を用いることもなく，かつRC信号遅延回避のために配線長を短化する有効な施策として，従来の2次元（2D）から3次元（3D）構造への展開が一つの解として期待される。ここで，RC遅延について，6つのIPブロックを集積したChipについて，遅延時間を2D-LSIでのRepeater回路（遅延時間 $t_{rd} = RCa^2$ に設計）を投入した系と50um厚の

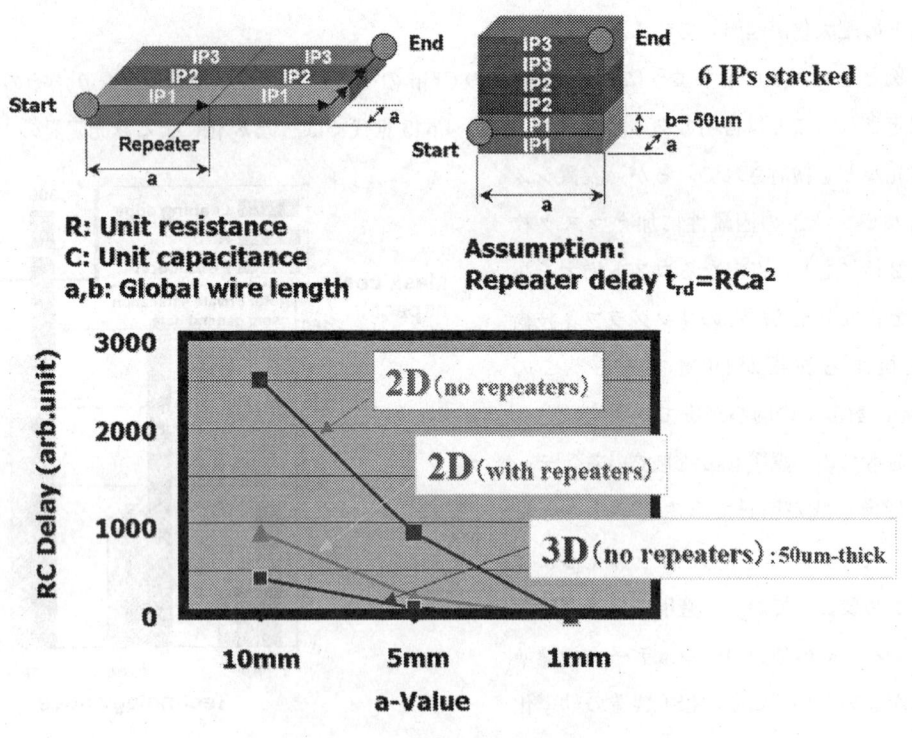

図7 RC遅延特性の簡易比較

第24章　半導体の微細化から3次元化への展開

3D-LSIとの差異を簡単に見積もった結果を図7に示す。消費電力を考慮したRepeater不要の3D化の効果は自明である。

5　3次元積層化技術とその応用

3D-LSIを大きく分類すると，KGD（Known-Good-Die）のみを低精度のダイボンダで積層しワイヤボンドでChip間を接続する「簡易Chip積層」，バーンイン・テストを行った良品パッケージを積層する「パッケージ型積層」，そして，Siウエハ上に素子間の貫通電極を設けウエハもしくはChip同士を直接接続して形成する「貫通電極型積層（以下，TSV：Through Si Via積層と称する）」，に分類できる。前2者は既に実用化の域にあり，近い将来，TSV積層に移行するものと予想される。このTSV積層による3D化について最も明解なアプリケーションがDRAMであろう。それは，微細化を待たずにメモリセルアレイの単純な積層により，Chipサイズや設計線幅の変更なく容量を増大できるからである。DRAMの市場要求は「大容量化と高速化の共存」にある。高速化についてはほぼ3年で2倍のメモリ速度（データ転送速度）が要求されており，DDR1 → DDR2 → DDR3（DDR：Double Data Rate）という仕様の改定をほぼ3年毎に進めることで達成は可能とされる。

しかし，DDR3とその先のPost-DDR3については未だ多くの技術課題が存在している。今後，高速化と共に必要とされる大容量化・小型化を満足するためには3D化が不可欠となろうが，その理由の一つがDIMM（Dual Inline Memory Module）のサイズ制限にある。4Gbitsをモジュールに搭載するには50nm前後の設計線幅が必要となり，時期的，コスト的に高い壁がある[23]。もう一つは大容量化がもたらす高速化の限界である。DDR3仕様以降の800Mbpsを越える高速動作においては，端子容量を極力小さくする必要がある。従来のスタック方式はボンディングワイヤ，配線フィルムを用いてDRAMのI/Oパッドを相互結線する方式であり，各DRAM-ChipのI/O回路を並列接続するためメモリバスの負荷が増大する。

また，メモリバスに多くの信号線分岐が形成されるため分岐による反射・インピーダンス不整合が発生し信号品質が低下し，動作速度や積層数がその制限を受ける。国内では8層をTSV積層し4Gbits-DRAMを3Gbpsの高速動作の開発を2006年度末完結の予定で進行中にある[23]。懸案の熱問題について，筆者らはDRAM論文公表値をもとに定常解析から過渡応答解析まで独自に実施した。Chip内最高温度（T_{jmax}）＜95℃とするための放熱面が必要とする熱伝達係数を求め，そのための強制対流冷却する必要性とその風速を見出し，結論としてTSV-3D DRAMについての時間軸でのXYZの3軸方向への熱伝播特性から熱的には十分に実現可能であることを見出した[24]。また，韓国Sumsungは2Gbit-NAND（50μm厚）を8層TSV積層したNAND型

フラッシュメモリを発表し，これにより従来のWB (Wire Bonding) 接続系に比して，15％小さく30％薄くなったことを発表した[25]。

6 貫通電極型 (TSV) 積層技術の分類とその比較

次にTSV積層を以下の3つの方法に分類する。
(1) Chip-to-Chip (C2C)：KGD (Known-Good-Die) 同士を積層する簡便な手法である。
(2) Chip-to-Wafer (C2W)：ウエハ上にKGDを搭載するもので(1)と類似の系といえる。
(3) Wafer-to-Wafer (W2W)：高歩留まりウエハを前提とし，ウエハ同士を直接張り合わせる方式であり最終的な積層形態といえる。

TSV積層による3D半導体（以下，TSV-3D LSI）の開発を進める代表的な機関（2005年現在）を表3に纏める。米Intelは65nm歪Si/Low-kプロセスとCuインターコネクト接続による4 MB-SRAMの積層とその良好な電気特性を報告し[26]，2005年1月には米SEMATECがこの3D技術のWorking Group発足を発表，Low-Cost品とHigh-performance品とに分類し，TSVを2007年以降に実用化というロードマップを作成中である。

C2C (C2W) とW2Wの各方式でのプロセスコスト比較を図8に示すが，200mmウエハで

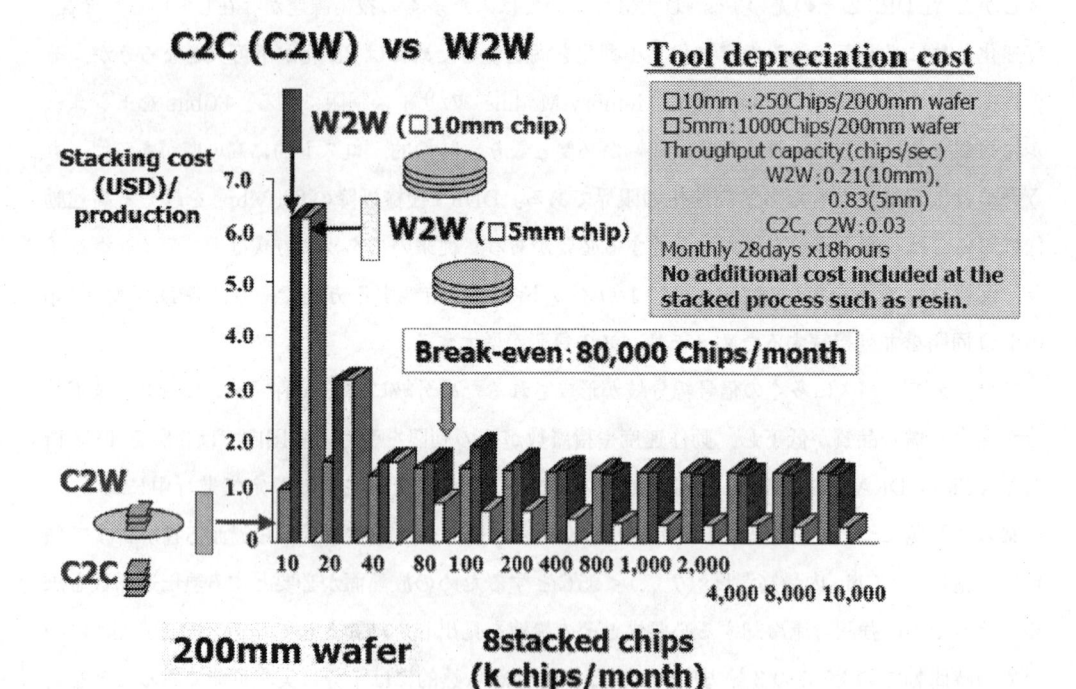

図8 8層積層品での減価償却コスト比較の一例

第24章 半導体の微細化から3次元化への展開

表3 TSV-3D LSIの代表例（2005年度現在）

	Intel	Sandia National Lab.	MIT LL	IBM	Tezzaron	Tohoku Univ.	RTI	Elpida/Oki /NECEL	Samsung	Ziptronix	IMEC	Fraunhofer IZM	Univ. Arkansas	ASET
Country	USA	USA	USA	USA	Singapore/ USA	Japan	USA	Japan	Korea	USA	Belgium	Germany	USA	Japan
Method	W2W	W2W	W2W	W2W	W2W	W2W	C2W	C2W	C2W	C2W	C2W	C2W	C2C	C2C
TSV 1)	In-situ	In-situ	After	After	In-situ	In-situ	After	In-situ	After	In-situ	In-situ	After	After	After
Metal plug	Cu	Cu	Cu	Cu	Cu	Poly-Si, W, ACP	Cu	Poly-Si	Cu	W or Cu	Cu	W or Cu	Cu	Cu
Bonding	Interconnect	Interconnect	Oxide	Oxide	Interconnect	Adhesive	Adhesive	Adhesive	Adhesive	Oxide (Nitride)	Interconnect (Adhesive)	Adhesive	Adhesive	Adhesive
	Cu-Cu	Cu-Cu	Cu-Cu	Cu-Cu	Cu-Cu	In/Au bumps	Cu-Sn-Cu	Cu-Sn-Ag	Cu-Sn-Ag	Si-N-N-Si+H2	Cu-Cu	Cu-Sn eutectic	Solder	Cu-Sn eutectic or Au

Note:
1) In-situ: In-situ CMOS foundry, After: After CMOS foundry.
2) Adhesive: adhesion method between chips or wafers,
   Interconnect: direct connection of electrodes,
   Oxide: Si fusion.

10mm角，5mm角の2種類の8積層Chipについて，装置の減価償却費について，量産時の歩留まりを一定の数値で仮定しコスト試算した結果，C2C（C2W）の場合にはChip依存性はなく138～156円程度／製品でほぼ一定であるが，W2Wの場合には小チップ+高TSV密度で量産時にコスト優位性を示し，例えば5mm角で月産6万～8万ChipでC2C（C2W）と「Break-even」となり，33円程度／製品まで低価格化できる見積りにある[27]。W2Wの場合，ウエハ毎のChipサイズの共通化が新たに求められるが，従来のXY座標からZ座標にも設計自由度が増えることでそれを可能とし，欧米各社ではIn-house及び大手である米Cadence，R3Logic社でのEDAツール開発が進むとともに，ここにShowstopperは見られないとしている。TSVでのEM（Electro-migration）による断線の危険性の増大もありえ，3D積層のための付加プロセス開発の注力が必要であろう。実用化においては信頼性の確保も必要であり，テスティング技術も重要な課題である。つまり，TSV-3D LSI固有のBIST（Built-In Self Test）回路は不可欠であり，積層後に発生するエラーを回避する救済回路も必要である。

重要なことは，TSV-3D LSIの利点として，Global配線距離の短化によるRC遅延特性が大幅に改善されることだけでなく，複数の機能を構成するChipを積層するため，実装面積を大幅に削減しかつ微細化による2Dでは容易に到達できない高度多機能化が可能となることである。つまり，TSV-3D LSIは個々のChipの特性を考えるのではなく，一つのLSIとして考えることが必要となり，各Chipのアーキテクチュアの再構成を考慮した本質的な改善が求められる。この意味では3D-SiPではなく，3D-SoC（System-on-a-Chip）という表現のほうが適切であろう。したがって，関連する製造・検査装置も精度，汚染レベルとも厳しく，前工程であるFEOL（Front End of Line）もしくはBEOL（Back End of Line）としての位置付けになる。TSV-3D LSIの機能の検証と確立のため，まずは実装的な色彩の強いC2C，C2Wから始めることには異論はないが，技術が確立した後はFEOL/BEOLラインを駆使したW2Wが主流となるものと思われる。したがって，このための製造装置が新たに求められるが，ここに前工程としての高精度とクリーン化技術，後工程としての実装技術の融合が求められ，両者にバランスよく競争力を有する日本が優位に進行できるものと期待している。

7 高密度実装としてのSiPの動向と3D化

TSV-3D LSIプロセスはFEOL/BEOLとしての位置付けであることを述べたが，ここで高密度実装SiPと3D化との関係を考察する。半導体パッケージ分野は製品の機能向上と小型化，軽量化，コストの削減が常に要求され，その革新性も求められている。90年代半ばに樹脂基板・セラミック基板を使用したFPBGA（Fine Pitch BGA）またはCSP（Chip Sized Package）が開

第 24 章　半導体の微細化から 3 次元化への展開

発されモバイル機器を中心に積極的に展開，さらに近年 WLCSP（Wafer Level CSP）というウエハ状態のままで再配線・封止等の組立を行う，前工程と後工程のボーダレス化といえる超小型化実装技術が誕生した。このパッケージにおいても革新的な Solution として注目されているのが 3D 高密度実装であった。指標となるのが Si 効率であり，パッケージ面積に対する Chip の総面積の比として定義される。CSP の場合の Si 効率を 100％ とすると 2-Stacked CSP では〜140％，3-Stacked では〜220％ と見積もられコストの低減に寄与する。

　ここで考えるべきことは，「実装側から見た場合，微細化 SoC に対する SiP 開発のドライビングフォースは低コスト化，開発期間短縮，異種機能の統合が主であり，必ずしも FET の微細化限界を陽に意識されているわけではないこと」にある[28]。つまり，高速動作や低消費電力といった従来の性能指標では優れるとされている SoC に対し，SiP は同等の性能を目標として開発される傾向ということである。例えば，混載メモリの場合，SiP であっても短距離の Chip 間接続を前提とした，より低消費電力な I/O バッファを有する LSI を採用すれば，SoC と同機能の達成が可能となりえるとされる。一例を挙げる。Microsoft Xbox 360 の GPU（Graphics Processing Unit）はパッケージ基板上に TSMC 製グラフィクス・コア LSI と NEC エレクトロニクス製 DRAM 混載 LSI（eDRAM）が搭載された SiP である[29]。10MB-混載 DRAM は，90nm のロジックプロセスで作製，SRAM と同様のスキームで高速ランダムアクセスが可能である。2 つの LSI は並列実装されているが，Chip 間のバスはパッケージ基板を介して 1.8GHz, 28.8GB/s で動作し，一般的な SoC 内部の転送速度とほぼ同等の性能を得ている。

　3D-SiP などの高度 SiP により SoC と同等の性能を得ることができるか，その物理限界の見極めも重要であろう。しかしながら，ここで議論すべき内容は最後にも記述するとおり，最上位概念である「応用」に対し，SoC，SiP，それらの 3D 化，いずれを適用するかを含め最適に抽出できる統合設計論にある。

8　日本の国際競争力を高める施策とシステムデザイン・インテグレーション

　半導体の話題からやや乖離するが，日本の国際競争力を定義する上の一つの指標となるのが，"IMD World Competitiveness" である。これは全世界 61 カ国を対象とし 312 の指標，例えば，経済力，政治力，産業・ビジネス力，インフラ整備力（生活，産業等の多方面における）を定量化したものである。90 年台初頭までは日本は第 1 位の位置を維持し "Japan as No.1" と賞され，その後「失われた 10（もしくは 15）年」として様々な議論がなされている。2006 年には日本は 17 位に回復している。特に投資資産，支払準備金，特許保護，ブロードバンドなどの 7 項目で首位，株式市場，顧客満足度，研究開発投資などでも高い評価を得ており，ある意味で "科学技

術立国日本"の地位は維持している。一方，法人税率，外国語の運用能力の2項目は60位の最下位とされ，物価，大学教育などが低評価となっている。ここで議論すべき内容が最後の大学教育に関する点であろう。

近年，学会等様々な場で理工系人材育成のために産官学は何をすべきかなどの議論が行なわれている。SEMIの報告によれば，日本の電気電子系学生数は2003年には15万人を割り，一方中国ではその10倍の140万人に達しかつ増加傾向にある。勿論，ソフト（いわゆるIT企業）への人気度は高いものの，電子工業，特に半導体は3Kに属する分野という声も聞く。今後，産官学連携の中で半導体・電子技術の有用性を理解させ，高度な人材を育成することは本質的な課題の一つである。

さて，これまで日本経済の活力を戻すのに応急的な措置やマクロ経済政策的な微調整では不可能であった[30]。事実，これまで合計1.5兆円に上る景気刺激策が打出されたが大きな効果を挙げていない。この原因はマクロ経済でなく，個々の産業において日本がどのように競争してゆくかというミクロ経済的な問題にある。国内の半導体産業においてもこの縮図のもとで活性化が可能となりえる。ハーバード大学のM.ポーターは，日本における半導体産業は成功産業の一つと位置付け[30]，下記の4つの決定要因を全て満足するとした。それは，

1) 要素条件：電子工学系技術者の潤沢性，電子，光学，新素材の各分野の企業内研究開発と学術機関の連携，大規模投資が可能であったこと，
2) 需要条件：家電，通信，コンピュータ等の分野でのメモリChipの莫大な需要があったこと，
3) 企業戦略・競合関係：多数の日本企業が競争に参加したこと，
4) 関連支援企業：光学関係産業がプロセス技術の進展に貢献し，測定装置，精密機器，研磨剤等の関連産業に競争優位性を有したこと，

である。

国内の半導体事情は2006年現在でも上記項目を満足していると思える。今後，半導体は飛躍的に高度化し電子デバイスシステムとして構築され，極めて高度な情報化技術と呼応し経済の高効率化，さらには世界経済をも変革する原動力となりうる可能性を有している。

この種の"イノベーション"には「初めに応用ありき，応用が全て」が原点となる。幸い，日本はゲーム機，デジタル家電やユビキタス社会に向けて数多くのアプリケーションを有する。かつて嶋は，「マイクロプロセッサ4004の成功の背景には，電卓という応用分野からの特異な要求と10進コンピュータの半導体化という初期的なアイデアがあり，これが4ビットのバイナリコンピュータという新しいコンセプトを導いた」，と説いた[31]。つまり，新しいアーキテクチュアは必ず新規のアプリケーションの特異な要求から生まれている。

第24章 半導体の微細化から3次元化への展開

以上から，SOCやSiP，TSV-3D LSI等によって新たな系が構築されるだけでなく，設計，製造プロセス（前工程，後工程のボーダレス），検査システム，など基幹をなす技術が全てインテグレートし最適解を追求する新たな"システムデザイン・インテグレーション"が極めて重要となる。そしてこのシステムデザイン・インテグレーションは，各分野・各企業での部分的な最適解では達成できない。即ち，電子システムを追い求める中であらゆる分野を横断し，価値（性能・コストパフォーマンス・人間的・環境的など）を最大化する技術的・経済的な最適解（スカラー係数化が重要）を求めることによって，真のインテグレーションが可能となる。この実行は，その価値を算出し産学官の巧みな連携により，具体的に実行出来る分野コンダクタの育成が産業の発展に極めて重要である。また，これらの事象は産業融合という視点からの考察も必要と思える。産業融合とは産業間の垣根が低くなり，異なる産業の企業同士が競争関係に立つものと定義される。

これは一方では融合された産業が国際競争力を高める一つの出来事ではあるが，国内企業間にとってはその再編成が生じ，ある種の技術だけがその産業分野全て，もしくは大半を席巻してゆく事態を招き，時によりある分野の消滅と企業の破産をも招くことになる。したがって，上述した競争論と共に今後は，産業組織論，産業構造論についても学術的な知見を踏まえた考察が必要になり，半導体は極めて学際的・業際的な局面を迎え，この中での発展を考える必要がある。

"イノベーション"とは，オーストリアの経済学者ジョセフ・アロイス・シュンペーター（1883～1950）が提言したコンセプトである。日本ではこれを「技術革新」と"誤訳"され，イメージの縮小化に至ったことは既知の事実である（朝日新聞より抜粋）。シュンペーターはイノベーションの本質は「既存のものの新しき結合」とし，単なる技術革新ではなく，1) 新しい商品やサービスの創出，2) 未知の生産方法の確立，3) 新しい市場の確立，4) 原料ないし半製品の新しい供給源の獲得，5) 新しい組織の実現，の5項目を説いた。半導体の3次元化をベースとするシステムデザイン・インテグレーションはまさにこれらの概念に符合する新しい学術領域と提言できる。これにより，研究開発の実用化までの道程[32]における，「夢の時代」→「悪夢の時代（死の谷）」→「現実の時代」の中の，「悪夢の時代（死の谷）」という不毛な期間を極力抑えることが可能となりえる。

9 統合設計論

繰り返し，半導体デバイスは"最終的な応用は何か"に依存するため，単なる半導体の微細化ではなく3D化を中心とする新たなデバイス創成の必要性，そして最上位概念である「応用」を明確にした「統合的な設計・製造・評価手法（これに企画から販売，保守等も含有される）」の

提言が必要となってくる（図9）。これはITRS2005でも明示された「More Moore（さらなる微細化）and More than Moore（多様化）」の概念にも符合しているといえる。現時点での結論として，高度情報化社会においてそのアプリケーション・社会的位置付けを明確にし，設計から製造・実装・評価までの一元化した"統合的設計・製造技術手法の構築"を目標に据えた開発システムが必要，と判断される。これは，まさに「電気設計＋機械設計＋ソフト設計の連成モデルと融合」の具現化に相当する概念である。ここでKeyとなることのひとつが，暗黙知を形式知化すること，いわゆる「見える化」の積極的利用による全く新しい一貫したシステムの手法構築であり，ここに新たな指導原理の抽出が可能となるかもしれない。

コストマネジメントについては，台湾TSMCは原価計算にABC（活動原価基準：Activity Based Costing）という概念を取り入れ，各種の原価をそれぞれ関連する活動（Activity）に関わらせ，各活動に応じて集計対象の各製品へ割り当てていく計算手法を一部取り入れている[33]。勿論，複雑な半導体生産プロセスにおいてこれを導入するには生産プロセスを詳細に分析し，各活動の定義付け，それに関連するコストドライバを決定する必要がある。これは経理の専門家だけではなく，設計開発に携わる技術者との連携が必要となり，多くの時間を費やすことにもなる。しかしながら，ABCのような新たな手法を半導体工程にも加えることは評価に値するとはいえ，

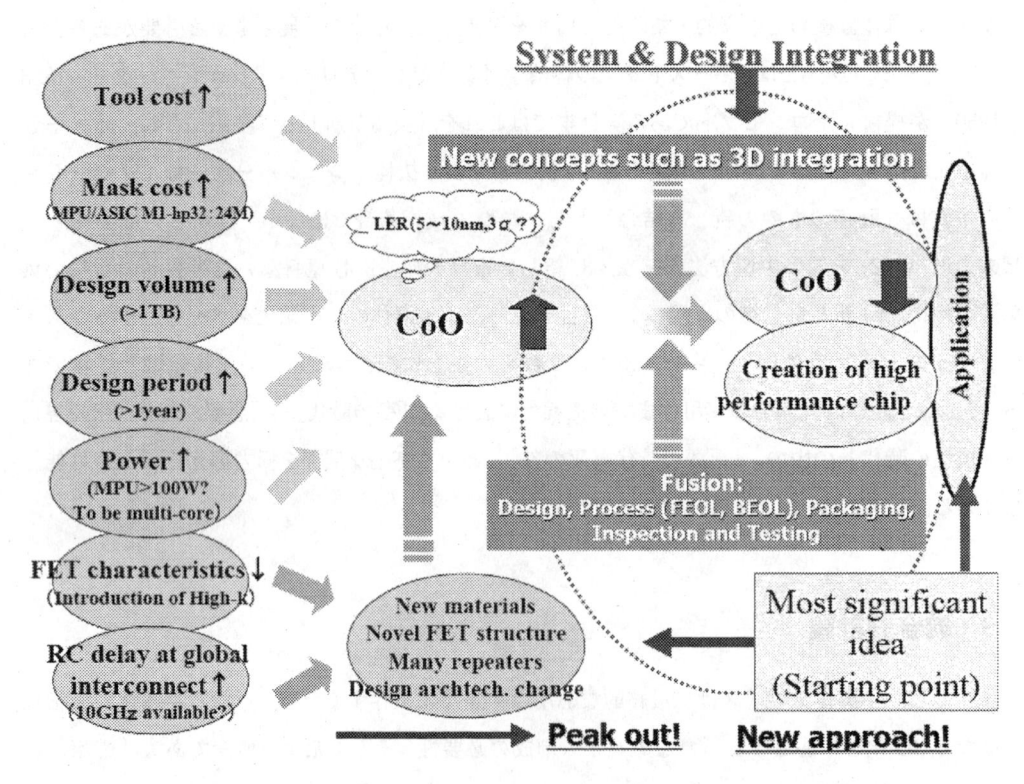

図9　半導体の動向と3D化，システムデザイン・インテグレーション

第 24 章 半導体の微細化から 3 次元化への展開

システムデザイン・インテグレーションにおいては，この種の包括的な議論も必要となる．

10 おわりに

これまで微細化を指導原理として技術推進されてきた半導体そのものに大きな変革を来そうとしている．人類は英知をしぼり超解像技術やプロセス革新により k_1 パラメータの低減を理論限界近くまで達成し，光リソグラフィで 90nm 以下の線幅を実現した．しかし，FET の微細化だけでは 10 億超のゲート数を有するシステムとしての LSI は成立せず，多層配線技術や高密度実装技術が極めて重要な局面を迎えている．その中で今後は半導体の 3D 化（3D-SiP，3D-SoC などを包括）を中心とするシステムデザイン・インテグレーションという定義の中で，そのアプリケーションを明確にし，企画・設計から製造・検査・評価・販売・保守までを融合一元化した新しい流れが期待される．国内には半導体の基幹となる数多くの競争力優位な技術分野が存在する．したがって，これらの技術間の垣根を取り払った新しい産業形態の構築を，産学官が一団となって有効に寄与する仕組みを一つの学術領域として創成し，市場のスピードに合わせて早期に構築することが，将来の日本の国際競争力を高める上で重要と考える．これにより，継続的な破壊的イノベーションの創出が可能となり，イノベーション立国日本が現実的なものとなると考えられる．半導体産業はその試金石としての役割を担っていることを認識する必要があろう．

文　　献

1) J. S. Kilby, USP3,138,743, Patented Jun.23, 1964.
2) R. H. Dennard et al., IEEE J. Solid-State Circuits, Vol.**SC-9**, pp.256, 1974.
3) Available: Intel Developer Forum Fall 2006.
4) SIA: Semiconductor Industry Association, available: http://www.itrs.net.
5) H. Iwai, STARC Symposium, pp.27, 2002.
6) H. Wakabayashi et al., IEDM Tech. Dig., pp.989, 2003.
7) T. Eimori, SEMI Forum Japan 2006, pp.6, 2006.
8) C. Hobbs et al., Symp. on VLSI Technology, pp.9, 2003.
9) H. Ohta et al., IEDM Tech. Dig., pp247, 2005.
10) X. Chen et al., Symp. on VLSI Technology., pp.74, 2006.
11) A. V-Y. Thean et al., Symp. on VLSI Technology., pp.164, 2006.
12) N. Hirashita et al., SOI conf., pp141, 2004.

13) M. Yang *et al.*, IEDM Tech. Dig., pp.453, 2003.
14) 柴田：日経MD 第4回プロセス開発最前線セミナー pp.21 (2006).
15) W. C. Elmore, J. Appl. Phys., vol.**19**, pp.55, 1948.
16) 例えば，M. Nihei *et al.*, *Jpn. J. Appl. Phys.* vol.**42**, pp.721, 2003.
17) S. Gomi *et al.*, IEEE Custom Inetgrated Circuits Conf., pp.325, 2004.
18) J. A. Davis *et al.*, IEEE Trans. Electron. Devices, Vol.**45**, pp.590, 1998
19) 岡田他，2006年秋季応用物理学学術講演会, Paper 30a-ZR-2, 2006.
20) M. Swtikes and M. Rothchild, J. Vac. Sci. Technol. Vol. **B19**, pp.2353, 2001.
21) K. Okamoto *et al.*, Solid State Technol. pp.118, May 2000.
22) 井上，日本学術振興会第177委員会第2分科会技術資料.
23) 池田他，SEMI STS シンポジウム 2005, pp.9-40, 2005.
24) I. Sugaya and K. Okamoto, Private Communication 2006 (to be submitted).
25) 例えば，Solid State Technol. pp.30, June 2006.
26) P. Morrow *et al.*, IEEE Electron Device Lett., Vol.**27**, pp.335, 2006
27) 岡本，電子情報通信学会誌，vol.**J88-C**, pp.839, 2005.
28) 竹村，嶋田，日本学術振興会第177委員会第2分科会技術資料.
29) J. Andrews and N. Baker, IEEE Micro, vol.**26**, pp.25, 2006.
30) マイケル.E.ポーター，竹内弘高，日本の競争戦略，ダイアモンド社，2001.
31) 嶋，学士会会報，no. 842 (2003-V)，pp.69-74, 2003.
32) 吉川弘之，内藤 耕，「産業科学技術」の哲学，東京大学出版会，2005.
33) Chih-Wei Li, Proc. ISSM2006, pp.495, 2006.

その他の引用資料：

朝日新聞2006年10月5日 「転機のデル（上）」.

3次元システムインパッケージと材料技術 《普及版》
(B1019)

2007年3月31日　初　版　第1刷発行
2012年11月8日　普及版　第1刷発行

監　修　　須賀唯知　　　　　　　　　　Printed in Japan
発行者　　辻　賢司
発行所　　株式会社シーエムシー出版
　　　　　東京都千代田区内神田 1-13-1
　　　　　電話 03(3293)2061
　　　　　大阪市中央区内平野町 1-3-12
　　　　　電話 06(4794)8234
　　　　　http://www.cmcbooks.co.jp/

〔印刷　倉敷印刷株式会社〕　　　　　　　© T. Suga, 2012

落丁・乱丁本はお取替えいたします。

本書の内容の一部あるいは全部を無断で複写（コピー）することは，法律で認められた場合を除き，著作者および出版社の権利の侵害になります。

ISBN978-4-7813-0596-7　C3054　¥4800E